数值分析

吴颉尔 王平心 编著

江苏大学出版社
JIANGSU UNIVERSITY PRESS
镇 江

图书在版编目(CIP)数据

数值分析/吴颉尔,王平心编著.—镇江：江苏大学出版社,2016.7(2017.7重印)
ISBN 978-7-5684-0242-2

Ⅰ.①数… Ⅱ.①吴… ②王… Ⅲ.①数值分析—高等学校—教材 Ⅳ.①O241

中国版本图书馆CIP数据核字(2016)第175009号

数值分析

编　　著/吴颉尔　王平心
责任编辑/吴昌兴
出版发行/江苏大学出版社
地　　址/江苏省镇江市梦溪园巷30号(邮编：212003)
电　　话/0511-84446464(传真)
网　　址/http://press.ujs.edu.cn
排　　版/镇江文苑制版印刷有限责任公司
印　　刷/虎彩印艺股份有限公司
开　　本/718 mm×1 000 mm　1/16
印　　张/19
字　　数/382千字
版　　次/2016年7月第1版　2017年7月第2次印刷
书　　号/ISBN 978-7-5684-0242-2
定　　价/42.00元

前 言

这本教材是作者在多年开设“数值分析”课程所讲授内容基础上编写而成的. 数值分析是科学计算的基础，其主要内容包括线性和非线性方程组的解法、矩阵特征值的计算、函数的插值和逼近、函数的数值积分和数值导数、常微分方程的数值解法等.

在教材内容的选材上，注重数值分析的基础性及实用性，并适当增加和拓展了一些数值分析中的理论和算法. 例如：矩阵奇异值分解、正则化方法、广义共轭残量极小化方法、导数的待定系数法以及高阶导数公式、拟牛顿法及 Levenberg-Marquardt 方法. 在讲述数值方法的同时，尽可能阐述方法的设计思想及其理论依据；对方法的收敛性、计算结果的误差分析等，尽可能给出简洁证明. 为了便于学习和掌握数值分析的内容，教材配备了较多的例题和习题，例题采用MathCAD和Matlab 等软件计算，部分习题计算量较大，可安排为上机实习题.

本书可以作为理工科专业的本科和研究生教材. 根据教学内容的不同，课时数可以安排 32 学时至 64 学时之间.

本书在编写过程中，得到国家自然科学基金(61503160)和江苏科技大学数学重点学科建设项目的资助，江苏大学出版社的吴昌兴编辑为本书的出版做了大量的工作，在此一并表示衷心的感谢.

由于时间仓促，书中的不足之处在所难免，敬请广大读者对本书提出宝贵意见，对书中存在的问题给予批评指正.

作 者

2016 年 8 月

Contents 目录

第 1 章 算法和误差

随着科学技术的发展,几乎各个学科领域都有数学问题需要计算.例如,卫星研制、发射和回收,离不开数学计算;又如在汽车、船舶等设计过程中也涉及大量的数学计算问题.从 Matlab 的应用工具箱内容可以看出,众多的学科与工程领域存在着大量复杂的数学计算问题.数值分析的研究内容就是求解各种数学问题数值解的数值计算方法,以及建立数值计算方法、编写程序,并用计算机计算得出问题的数值解.由于在数值计算中,计算误差是不可避免的,因此数值解常常并不等于问题的精确解,因此数值计算方法的收敛性、稳定性和误差分析也是数值分析的重要内容.

数值分析属于计算数学范畴,它有自身的理论体系和数学的严谨性,内容包括数值逼近、数值线性代数和微分方程数值解等,因此本课程将围绕下列内容展开:

(1) 非线性方程(组)求根;

(2) 线性方程组求解;

(3) 常微分方程初值问题的数值解法;

(4) 函数的数值逼近;

(5) 数值积分和数值微分;

(6) 矩阵特征值的计算;

(7) 解的存在性、唯一性、收敛性和误差分析等理论问题.

§1 数值方法简介

在工程应用中,许多复杂数学问题的计算最终可归结为微积分(高等数学)、线性代数等计算问题,如微分和积分的计算、矩阵计算、(微分)方程(组)的求解、函数逼近等.许多数学问题能够经过推导和演算,最终得出其解析解(精确解).但有些数学问题却并非如此,只能依靠数值方法求出它的数值解,亦即近似解或计算解. 这里的数值方法，是指能够通过数值计算得出数学问题近似解的方法，其特点是有明确的计算方法和计算公式(如加减乘除、函数运算等)，能够在有限步内完成计算. 简言之，数值方法就是能够对数学问题进行数值计算的方法. 对于复杂的问题，还需对数值方法编写程序上机计算，包含数据输入、计算步骤、计算结果输出等.

例如，计算积分 $I=\int_0^1 e^x dx$，利用牛顿-莱布尼茨公式，有

$$I=\int_0^1 e^x dx \overset{(1)}{=} e^x\Big|_0^1 \overset{(2)}{=} e^1-1\approx 1.71828.$$

上述计算过程分析：积分 I 经过等号(1)和(2)得到 I 的精确值 e−1，这个计算过程尽管能通过数学软件(如 Matlab 等)的符号计算功能实现，但不属于数值分析所讨论的数值方法. 从 e−1 计算得到数值解 1.718 28，可以用数值方法实现.

很多情况下，在实际应用中使用的数据，只需满足精度要求即可. 对于某些不能求出精确解的数学问题，若用数值方法计算符合精度要求的数值解，会显得更加实用和方便.

例 1 计算积分 $\int_0^1 e^{-x^2}dx$. 因被积函数的原函数不能用初等函数表示，故牛顿-莱布尼茨公式不能使用. 下面采用的数值方法为 Simpson 公式(参见第 8 章)：

$$\int_a^b f(x)dx\approx\frac{b-a}{6}\left(f(a)+4f\left(\frac{a+b}{2}\right)+f(b)\right)=S.$$

计算结果为

$$\int_0^1 e^{-x^2}dx\approx\frac{1-0}{6}(e^0+4e^{-0.5^2}+e^{-1})=0.74718043.$$

得积分的近似值为 0.747 180 43(取小数点后 8 位). 由于数值方法通常得到的是近似解，需考察该解的准确性. 根据第 8 章的误差定理有

$$\left|\int_0^1 e^{-x^2}dx-S\right|=\left|-\frac{(b-a)^5}{2880}f^{(4)}(\xi)\right|. \tag{1.1}$$

式中，$f(x)=e^{-x^2}$. 因 $\xi\in(0,1)$ 未知，故将式(1.1)中 $|f^{(4)}(\xi)|$ 用最大值 $\max\limits_{x\in[0,1]}|f^{(4)}(x)|$ 代替，此时式(1.1)成为

$$\left|\int_0^1 e^{-x^2}dx-0.74718043\right|\leqslant\frac{(b-a)^5}{2880}\max_{x\in[0,1]}|f^{(4)}(x)|$$
$$=\frac{12}{2880}\approx 0.00417.$$

上式表明，用 0.747 180 43 作为积分的近似值，误差不超过 0.004 17. 如果采用其他数值方法计算，则可得到精度更高的积分值.

从例 1 可以看出数值方法的重要性. 我们知道，对于同一个数学问题可能有多种方法计算，因此方法的选择也是重要的. 通常要求：

(1) 计算**效率高**，即算出数值解所需要的计算量(或所花费的计算时间)少；

(2) 数值**稳定性好**,即在持续的计算中,每一个微小的计算误差对最终计算结果的准确性影响不大. 如果影响大,则称该算法是不稳定的.

关于计算效率的经典范例是,用行列式定义计算 n 阶行列式 $A=|a_{ij}|_{n\times n}$ 的值. 我们知道,n 阶行列式的定义为

$$A=|a_{ij}|_{n\times n}=\sum_{n!}(-1)^t a_{1p_1}a_{2p_2}\cdots a_{np_n}.$$

式中,t 表示逆序数. 如果不计符号 $(-1)^t$ 计算,仅乘法运算就有 $(n-1)\times n!$ 个,计算量非常巨大. 例如,对于 15 阶行列式,乘法运算有 $14\times 15!=18\ 307\ 441\ 152\ 000$ 个,如果每秒能计算 1 亿个乘法,则大约需要 50.8 小时才能完成. 如果阶数 n 更大,所耗费的时间则更久,因此按定义设计的行列式计算方法没有实际意义. 但若用高斯消去法,即用初等变换先将 A 变换成上三角行列式,然后将对角元素相乘,则整个计算过程在计算机上不到 1 秒即可完成.

关于数值稳定性,可用一个简单的递推公式 $y_{n+1}=cy_n+f, n=0,1,2,\cdots$ 说明,这里 c,f 表示常数,初值 y_0 已知. 如果初值 y_0 有误差 ε,记 $\tilde{y}_0=y_0+\varepsilon$,则实际计算时,递推公式是以 $\tilde{y}_0$ 作为初值计算的:

$$\begin{cases}\text{初值 } \tilde{y}_0 \text{ 已知,}\\ \tilde{y}_{n+1}=c\tilde{y}_n+f,\ n=0,1,2,\cdots.\end{cases}$$

在不考虑计算过程中误差的情况下,运算到 $\tilde{y}_n$ 产生的误差为

$$E_n=y_n-\tilde{y}_n=c(y_{n-1}-\tilde{y}_{n-1})=\cdots=c^n(y_0-\tilde{y}_0)=-c^n\varepsilon.$$

可见,如果常数 $|c|>1$,则当 n 较大时,即使初始误差 $|\varepsilon|$ 比较小,最终计算值 $\tilde{y}_n$ 的误差 $|E_n|$ 还是会很大,导致计算过程不稳定. 常微分方程数值解中还将提及稳定性的概念.

例 2　计算积分

$$I_n=\int_0^1\frac{x^n}{x+5}\mathrm{d}x,\ n=0,1,2,\cdots,25.$$

解　计算

$$\begin{aligned}I_n&=\int_0^1\frac{x^n}{x+5}\mathrm{d}x=\int_0^1\frac{x^n+5x^{n-1}-5x^{n-1}}{x+5}\mathrm{d}x\\&=\int_0^1 x^{n-1}\mathrm{d}x-5\int_0^1\frac{x^{n-1}}{x+5}\mathrm{d}x=\frac{1}{n}-5I_{n-1},\end{aligned}$$

由此得递推公式

$$I_n=\frac{1}{n}-5I_{n-1},\ n=1,2,\cdots,25.$$

利用上述递推公式,可以逐步计算出 $I_1,I_2,\cdots,I_{25}$. 首先计算

$$I_1=1-5I_0,$$

式中,I_0 称为初值. 初值可以直接计算如下:

$$I_0=\int_0^1\frac{x^0}{x+5}\mathrm{d}x=\ln\frac{6}{5}\approx 0.182\ 321\ 556\ 793\ 955,$$

于是有

$$I_1=1-5I_0\approx 0.088\ 392\ 216\ 030\ 227,$$

$$I_2=\frac{1}{2}-5I_1\approx 0.058\ 038\ 919\ 848\ 865,$$

…………

$$I_{22}=\frac{1}{22}-5I_{21}\approx -0.086\ 574\ 766\ 517\ 654.$$

计算结果出现负值,表明计算错误,这是因为被积函数在区间[0,1]上非负,I_n 应大于零.

下面分析出现错误的原因.记$\bar{I}_n$ 是用 $I_0\approx 0.182\ 321\ 556\ 793\ 955$ 的计算值,I_n 是用 $I_0=\ln 6-\ln 5$ 计算的精确值,两者之间的误差为

$$E_n=I_n-\bar{I}_n=-5(I_{n-1}-\bar{I}_{n-1})=-5E_{n-1},$$

从而

$$E_n=-5E_{n-1}=(-5)^2E_{n-2}=\cdots=(-5)^nE_0.$$

可见经过 n 次计算后有 $|E_n|=5^n|E_0|$,即初值产生的误差 $|E_0|$ 被放大了 5^n 倍,导致计算结果发生严重错误.因此这个算法是不稳定的.$n=20\sim 25$ 时计算结果的比较见下表.

	近似值$\bar{I}_n$	$\bar{I}_n$ 的误差 E_n	Romberg 公式计算 I_n
$n=20$	0.004 242 637 044 922	3.755×10^{-3}	0.007 997 585 482 604
$n=21$	0.026 405 862 394 440	−0.019	0.007 631 531 138 994
$n=22$	−0.086 574 766 517 654	0.094	0.007 297 532 451 497
$n=23$	0.476 352 093 457 833	−0.469	0.006 991 563 757 927
$n=24$	−2.340 093 800 622 500	2.347	0.006 710 248 029 691
$n=25$	11.740 469 003 112 500	−11.734	0.006 450 731 514 673

可见,若采用的方法不稳定,则不能得出正确的结果.(Romberg 公式可以参见第8 章.)

数值算法是否稳定,是算法本身固有的属性.

§2 误差与有效数字

在数值计算中误差是不可避免的,从而数值解一般是近似解.对数值解进行误差分析,是数值分析中不可缺少的环节.

误差一般有建立数学模型时产生的误差、确定初始数据(如实验)时产生的误差、截断误差和舍入误差,后两种误差为数值分析中讨论研究的误差. **截断误差**是指某数学问题的精确解与用数值方法求出的近似解之间的差. 例如,若计算中存在极限运算,则会产生截断误差.

例如,求级数 $S=4-8\sum\limits_{n=1}^{\infty}\frac{1}{16n^2-1}$ 的和,这个和等于 π. 当用数值算法(非符号计算)计算 S 时,显然不能在程序中让 n 取到无穷大,通常办法是让 n 足够大即可.

$$S=4-8\sum_{n=1}^{\infty}\frac{1}{16n^2-1}\approx 4-8\sum_{n=1}^{N}\frac{1}{16n^2-1}\overset{\text{记为}}{=\!=\!=}S_N,$$

式中,N 是取定的正整数. 当用 S_N 作为 S 的近似时,产生截断误差

$$S-S_N=-8\sum_{n=N+1}^{\infty}\frac{1}{16n^2-1}.$$

例如,取 $N=1\,000$,则

$$S\approx S_N=4-8\sum_{n=1}^{1\,000}\frac{1}{16n^2-1}=3.142\,092\,4,$$

截断误差为

$$\pi-S_N\approx-0.000\,499\,8.$$

舍入误差是指数值在计算过程中四舍五入产生的误差.

例如,当用 1.414 2 近似代替 $\sqrt{2}$ 时,产生的误差 $\sqrt{2}-1.414\,2=0.000\,013\,56\cdots$ 就是舍入误差. 同样,如果计算中数据进行了四舍五入,也会产生舍入误差,例如分式 $\frac{1}{3}$ 的计算,或 π,e 的计算等.

可见在数值计算中,误差是不可避免的. 误差可以用绝对误差和相对误差来表示.

假设数 x^* 是数 x 的近似值,称 $\varepsilon=x-x^*$ 是近似值 x^* 的**绝对误差**,简称**误差**.

当准确值 x 未知时,误差 ε 显然不能确定,这时需要估计出误差 $|\varepsilon|$ 的最小上界 r,即

$$|\varepsilon|=|x^*-x|\leqslant r,$$

称 r 为 x^* 的**绝对误差限或精度**.

绝对误差很小,有时并不能说明 x^* 很接近 x. 例如,若取 $x^*=0.000\,02$ 作为 $x=0.000\,01$ 的近似值,其绝对误差为 $-0.000\,01$,但不能因数值 $-0.000\,01$ 小而认为 x^* 很接近 x,事实上 $x^*=2x$. 用相对误差的大小衡量准确程度是可靠的.

称比值 $\frac{x-x^*}{x}$ 为近似值 x^* 的**相对误差**. 若准确值 x 未知,为便于计算,可以

将$\frac{x-x^*}{x}$改用$\frac{x-x^*}{x^*}$表示，前提条件是值$\left|\frac{x-x^*}{x^*}\right|$较小.原理如下：

$$\frac{x-x^*}{x}=\frac{x-x^*}{x-x^*+x^*}\xlongequal{\text{同除 } x^*}\frac{\frac{x-x^*}{x^*}}{1+\frac{x-x^*}{x^*}}$$

$$=\frac{x-x^*}{x^*}\left[1-\frac{x-x^*}{x^*}+\left(\frac{x-x^*}{x^*}\right)^2-\cdots\right].$$

上式级数展开的前提条件是$\left|\frac{x-x^*}{x^*}\right|<1$，因此有

$$\frac{x-x^*}{x}\approx\frac{x-x^*}{x^*}. \tag{1.2}$$

同样，称$\left|\frac{x-x^*}{x}\right|\leqslant r$中的$r$为**相对误差限**.相对误差的大小可以反映一个近似数的准确程度.

此外，为了保证计算足够准确，还可以通过增加**有效数字**的方式实现.任意给定一个数x，将它写成下列形式：

$$x=\pm 0.d_1d_2\cdots d_n\times 10^m,$$

式中，$d_1\neq 0$.这个写法称为将数x规格化，m为规格化指数.例如，

$$3.141\,592\,6=0.314\,159\,26\times 10^1,$$

$$-0.002\,345=-0.234\,5\times 10^{-2}.$$

定义 如果近似数x^*的绝对误差满足

$$|x-x^*|\leqslant\frac{1}{2}\times 10^{m-l},$$

其中m为规格化指数，则x^*有$l(\leqslant n)$位有效数字.

例如，$x=0.314\,159\times 10^1$，$\pi=0.314\,159\,26\cdots\times 10^1$，则

$$|x-\pi|=0.000\,000\,26\cdots\times 10^1\leqslant 0.5\times 10^{1-6},$$

所以x有6位有效数字.

通常可以直接从有效数字位数得到绝对误差：若x^*是由x经四舍五入得到，则x^*的误差不超过末位数的半个单位.

例如，$x=\sqrt{2}=1.414\,213\,562\cdots$，取4位数$x^*=1.414$近似$x$，则误差为

$$|x-x^*|\leqslant\frac{1}{2}\times 10^{-3};$$

取7位数$x^*=1.414\,214$近似x，则误差为

$$|x-x^*|\leqslant\frac{1}{2}\times 10^{-6}.$$

此外可以证明，有效数字与相对误差的关系如下：

(1) 设近似数 $x^* = \pm 0.d_1d_2\cdots d_n \times 10^m$ 有 n 位有效数字,则相对误差

$$\left|\frac{x-x^*}{x^*}\right| \leqslant \frac{1}{2d_1} \times 10^{-(n-1)}.$$

(2) 反之,若 $\left|\frac{x-x^*}{x^*}\right| \leqslant \frac{1}{2(d_1+1)} \times 10^{-(n-1)}$,则 x^* 有 n 位有效数字.

可见,有效位数 n 越多,相对误差越小;反之亦然.由此可见,数值计算时增加有效数字位数,可提高计算精度.

§3 函数运算的误差估计

前面介绍了数的误差估计,本节讨论函数运算的误差.首先考察一元函数 $f(x)$ 的误差估计.假设 x^* 是数 x 的近似值,利用泰勒展开式知 $f(x^*)$ 的误差满足

$$f(x)-f(x^*)=f'(x^*)(x-x^*)+0.5f''(\xi)(x-x^*)^2,$$

如果 x^* 的误差 $|x-x^*|$ 足够小,则舍去高阶项 $(x-x^*)^2$ 有

$$f(x)-f(x^*) \approx f'(x^*)(x-x^*),$$

表明函数值的误差约等于 x^* 的误差乘以 $f'(x^*)$.根据式(1.2),函数的相对误差为

$$\frac{f(x)-f(x^*)}{f(x)} \approx \frac{f'(x^*)(x-x^*)}{f(x^*)}. \tag{1.3}$$

例 3 考察函数 $g(x)=x^n$,取 $n=10$,数 $x^*=1.001$ 是 $x=1$ 的近似值,则

$$g(x)-g(x^*) \approx g'(x^*)(x-x^*)=10(x^*)^9(x-x^*)=-0.010\,090\,4,$$

相对误差

$$\frac{g(x)-g(x^*)}{g(x)}=-\frac{0.010\,090\,4}{1}=-0.010\,090\,4 \approx -1\%.$$

可见对于函数 $g(x)$,数 x^* 的相对误差 $\frac{x-x^*}{x}=-0.001=-0.1\%$,但是函数值的相对误差为 -1%,其绝对值放大了 10 倍.

这里涉及函数计算的病态的概念,即若数有小的变化,引起函数值大的变化,则称这个计算是病态的,反之称为是良态的.

联系到例 3,数 $x=1$ 有一个小的变化,使得函数 $g(x)$ 的值发生较大的变化,即误差扩大了 10 倍,故这个函数称为是病态的.

通常,将函数的相对误差式(1.3)与数的相对误差式(1.2)的比值 $C=\frac{x^*f'(x^*)}{f(x^*)}$ 称为条件数,即

$$\frac{f(x)-f(x^*)}{f(x)} \approx C\frac{x-x^*}{x^*},$$

显然，当 $C=1$ 时，函数的相对误差约等于数的相对误差，$|C|>1$ 时误差变大. 特别地，当 $|C|\gg 1$ 时，这个函数就称为**病态**的.

在线性方程组求解、特征值计算和导数计算中，也有病态的概念.

例 4 对于函数 $f(x)=x^{\frac{1}{n}}$，这里 n 是正整数，数 $x^*=1.001$，由于条件数

$$C=\frac{x^*f'(x^*)}{f(x^*)}=\frac{1}{n}\frac{x^*(x^*)^{\frac{1}{n}-1}}{(x^*)^{\frac{1}{n}}}=\frac{1}{n}\leqslant 1,$$

所以函数值 $f(x^*)$ 的相对误差没有变大，这个计算是良态的.

对于多元函数 $f(x_1,x_2,\cdots,x_n)$，同理可以推断出如下误差估计：

$$f(x_1,x_2,\cdots,x_n)-f(x_1^*,x_2^*,\cdots,x_n^*)\approx\sum_{k=1}^{n}\frac{\partial f(x_1^*,x_2^*,\cdots,x_n^*)}{\partial x_k}(x_k-x_k^*). \tag{1.4}$$

例 5 给出 $f(x,y)=3x^2y+2xy^2-1$，当取 $x=\pi,y=\mathrm{e}$，以 4 位有效数字计算 $f(\pi,\mathrm{e})$ 时，误差是多少？

解 记 $x=\pi\approx 3.142=a,y=\mathrm{e}\approx 2.718=b$，则有

$$|x-a|\leqslant\frac{1}{2}\times 10^{-3},\ |y-b|\leqslant\frac{1}{2}\times 10^{-3}.$$

计算

$$\frac{\partial f(x,y)}{\partial x}=6xy+2y^2,\ \frac{\partial f(x,y)}{\partial y}=3x^2+4xy,$$

故误差

$$\begin{aligned}|f(x,y)-f(a,b)|&\leqslant\left|\frac{\partial f(a,b)}{\partial x}(x-a)\right|+\left|\frac{\partial f(a,b)}{\partial y}(y-b)\right|\\&=|(6ab+2b^2)(x-a)|+|(3a^2+4ab)(y-b)|\\&\leqslant 66.015\times\frac{1}{2}\times 10^{-3}+63.776\times\frac{1}{2}\times 10^{-3}\\&\leqslant 0.065.\end{aligned}$$

利用多元函数的误差公式，还可得出数的四则运算的误差估计公式. 记 $\varepsilon(x^*)=x-x^*$，则有

$$\varepsilon(x_1^*+x_2^*)=\varepsilon(x_1^*)+\varepsilon(x_2^*), \tag{1.5}$$

$$\varepsilon(x_1^*-x_2^*)=\varepsilon(x_1^*)-\varepsilon(x_2^*), \tag{1.6}$$

$$\varepsilon(x_1^*x_2^*)\approx x_2^*\varepsilon(x_1^*)+x_1^*\varepsilon(x_2^*), \tag{1.7}$$

$$\varepsilon\left(\frac{x_1^*}{x_2^*}\right)\approx\frac{x_2^*\varepsilon(x_1^*)-x_1^*\varepsilon(x_2^*)}{(x_2^*)^2}. \tag{1.8}$$

式(1.5)的证明：$\varepsilon(x_1^*+x_2^*)$ 表示两个数和的误差 $(x_1+x_2)-(x_1^*+x_2^*)$. 经简单运算有

$$\varepsilon(x_1^*+x_2^*)=(x_1+x_2)-(x_1^*+x_2^*)=(x_1-x_1^*)+(x_2-x_2^*)$$

$$=\varepsilon(x_1^*)+\varepsilon(x_2^*).$$

对于式(1.7),取二元函数 $f(x_1,x_2)=x_1x_2$,根据式(1.4)有

$$\begin{aligned}\varepsilon(x_1^*x_2^*)&=f(x_1,x_2)-f(x_1^*,x_2^*)\approx x_2^*(x_1-x_1^*)+x_1^*(x_2-x_2^*)\\&=x_2^*\varepsilon(x_1^*)+x_1^*\varepsilon(x_2^*).\end{aligned}$$

对于式(1.8),取 $f(x_1,x_2)=\dfrac{x_1}{x_2}$,根据式(1.4)有

$$\begin{aligned}\varepsilon\left(\frac{x_1^*}{x_2^*}\right)&=f(x_1,x_2)-f(x_1^*,x_2^*)\approx\frac{x_1-x_1^*}{x_2^*}-\frac{x_1^*(x_2-x_2^*)}{(x_2^*)^2}\\&=\frac{x_2^*\varepsilon(x_1^*)-x_1^*\varepsilon(x_2^*)}{(x_2^*)^2}.\end{aligned}$$

§4　防止计算误差的传播

由于误差在计算中是不可避免的,除选择稳定的算法外,应注意以下几点,以避免误差在数值计算中进一步扩大.

1. 避免相近的数相减

在数值计算中,两个非常接近的数相减会导致精度降低.假设数 x^*,y^* 分别是 x,y 的近似值,并且 $x\approx y$,则 x^*-y^* 的相对误差为

$$\left|\frac{(x^*-y^*)-(x-y)}{x^*-y^*}\right|\leqslant\frac{|x-x^*|+|y-y^*|}{|x^*-y^*|}.$$

当 $x^*\approx y^*$ 时,$\dfrac{1}{|x^*-y^*|}$是个大数,导致相对误差界变大.有时换个公式计算可避免该情况出现.

例如,当$|x|$很小时,$1-\cos x$ 用公式 $2\sin^2\dfrac{x}{2}$计算等.

例如,$x^2+ax+b=0$ 的两个根是 $x_{1,2}=\dfrac{-a\pm\sqrt{a^2-4b}}{2}$.在设计算法时应考虑 a 的符号.当 $a<0$ 时取 $x_1=\dfrac{-a+\sqrt{a^2-4b}}{2}$,当 $a\geqslant0$ 时取 $x_1=\dfrac{-a-\sqrt{a^2-4b}}{2}$计算.另一个根 $x_2=\dfrac{b}{x_1}$.

关于相近数相减的问题,在矩阵的 Householder 变换中还会出现,参见第 6 章.

2. 避免绝对值很小的数作除数

绝对值很小的数作除数,也会导致大误差.假设数 x^* 是 x 的近似值,且$|x^*|$

非常小,考察其倒数运算的误差:

$$\varepsilon\left(\frac{1}{x^*}\right)=\frac{1}{x}-\frac{1}{x^*}=\frac{x^*-x}{xx^*}=-\frac{\varepsilon(x^*)}{xx^*}\approx-\frac{\varepsilon(x^*)}{(x^*)^2}.$$

可见若 $|x^*|$ 非常小,则其倒数的误差会非常大.例如,取 15 位数计算

$$\frac{\sqrt{2}}{0.000\,01}=141\,421.356\,237\,309,$$

$$\frac{\sqrt{2}}{0.000\,011}=128\,564.869\,306\,645,$$

可见分母的小变化,导致商的大变化.

绝对值很小的数作除数,还会出现在用高斯消去法和矩阵奇异值分解方法求解线性方程组的过程中,参见第 2 章.

3. 避免大数加(减)小数

同样,大数加(减)小数也会产生误差.这从模拟计算机数值计算过程可以看出.

在计算机中,每个数都采用有限位二进制表示,其规格化浮点数由阶码(确定小数点位置)、数符(正负号)、尾数(机器数字长 t 位)三部分组成.当两个非零规格化浮点数相加时,先对齐小数点(称对阶),然后再相加,再规格化,舍入到 t 位,得计算结果.

下面假设计算机具有 $t=4$ 位字长、双精度累积器,并用十进制模拟计算 $0.962\,8\times10^4+0.100\,0\times10^{-3}$.计算过程如下.

设置双精度并对大阶:

$$10^4(0.962\,800\,00)+10^4(0.000\,000\,10)=10^4(0.962\,800\,10);$$

规格化:$10^4(0.962\,800\,10)$;

舍入到 4 位:$10^4(0.962\,8)$;

得计算结果:

$$0.962\,8\times10^4+0.100\,0\times10^3=0.962\,8\times10^4.$$

因此,当计算 $0.962\,8\times10^4+0.100\,0\times10^{-3}$ 时,经对阶、相加、规格化,舍入后和等于 $0.962\,8\times10^4$,即第 2 个数没有被加上.

4. 简化计算步骤,减少运算次数

在数值计算中,大量的计算可能会带来误差,并影响计算效率.因此在设计算法时,应在保证稳定性的前提下,计算量越小越好.

例 6 计算多项式值的秦九韶算法.如 3 次多项式的秦九韶算法的嵌套形式为

$$1+2x+3x^2+4x^3=1+x[2+x(3+4x)].$$

对于一般的 n 次多项式 $p_n(x)=a_0+a_1x+a_2x^2+\cdots+a_nx^n$,记

$$p_n=(a_nx^{n-1}+\cdots+a_2x+a_1)x+a_0=p_{n-1}x+a_0,$$

同理，$p_{n-1}=(a_nx^{n-2}+\cdots+a_3x+a_2)x+a_1=p_{n-2}x+a_1$. 由此归纳出

$$p_i=p_{i-1}x+a_{n-i}\quad(i=1,2,\cdots,n),$$

特别地，当 $i=1$ 时，$p_1=p_0x+a_{n-1}$，其中 $p_0=a_n$. 因此秦九韶公式也可表示如下：

秦九韶公式

1. 令 $s=a_n$；
2. 对于 $i=1,\cdots,n$，计算 $s=sx+a_{n-i}$.

这一公式要较其他公式的计算量小.

例 7　在计算积分的复化梯形公式中有

$$\sum_{k=0}^{n-1}\frac{h}{2}\{f(x_k)+f(x_{k+1})\}=\frac{h}{2}\left\{f(a)+2\sum_{k=1}^{n-1}f(x_k)+f(b)\right\}.$$

虽然左右两端相等，但计算量却不同. 注意括号优先运算原则，上式两端的计算量为

运算公式	左式	右式
函数值计算数量	$2n$	$n+1$
加法	$2n-1$	$n+1$
乘法	n	2
除法	n	1

由此可见计算公式化简的重要性.

习　题

1. $\cos x=1-\frac{x^2}{2!}+\frac{x^4}{4!}-\frac{x^6}{6!}+\cdots$，若用泰勒级数计算 $\cos 1$，问：

(1) $\cos 1$ 的规格化指数是多少？

(2) 若要使 $\cos 1$ 有 10 位有效数字，泰勒级数应该取几项计算？

2. 假设下列各数是经四舍五入得到的近似数，分别写出它们的绝对误差限、相对误差限和有效数字的位数：

$$x=12.345,\ y=0.001\,230,\ z=1.000\,234.$$

3. 计算积分 $I_n=\mathrm{e}^{-1}\int_0^1 x^n\mathrm{e}^x\mathrm{d}x$ 时，利用分部积分可以建立如下递推公式：

$$\begin{cases}I_0=1-\mathrm{e}^{-1},\\ I_n=1-nI_{n-1},\end{cases}\quad n=1,2,3,\cdots.$$

试分析当初值 I_0 取 6 位有效数字计算 I_{20} 时，该递推公式是否数值稳定？如果将递推公式改写成 $I_{n-1}=\frac{1}{n}-\frac{1}{n}I_n$，$n=N,N-1,\cdots,21$，分析其数值稳定性，并取 $N=40$，初值 I_N 的取值随机，计算 I_{20}，验证结论.

4. 当 $|x|$ 很小时，如何计算 $f(x)=\sqrt{x+4}-2$ 的值？

5. 当 $|x|$ 很小时，如何计算 $\sin x+\cos x-1$ 的值？

6. 当 $|x|$ 很大时，如何计算 $f(x)=\sqrt{x+4}-\sqrt{x}$ 的值？

7. 如果用 7 位数解方程 $x^2-10^5x+1=0$，计算根 $x=\frac{1}{2}(10^5\pm\sqrt{10^{10}-4})$ 时会出现什么情况？如何解决？

8. 计算下列函数在 x 处的条件数，说明函数是否病态.

(1) $f(x)=\sin(10x)$，$x=2$；

(2) $f(x)=\sin(0.1x)$，$x=2$；

(3) $f(x)=e^{10x}$，$x=0.1$；

(4) $f(x)=e^{0.1x}$，$x=0.1$.

9. 假设 $x^*=1.732$ 有绝对误差 ε，满足 $|\varepsilon|\leqslant 0.5\times10^{-3}$，问 $\sin x^*$，$\cos x^*$，$\sqrt{x^*}$ 的绝对误差分别是多少？

10. 假设 $x^*=1.732$ 的误差 ε_1 满足 $|\varepsilon_1|\leqslant 0.5\times10^{-3}$，数 $y^*=1.414\ 21$ 的误差 ε_2 满足 $|\varepsilon_2|\leqslant 0.5\times10^{-5}$，求下列函数的绝对误差：

(1) $f(x,y)=x\sin y$；

(2) $g(x,y)=2x^2e^y$.

11. 圆面积 $S=\pi r^2$. 若取 $\pi\approx3.14$，$r=\sqrt{2}\approx1.414$ 计算 S，试估计面积 S 的绝对误差.

12. 用 4 位数计算 $\frac{1}{2\ 015}-\frac{1}{2\ 016}$ 的值，如何使之具有较高的精度？

13. 将多项式 $p(x)=1+\frac{1}{2}x-\frac{1}{3}x^2+\frac{1}{4}x^3+\frac{1}{5}x^4$ 用嵌套形式表示，并以此计算 $p(1)$ 的值.

第 2 章
解线性方程组的直接法

求解线性方程组的数值方法大致可分为直接法和迭代法两类. 直接法能在有限次计算中求得方程组的解，常用于求解中小型稠密线性方程组. 迭代法通常用来求解大型稀疏线性方程组. 本章介绍直接法，而高斯(Gauss)消去法是最常用的直接法. 本章中，假定方程组

$$\boldsymbol{A}\boldsymbol{x}=\boldsymbol{b} \tag{2.1}$$

的系数矩阵 $\boldsymbol{A}\in\mathbf{R}^{n\times n}$ 是非奇异方阵，即方程组(2.1)有唯一解.

符号：$\boldsymbol{I}$ 表示单位矩阵；

$\mathrm{diag}(a_1,a_2,\cdots,a_n)$：以 $a_1,a_2,\cdots,a_n$ 为对角元的对角矩阵；

$\boldsymbol{\alpha}^{\mathrm{T}}$：向量 $\boldsymbol{\alpha}$ 的转置.

§1　Gauss 消去法

用 Gauss 消去法解方程组分两步：第 1 步是用初等变换将方程组(2.1)变换成上三角方程组，第 2 步是用回代方法求解该上三角方程组，即得方程组(2.1)的解.

首先考察第 1 步.

假设方程组(2.1)的增广矩阵为$(\boldsymbol{A},\boldsymbol{b})$，在本节定理 1 的条件下，最多用 $n-1$ 组初等行变换即可将 $\boldsymbol{A}$ 变换为上三角矩阵，这里第 $i(i=1,2,\cdots,n-1)$ 组变换是指将对角元 a_{ii} 下面的元素 $a_{i+1,i},a_{i+2,i},\cdots,a_{n,i}$ 变换为零. 具体过程如下.

第 1 组变换：对$(\boldsymbol{A},\boldsymbol{b})$作初等行变换 $\boldsymbol{r}_k-\dfrac{a_{k1}}{a_{11}}\boldsymbol{r}_1,k=2,3,\cdots,n$，这里 $\boldsymbol{r}_k$ 表示矩阵$(\boldsymbol{A},\boldsymbol{b})$的第 k 行，则有

$$(\boldsymbol{A},\boldsymbol{b})=\left(\begin{array}{cccc:c} a_{11} & a_{12} & \cdots & a_{1n} & b_1 \\ a_{21} & a_{22} & \cdots & a_{2n} & b_2 \\ \vdots & \vdots & & \vdots & \vdots \\ a_{n1} & a_{n2} & \cdots & a_{nn} & b_n \end{array}\right) \longrightarrow \left(\begin{array}{cccc:c} a_{11} & a_{12} & \cdots & a_{1n} & b_1 \\ 0 & a_{22}^{(1)} & \cdots & a_{2n}^{(1)} & b_2^{(1)} \\ \vdots & \vdots & & \vdots & \vdots \\ 0 & a_{2n}^{(1)} & \cdots & a_{nn}^{(1)} & b_n^{(1)} \end{array}\right) \tag{2.2}$$

假设 $i-1$ 组变换后,增广矩阵$(\boldsymbol{A},\boldsymbol{b})$成为如下形式:

$$\left(\begin{array}{ccc:ccccc} a_{11} & \cdots & a_{1,i-1} & a_{1,i} & a_{1,i+1} & \cdots & a_{1,n} & b_1 \\ 0 & \cdots & a_{2,i-1}^{(1)} & a_{2,i}^{(1)} & a_{2,i+1}^{(1)} & \cdots & a_{2,n}^{(1)} & b_2^{(1)} \\ \vdots & & \vdots & \vdots & \vdots & & \vdots & \vdots \\ 0 & \cdots & a_{i-1,i-1}^{(i-1)} & a_{i-1,i}^{(i-1)} & a_{i-1,i+1}^{(i-1)} & \cdots & a_{i-1,n}^{(i-1)} & b_{i-1}^{(i-1)} \\ \hdashline 0 & \cdots & 0 & a_{i,i}^{(i-1)} & a_{i,i+1}^{(i-1)} & \cdots & a_{i,n}^{(i-1)} & b_i^{(i-1)} \\ 0 & \cdots & 0 & a_{i+1,i}^{(i-1)} & a_{i+1,i+1}^{(i-1)} & \cdots & a_{i+1,n}^{(i-1)} & b_{i+1}^{(i-1)} \\ \vdots & & \vdots & \vdots & \vdots & & \vdots & \vdots \\ 0 & \cdots & 0 & a_{n,i}^{(i-1)} & a_{n,i+1}^{(i-1)} & \cdots & a_{n,n}^{(i-1)} & b_n^{(i-1)} \end{array}\right). \tag{2.3}$$

第 i 组变换是对矩阵(2.3)作初等行变换

$$\boldsymbol{r}_k-\frac{a_{k,i}^{(i-1)}}{a_{i,i}^{(i-1)}}\boldsymbol{r}_i,\ k=i+1,i+2,\cdots,n,$$

则矩阵(2.3)中元素 $a_{i+1,i}^{(i-1)},\cdots,a_{n,i}^{(i-1)}$ 等于零. 这样当 i 从 1 变化到 $n-1$ 时,增广阵$(\boldsymbol{A},\boldsymbol{b})$成为

$$\left(\begin{array}{cccc:c} a_{11} & a_{12} & \cdots & a_{1n} & b_1 \\ 0 & a_{22}^{(1)} & \cdots & a_{2n}^{(1)} & b_2^{(1)} \\ \vdots & \vdots & & \vdots & \vdots \\ 0 & 0 & \cdots & a_{nn}^{(n-1)} & b_n^{(n-1)} \end{array}\right).$$

方程组 $\boldsymbol{Ax}=\boldsymbol{b}$ 等价于上三角方程组

$$\begin{pmatrix} a_{11} & a_{12} & \cdots & a_{1n} \\ & a_{22}^{(1)} & \cdots & a_{2n}^{(1)} \\ & & \ddots & \vdots \\ & & & a_{nn}^{(n-1)} \end{pmatrix}\begin{pmatrix} x_1 \\ x_2 \\ \vdots \\ x_n \end{pmatrix}=\begin{pmatrix} b_1 \\ b_2^{(1)} \\ \vdots \\ b_n^{(n-1)} \end{pmatrix}. \tag{2.4}$$

这样 Gauss 消去法的第 1 步完成.

第 2 步,使用回代方法解方程组(2.4).

首先从方程组(2.4)最后一个方程解出 $x_n=\dfrac{b_n^{(n-1)}}{a_{nn}^{(n-1)}}$; 假设 $x_{n-1},x_{n-2},\cdots,x_{k+1}$ 已计算,则从式(2.4)的第 k 个方程解出

$$x_k=\frac{b_k^{(k-1)}-a_{k,k+1}^{(k-1)}x_{k+1}-\cdots-a_{k,n}^{k-1}x_n}{a_{kk}^{(k-1)}}=\frac{b_k^{(k-1)}-\sum\limits_{j=k+1}^{n}a_{k,j}^{(k-1)}x_j}{a_{kk}^{(k-1)}}.$$

这样当 k 依次取 $n-1,n-2,\cdots,1$ 时，方程组(2.1)的解 $x_{n-1},x_{n-2},\cdots,x_1$ 即可计算.

以上消去法和回代过程中的乘除运算次数约为$\frac{n^3}{3}$.

例 1　解方程组

$$\begin{cases} x_1+3x_2-2x_3-4x_4=3, \\ -x_1-x_2+5x_3+9x_4=14, \\ 2x_1+6x_2-7x_3-10x_4=-2, \\ -3x_1-5x_2+15x_4=-6. \end{cases}$$

解　用初等变换将增广矩阵$(\boldsymbol{A},\boldsymbol{b})$变换为上三角形式.

$$\left(\begin{array}{cccc:c} 1 & 3 & -2 & -4 & 3 \\ -1 & -1 & 5 & 9 & 14 \\ 2 & 6 & -7 & -10 & -2 \\ -3 & -5 & 0 & 15 & -6 \end{array}\right) \xrightarrow[r_4+3r_1]{\substack{r_2+r_1 \\ r_3-2r_1}} \left(\begin{array}{cccc:c} 1 & 3 & -2 & -4 & 3 \\ 0 & 2 & 3 & 5 & 17 \\ 0 & 0 & -3 & -2 & -8 \\ 0 & 4 & -6 & 3 & 3 \end{array}\right)$$

$$\xrightarrow{r_4-2r_2} \left(\begin{array}{cccc:c} 1 & 3 & -2 & -4 & 3 \\ 0 & 2 & 3 & 5 & 17 \\ 0 & 0 & -3 & -2 & -8 \\ 0 & 0 & -12 & -7 & -31 \end{array}\right) \xrightarrow{r_4-4r_3} \left(\begin{array}{cccc:c} 1 & 3 & -2 & -4 & 3 \\ 0 & 2 & 3 & 5 & 17 \\ 0 & 0 & -3 & -2 & -8 \\ 0 & 0 & 0 & 1 & 1 \end{array}\right),$$

则原方程组等价于上三角方程组

$$\begin{cases} x_1+3x_2-2x_3-4x_4=3, \\ 2x_2+3x_3+5x_4=17, \\ -3x_3-2x_4=-8, \\ x_4=1, \end{cases}$$

回代得

$$\begin{cases} x_4=1, \\ x_3=2, \\ x_2=3, \\ x_1=2. \end{cases}$$

在上述 Gauss 消去法中，对角元 $a_{i,i}^{(i-1)}$($i=1,2,\cdots,n$，$i=1$ 时为 a_{11})称为主元，显然 Gauss 消去法要求主元非零，此时不需换行就能将 $\boldsymbol{A}$ 化成上三角矩阵，称之为**顺序 Gauss 消去法**. 若某个主元等于零，则需要交换行才能继续进行，参见 Gauss 列主元消去法.

那么在顺序 Gauss 消去法中，矩阵 $\boldsymbol{A}$ 需要满足何种条件，主元才非零?

定理 1 Gauss 消去法主元 $a_{i,i}^{(i-1)}(i=1,2,\cdots,n)$非零的充分必要条件是：矩阵 $\mathbf{A}\in\mathbf{R}^{n\times n}$ 的顺序主子式 $\Delta_i\neq 0(i=1,2,\cdots,n)$.

证明 观察矩阵(2.3)发现，$\mathbf{A}$ 的第 $i-1$ 个顺序主子式 Δ_{i-1} 经过 1 到 $i-1$ 组初等变换后，就是矩阵(2.3)的第 $i-1$ 个顺序主子式，因此有 $\Delta_{i-1}=a_{11}\cdots a_{i-1,i-1}^{(i-1)}$，故 $\Delta_{i-1}\neq 0$ 蕴含 $a_{i-1,i-1}^{(i-1)}\neq 0$.

各阶 $\Delta_i\neq 0$ 的矩阵是存在的，例如 $\mathbf{A}$ 是对称正定矩阵或严格对角占优矩阵等. 这里严格对角占优矩阵(在迭代法中有详细介绍)是指对角元 a_{ii} 满足

$$|a_{ii}|>\sum_{j=1,j\neq i}^{n}|a_{ij}|\ (i=1,2,\cdots,n)$$

的矩阵，显然 a_{ii} 非零. 而对称正定矩阵的对角元大于零.

这两类矩阵的一个性质是：若 $\mathbf{A}$ 对称正定或严格对角占优，则矩阵(2.3)中形如式(2.8)中 $\mathbf{A}_{22}$ 的子矩阵，仍然对称正定或严格对角占优.

下面考察 Gauss 列主元法.

§2 Gauss 主元消去法

当主元 $a_{i,i}^{(i-1)}=0$ 时，Gauss 消去法出现分母为零的情况；同样若 $|a_{i,i}^{(i-1)}|$ 非常小时，将它作除数会严重损失有效数字(分母非常小)，导致计算失败.

例如，顺序 Gauss 消去法解方程组

$$\begin{pmatrix}0 & 1\\ 1 & 0\end{pmatrix}\begin{pmatrix}x_1\\ x_2\end{pmatrix}=\begin{pmatrix}1\\ 1\end{pmatrix},$$

由于 $a_{11}=0$，第 1 步便不能计算. 为避免这种情况发生，需对 Gauss 消去法作按列选主元的技巧，以增加计算稳定性. 这种按列选主元的方法简称 **Gauss 列主元法**，是标准的 Gauss 消去法. 下面介绍 Gauss 列主元法.

假设列主元法进行到第 $i-1$ 组，增广矩阵成为形式(2.3)，则第 i 组为

(1) 选主元：计算 $|a_{k,i}^{(i-1)}|=\max\{|a_{i,i}^{(i-1)}|,|a_{i+1,i}^{(i-1)}|,\cdots,|a_{n,i}^{(i-1)}|\}, i\leqslant k\leqslant n$.

(2) 换行：交换矩阵(2.3)的第 k 行和第 i 行；交换后元素 $|a_{i,i}^{(i-1)}|$ 最大.

(3) 消元：用初等变换将 $a_{i,i}^{(i-1)}$ 以下的元素 $a_{i+1,i}^{(i-1)},\cdots,a_{n,i}^{(i-1)}$ 全部消为零.

这样当 i 从 1 变化到 $n-1$ 时，增广矩阵中的 $\mathbf{A}$ 成为上三角矩阵，回代即得解. 这就是 Gauss 列主元法. 从列主元法过程看，若不记舍入误差，则 $a_{k,i}^{(i-1)}\neq 0$，否则 $\mathbf{A}$ 奇异，故列主元法一定能够顺利进行.

例 2 假设对某方程组作列主元消元后成为

$$\left(\begin{array}{cccc|c}0.193 & 0.585 & 0.35 & 0.823 & 1 \\ 0 & 0.184 & -0.012 & -0.65 & 0.099 \\ 0 & 0.543 & -0.148 & -0.618 & 0.238 \\ 0 & -1.007 & -0.797 & -1.812 & -1.75\end{array}\right),$$

则下一组列主元消元过程如下：

首先选主元

$$|a_{k,i}^{(1)}|=\max\{|0.184|,|0.543|,|-1.007|\},$$

确定 $k=4$. 然后交换第 4 行和第 2 行得

$$\left(\begin{array}{cccc|c}0.193 & 0.585 & 0.35 & 0.823 & 1 \\ 0 & -1.007 & -0.797 & -1.812 & -1.75 \\ 0 & 0.543 & -0.148 & -0.618 & 0.238 \\ 0 & 0.184 & -0.012 & -0.65 & 0.099\end{array}\right). \tag{2.5}$$

再作初等变换

$$\boldsymbol{r}_k-\frac{a_{k2}^{(1)}}{a_{22}^{(1)}}\boldsymbol{r}_2 \quad (k=3,4),$$

则矩阵(2.5)成为

$$\left(\begin{array}{cccc|c}0.193 & 0.585 & 0.35 & 0.823 & 1 \\ 0 & -1.007 & -0.797 & -1.812 & -1.75 \\ 0 & 0 & -0.577 & -1.595 & -0.705 \\ 0 & 0 & -0.157 & -0.98 & -0.22\end{array}\right).$$

继续这个过程直至增广矩阵中 $\boldsymbol{A}$ 成为上三角矩阵.

此外，还有全主元 Gauss 消去法，该方法是在矩阵(2.3)中的第 i 至 n 行、第 i 至 n 列构成的子矩阵中寻找绝对值最大的元素，然后将该元素通过行列交换到主元素 $a_{i,i}^{(i-1)}$ 的位置，再消元. 例如，在例 2 的第 2 组变换中，先在

$$\left(\begin{array}{c|ccc|c}0.193 & 0.585 & 0.35 & 0.823 & 1 \\ \hline 0 & 0.184 & -0.012 & -0.65 & 0.099 \\ 0 & 0.543 & -0.148 & -0.618 & 0.238 \\ 0 & -1.007 & -0.797 & -1.812 & -1.75\end{array}\right)=\begin{pmatrix}\boldsymbol{B}_1 & \boldsymbol{B}_2 & \boldsymbol{B}_3 \\ \boldsymbol{B}_4 & \boldsymbol{B}_5 & \boldsymbol{B}_6\end{pmatrix}$$

中第 2 至 4 行、第 2 至 4 列构成的子矩阵 $\boldsymbol{B}_5$ 中找绝对值最大的元素为 -1.812，将它交换到主元素的位置，即

$$\left(\begin{array}{c|ccc|c}0.193 & 0.823 & 0.35 & 0.585 & 1 \\ \hline 0 & -1.812 & -0.797 & -1.007 & -1.75 \\ 0 & -0.618 & -0.148 & 0.543 & 0.238 \\ 0 & -0.65 & -0.012 & 0.184 & 0.099\end{array}\right),$$

再作初等变换将元素−0.618和−0.65化为零,完成第二组变换.

虽然全主元 Gauss 消去法更有利于控制计算中的舍入误差,但在寻找主元及行列交换需要花费大量的时间. 可以证明,列主元 Gauss 消去法与全主元 Gauss 消去法的数值稳定性几乎一致,但前者运算量却大为减少,因此在解方程组时常用 Gauss 列主元法.

§3 矩阵的三角分解

本节从矩阵分解的角度研究列主元 Gauss 消去法,即对矩阵 $\boldsymbol{A}$ 作三角分解

$$\boldsymbol{PA}=\boldsymbol{LU}, \tag{2.6}$$

式中,$\boldsymbol{L}$ 和 $\boldsymbol{U}$ 分别是单位下三角矩阵和上三角矩阵,$\boldsymbol{P}$ 是置换矩阵. $\boldsymbol{P}$ 的作用相当于列主元 Gauss 消去法中的换行,它是一组初等矩阵 $\boldsymbol{P}_{ij}$ 的乘积,这里 $\boldsymbol{P}_{ij}$ 由交换单位矩阵第 i,j 列得到. $\boldsymbol{P}_{ij}\boldsymbol{A}$ 的结果是交换矩阵 $\boldsymbol{A}$ 的第 i 行和第 j 行.

称式(2.6)为**选主元的三角分解**. 若置换矩阵 $\boldsymbol{P}$ 是单位矩阵,则有 $\boldsymbol{A}=\boldsymbol{LU}$,称为 $\boldsymbol{A}$ 的直接三角分解.

如果分解(2.6)已经完成,则可按如下步骤求解 $\boldsymbol{Ax}=\boldsymbol{b}$.

(1) 令 $\boldsymbol{y}=\boldsymbol{Ux}$,先解方程组 $\boldsymbol{Ly}=\boldsymbol{Pb}$;

(2) 再解 $\boldsymbol{Ux}=\boldsymbol{y}$ 得 $\boldsymbol{x}$.

用分解(2.6)还可用于求解下列形式的线性方程组

$$\boldsymbol{Ax}=\boldsymbol{b}^{(i)},\ i=1,2,\cdots,n. \tag{2.7}$$

若使用 Gauss 消去法求解方程组(2.7),计算效率会降低,原因是用初等变换将 $(\boldsymbol{A},\boldsymbol{b}^{(i)})$ 中的 $\boldsymbol{A}$ 约化为上三角矩阵时,矩阵 $\boldsymbol{A}$ 需要重复约化 n 次. 形如方程组(2.7)的方程组将在第4章反幂法中出现.

下面考察三角分解(2.6)计算方式.

假设列主元 Gauss 法进行到第 $i-1$ 组,矩阵 $\boldsymbol{A}$ 成为

$$\boldsymbol{A}_{i-1}=\left(\begin{array}{ccc:cccc}
a_{11} & \cdots & a_{1,i-1} & a_{1,i} & a_{1,i+1} & \cdots & a_{1,n}\\
0 & \cdots & a_{2,i-1}^{(1)} & a_{2,i}^{(1)} & a_{2,i+1}^{(1)} & \cdots & a_{2,n}^{(1)}\\
\vdots & & \vdots & \vdots & \vdots & & \vdots\\
0 & \cdots & a_{i-1,i-1}^{(i-1)} & a_{i-1,i}^{(i-1)} & a_{i-1,i+1}^{(i-1)} & \cdots & a_{i-1,n}^{(i-1)}\\
\hdashline
0 & \cdots & 0 & a_{i,i}^{(i-1)} & a_{i,i+1}^{(i-1)} & \cdots & a_{i,n}^{(i-1)}\\
0 & \cdots & 0 & a_{i+1,i}^{(i-1)} & a_{i+1,i+1}^{(i-1)} & \cdots & a_{i+1,n}^{(i-1)}\\
\vdots & & \vdots & \vdots & \vdots & & \vdots\\
0 & \cdots & 0 & a_{n,i}^{(i-1)} & a_{n,i+1}^{(i-1)} & \cdots & a_{n,n}^{(i-1)}
\end{array}\right)=\begin{pmatrix}\boldsymbol{A}_{11} & \boldsymbol{A}_{12}\\ \boldsymbol{0} & \boldsymbol{A}_{22}\end{pmatrix}, \tag{2.8}$$

则第 i 组变换为

(1) 选主元：$|a_{k,i}^{(i-1)}|=\max\{|a_{i,i}^{(i-1)}|,|a_{i+1,i}^{(i-1)}|,\cdots,|a_{n,i}^{(i-1)}|\}$.

(2) 换行：交换矩阵 $\boldsymbol{A}_{i-1}$ 的第 i,k 行，将 $a_{k,i}^{(i-1)}$ 换到主元 $a_{i,i}^{(i-1)}$ 的位置. 用置换矩阵表示即为 $\boldsymbol{P}_{ki}\boldsymbol{A}_{i-1}$. 为表述方便，简记 $\boldsymbol{P}_{ki}$ 为 $\boldsymbol{P}_i$，且换行后的新矩阵 $\boldsymbol{P}_i\boldsymbol{A}_{i-1}$ 仍用式(2.8)表示.

(3) 消元：取 Gauss 变换矩阵

$$\boldsymbol{L}_i=\begin{pmatrix}1 & & & & & \\ & \ddots & & & & \\ & & 1 & & & \\ & & -m_{i+1,i} & 1 & & \\ & & \vdots & & \ddots & \\ & & -m_{n,i} & & & 1\end{pmatrix},\ m_{k,i}=\frac{a_{k,i}^{(i-1)}}{a_{i,i}^{(i-1)}},k=i+1,\cdots,n,$$

并用 $\boldsymbol{L}_i$ 左乘 $\boldsymbol{P}_i\boldsymbol{A}_{i-1}$，则矩阵(2.8)中主元 $a_{i,i}^{(i-1)}$ 以下的元素 $a_{i+1,i}^{(i-1)},\cdots,a_{n,i}^{(i-1)}$ 全部等于零. 完成了第 i 组的列主元 Gauss 法变换.

注 1　Gauss 变换 $\boldsymbol{L}_i$ 实际上是对 n 阶单位矩阵作初等变换

$$\boldsymbol{r}_k-a_{k,i}^{(i-1)}/a_{i,i}^{(i-1)}\boldsymbol{r}_i,\ k=i+1,\cdots,n$$

后的矩阵.

注 2　容易验证，$\boldsymbol{L}_i^{-1}$ 等于将 $\boldsymbol{L}_i$ 中元素 $-m_{k,i}$ 换成 $m_{k,i}(k=i+1,\cdots,n)$ 的矩阵.

因此当 i 从 1 变到 $n-1$ 时有

$$\boldsymbol{L}_{n-1}\boldsymbol{P}_{n-1}\cdots\boldsymbol{L}_2\boldsymbol{P}_2\boldsymbol{L}_1\boldsymbol{P}_1\boldsymbol{A}=\boldsymbol{A}_{n-1}=\boldsymbol{U},$$

从而

$$\boldsymbol{A}=(\boldsymbol{L}_{n-1}\boldsymbol{P}_{n-1}\cdots\boldsymbol{L}_2\boldsymbol{P}_2\boldsymbol{L}_1\boldsymbol{P}_1)^{-1}\boldsymbol{U}.$$

记 $\boldsymbol{P}=\boldsymbol{P}_{n-1}\cdots\boldsymbol{P}_2\boldsymbol{P}_1$ 为置换矩阵，$\boldsymbol{L}=\boldsymbol{P}(\boldsymbol{L}_{n-1}\boldsymbol{P}_{n-1}\cdots\boldsymbol{L}_2\boldsymbol{P}_2\boldsymbol{L}_1\boldsymbol{P}_1)^{-1}$，则有

$$\boldsymbol{PA}=\boldsymbol{LU}.$$

可以证明 $\boldsymbol{L}$ 为单位下三角矩阵.

综上所述有如下定理.

定理 2　若 $\boldsymbol{A}\in\mathbf{R}^{n\times n}$ 非奇异，则存在置换矩阵 $\boldsymbol{P}$，单位下三角矩阵 $\boldsymbol{L}$，上三角矩阵 $\boldsymbol{U}$，使得 $\boldsymbol{PA}=\boldsymbol{LU}$.

对于顺序 Gauss 消去法，由于消元过程中不需要选主元和换行，相当于 $\boldsymbol{P}$ 为单位矩阵，即为直接三角分解法. 对于直接三角分解法有如下定理.

定理 3　若 $\boldsymbol{A}\in\mathbf{R}^{n\times n}$ 的各阶顺序主子式非零，则 $\boldsymbol{A}=\boldsymbol{LU}$，其中 $\boldsymbol{L}$ 为单位下三角矩阵，$\boldsymbol{U}$ 为上三角矩阵，且分解唯一.

证明　已经证明 $\boldsymbol{A}$ 可以分解成 $\boldsymbol{L}$ 和 $\boldsymbol{U}$ 的乘积，下面证明唯一性. 假设有两个分解

$$\boldsymbol{A}=\boldsymbol{L}_1\boldsymbol{U}_1=\boldsymbol{L}_2\boldsymbol{U}_2,$$

因 $\boldsymbol{A}$ 可逆，有 $\boldsymbol{L}_2^{-1}\boldsymbol{L}_1=\boldsymbol{U}_2\boldsymbol{U}_1^{-1}$，此式左边 $\boldsymbol{L}_2^{-1}\boldsymbol{L}_1$ 是单位下三角矩阵，它等于 $\boldsymbol{U}_2\boldsymbol{U}_1^{-1}$，表明它又是上三角矩阵，故 $\boldsymbol{L}_2^{-1}\boldsymbol{L}_1$ 是单位矩阵，从而 $\boldsymbol{L}_2=\boldsymbol{L}_1$，$\boldsymbol{U}_1=\boldsymbol{U}_2$.

例 3 解 $\boldsymbol{Ax}=\boldsymbol{b}$，其中矩阵 $\boldsymbol{A}=\begin{pmatrix}1&2&1\\3&14&3\\2&2&4\end{pmatrix}$，$\boldsymbol{b}=\begin{pmatrix}1\\1\\1\end{pmatrix}$.

解 用矩阵分解方法求解. 先用列主元方法对 $\boldsymbol{A}$ 作 LU 分解.

第 1 组变换：

取 $\boldsymbol{P}_1=\begin{pmatrix}0&1&0\\1&0&0\\0&0&1\end{pmatrix}$，则 $\boldsymbol{P}_1\boldsymbol{A}=\begin{pmatrix}3&14&3\\1&2&1\\2&2&4\end{pmatrix}$；

取 $\boldsymbol{L}_1=\begin{pmatrix}1&0&0\\-\frac{1}{3}&1&0\\-\frac{2}{3}&0&1\end{pmatrix}$，则 $\boldsymbol{L}_1\boldsymbol{P}_1\boldsymbol{A}=\begin{pmatrix}3&14&3\\0&-\frac{8}{3}&0\\0&-\frac{22}{3}&2\end{pmatrix}$.

第 2 组变换：

取 $\boldsymbol{P}_2=\begin{pmatrix}1&0&0\\0&0&1\\0&1&0\end{pmatrix}$，则 $\boldsymbol{P}_2\boldsymbol{L}_1\boldsymbol{P}_1\boldsymbol{A}=\begin{pmatrix}3&14&3\\0&-\frac{22}{3}&2\\0&-\frac{8}{3}&0\end{pmatrix}$；

取 $\boldsymbol{L}_2=\begin{pmatrix}1&0&0\\0&1&0\\0&-\frac{4}{11}&1\end{pmatrix}$，则 $\boldsymbol{L}_2\boldsymbol{P}_2\boldsymbol{L}_1\boldsymbol{P}_1\boldsymbol{A}=\begin{pmatrix}3&14&3\\0&-\frac{22}{3}&2\\0&0&-\frac{8}{11}\end{pmatrix}=\boldsymbol{U}$.

下面整理数据. 取

$$\boldsymbol{P}=\boldsymbol{P}_2\boldsymbol{P}_1=\begin{pmatrix}1&0&0\\0&0&1\\0&1&0\end{pmatrix}\begin{pmatrix}0&1&0\\1&0&0\\0&0&1\end{pmatrix}=\begin{pmatrix}0&1&0\\0&0&1\\1&0&0\end{pmatrix},$$

$$\boldsymbol{L}=\boldsymbol{P}(\boldsymbol{L}_2\boldsymbol{P}_2\boldsymbol{L}_1\boldsymbol{P}_1)^{-1}=\begin{pmatrix}1&0&0\\\frac{2}{3}&1&0\\\frac{1}{3}&\frac{4}{11}&1\end{pmatrix},$$

则得三角分解 $\boldsymbol{PA}=\boldsymbol{LU}$. 下面求解 $\boldsymbol{Ax}=\boldsymbol{b}$，或 $\boldsymbol{PAx}=\boldsymbol{Pb}$，或 $\boldsymbol{LUx}=\boldsymbol{Pb}$.

先解方程组 $\boldsymbol{Ly}=\boldsymbol{Pb}$：

$$\begin{pmatrix}1&0&0\\ \frac{2}{3}&1&0\\ \frac{1}{3}&\frac{4}{11}&1\end{pmatrix}\begin{pmatrix}y_1\\ y_2\\ y_3\end{pmatrix}=\boldsymbol{Pb}\Rightarrow \boldsymbol{y}=\begin{pmatrix}1\\ \frac{1}{3}\\ \frac{6}{11}\end{pmatrix}.$$

再解 $\boldsymbol{Ux}=\boldsymbol{y}$：

$$\begin{pmatrix}3&14&3\\ 0&-\frac{22}{3}&2\\ 0&0&-\frac{8}{11}\end{pmatrix}\begin{pmatrix}x_1\\ x_2\\ x_3\end{pmatrix}=\begin{pmatrix}1\\ \frac{1}{3}\\ \frac{6}{11}\end{pmatrix},$$

得方程组的 $\boldsymbol{x}=\left(\frac{9}{4},-\frac{1}{4},-\frac{3}{4}\right)^{\mathrm{T}}$.

下面用不选主元的方法解方程组.先对 $\boldsymbol{A}$ 作三角分解.

取 $\boldsymbol{L}_1=\begin{pmatrix}1&0&0\\ -3&1&0\\ -2&0&1\end{pmatrix}$，则 $\boldsymbol{L}_1\boldsymbol{A}=\begin{pmatrix}1&2&1\\ 0&8&0\\ 0&-2&2\end{pmatrix}$.

取 $\boldsymbol{L}_2=\begin{pmatrix}1&0&0\\ 0&1&0\\ 0&\frac{1}{4}&1\end{pmatrix}$，则 $\boldsymbol{L}_2\boldsymbol{L}_1\boldsymbol{A}=\begin{pmatrix}1&2&1\\ 0&8&0\\ 0&0&2\end{pmatrix}=\boldsymbol{U}$.

所以

$$\boldsymbol{A}=\boldsymbol{L}_1^{-1}\boldsymbol{L}_2^{-1}\boldsymbol{U}=\begin{pmatrix}1&0&0\\ 3&1&0\\ 2&0&1\end{pmatrix}\begin{pmatrix}1&0&0\\ 0&1&0\\ 0&-\frac{1}{4}&1\end{pmatrix}\boldsymbol{U}=\begin{pmatrix}1&0&0\\ 3&1&0\\ 2&-\frac{1}{4}&1\end{pmatrix}\boldsymbol{U}=\boldsymbol{LU}.$$

先解 $\boldsymbol{Ly}=\boldsymbol{b}$ 得

$$\boldsymbol{y}=\left(1,-2,-\frac{3}{2}\right)^{\mathrm{T}},$$

再解 $\boldsymbol{Ux}=\boldsymbol{y}$ 得方程组的解

$$\boldsymbol{x}=\left(\frac{9}{4},-\frac{1}{4},-\frac{3}{4}\right)^{\mathrm{T}}.$$

说明　这里 $\boldsymbol{L}_1^{-1}$ 的计算应用了 Gauss 变换的性质，而乘积 $\boldsymbol{L}_1^{-1}\boldsymbol{L}_2^{-1}$ 相当于将各自严格下三角部分填写在一个单位矩阵中，这是快速计算 $\boldsymbol{L}$ 的方法.参见习题.

§4 直接三角分解法

本节介绍矩阵的直接三角分解法，又称 **Doolittle** 分解. 下面以三阶矩阵

$$A=\begin{pmatrix}1 & 2 & 1\\ 3 & 14 & 3\\ 2 & 2 & 4\end{pmatrix} \tag{2.9}$$

为例说明. 假设

$$A=LU=\begin{pmatrix}1 & 0 & 0\\ l_{21} & 1 & 0\\ l_{31} & l_{32} & 1\end{pmatrix}\begin{pmatrix}u_{11} & u_{12} & u_{13}\\ 0 & u_{22} & u_{23}\\ 0 & 0 & u_{33}\end{pmatrix}$$

$$=\begin{pmatrix}u_{11} & u_{12} & u_{13}\\ l_{21}u_{11} & l_{21}u_{12}+u_{22} & l_{21}u_{13}+u_{23}\\ l_{31}u_{11} & l_{31}u_{12}+l_{32}u_{22} & l_{31}u_{13}+l_{32}u_{23}+u_{33}\end{pmatrix}.$$

按照下列顺序计算.

U 的第 1 行元素：$u_{11}=1, u_{12}=2, u_{13}=1$；

L 的第 1 列元素：$l_{21}=\dfrac{3}{u_{11}}=3, l_{31}=\dfrac{2}{u_{11}}=2$；

U 的第 2 行元素：从 $l_{21}u_{12}+u_{22}=14$ 得 $u_{22}=8$，从 $l_{21}u_{13}+u_{23}=3$ 得 $u_{23}=0$；

L 的第 2 列元素：从 $l_{31}u_{12}+l_{32}u_{22}=2$ 得 $l_{32}=-\dfrac{1}{4}$；

U 的第 3 行元素：从 $l_{31}u_{13}+l_{32}u_{23}+u_{33}=4$ 得 $u_{33}=2$.

于是有

$$A=LU=\begin{pmatrix}1 & 0 & 0\\ 3 & 1 & 0\\ 2 & -\dfrac{1}{4} & 1\end{pmatrix}\begin{pmatrix}1 & 2 & 1\\ 0 & 8 & 0\\ 0 & 0 & 2\end{pmatrix},$$

如此完成了三阶矩阵 A 的 LU 分解.

将该思路应用于 n 阶矩阵 A，可得 $A=LU$. 符号 l_{ij}，u_{ij} 和 a_{ij} 分别表示 L，U 和 A 的元素. 为确保分解唯一性，规定 L 是单位下三角矩阵.

L 和 U 的各元素计算次序为：

对 $i=1,2,\cdots,n$，先计算 U 的第 i 行，再计算 L 的第 i 列.

当 $i=1$ 时，比较矩阵 A 与 LU 的第 1 行元素，有

$$u_{1j}=a_{1j},\ j=1,2,\cdots,n,$$

即 $\boldsymbol{U}$ 的第 1 行等于 $\boldsymbol{A}$ 的第 1 行. 再比较 $\boldsymbol{A}$ 与 $\boldsymbol{LU}$ 的第 1 列元素,从 $l_{i1}\cdot u_{11}=a_{i1}$ 得

$$l_{i1}=\frac{a_{il}}{u_{11}},\ i=2,\cdots,n.$$

假设 $\boldsymbol{U}$ 的前 $i-1$ 行、$\boldsymbol{L}$ 的前 $i-1$ 列已计算,下面进行第 i 步计算.

(1) 先计算 $\boldsymbol{U}$ 的第 i 行.

因 $\boldsymbol{U}$ 的第 i 行为$(0,\cdots 0,u_{ii},u_{i,i+1},\cdots,u_{in})$,故仅需要计算 $u_{ij}\,(j=i,i+1,\cdots,n)$. 又 $\boldsymbol{A}$ 与 $\boldsymbol{LU}$ 的对应元素相等,并注意到当 $k>i$ 时 $l_{ik}=0$,所以

$$a_{ij}=\sum_{k=1}^{n}l_{ik}u_{kj}=\sum_{k=1}^{i}l_{ik}u_{kj}=\sum_{k=1}^{i-1}l_{ik}u_{kj}+u_{ij},$$

从而

$$u_{ij}=a_{ij}-\sum_{k=1}^{i-1}l_{ik}u_{kj},\ j=i,i+1,\cdots,n.$$

(2) 同理,$\boldsymbol{L}$ 的第 i 列为$(0,\cdots,0,1,l_{i+1,i},l_{i+2,i},\cdots,l_{ni})^{\mathrm{T}}$. 由

$$a_{ji}=\sum_{k=1}^{n}l_{jk}u_{ki}=\sum_{k=1}^{i}l_{jk}u_{ki}=\sum_{k=1}^{i-1}l_{jk}u_{ki}+l_{ji}u_{ii},$$

得

$$l_{ji}=\frac{1}{u_{ii}}\left(a_{ji}-\sum_{k=1}^{i-1}l_{jk}u_{ki}\right),\ j=i+1,\cdots,n.$$

这样,当 i 从 1 变化到 n 时,即完成对矩阵 $\boldsymbol{A}$ 的 LU 分解. 将上述方法总结如下.

算法 2.1 (直接三角分解)

1. $u_{1j}=a_{1j},\ j=1,2,\cdots,n;\ l_{i1}=\dfrac{a_{i1}}{u_{11}},\ i=2,\cdots,n.$
2. 对于 $i=2,3,\cdots,n$,

   (1) 对 $j=i,i+1,\cdots,n$ 计算: $u_{ij}=a_{ij}-\sum\limits_{k=1}^{i-1}l_{ik}u_{kj}$;

   (2) 对 $j=i+1,\cdots,n$ 计算: $l_{ji}=\dfrac{1}{u_{ii}}\left(a_{ji}-\sum\limits_{k=1}^{i-1}l_{jk}u_{ki}\right)$.

直接三角分解法的乘除运算次数约为$\dfrac{n^3}{3}$,与 Gauss 消去法的计算量相当. 在实际计算中,若矩阵 $\boldsymbol{A}$ 没有其他用处,则可将 $\boldsymbol{L}$ 存放在 $\boldsymbol{A}$ 的严格下三角部分,$\boldsymbol{U}$ 存放在 $\boldsymbol{A}$ 的上三角部分,以节省存储量. 例如,对矩阵(2.9)使用算法 2.1,输出结果为

$$\boldsymbol{L}=\begin{pmatrix}1&0&0\\3&1&0\\2&-\frac{1}{4}&1\end{pmatrix},\ \boldsymbol{U}=\begin{pmatrix}1&2&1\\0&8&0\\0&0&2\end{pmatrix}.$$

若将算法 2.1 中符号 u,l 改为 a，此时算法 2.1 的输出结果为

$$\boldsymbol{A}=\begin{pmatrix}1 & 2 & 1\\ 3 & 8 & 0\\ 2 & -\frac{1}{4} & 2\end{pmatrix}.$$

显然，$\boldsymbol{L}$ 严格下三角部分元素和 $\boldsymbol{U}$ 上三角部分的元素存放在矩阵 $\boldsymbol{A}$ 中.

§5 Cholesky 分解

当矩阵 $\boldsymbol{A}$ 是对称正定矩阵时，可作称为 Cholesky 分解的三角分解. 用 LU 分解法计算 Cholesky 分解，计算效率并不高；而利用 $\boldsymbol{A}$ 对称正定的特点计算 Cholesky分解，计算量是 LU 分解法计算量的一半，大约需要$\frac{n^3}{6}$次乘除法的运算.

由于 Cholesky 分解是特殊的 LU 分解，下面用 LU 分解导出对称正定矩阵的 Cholesky 分解.

因 $\boldsymbol{A}$ 对称正定，其顺序主子式大于零，故有 $\boldsymbol{A}=\bar{\boldsymbol{L}}\boldsymbol{U}$，这里 $\bar{\boldsymbol{L}}$ 是单位下三角矩阵，$\boldsymbol{U}$ 是上三角矩阵. 下面对 $\boldsymbol{U}$ 作如下处理：

$$\boldsymbol{U}=\begin{pmatrix}u_{11} & u_{12} & \cdots & u_{1n}\\ & u_{22} & \cdots & u_{2n}\\ & & \ddots & \vdots\\ & & & u_{n,n}\end{pmatrix}$$

$$=\begin{pmatrix}u_{11} & & & \\ & u_{22} & & \\ & & \ddots & \\ & & & u_{n,n}\end{pmatrix}\begin{pmatrix}1 & u_{12}\cdot u_{11}^{-1} & \cdots & u_{1n}\cdot u_{11}^{-1}\\ & 1 & \cdots & u_{2n}\cdot u_{22}^{-1}\\ & & \ddots & \vdots\\ & & & 1\end{pmatrix}=\boldsymbol{D}\bar{\boldsymbol{U}},$$

式中，$\bar{\boldsymbol{U}}$ 是单位上三角矩阵. 于是 $\boldsymbol{A}=\bar{\boldsymbol{L}}\boldsymbol{D}\bar{\boldsymbol{U}}$. 利用 $\boldsymbol{A}$ 的对称性有

$$\boldsymbol{A}^{\mathrm{T}}=(\bar{\boldsymbol{L}}\boldsymbol{D}\bar{\boldsymbol{U}})^{\mathrm{T}}=\bar{\boldsymbol{U}}^{\mathrm{T}}\cdot(\bar{\boldsymbol{L}}\boldsymbol{D})^{\mathrm{T}}.$$

因为 $\bar{\boldsymbol{U}}^{\mathrm{T}}$ 为单位下三角阵，由三角分解唯一性知 $\bar{\boldsymbol{L}}=\bar{\boldsymbol{U}}^{\mathrm{T}}$，所以有

$$\boldsymbol{A}=\bar{\boldsymbol{L}}\boldsymbol{D}\bar{\boldsymbol{L}}^{\mathrm{T}}. \tag{2.10}$$

下面证明 $\boldsymbol{D}$ 的对角元为正. 对任意非零向量 $\boldsymbol{\alpha}$，有

$$\boldsymbol{\alpha}^{\mathrm{T}}\boldsymbol{A}\boldsymbol{\alpha}=\boldsymbol{\alpha}^{\mathrm{T}}\bar{\boldsymbol{L}}\boldsymbol{D}\bar{\boldsymbol{L}}^{\mathrm{T}}\boldsymbol{\alpha}=\boldsymbol{\beta}^{\mathrm{T}}\boldsymbol{D}\boldsymbol{\beta}>0,$$

这里

$$\boldsymbol{\beta}=\bar{\boldsymbol{L}}^{\mathrm{T}}\boldsymbol{\alpha}=(\beta_1,\beta_2,\cdots,\beta_n)^{\mathrm{T}},$$

也是非零向量，则 $\boldsymbol{\beta}^{\mathrm{T}}\boldsymbol{D}\boldsymbol{\beta}=\sum\limits_{i=1}^{n}u_{ii}\beta_i^2>0$，再由 $\boldsymbol{\alpha}$ 的任意性知 $u_{ii}>0(i=1,2,\cdots,n)$.

记

$$\sqrt{\boldsymbol{D}}=\mathrm{diag}(\sqrt{u_{11}},\sqrt{u_{22}},\cdots,\sqrt{u_{nn}}),$$

则

$$\begin{aligned}\boldsymbol{A}&=\bar{\boldsymbol{L}}\boldsymbol{D}\bar{\boldsymbol{L}}^{\mathrm{T}}=\bar{\boldsymbol{L}}\sqrt{\boldsymbol{D}}\sqrt{\boldsymbol{D}}\,\bar{\boldsymbol{L}}^{\mathrm{T}}=\boldsymbol{L}\boldsymbol{L}^{\mathrm{T}}\\&=\boldsymbol{L}\boldsymbol{L}^{\mathrm{T}},\end{aligned}\tag{2.11}$$

式中，$\boldsymbol{L}=\bar{\boldsymbol{L}}\sqrt{\boldsymbol{D}}$为单位下三角矩阵，且对角元为正.

分解(2.11)称为矩阵 $\boldsymbol{A}$ 的 Cholesky 分解，$\boldsymbol{L}$ 为 Cholesky 分解因子，且分解唯一.

例如，3 阶对称正定矩阵

$$\boldsymbol{A}=\begin{pmatrix}1&2&1\\2&5&3\\1&3&3\end{pmatrix}=\begin{pmatrix}1&0&0\\2&1&0\\1&1&1\end{pmatrix}\begin{pmatrix}1&2&1\\0&4&4\\0&0&16\end{pmatrix}=\bar{\boldsymbol{L}}\boldsymbol{U}$$

$$=\begin{pmatrix}1&0&0\\2&1&0\\1&1&1\end{pmatrix}\begin{pmatrix}1&&\\&4&\\&&16\end{pmatrix}\begin{pmatrix}1&2&1\\0&1&1\\0&0&1\end{pmatrix}\qquad //\text{使用公式(2.10)}$$

$$=\begin{pmatrix}1&0&0\\2&1&0\\1&1&1\end{pmatrix}\begin{pmatrix}1&&\\&2&\\&&4\end{pmatrix}\begin{pmatrix}1&&\\&2&\\&&4\end{pmatrix}\begin{pmatrix}1&2&1\\0&1&1\\0&0&1\end{pmatrix},\qquad //\text{使用公式(2.11)}$$

记

$$\boldsymbol{L}=\begin{pmatrix}1&0&0\\2&1&0\\1&1&1\end{pmatrix}\begin{pmatrix}1&&\\&2&\\&&4\end{pmatrix}=\begin{pmatrix}1&0&0\\2&2&0\\1&2&4\end{pmatrix},$$

有

$$\boldsymbol{A}=\boldsymbol{L}\boldsymbol{L}^{\mathrm{T}}.$$

综上所述，有如下定理.

定理 4 若 $\boldsymbol{A}\in\mathbf{R}^{n\times n}$ 对称正定，则存在唯一对角元为正的下三角矩阵 $\boldsymbol{L}\in\mathbf{R}^{n\times n}$，使得 $\boldsymbol{A}=\boldsymbol{L}\boldsymbol{L}^{\mathrm{T}}$.

使用矩阵 LU 分解计算 Cholesky 分解，计算量大，但是它指出了 Cholesky 分解的存在性. 实际上使用类似于 Doolittle 分解的方式，可以大大减少 Cholesky 分解的计算量. 例如，

$$\boldsymbol{A}=\begin{pmatrix}1&2&1\\2&5&3\\1&3&3\end{pmatrix}=\boldsymbol{L}\boldsymbol{L}^{\mathrm{T}}=\begin{pmatrix}l_{11}&&\\l_{21}&l_{22}&\\l_{31}&l_{32}&l_{33}\end{pmatrix}\begin{pmatrix}l_{11}&l_{21}&l_{31}\\&l_{22}&l_{32}\\&&l_{33}\end{pmatrix}$$

$$
= \begin{pmatrix} l_{11}^2 & & \text{对称} \\ l_{21}l_{11} & l_{21}^2 + l_{22}^2 & \\ l_{31}l_{11} & l_{31}l_{21} + l_{32}l_{22} & l_{31}^2 + l_{32}^2 + l_{33}^2 \end{pmatrix}.
$$

通过上式很容易计算出矩阵 $\boldsymbol{L}$ 的各个元素.

利用上述思想,对 n 阶对称正定矩阵的 Cholesky 分解计算公式如下.

算法 2.2 （Cholesky 分解）

对于 $j=1,2,\cdots,n$,

1. 计算 $l_{jj} = \sqrt{a_{jj} - \sum_{k=1}^{j-1} l_{jk}^2}$;

2. 对于 $i = j+1, j+2, \cdots, n$,计算 $l_{ij} = \frac{1}{l_{jj}}\left(a_{ij} - \sum_{k=1}^{j-1} l_{ik}l_{jk}\right)$.

由算法 2.2 知 $a_{jj} = \sum_{k=1}^{j} l_{jk}^2$,所以 $l_{jk}^2 \leqslant \sum_{k=1}^{j} l_{jk}^2 = a_{jj}$,即 $\boldsymbol{L}$ 的元素不会变得非常大,且 l_{jj} 为正,表明 Cholesky 分解是数值稳定的.容易算出该分解乘除法的计算量大约为 $\frac{n^3}{6}$,是 LU 分解计算量的一半.

根据分解(2.11),对称正定方程组 $\boldsymbol{Ax}=\boldsymbol{b}$ 可以按如下步骤求解:

(1) 对 $\boldsymbol{A}$ 作分解得 $\boldsymbol{LL}^{\mathrm{T}}\boldsymbol{x}=\boldsymbol{b}$;

(2) 解方程组 $\boldsymbol{Ly}=\boldsymbol{b}$ 得 $\boldsymbol{y}$;

(3) 解 $\boldsymbol{L}^{\mathrm{T}}\boldsymbol{x}=\boldsymbol{y}$ 得 $\boldsymbol{x}$.

上述方法称为求解对称正定方程组的平方根方法.

§6 改进的平方根方法

在 Cholesky 分解中需要进行开方运算.如果对 $\boldsymbol{A}$ 作形如式(2.10)的分解

$$
\boldsymbol{A}=\boldsymbol{LDL}^{\mathrm{T}}, \tag{2.12}
$$

其中 $\boldsymbol{L}$ 是单位下三角矩阵,则可避免开方运算,对应的求解线性方程组的方法称为**改进的平方根法**,即

(1) 先解 $\boldsymbol{Ly}=\boldsymbol{b}$;

(2) 再解 $\boldsymbol{DL}^{\mathrm{T}}\boldsymbol{x}=\boldsymbol{y}$ 得 $\boldsymbol{x}$.

值得注意的是,分解(2.12)仅要求 $\boldsymbol{A}$ 对称、各阶顺序主子式非零即可.假设 $\boldsymbol{D}$ 的对角元为 $d_i(i=1,2,\cdots,n)$,应用 Doolittle 分解法的思想,无开方的 Cholesky

分解算法如下.

算法 2.3 （无开方 Choleskey 分解算法）

对于 $j=1,2,\cdots,n$,

1. 计算 $d_j = a_{jj} - \sum_{k=1}^{j-1} d_k l_{jk}^2$；

2. 对于 $i=j+1,j+2,\cdots,n$,计算 $l_{ij} = \frac{1}{d_j}\left(a_{ij} - \sum_{k=1}^{j-1} d_k l_{ik} l_{jk}\right)$.

§7 追赶法

追赶法可用来求解下列形式的线性方程组

$$\begin{pmatrix} b_1 & c_1 & & & \\ a_2 & b_2 & c_2 & & \\ & \ddots & \ddots & \ddots & \\ & & a_{n-1} & b_{n-1} & c_{n-1} \\ & & & a_n & b_n \end{pmatrix} \begin{pmatrix} x_1 \\ x_2 \\ \vdots \\ x_{n-1} \\ x_n \end{pmatrix} = \begin{pmatrix} d_1 \\ d_2 \\ \vdots \\ d_{n-1} \\ d_n \end{pmatrix}. \tag{2.13}$$

因方程组(2.13)的系数矩阵是三对角矩阵,故称方程组(2.13)为三对角方程组,记为 $\boldsymbol{Ax}=\boldsymbol{d}$. 由于 $\boldsymbol{A}$ 结构特殊,因此用 Gauss 消去法求解方程组(2.13)可大大简化. 本书中方程组(2.13)会出现在三次样条插值和边值问题的计算中,并且方程组(2.13)是严格对角占优方程组,即 $\boldsymbol{A}$ 满足条件:

$$|b_i|>|a_i|+|c_i| \ (i=1,2,\cdots n, a_1=c_n=0).$$

严格对角占优矩阵有如下性质:

(1) $\boldsymbol{A}$ 的各阶顺序主子式非零;

(2) $\boldsymbol{A}$ 经过一次 Gauss 消元 $\boldsymbol{L}_1\boldsymbol{A}=\begin{pmatrix} a_{11} & \boldsymbol{A}_{12} \\ \boldsymbol{0} & \boldsymbol{A}_{22} \end{pmatrix}$后,子矩阵 $\boldsymbol{A}_{22}$ 还是严格对角占优矩阵.

因此可用顺序 Gauss 消去法将增广矩阵$(\boldsymbol{A}, \boldsymbol{d})$化为三角形矩阵

$$(\boldsymbol{A},\boldsymbol{d})=\begin{pmatrix} b_1 & c_1 & & & & d_1 \\ a_2 & b_2 & c_2 & & & d_2 \\ & \ddots & \ddots & \ddots & & \vdots \\ & & a_{n-1} & b_{n-1} & c_{n-1} & d_{n-1} \\ & & & a_n & b_n & d_n \end{pmatrix} \xrightarrow{\text{初等变换}} \begin{pmatrix} 1 & u_1 & & & & y_1 \\ & 1 & u_2 & & & y_2 \\ & & \ddots & \ddots & & \vdots \\ & & & 1 & u_{n-1} & y_{n-1} \\ & & & & 1 & y_n \end{pmatrix}.$$

计算思路：在进行每一组消元时，先将主元(对角元)化为1，然后用初等行变换消元．这样当i从1变化到$n-1$时，即可用回代公式得方程组(2.13)的解．例如，消元的前两组为：先将元素b_1化为1，则

$$(\boldsymbol{A},\boldsymbol{d})=\begin{pmatrix} b_1 & c_1 & & & & d_1 \\ a_2 & b_2 & c_2 & & & d_2 \\ & \ddots & \ddots & \ddots & & \vdots \\ & & a_{n-1} & b_{n-1} & c_{n-1} & d_{n-1} \\ & & & a_n & b_n & d_n \end{pmatrix} \to \begin{pmatrix} 1 & \frac{c_1}{b_1} & & & & \frac{d_1}{b_1} \\ a_2 & b_2 & c_2 & & & d_2 \\ & \ddots & \ddots & \ddots & & \vdots \\ & & a_{n-1} & b_{n-1} & c_{n-1} & d_{n-1} \\ & & & a_n & b_n & d_n \end{pmatrix},$$

所以有$u_1=\dfrac{c_1}{b_1}$，$y_1=\dfrac{d_1}{b_1}$．继续将a_2消为零，得

$$\begin{pmatrix} 1 & u_1 & & & & y_1 \\ a_2 & b_2 & c_2 & & & d_2 \\ & \ddots & \ddots & \ddots & & \vdots \\ & & a_{n-1} & b_{n-1} & c_{n-1} & d_{n-1} \\ & & & a_n & b_n & d_n \end{pmatrix} \to \begin{pmatrix} 1 & u_1 & & & & y_1 \\ 0 & b_2-a_2u_1 & c_2 & & & d_2-a_2y_1 \\ & \ddots & \ddots & \ddots & & \vdots \\ & & a_{n-1} & b_{n-1} & c_{n-1} & d_{n-1} \\ & & & a_n & b_n & d_n \end{pmatrix}.$$

将元素$b_2-a_2u_1$化为1之后，可知

$$u_2=\frac{c_2}{b_2-a_2u_1},\ y_2=\frac{d_2-a_2y_1}{b_2-a_2u_1}.$$

将这个过程继续下去，直到$\boldsymbol{A}$成为上三角矩阵，最后用回代方法即可得出式(2.13)的解．整个过程可用递推公式表示如下．

算法 2.4 （追赶法）

1. 计算$u_1=\dfrac{c_1}{b_1}$，$y_1=\dfrac{d_1}{b_1}$；　　// 消元
2. 对于$i=2,3,\cdots,n-1$，计算$u_i=\dfrac{c_i}{b_i-a_iu_{i-1}}$；
3. 对于$i=2,3,\cdots,n$，计算$y_i=\dfrac{d_i-a_iy_{i-1}}{b_i-a_iu_{i-1}}$；
4. $x_n=y_n$；　　//回代
5. 对于$i=n,n-1,\cdots,1$，计算$x_i=y_i-u_ix_{i+1}$．

从追赶法过程可以看出，方程组(2.13)的系数矩阵$\boldsymbol{A}$可以用3个向量

$$\boldsymbol{a}=(a_2,a_3,\cdots,a_n),\ \boldsymbol{b}=(b_1,b_2,\cdots,b_n),\ \boldsymbol{c}=(c_1,c_2,\cdots,c_{n-1})$$

表示，因此使用算法2.4时，矩阵$\boldsymbol{A}$不必形成．

例 4　用追赶法解方程组

$$\begin{pmatrix} -4 & 1 & 0 \\ 1 & -4 & 1 \\ 0 & 1 & -4 \end{pmatrix} \boldsymbol{x} = \begin{pmatrix} -3 \\ -2 \\ -3 \end{pmatrix}.$$

解　$u_1 = \dfrac{c_1}{b_1} = -\dfrac{1}{4} = -0.25,$

$$y_1 = \frac{d_1}{b_1} = \frac{3}{4} = 0.75,$$

$$u_2 = \frac{c_2}{b_2 - a_2 u_1} = \frac{1}{-4 - 1 \times (-0.25)} = -\frac{4}{15},$$

$$y_2 = \frac{d_2 - a_2 y_1}{b_2 - a_2 u_1} = \frac{-2 - 1 \times 0.75}{-4 - 1 \times (-0.25)} = \frac{11}{15},$$

$$y_3 = \frac{d_3 - a_3 y_2}{b_3 - a_3 u_2} = \frac{-3 - 1 \times \dfrac{11}{15}}{-4 - 1 \times \dfrac{-4}{15}} = 1.$$

回代得

$$x_3 = y_3 = 1,$$

$$x_2 = y_2 - u_2 x_3 = \frac{11}{15} + \frac{4}{15} \times 1 = 1,$$

$$x_1 = y_1 - u_1 x_2 = \frac{3}{4} + \frac{1}{4} \times 1 = 1.$$

所以方程组的解为 $\boldsymbol{x} = (1,1,1)^{\mathrm{T}}$.

§ 8　向量和矩阵的范数

用 Gauss 消去法求得方程组的解后，可对解作误差分析. 对于数的误差，可用绝对值来衡量大小. 但方程组的解是向量，此时要用什么来衡量向量的大小呢？这个工具就是范数. 从下面的定义可看出范数是绝对值的推广.

1. 向量范数

在线性代数中，向量 $\boldsymbol{x} = (x_1, x_2, \cdots, x_n)^{\mathrm{T}}$ 的欧几里德范数定义为

$$\| \boldsymbol{x} \| = \sqrt{x_1^2 + x_2^2 + \cdots + x_n^2},$$

用符号 $\| \boldsymbol{x} \|_2$ 表示. 欧几里德范数又称为 2-范数，其几何意义是 n 维向量空间中的点 $\boldsymbol{x}$ 到坐标原点的距离.

例如，向量 $\boldsymbol{x} = (1,2,3)^{\mathrm{T}}$，则 $\| \boldsymbol{x} \|_2 = \sqrt{14}$.

欧几里德范数是下面定义的向量范数的特例.

定义 1　设 $\boldsymbol{x}=(x_1,x_2,\cdots,x_n)^{\mathrm{T}}\in\mathbf{R}^n$，若 $\mathbf{R}^n$ 到 $\mathbf{R}$ 的非负函数 $\|\boldsymbol{x}\|$ 满足下列条件：

(1) $\|\boldsymbol{x}\|\geqslant 0$；当且仅当 $\boldsymbol{x}=\mathbf{0}$ 时 $\|\boldsymbol{x}\|=0$；

(2) 对任意实数 k，$\|k\boldsymbol{x}\|=|k|\,\|\boldsymbol{x}\|$；

(3) $\|\boldsymbol{x}+\boldsymbol{y}\|\leqslant\|\boldsymbol{x}\|+\|\boldsymbol{y}\|$，

则称 $\|\cdot\|$ 是 $\mathbf{R}^n$ 上的向量范数.

容易验证：

(1) $\|\boldsymbol{x}\|_1=|x_1|+|x_2|+\cdots+|x_n|$，

(2) $\|\boldsymbol{x}\|_\infty=\max\{|x_1|,|x_2|,\cdots,|x_n|\}$

都满足向量范数的定义，因而都是向量范数，分别称为向量 $\boldsymbol{x}$ 的 1-范数和∞-范数. 实际上这两个范数及 2-范数都是向量 p-范数

$$\|\boldsymbol{x}\|_p=\left(\sum_{k=1}^{n}|x_k|^p\right)^{\frac{1}{p}},\ p\geqslant 1$$

在 $p=1,2,\infty$ 时的特殊情形. 显然，对于 $\boldsymbol{x}\in\mathbf{R}^1$ 来说，$\|\boldsymbol{x}\|_p$ 就是数的绝对值运算.

对于给定向量 $\boldsymbol{x}$，取不同范数运算，值一般不相等. 例如，$\boldsymbol{x}=(1,2,-3)^{\mathrm{T}}$ 的 1-范数，2-范数，∞-范数分别为 $6,\sqrt{14},3$.

显然，范数作为向量的函数，是连续的.

同时，尽管向量范数有许多种，但它们在定理 5 的意义下是相互等价的.

定理 5　假设 $\|\boldsymbol{x}\|_\alpha$，$\|\boldsymbol{x}\|_\beta$ 是 $\mathbf{R}^n$ 上的任意两个范数，则存在正常数 m,M 使得

$$m\|\boldsymbol{x}\|_\alpha\leqslant\|\boldsymbol{x}\|_\beta\leqslant M\|\boldsymbol{x}\|_\alpha.$$

在讨论线性方程组解的误差时，还涉及矩阵运算. 下面给出与向量范数相容的矩阵范数定义.

2. 矩阵范数

类似于向量范数，矩阵的范数定义如下.

定义 2　设 $\boldsymbol{A},\boldsymbol{B}\in\mathbf{R}^{n\times n}$，若 $\mathbf{R}^{n\times n}$ 到 $\mathbf{R}$ 的非负函数 $\|\cdot\|$ 满足下列条件：

(1) $\|\boldsymbol{A}\|\geqslant 0$，当且仅当 $\boldsymbol{A}=\mathbf{0}$ 时 $\|\boldsymbol{A}\|\geqslant 0$；

(2) 对任意实数 k，$\|k\boldsymbol{A}\|=|k|\,\|\boldsymbol{A}\|$；

(3) $\|\boldsymbol{A}+\boldsymbol{B}\|\leqslant\|\boldsymbol{A}\|+\|\boldsymbol{B}\|$，$\|\boldsymbol{A}\cdot\boldsymbol{B}\|\leqslant\|\boldsymbol{A}\|\cdot\|\boldsymbol{B}\|$，

则称 $\|\cdot\|$ 是 $\mathbf{R}^n$ 上的矩阵范数.

在误差分析中，还有矩阵与向量的乘积 $\boldsymbol{Ax}$ 的计算，故还需对上述定义的范数再作进一步要求，使之满足称为**"相容性"**的要求，即

$$\|\boldsymbol{Ax}\|\leqslant\|\boldsymbol{A}\|\,\|\boldsymbol{x}\|,$$

为此假设 $\boldsymbol{A}\in\mathbf{R}^{n\times n}$，$\boldsymbol{x}\in\mathbf{R}^n$，对于给定的向量范数 $\|\boldsymbol{x}\|$，定义非负函数

$$\| A \| = \max_{\| x \| \neq 0} \frac{\| Ax \|}{\| x \|}, \tag{2.14}$$

容易验证,式(2.14)有如下性质:

(1) $\| Ax \| \leqslant \| A \| \, \| x \|$;

(2) $\| A \| \geqslant 0$,当且仅当 $A=0$ 时 $\| A \| \geqslant 0$;

(3) $\| kA \| = |k| \, \| A \|$,其中 k 是实数;

(4) $\| A+B \| \leqslant \| A \| + \| B \|$, $\| AB \| \leqslant \| A \| \, \| B \|$.

性质(1)的证明:由于

$$\| A \| = \max_{\| x \| \neq 0} \frac{\| Ax \|}{\| x \|} \geqslant \frac{\| Ax \|}{\| x \|},$$

所以有

$$\| Ax \| \leqslant \| A \| \, \| x \|.$$

性质(2)～(4)的证明略. 性质(2)～(4)表明,式(2.14)定义的非负函数是矩阵范数;性质(1)表明,矩阵范数(2.14)与向量范数相容.

对于 $p=1,2,\infty$ 的向量范数,对应的矩阵范数有如下定理.

定理 6　假设 $x \in \mathbf{R}^n, A \in \mathbf{R}^{n \times n}$,则

(1) $\| A \|_1 = \max\limits_{1 \leqslant j \leqslant n} \left(\sum\limits_{i=1}^{n} | a_{ij} | \right)$,即矩阵 1-范数等于其列绝对值和的最大值;

(2) $\| A \|_\infty = \max\limits_{1 \leqslant i \leqslant n} \left(\sum\limits_{j=1}^{n} | a_{ij} | \right)$,即矩阵 ∞-范数等于其行绝对值和的最大值;

(3) $\| A \|_2 = \sqrt{\lambda_{\max}(A^{\mathrm{T}} A)}$,其中 $\lambda_{\max}(A^{\mathrm{T}} A)$表示矩阵 $A^{\mathrm{T}} A$ 的最大特征值.

证明　(仅证明(2))设任意非零向量 $x=(x_1, x_2, \cdots, x_n)^{\mathrm{T}}$,则

$$\| Ax \|_\infty = \max_{1 \leqslant i \leqslant n} \left| \sum_{j=1}^{n} a_{ij} x_j \right| \leqslant \max_{1 \leqslant i \leqslant n} \sum_{j=1}^{n} | a_{ij} | \, | x_j | \leqslant \| x \|_\infty \max_{1 \leqslant i \leqslant n} \sum_{j=1}^{n} | a_{ij} |,$$

所以有

$$\frac{\| Ax \|_\infty}{\| x \|_\infty} \leqslant \max_{1 \leqslant i \leqslant n} \sum_{j=1}^{n} | a_{ij} |.$$

下证存在非零向量$\tilde{x}$,使得上式等号成立.

假设 A 的第 k 行元素的绝对值和等于 $\max\limits_{1 \leqslant i \leqslant n} \sum\limits_{j=1}^{n} | a_{ij} |$,则取向量$\tilde{x}=(\tilde{x}_1, \cdots, \tilde{x}_n)^{\mathrm{T}}$,它的 n 个分量取值为

$$\tilde{x}_j = \begin{cases} 1, & a_{kj} \geqslant 0, \\ -1, & a_{kj} < 0, \end{cases} \quad j=1,2,\cdots,n,$$

于是 $A\tilde{x}$ 的第 k 个分量等于

$$\sum_{j=1}^{n} a_{kj}\tilde{x}_j = \sum_{j=1}^{n} |a_{kj}| = \max_{1\leqslant i\leqslant n}\sum_{j=1}^{n} |a_{ij}|,$$

所以结论成立.

例 5 计算矩阵 $\boldsymbol{A}=\begin{pmatrix} 0 & -2 & -2 \\ 5 & 4 & 5 \\ -1 & 2 & 1 \end{pmatrix}$ 的 1,2,∞-范数.

解 根据定义,

$$\begin{aligned}\|\boldsymbol{A}\|_1 &= \max\{|0|+|5|+|-1|,|-2|+|4|+|2|,|-2|+|5|+|1|\}\\ &= \max\{6,8,8\}=8,\end{aligned}$$

$$\|\boldsymbol{A}\|_\infty = \max\{4,14,4\}=14,$$

下面计算 2-范数. 首先计算

$$\boldsymbol{B}=\boldsymbol{A}^{\mathrm{T}}\boldsymbol{A}=\begin{pmatrix} 26 & 18 & 24 \\ 18 & 24 & 26 \\ 24 & 26 & 30 \end{pmatrix},$$

再计算 $\boldsymbol{B}$ 的特征值,分别为 7.433,0.119,72.448,所以 $\|\boldsymbol{A}\|_2=\sqrt{72.448}$.

下面以例题形式给出几个常用的与范数有关的结论. 这些结论主要用于第 3 章迭代法的收敛性.

定义 3 假设 n 阶方阵 $\boldsymbol{A}$ 的特征值是 $\lambda_i(i=1,2,\cdots,n)$,称 $\rho(\boldsymbol{A})=\max\limits_{1\leqslant i\leqslant n}|\lambda_i|$ 为 $\boldsymbol{A}$ 的谱半径.

例 6 设 $\boldsymbol{A}\in\mathbf{R}^{n\times n}$,对 $\mathbf{R}^{n\times n}$ 上任意矩阵范数 $\|\cdot\|$,有 $\rho(\boldsymbol{A})\leqslant\|\boldsymbol{A}\|$.

证明 设 λ 是 $\boldsymbol{A}$ 的特征值,且 $|\lambda|=\rho(\boldsymbol{A})$,$\boldsymbol{\xi}$ 为对应的特征向量,满足 $\boldsymbol{A\xi}=\lambda\boldsymbol{\xi}$,则

$$\|\boldsymbol{A}\| = \max_{\|\boldsymbol{x}\|\neq 0}\frac{\|\boldsymbol{Ax}\|}{\|\boldsymbol{x}\|}\geqslant\frac{\|\boldsymbol{A\xi}\|}{\|\boldsymbol{\xi}\|}=|\lambda|=\rho(\boldsymbol{A}).$$

例 7 设 $\boldsymbol{A}\in\mathbf{R}^{n\times n}$,对任意给定 $\varepsilon>0$,存在矩阵范数 $\|\cdot\|$,使得

$$\|\boldsymbol{A}\|\leqslant\rho(\boldsymbol{A})+\varepsilon.$$

证明 由矩阵 Jordan 分解定理知,存在可逆矩阵 $\boldsymbol{P}$ 使得

$$\boldsymbol{P}^{-1}\boldsymbol{AP}=\begin{pmatrix} \lambda_1 & \delta_1 & & & \\ & \lambda_2 & \delta_2 & & \\ & & \ddots & \ddots & \\ & & & \lambda_{n-1} & \delta_{n-1} \\ & & & & \lambda_n \end{pmatrix},$$

其中 $\delta_i=1$ 或 0. 取对角矩阵

$$\boldsymbol{D}=\mathrm{diag}(1,\varepsilon,\varepsilon^2,\cdots,\varepsilon^{n-1}),$$

并定义矩阵 $\boldsymbol{A}$ 的范数如下:

$$\|A\| = \|D^{-1}P^{-1}APD\|_{\infty} = \left\|\begin{pmatrix} \lambda_1 & \varepsilon\delta_1 & & & \\ & \lambda_2 & \varepsilon\delta_2 & & \\ & & \ddots & \ddots & \\ & & & \lambda_{n-1} & \varepsilon\delta_{n-1} \\ & & & & \lambda_n \end{pmatrix}\right\|_{\infty}$$

$$= \max_{1\leqslant i\leqslant n}(|\lambda_i| + |\varepsilon\delta_i|) \leqslant \rho(\mathbf{A}) + \varepsilon \quad (\text{这里 } \delta_n = 0),$$

所以结论成立.

注　例 7 中的矩阵范数与 ε 有关.

例 8　记 $\mathbf{A}^k$ 是矩阵 $\mathbf{A}$ 的 k 次幂，则 $\lim\limits_{k\to\infty}\mathbf{A}^k = \mathbf{0} \Leftrightarrow \rho(\mathbf{A}) < 1$.

证明　(充分性)由于 $\rho(\mathbf{A}) < 1$，存在非零数 $\varepsilon > 0$，使得 $\rho(\mathbf{A}) + \varepsilon < 1$，故由例 7 知，存在范数 $\|\cdot\|$，使得 $\|\mathbf{A}\| \leqslant \rho(\mathbf{A}) + \varepsilon < 1$，因此

$$0 \leqslant \|\mathbf{A}^k - \mathbf{0}\| \leqslant \|\mathbf{A}\|^k \leqslant (\rho(\mathbf{A}) + \varepsilon)^k \to \mathbf{0} \ (k \to \infty),$$

所以 $\lim\limits_{k\to\infty}\mathbf{A}^k = \mathbf{0}$.

(必要性)假设 $\rho(\mathbf{A}) = |\lambda|$，则

$$\rho(\mathbf{A})^k = |\lambda|^k \leqslant \rho(\mathbf{A}^k) \leqslant \|\mathbf{A}^k\| \to 0,$$

所以 $\rho(\mathbf{A}) < 1$.

例 9　设 $\mathbf{A} \in \mathbf{R}^{n\times n}$，对 $\mathbf{R}^{n\times n}$ 上任意矩阵范数 $\|\cdot\|$，有 $\lim\limits_{k\to\infty}\|\mathbf{A}^k\|^{\frac{1}{k}} = \rho(\mathbf{A})$.

证明　从 $\rho(\mathbf{A})^k = \rho(\mathbf{A}^k) \leqslant \|\mathbf{A}^k\|$ 得知

$$\rho(\mathbf{A}) \leqslant \|\mathbf{A}^k\|^{\frac{1}{k}}.$$

其次取矩阵

$$\mathbf{B} = \frac{1}{\rho(\mathbf{A}) + \varepsilon}\mathbf{A},$$

显然有 $\rho(\mathbf{B}) < 1$，从而 $\lim\limits_{k\to\infty}\mathbf{B}^k = \mathbf{0}$，即对充分大的 k 有 $\|\mathbf{B}^k\| \leqslant 1$，或

$$\|\mathbf{A}^k\| \leqslant (\rho(\mathbf{A}) + \varepsilon)^k,$$

所以有

$$\rho(\mathbf{A}) \leqslant \|\mathbf{A}^k\|^{\frac{1}{k}} \leqslant \rho(\mathbf{A}) + \varepsilon.$$

再由 ε 的任意性，即有

$$\lim_{k\to\infty}\|\mathbf{A}^k\|^{\frac{1}{k}} = \rho(\mathbf{A}).$$

例 10　当 $\|\mathbf{A}^{-1}\mathbf{B}\| < 1$ 时，矩阵 $\mathbf{A} \pm \mathbf{B}$ 可逆，且

$$\|(\mathbf{I} \pm \mathbf{A}^{-1}\mathbf{B})^{-1}\| \leqslant \frac{1}{1 - \|\mathbf{A}^{-1}\mathbf{B}\|}.$$

证明　(对符号取“+”的情况证明)由 $\|\mathbf{A}^{-1}\mathbf{B}\| < 1$ 知 $\rho(\mathbf{A}^{-1}\mathbf{B}) < 1$，从而行列式 $|\mathbf{I} + \mathbf{A}^{-1}\mathbf{B}| \neq 0$，故 $\mathbf{I} + \mathbf{A}^{-1}\mathbf{B}$ 可逆，从而 $\mathbf{A} + \mathbf{B}$ 可逆.

为表示方便，记$\boldsymbol{C}=\boldsymbol{A}^{-1}\boldsymbol{B}$，由于

$$\boldsymbol{I}=(\boldsymbol{I}+\boldsymbol{C})(\boldsymbol{I}+\boldsymbol{C})^{-1}=(\boldsymbol{I}+\boldsymbol{C})^{-1}+\boldsymbol{C}(\boldsymbol{I}+\boldsymbol{C})^{-1},$$

所以

$$(\boldsymbol{I}+\boldsymbol{C})^{-1}=\boldsymbol{I}-\boldsymbol{C}(\boldsymbol{I}+\boldsymbol{C})^{-1},$$

两边取范数得

$$\|(\boldsymbol{I}+\boldsymbol{C})^{-1}\|=\|\boldsymbol{I}-\boldsymbol{C}(\boldsymbol{I}+\boldsymbol{C})^{-1}\|\leqslant 1+\|\boldsymbol{C}\|\,\|(\boldsymbol{I}+\boldsymbol{C})^{-1}\|.$$

所以有

$$\|(\boldsymbol{I}+\boldsymbol{C})^{-1}\|\leqslant\frac{1}{1-\|\boldsymbol{C}\|}.$$

对符号取“—”的情况同理可证.

§9 误差分析

在求解方程组$\boldsymbol{Ax}=\boldsymbol{b}$时，当矩阵$\boldsymbol{A}$或$\boldsymbol{b}$的元素存在微小的误差时，引起解发生很大的变化，则称该方程组为病态方程组. 刻画方程组是否病态的一个指标是其系数矩阵$\boldsymbol{A}$的条件数，定义为$\|\boldsymbol{A}\|\times\|\boldsymbol{A}^{-1}\|$，它的大小可能会对解$\boldsymbol{x}$的精度产生影响. 例如，有两个方程组如下：

$$\text{(a)}\ \begin{cases}x+y=2,\\ x+1.0001y=2;\end{cases}\qquad \text{(b)}\ \begin{cases}x+y=2,\\ x+1.0001y=2.0001.\end{cases}$$

这两个方程组看上去差别非常小，但是它们的解却有很大的区别，事实上方程组(a)和(b)的解分别为

$$\boldsymbol{x}_{\mathrm{a}}=\begin{pmatrix}2\\0\end{pmatrix},\ \boldsymbol{x}_{\mathrm{b}}=\begin{pmatrix}1\\1\end{pmatrix}.$$

方程组(b)可理解为(a)的右端$(2,2)^{\mathrm{T}}$发生了一个小扰动(误差)$\boldsymbol{\delta}=(0,0.0001)^{\mathrm{T}}$. 而用1-范数计算的条件数

$$\begin{aligned}\|\boldsymbol{A}\|_1\|\boldsymbol{A}^{-1}\|_1&=\left\|\begin{pmatrix}1&1\\1&1.0001\end{pmatrix}\right\|_1\times\left\|\begin{pmatrix}10001&-10000\\-10000&10000\end{pmatrix}\right\|_1\\&=2.0001\times 20001\\&=40004.0001.\end{aligned}$$

因此方程组(a)的条件数非常大，数据小扰动使得(a)的解发生很大变化，解相对误差为

$$\frac{\|\boldsymbol{x}_{\mathrm{a}}-\boldsymbol{x}_{\mathrm{b}}\|_1}{\|\boldsymbol{x}_{\mathrm{a}}\|_1}=\frac{2}{2}=100\%.$$

又如有两个方程组如下：

(c) $\begin{cases}5x+y=2,\\ x+5.0001y=2;\end{cases}$　　(d) $\begin{cases}5x+y=2,\\ x+5.0001y=2.0001.\end{cases}$

这两个方程组看上去差别也非常小,但是它们的解却非常相近:

$$\boldsymbol{x}_c=\begin{pmatrix}0.33333472\\0.33332639\end{pmatrix},\ \boldsymbol{x}_d=\begin{pmatrix}0.33333056\\0.33334722\end{pmatrix}.$$

而(c)的条件数 $\|\boldsymbol{A}\|_1\|\boldsymbol{A}^{-1}\|_1=1.5$ 非常小,数据的扰动对解的影响非常小.

注　条件数 $\|\boldsymbol{A}\|_p\|\boldsymbol{A}^{-1}\|_p(p=1,2,\infty)$ 最小为 1,原因是

$$\|\boldsymbol{A}\|_p\|\boldsymbol{A}^{-1}\|_p\geqslant\|\boldsymbol{A}\boldsymbol{A}^{-1}\|_p=\|\boldsymbol{I}\|_p=1.$$

下面就一般线性方程组考察条件数对解的影响,记方程组精确解为 $\boldsymbol{x}=\boldsymbol{A}^{-1}\boldsymbol{b}$.

分 3 种情况讨论.

第 1 种情况　矩阵 $\boldsymbol{A}$ 准确,向量 $\boldsymbol{b}$ 有误差 $\delta\boldsymbol{b}$. 此时实际求解的方程组是

$$\boldsymbol{A}\boldsymbol{x}=\boldsymbol{b}+\delta\boldsymbol{b},\tag{2.15}$$

方程组(2.15)也称为是 $\boldsymbol{A}\boldsymbol{x}=\boldsymbol{b}$ 的扰动方程组.

假设方程组(2.15)的精确解为 $\tilde{\boldsymbol{x}}$,则解的绝对误差为

$$\begin{aligned}\|\boldsymbol{x}-\tilde{\boldsymbol{x}}\|&=\|\boldsymbol{A}^{-1}\boldsymbol{b}-\boldsymbol{A}^{-1}(\boldsymbol{b}+\delta\boldsymbol{b})\|=\|\boldsymbol{A}^{-1}\delta\boldsymbol{b}\|\\&\leqslant\|\boldsymbol{A}^{-1}\|\ \|\delta\boldsymbol{b}\|.\end{aligned}$$

又由 $\boldsymbol{A}\boldsymbol{x}=\boldsymbol{b}$ 得

$$\|\boldsymbol{b}\|=\|\boldsymbol{A}\boldsymbol{x}\|\leqslant\|\boldsymbol{A}\|\ \|\boldsymbol{x}\|,$$

从而

$$\|\boldsymbol{x}\|^{-1}\leqslant\|\boldsymbol{A}\|\ \|\boldsymbol{b}\|^{-1},$$

所以方程组 $\boldsymbol{A}\boldsymbol{x}=\boldsymbol{b}$ 解的相对误差为

$$\frac{\|\boldsymbol{x}-\tilde{\boldsymbol{x}}\|}{\|\boldsymbol{x}\|}\leqslant\|\boldsymbol{A}^{-1}\|\ \|\boldsymbol{A}\|\frac{\|\delta\boldsymbol{b}\|}{\|\boldsymbol{b}\|},$$

可见,解的相对误差界是向量 $\boldsymbol{b}$ 的误差 $\frac{\|\delta\boldsymbol{b}\|}{\|\boldsymbol{b}\|}$ 的 $\|\boldsymbol{A}\|\cdot\|\boldsymbol{A}^{-1}\|$ 倍.

第 2 种情况　矩阵 $\boldsymbol{A}$ 有误差 $\delta\boldsymbol{A}$,向量 $\boldsymbol{b}$ 准确. 此时实际求解的扰动方程组是

$$(\boldsymbol{A}+\delta\boldsymbol{A})\boldsymbol{x}=\boldsymbol{b}.\tag{2.16}$$

下面讨论误差 $\delta\boldsymbol{A}$ 对 $\frac{\|\boldsymbol{x}-\tilde{\boldsymbol{x}}\|}{\|\boldsymbol{x}\|}$ 的影响. 记方程组(2.16)的精确解为 $\tilde{\boldsymbol{x}}$,则

$$\begin{aligned}(\boldsymbol{A}+\delta\boldsymbol{A})(\boldsymbol{x}-\tilde{\boldsymbol{x}})&=\boldsymbol{A}\boldsymbol{x}-\boldsymbol{A}\tilde{\boldsymbol{x}}+\delta\boldsymbol{A}\boldsymbol{x}-\delta\boldsymbol{A}\tilde{\boldsymbol{x}}\\&=\boldsymbol{b}-(\boldsymbol{A}+\delta\boldsymbol{A})\tilde{\boldsymbol{x}}+\delta\boldsymbol{A}\boldsymbol{x}=\delta\boldsymbol{A}\boldsymbol{x}.\end{aligned}$$

当 $\|\boldsymbol{A}^{-1}\delta\boldsymbol{A}\|<1$,可知 $\boldsymbol{A}+\delta\boldsymbol{A}$ 可逆,有

$$\boldsymbol{x}-\tilde{\boldsymbol{x}}=(\boldsymbol{A}+\delta\boldsymbol{A})^{-1}\delta\boldsymbol{A}\boldsymbol{x}=(\boldsymbol{I}+\boldsymbol{A}^{-1}\delta\boldsymbol{A})^{-1}\boldsymbol{A}^{-1}\delta\boldsymbol{A}\boldsymbol{x},$$

两边取范数有

$$\|\boldsymbol{x}-\tilde{\boldsymbol{x}}\|\leqslant\|(\boldsymbol{I}+\boldsymbol{A}^{-1}\boldsymbol{\delta}\boldsymbol{A})^{-1}\|\ \|\boldsymbol{A}^{-1}\|\ \|\boldsymbol{\delta}\boldsymbol{A}\|\ \|\boldsymbol{x}\|$$

$$\leqslant \frac{\| A^{-1} \| \| \delta A \|}{1 - \| A^{-1} \delta A \|} \| x \|,$$

所以相对误差为

$$\frac{\| x - \tilde{x} \|}{\| x \|} \leqslant \frac{\| A^{-1} \| \| \delta A \|}{1 - \| A^{-1} \| \| \delta A \|} = \frac{\| A \| \| A^{-1} \|}{1 - \| A \| \cdot \| A^{-1} \| \frac{\| \delta A \|}{\| A \|}} \frac{\| \delta A \|}{\| A \|}.$$

第 3 种情况 假设 A,b 分别有误差 δA,δb,此时实际求解的扰动方程组是

$$(A + \delta A)x = b + \delta b.$$

经过较为复杂的运算可得

$$\frac{\| x - \tilde{x} \|}{\| x \|} \leqslant \frac{\| A \| \| A^{-1} \|}{1 - \| A \| \| A^{-1} \| \frac{\| \delta A \|}{\| A \|}} \left(\frac{\| \delta A \|}{\| A \|} + \frac{\| \delta b \|}{\| b \|} \right). \tag{2.17}$$

从上述 3 种情况来看,A 或 b 的误差都会对方程组 $Ax = b$ 的解产生影响,而且误差都含有因子 $\| A \| \cdot \| A^{-1} \|$. 这个因子称为矩阵 A 的**条件数**或方程组的**条件数**,用 cond(A)表示,即

$$\text{cond}(A) = \| A \| \| A^{-1} \|.$$

将式(2.17)右端项用函数 $f(x) = \frac{c \cdot x}{1 - a \cdot x}$来表示,其中 x 为条件数,c 和 a 是式(2.17)中对应的参数. 易验证 $f(x)$是关于 x 的严格单调递增函数,因此当 cond(A)$\gg$1时,不等式(2.17)右边会变大,导致解的相对误差可能会很大. 通常称条件数大的线性方程组是病态的,或矩阵是病态的;否则称方程组是良态的.

线性方程组是否病态,是该方程组自身固有的属性,与选用的计算方法无关. 条件数的计算与范数有关,通常可写成

$$\text{cond}_p(A) = \| A \|_p \| A^{-1} \|_p,\ p = 1, 2, \infty.$$

根据范数等价性原理,若方程组在一种范数下是病态的,则在其他范数下也是病态的.

例 11 n 阶 Hilbert 矩阵 $H = (h_{ij}) \in \mathbf{R}^{n \times n}$,$h_{ij} = \frac{1}{i + j - 1}$,$i, j = 1, 2, \cdots, n$ 是典型的病态矩阵,它的条件数随 n 的增大而迅速增大. 以条件数 $\text{cond}_\infty(A)$为例,n=2,4,6,8,10 阶矩阵的条件数如下表.

$n=2$	$n=4$	$n=6$	$n=8$	$n=10$
81.667	2.115×10^5	2.954×10^8	4.014×10^{11}	4.988×10^{14}

可见,求解方程组 $Hx = b$ 是病态问题.

例 12 已知线性方程组 $Ax = b$ 如下:

$$\begin{pmatrix} 1 & 0.50 & 0.50^2 & 0.50^3 \\ 1 & 0.51 & 0.51^2 & 0.51^3 \\ 1 & 0.52 & 0.52^2 & 0.52^3 \\ 1 & 0.53 & 0.53^2 & 0.53^3 \end{pmatrix} \begin{pmatrix} x_1 \\ x_2 \\ x_3 \\ x_4 \end{pmatrix} = \begin{pmatrix} 1.875\,000 \\ 1.902\,751 \\ 1.931\,008 \\ 1.959\,777 \end{pmatrix}, \tag{2.18}$$

准确解为 $\boldsymbol{x}=(1,1,1,1)^{\mathrm{T}}$. 现将 $\boldsymbol{b}$ 的元素 1.875 000 改为 1.874 000，即 $\delta\boldsymbol{b}=(-0.001,0,0,0)^{\mathrm{T}}$，则扰动方程组 $\boldsymbol{A}\boldsymbol{x}=\boldsymbol{b}+\delta\boldsymbol{b}$ 的解为

$$\tilde{\boldsymbol{x}}=(-22.426,136.183,-259,167.667)^{\mathrm{T}}.$$

经计算，$\boldsymbol{b}$ 和解 $\boldsymbol{x}$ 的相对误差分别为

$$\frac{\|\delta\boldsymbol{b}\|_2}{\|\boldsymbol{b}\|_2}=2.608\times10^{-4},\quad \frac{\|\boldsymbol{x}-\tilde{\boldsymbol{x}}\|_2}{\|\boldsymbol{x}\|_2}=168.968,$$

可见 $\boldsymbol{b}$ 微小的误差使得解产生了巨大的变化，这是因为 $\mathrm{cond}_2(\boldsymbol{A})=\|\boldsymbol{A}\|_2\|\boldsymbol{A}^{-1}\|_2\approx 3.486\times10^6$，可见方程病态.

§ 10 残 量

假设 $\tilde{\boldsymbol{x}}$ 是方程组 $\boldsymbol{A}\boldsymbol{x}=\boldsymbol{b}$ 的近似解，定义向量 $\boldsymbol{r}=\boldsymbol{b}-\boldsymbol{A}\tilde{\boldsymbol{x}}$ 为 $\tilde{\boldsymbol{x}}$ 的残量.

显然当残量 $\boldsymbol{r}=\boldsymbol{0}$ 时，$\tilde{\boldsymbol{x}}$ 就是方程 $\boldsymbol{A}\boldsymbol{x}=\boldsymbol{b}$ 的精确解. 若 $\boldsymbol{r}\neq\boldsymbol{0}$ 但 $\|\boldsymbol{r}\|$ 非常小，能否说明误差 $\|\tilde{\boldsymbol{x}}-\boldsymbol{x}\|$ 也很小？结论可从定理 7 得出.

定理 7 设 $\tilde{\boldsymbol{x}}$ 是 $\boldsymbol{A}\boldsymbol{x}=\boldsymbol{b}$ 的近似解，$\boldsymbol{x}$ 是准确解，则 $\dfrac{\|\boldsymbol{x}-\tilde{\boldsymbol{x}}\|}{\|\boldsymbol{x}\|}\leqslant\mathrm{cond}(\boldsymbol{A})\cdot\dfrac{\|\boldsymbol{r}\|}{\|\boldsymbol{b}\|}$.

证明 由 $\|\boldsymbol{b}\|\leqslant\|\boldsymbol{A}\|\,\|\boldsymbol{x}\|$ 得 $\dfrac{1}{\|\boldsymbol{x}\|}\leqslant\dfrac{\|\boldsymbol{A}\|}{\|\boldsymbol{b}\|}$. 又因为

$$\|\boldsymbol{x}-\tilde{\boldsymbol{x}}\|=\|\boldsymbol{A}^{-1}\boldsymbol{b}-\tilde{\boldsymbol{x}}\|\leqslant\|\boldsymbol{A}^{-1}\|\,\|\boldsymbol{b}-\boldsymbol{A}\tilde{\boldsymbol{x}}\|=\|\boldsymbol{A}^{-1}\|\,\|\boldsymbol{r}\|,$$

即得定理结果.

定理表明，当条件数 $\mathrm{cond}(\boldsymbol{A})$ 较小时(即方程组良态)，残量 $\|\boldsymbol{r}\|$ 小才能说明解的相对误差小. 但是对于病态方程组来说，该结论通常不成立，请看下例.

例 13 已知方程组 $\boldsymbol{H}\boldsymbol{x}=\boldsymbol{b}$ 的系数矩阵是 13 阶 Hilbert 矩阵，$\boldsymbol{b}$ 的第 i 个分量 $b_i=\sum\limits_{j=1}^{13}H_{ij}$，$i=1,\cdots,13$，则该方程的准确解为 $\boldsymbol{x}=(1,1,\cdots,1)^{\mathrm{T}}$. 利用 MathCAD2001 中指令 lsolve 计算，得近似解 $\tilde{\boldsymbol{x}}$(显示小数 3 位)各分量为

$\tilde{x}_1=1.000$	$\tilde{x}_2=1.000$	$\tilde{x}_3=0.999$	$\tilde{x}_4=1.010$	$\tilde{x}_5=0.908$
$\tilde{x}_6=1.501$	$\tilde{x}_7=-0.747$	$\tilde{x}_8=5.051$	$\tilde{x}_9=-5.313$	$\tilde{x}_{10}=7.532$
$\tilde{x}_{11}=-3.302$	$\tilde{x}_{12}=2.633$	$\tilde{x}_{13}=0.728$		

下面考察解的准确性.

将$\tilde{\boldsymbol{x}}$与准确解 $\boldsymbol{x}=(1,1,\cdots,1)^{\mathrm{T}}$ 比较可知,数值解$\tilde{\boldsymbol{x}}$的准确性很差.实际上误差为

$$\|\boldsymbol{x}-\tilde{\boldsymbol{x}}\|_2\approx 11.113.$$

从残量的大小看,若用4位数计算,则

$$\|\boldsymbol{r}\|_2=\|\boldsymbol{b}-\boldsymbol{H}\tilde{\boldsymbol{x}}\|_2=1.53\times 10^{-4}$$

是个小值.若取$\tilde{\boldsymbol{x}}$的15位数计算,则 $\|\boldsymbol{r}\|_2=0$(这个零应视为数值零).通过该结果可以看出$\tilde{\boldsymbol{x}}$似乎是一个很好的近似解,但是由于条件数 $\mathrm{cond}_2(\boldsymbol{H})\approx 1.368\times 10^{18}$ 非常大,方程组病态,因此 $\|\boldsymbol{r}\|_2$ 小并不代表$\tilde{\boldsymbol{x}}$准确可靠.

换个方法,仍然用MathCAD2001计算.对 $\boldsymbol{H}$ 作三角分解 $\boldsymbol{PH}=\boldsymbol{LU}$,然后解得

$\tilde{x}_1=1.000$	$\tilde{x}_2=1.000$	$\tilde{x}_3=1.001$	$\tilde{x}_4=0.989$	$\tilde{x}_5=1.086$	$\tilde{x}_6=0.582$	$\tilde{x}_7=2.342$
$\tilde{x}_8=-1.909$	$\tilde{x}_9=5.286$	$\tilde{x}_{10}=-3.228$	$\tilde{x}_{11}=3.672$	$\tilde{x}_{12}=0.022$	$\tilde{x}_{13}=1.158$	

下面考察解的准确性.从残量看 $\|\boldsymbol{r}\|_2=\|\boldsymbol{b}-\boldsymbol{H}\tilde{\boldsymbol{x}}\|_2=1.409$,这个解的准确性并不高.实际上,误差 $\|\boldsymbol{x}-\tilde{\boldsymbol{x}}\|_2\approx 7.403$.

§11 线性离散不适定系统的求解

病态方程组通常与线性离散不适定系统

$$\boldsymbol{Ax}=\boldsymbol{b},\ \boldsymbol{A}\in\mathbf{R}^{m\times n}\,(m\geqslant n) \tag{2.19}$$

相关,这是特殊的线性方程组.式(2.19)的特征表现在:矩阵 $\boldsymbol{A}$ 的奇异值逐渐趋向于零,条件数非常大等;$\boldsymbol{b}$ 也可能是不准确的,即 $\boldsymbol{b}=\boldsymbol{b}_1+\boldsymbol{\varepsilon}$,其中 $\boldsymbol{b}_1$ 是式(2.19)右端项 $\boldsymbol{b}$ 的准确值,但是未知;$\boldsymbol{\varepsilon}$ 是未知的误差向量,数值大小通常也未知.$\boldsymbol{b}$ 可以理解为带有误差的输入数据.对于式(2.19),原本希望求解 $\boldsymbol{Ax}=\boldsymbol{b}_1$,但是由于误差等原因,只能转向求解式(2.19).

不适定(Ill-posed)的概念由Hadamard于1923年通过微分方程定解问题引入,即方程的解不连续依赖于给定的数据,表现在数据的微小变化将导致解产生很大变动.早先总认为这是数学模型的问题,没有引起重视.随着现代工业技术的发展,这种不适定问题被大量发现,如图像恢复、地质勘探、遥感、控制识别、热传导等微分、积分方程(数理方程)问题.同时不适定问题也并非局限在数理方程,随着不适定问题范围的拓广,人们将"解不连续依赖于初始数据"的一切问题均归结为不适定问题,用数值方法求解时会遇到如下问题:

① 解不存在;

② 解不唯一；

③ 解不连续依赖于数据.

这类问题称为 Hadamard 意义下的不适定问题，求解极其困难. 但由于这些问题又广泛存在于实际应用中，因此它们的求解越来越受到工程技术人员和数学工作者的重视.

奠基性的工作首先是在 20 世纪 60 年代初由 Phillips 和 Tikhonov 各自独立提出正则化方法(现通常为 Tikhonov 正则化方法). 特别是苏联院士 Tikhonov 和 Arsenin 关于正则化方法的专著的问世，为求解不适定问题奠定了坚实的数学理论基础.

线性离散不适定系统(2.19)常常来源于离散连续的不适定问题，如第一类 Fredholm 积分方程或某些偏微分方程等. 对于系统(2.19)，若用传统方法，如 Gauss 消去法、LU/Cholesky 三角分解、QR 分解等，$\boldsymbol{A}$ 或 $\boldsymbol{b}$ 中存在的微小误差会使得解 $\|\boldsymbol{x}\|$ 非常大，与真实解相距甚远，没有物理意义，对实际问题毫无应用价值. 因此为获得一个良好的近似解，必须对式(2.19)作些修正，也就是进行正则化.

矩阵的奇异值(SVD)分解是用正则化方法求解(2.19)的基本工具之一. 该分解在控制理论、优化问题、广义逆矩阵等方面也有直接的应用.

设 $\boldsymbol{A}\in\mathbf{R}_r^{m\times n}(m\geqslant n)$，$r$ 等于矩阵 $\boldsymbol{A}$ 的秩. 记 $\boldsymbol{A}^{\mathrm{T}}\boldsymbol{A}$ 的特征值为

$$\lambda_1\geqslant\lambda_2\geqslant\cdots\geqslant\lambda_r\geqslant\lambda_{r+1}=\cdots=\lambda_n=0,$$

称 $\sigma_i=\sqrt{\lambda_i}(i=1,2,\cdots,n)$ 为矩阵 $\boldsymbol{A}$ 的**奇异值**. 可以证明存在 m 和 n 阶正交矩阵 $\boldsymbol{U}$ 与 $\boldsymbol{V}$，使得

$$\boldsymbol{A}=\boldsymbol{U\Sigma V}^{\mathrm{T}}=\boldsymbol{U}\begin{pmatrix}\boldsymbol{D} & \boldsymbol{0}\\ \boldsymbol{0} & \boldsymbol{0}\end{pmatrix}\boldsymbol{V}^{\mathrm{T}},\text{其中 }\boldsymbol{D}=\begin{pmatrix}\sigma_1 & & \\ & \ddots & \\ & & \sigma_r\end{pmatrix}_{r\times r}.$$

上述矩阵分解 $\boldsymbol{A}=\boldsymbol{U\Sigma V}^{\mathrm{T}}$ 称为矩阵 $\boldsymbol{A}$ 的奇异值分解(SVD).

定理 8　设 $\boldsymbol{A}\in\mathbf{R}_r^{m\times n}(m\geqslant n)$，则存在 m 和 n 阶正交矩阵 $\boldsymbol{U}$ 及 $\boldsymbol{V}$ 使得 $\boldsymbol{A}=\boldsymbol{U\Sigma V}^{\mathrm{T}}$.

显然若 $\boldsymbol{A}\in\mathbf{R}^{n\times n}$ 可逆，则定理 8 中的矩阵 $\boldsymbol{U}$，$\boldsymbol{V}$ 和 $\boldsymbol{\Sigma}$ 均为 n 阶方阵，并且奇异值非零. 假设 $\boldsymbol{A}$ 可逆，下面用奇异值表示 $\boldsymbol{A}$ 的条件数 $\mathrm{cond}_2(\boldsymbol{A})=\|\boldsymbol{A}\|_2\|\boldsymbol{A}^{-1}\|_2$.

首先

$$\|\boldsymbol{A}\|_2=\sqrt{\lambda_{\max}(\boldsymbol{A}^{\mathrm{T}}\boldsymbol{A})}=\sqrt{\sigma_1^2}=\sigma_1,$$

其次

$$\|\boldsymbol{A}^{-1}\|_2=\sqrt{\lambda_{\max}(\boldsymbol{A}^{-\mathrm{T}}\boldsymbol{A}^{-1})}=\sqrt{\lambda_{\max}[(\boldsymbol{AA}^{\mathrm{T}})^{-1}]}.$$

注意到 $\boldsymbol{AA}^{\mathrm{T}}$ 与 $\boldsymbol{A}^{\mathrm{T}}\boldsymbol{A}$ 有相同的非零特征值，故 $(\boldsymbol{AA}^{\mathrm{T}})^{-1}$ 的最大特征值等于 σ_n^{-2}，因

此有

$$\mathrm{cond}_2(\boldsymbol{A}) = \|\boldsymbol{A}\|_2 \|\boldsymbol{A}^{-1}\|_2 = \frac{\sigma_1}{\sigma_n}.$$

上式表明,小奇异值 σ_n 表示矩阵 $\boldsymbol{A}$ 是病态的.

下面考察用 SVD 分解表示系统(2.19)的解.

首先考察矩阵 $\boldsymbol{A}$ 可逆的情况,此时式(2.19)等价于 $\boldsymbol{U\Sigma V}^{\mathrm{T}}\boldsymbol{x}=\boldsymbol{b}$,即 $\boldsymbol{x}=\boldsymbol{V\Sigma}^{-1}\boldsymbol{U}^{\mathrm{T}}\boldsymbol{b}$. 进一步,若 $\boldsymbol{U}=(\boldsymbol{u}_1,\boldsymbol{u}_2,\cdots,\boldsymbol{u}_n)$,$\boldsymbol{V}=(\boldsymbol{v}_1,\boldsymbol{v}_2,\cdots,\boldsymbol{v}_n)$,则

$$\boldsymbol{x} = \boldsymbol{V\Sigma}^{-1}\boldsymbol{U}^{\mathrm{T}}\boldsymbol{b} = (\boldsymbol{v}_1,\boldsymbol{v}_2,\cdots,\boldsymbol{v}_n)\begin{pmatrix}\sigma_1 & & & \\ & \sigma_2 & & \\ & & \ddots & \\ & & & \sigma_n\end{pmatrix}^{-1}\begin{pmatrix}\boldsymbol{u}_1^{\mathrm{T}}\boldsymbol{b}\\ \boldsymbol{u}_2^{\mathrm{T}}\boldsymbol{b}\\ \vdots \\ \boldsymbol{u}_n^{\mathrm{T}}\boldsymbol{b}\end{pmatrix}$$

$$= \sum_{k=1}^{n}\frac{\boldsymbol{u}_k^{\mathrm{T}}\boldsymbol{b}}{\sigma_k}\boldsymbol{v}_k. \tag{2.20}$$

其次,如果矩阵 $\boldsymbol{A}\in\mathbf{R}_r^{m\times n}(m\geqslant n)$,则

$$\boldsymbol{U}=(\boldsymbol{u}_1,\boldsymbol{u}_2,\cdots,\boldsymbol{u}_m),\boldsymbol{V}=(\boldsymbol{v}_1,\boldsymbol{v}_2,\cdots,\boldsymbol{v}_n),\boldsymbol{D}=\mathrm{diag}(\sigma_1,\cdots,\sigma_r,0,\cdots,0),$$

这时式(2.19)的解可表示为

$$\boldsymbol{x} = \boldsymbol{V\Sigma}^{+}\boldsymbol{U}^{\mathrm{T}}\boldsymbol{b} = (\boldsymbol{v}_1,\boldsymbol{v}_2,\cdots,\boldsymbol{v}_n)\begin{pmatrix}\sigma_1^{-1} & & & & & \\ & \ddots & & & & \\ & & \sigma_r^{-1} & & & \\ & & & 0 & & \\ & & & & \ddots & \\ & & & & & 0\end{pmatrix}\begin{pmatrix}\boldsymbol{u}_1^{\mathrm{T}}\boldsymbol{b}\\ \boldsymbol{u}_2^{\mathrm{T}}\boldsymbol{b}\\ \vdots \\ \boldsymbol{u}_m^{\mathrm{T}}\boldsymbol{b}\end{pmatrix}$$

$$= \sum_{k=1}^{r}\frac{\boldsymbol{u}_k^{\mathrm{T}}\boldsymbol{b}}{\sigma_k}\boldsymbol{v}_k,$$

式中,$\boldsymbol{\Sigma}^{+}$ 表示矩阵 $\boldsymbol{\Sigma}$ 的广义逆,参见第 6 章. 由于式(2.19)的解表达式的分母为奇异值 σ_k,而非常小的数作除数会损失有效数字,因此小 σ_k 对解的精度有不利影响.

用正则化方法求解式(2.19)的思路如下.

(1) 修改矩阵:用矩阵 $\widetilde{\boldsymbol{A}}$ 替换矩阵 $\boldsymbol{A}$,这里 $\widetilde{\boldsymbol{A}}$ 使得 $\|\widetilde{\boldsymbol{A}}-\boldsymbol{A}\|_2$ 足够小,且 $\widetilde{\boldsymbol{A}}$ 为良态矩阵,它的奇异值不是非常小,这时新系统 $\widetilde{\boldsymbol{A}}\boldsymbol{x}=\boldsymbol{b}$ 是适定的,用新系统的解作为原问题的近似解.

(2) 对解作限制约束. 例如对解作 2-范数最小的约束等,此时问题转换为如下优化问题:

$$\min_{x\in R^n}\{\|\boldsymbol{b}-\boldsymbol{Ax}\|^2+\lambda\|\boldsymbol{x}\|^2\},$$

式中,λ 是正则化参数.

下面考察最常用的 Tikhonov 正则化方法和 TSVD 正则化方法.

1. Tikhonov 正则化方法

最著名的方法是 Tikhonov 正则化方法，它将式(2.19)转换为如下问题：

$$\min_{x\in \mathbf{R}^n}\{\|\boldsymbol{b}-\boldsymbol{A}\boldsymbol{x}\|^2+\lambda\|\boldsymbol{x}\|^2\},\tag{2.21}$$

式中，$\lambda>0$ 称为正则化参数，它在解的残量误差 $\|\boldsymbol{b}-\boldsymbol{A}\boldsymbol{x}\|$ 和解的大小 $\|\boldsymbol{x}\|$ 之间起平衡作用. λ 取值越大，则式(2.21)中赋予解 $\|\boldsymbol{x}\|$ 的权重就越大，从而确保解 $\|\boldsymbol{x}\|$ 较小，但此时误差 $\|\boldsymbol{b}-\boldsymbol{A}\boldsymbol{x}\|$ 会变大；反之，若 λ 非常小，如 $\lambda\approx 0$，则式(2.21)将非常接近原问题，此时尽管残量 $\|\boldsymbol{b}-\boldsymbol{A}\boldsymbol{x}\|$ 会很小，但式(2.21)的解离原方程的解非常远而没有物理意义. 因此 λ 的取值非常关键. 式(2.21)等价于

$$(\boldsymbol{A}^{\mathrm{T}}\boldsymbol{A}+\lambda\boldsymbol{I})\boldsymbol{x}=\boldsymbol{A}^{\mathrm{T}}\boldsymbol{b}.\tag{2.22}$$

上式相当于将法方程 $\boldsymbol{A}^{\mathrm{T}}\boldsymbol{A}\boldsymbol{x}=\boldsymbol{A}^{\mathrm{T}}\boldsymbol{b}$ 系数矩阵修改为 $\boldsymbol{A}^{\mathrm{T}}\boldsymbol{A}+\lambda\boldsymbol{I}$，$\boldsymbol{I}$ 是单位矩阵. 这正是 Tikhonov 正则化方法的思想. 由于 $\boldsymbol{A}^{\mathrm{T}}\boldsymbol{A}$ 半正定，因此只要 λ 非零，式(2.22)的解即可表示为

$$\boldsymbol{x}_\lambda=(\boldsymbol{A}^{\mathrm{T}}\boldsymbol{A}+\lambda\boldsymbol{I})^{-1}\boldsymbol{A}^{\mathrm{T}}\boldsymbol{b}.\tag{2.23}$$

利用矩阵 $\boldsymbol{A}$ 的 SVD 分解，式(2.23)可表示为

$$\boldsymbol{x}_\lambda=\sum_{k=1}^{n}\frac{\sigma_k^2}{\sigma_k^2+\lambda}\frac{\boldsymbol{u}_k^{\mathrm{T}}\boldsymbol{b}}{\sigma_k}\boldsymbol{v}_k,\tag{2.24}$$

式(2.24)中因子 $f_\lambda(\sigma_k)=\dfrac{\sigma_k^2}{\sigma_k^2+\lambda}$ 称为过滤因子，它有下列特性：

$$f_\lambda(\sigma_k)=\frac{\sigma_k^2}{\sigma_k^2+\lambda}\approx\begin{cases}1, & \sigma_k\gg\lambda,\\ \dfrac{\sigma_k^2}{\lambda}, & \sigma_k\ll\lambda.\end{cases}\tag{2.25}$$

因此 λ 的作用是过滤掉式(2.24)中分母的小奇异值 σ_k，达到稳定解的作用. 显然当 $\lambda=0$ 时，由 Tikhonov 正则化得到的解退化为最小二乘解.

2. TSVD 正则化方法

另一广泛使用的方法是截断奇异值分解方法(TSVD)，式(2.20)是 TSVD 方法的基础. TSVD 方法在下列意义下与 Tikhonov 正则化方法是等价的：对于 TSVD方法给定的截断数，存在参数 λ 使得两个方法的解相近.

TSVD 方法是直接将矩阵 $\boldsymbol{A}$ 中的小奇异值定义为零，即取过滤因子 $f_\lambda(\sigma_i)$ 为

$$f_\lambda(\sigma_k)=\begin{cases}1, & \sigma_k\geqslant\lambda,\\ 0, & \sigma_k<\lambda.\end{cases}\tag{2.26}$$

也就是说，如果小的正数 λ 满足

$$\sigma_1\geqslant\cdots\sigma_k\geqslant\lambda\geqslant\sigma_{k+1}\geqslant\cdots\geqslant\sigma_n\geqslant 0,$$

则方程(2.19)的解 $\boldsymbol{x}_\lambda$ 为

$$\boldsymbol{x}_{\lambda}=\sum_{i=1}^{k}\frac{\boldsymbol{u}_i^{\mathrm{T}}\boldsymbol{b}}{\sigma_i}\boldsymbol{v}_i,\tag{2.27}$$

式中，k 称为截断数，通常将 $\boldsymbol{x}_{\lambda}$ 记成 $\boldsymbol{x}_k$.

TSVD 方法相当于用矩阵 $\boldsymbol{A}_k=\boldsymbol{U}\mathrm{diag}(\sigma_1,\cdots,\sigma_k,0,\cdots,0)\boldsymbol{V}^{\mathrm{T}}$ 逼近 $\boldsymbol{A}$，用系统 $\boldsymbol{A}_k\boldsymbol{x}=\boldsymbol{b}$ 的解逼近式(2.19)的解. 从正则化角度看，上述逼近相当于将病态矩阵 $\boldsymbol{A}$ 修改为良态矩阵 $\boldsymbol{A}_k$.

解式(2.27)也可看成是由舍去式(2.20)中包含 σ_{k+1} 及之后的项而得.

3. 正则化参数的选择

利用正则化方法求解线性离散不适定系统，关键在于正则化参数的选择. 对于 Tikhonov 正则化方法，其正则化参数为 λ，对于 TSVD 方法，正则化参数为截断数 k. 下面介绍 3 种常用的正则化参数选择方法.

(1) 广义偏差准则

广义偏差准则又称为 Morozov 偏差准则. 该准则需要预先知道 $\boldsymbol{b}=\boldsymbol{b}_1+\boldsymbol{\varepsilon}$ 中 $\|\boldsymbol{\varepsilon}\|_2$ 的大小. 此时线性系统的正则化解 $\boldsymbol{x}_{\lambda}$ 应满足等式

$$\|\boldsymbol{b}-\boldsymbol{A}\boldsymbol{x}_{\lambda}\|_2=\tau\|\boldsymbol{\varepsilon}\|_2,$$

式中，参数 τ 是大于 1 的正参数. 通常可用二分法、牛顿法等方程求根的方法求解 τ.

(2) 广义交叉检验方法

广义交叉检验方法(GCV 方法)由 Golub 等利用统计方法计算正则化参数.

假设 $\boldsymbol{A}^{\#}$ 是满足 $\boldsymbol{A}^{\#}\boldsymbol{b}=\boldsymbol{x}_{\lambda}$ 的矩阵，则正则化参数 λ 应使得函数

$$\mathrm{GCV}(\lambda)=\frac{\|(\boldsymbol{I}-\boldsymbol{A}\boldsymbol{A}^{\#})\boldsymbol{b}\|_2^2}{[\mathrm{trace}(\boldsymbol{I}-\boldsymbol{A}\boldsymbol{A}^{\#})]^2}$$

关于参数 λ 极小. 在上式中，符号 trace 表示矩阵的迹，也就是矩阵 $\boldsymbol{A}$ 的对角元素的代数和. 对于不同的正则化方法，对应的 GCV(λ)的表达式不一样.

(3) L 曲线方法

P. C. Hansen 对 L 曲线在正则化方法中的应用作了详细的研究：当$\lambda\in(0,\infty)$且离散 Picard 条件成立时，曲线$(\ln(\|\boldsymbol{x}_{\lambda}\|_2),\ln(\|\boldsymbol{b}-\boldsymbol{A}\boldsymbol{x}_{\lambda}\|_2))$形状像字母“L”，称之为 L 曲线. 可根据 L 曲线的角点选择正则化参数. 尽管对于一些特殊问题，L 曲线准则存在一定的缺陷，但大量计算实例表明，L 曲线准则能给出适合的参数.

对于 Tikhonov 正则化方法，它的 L 曲线是关于参数 λ 的连续曲线，通过该曲线的最大曲率确定参数 λ. 对于 TSVD 方法，正则化参数 λ 是截断数 k，此时 L 曲线是由一系列离散点构成的曲线. 可用三次样条曲线拟合离散点，根据样条曲线确定最大曲率. 若最大曲率并不正好对应一个离散点，则取左边最靠近最大曲率点的离散点，其序号 k 即为截断数.

线性离散不适定系统的求解，可借助于 P. C. Hansen 的正则化工具箱.

虽然有了这些方法理论和工具，但求解式(2.19)依旧并非易事. 下面例题 14 和 15 的解由 P.C.Hansen 的正则化工具箱计算所得，由于是数值试验，解是预先知道的，因此很容易判断不同方法得出的解的优劣.

例 14 假设 $\boldsymbol{Hx}=\boldsymbol{b}$ 的系数矩阵 $\boldsymbol{H}$ 是 50 阶 Hilbert 矩阵，$\boldsymbol{b}$ 的第 i 个分量 $b_i=\sum_{j=1}^{50}H_{ij}$，则方程的准确解为 $\boldsymbol{x}=(1,1,\cdots,1)^{\mathrm{T}}$. 用 Matlab 计算 $\boldsymbol{H}$ 的最大和最小奇异值分别为 $\sigma_1=2.0763$，$\sigma_{50}=1.7673\times10^{-19}$，可见 $\boldsymbol{H}$ 病态. 同时用 Matlab 计算 $\boldsymbol{H}$ 的秩为 16. 如果是精确的数学计算，因 $\boldsymbol{H}$ 对称正定，故理论上 $\boldsymbol{H}$ 的秩等于 50，这里能看出数值计算与纯数学计算的区别. 下表给出了用几种方法求解的 $\tilde{\boldsymbol{x}}$ 的相对误差 $\dfrac{\|\tilde{\boldsymbol{x}}-\boldsymbol{x}\|}{\|\boldsymbol{x}\|}$，其中 158.138 803 是用 Matlab 指令 $\boldsymbol{A}\backslash\boldsymbol{b}$ 计算的解的相对误差.

方法	TSVD+L	Tikhonov+L	TSVD+GCV	Tikhonov+GCV	$\boldsymbol{A}\backslash\boldsymbol{b}$
相对误差	0.001 375	0.001 362	46.130 408	0.000 003	158.138 803

表中可以看出，TSVD+GCV 方法计算的效果比较差，基本没有应用价值. 指令 $\boldsymbol{A}\backslash\boldsymbol{b}$ 的计算结果最差.

图 2-1 给出用 TSVD+L 曲线方法和 $\boldsymbol{A}\backslash\boldsymbol{b}$ 计算的解与准确解的比较.

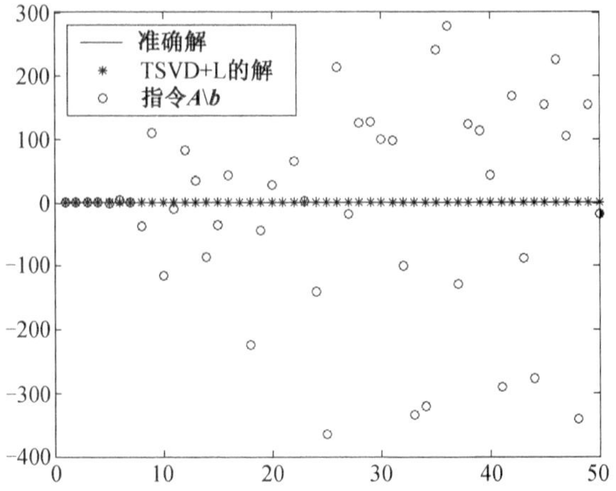

图 2-1 解的比较图

注：用指令 $\boldsymbol{A}\backslash\boldsymbol{b}$ 计算的解没有意义

可见指令 $\boldsymbol{A}\backslash\boldsymbol{b}$ 计算的解与准确解偏差很大.

例 15 给出第一类 Fredholm 积分方程：

$$\int_0^1 K(s,t)f(t)\mathrm{d}t=g(s),\ 0\leqslant s\leqslant 1, \tag{2.28}$$

式中，核 $K(s,t)=\sqrt{s^2+t^2}$，$g(s)=\dfrac{(1+s^2)^{1.5}-s^3}{3}$，而 $f(t)$ 是待求的未知函数.

实际上这个方程的准确解是 $f(t)=t$，它可以用来与近似解作比较.

下面用正则化方法计算方程(2.28)的解，即计算未知函数 $f(t)$ 在区间[0,1]中若干个节点上的值. 首先离散变量 s，取 $n=100$ 等分区间[0,1]，记 $h=\dfrac{1}{n}$ 得节点

$$s_i=t_i=ih,\ i=0,1,\cdots,n,$$

则方程(2.28)离散为

$$\sum_{j=0}^{n-1}\int_{t_j}^{t_{j+1}}K(s_i,t)f(t)\mathrm{d}t=g(s_i),\ i=0,1,\cdots,n. \tag{2.29}$$

应用中矩形积分公式

$$\int_a^b F(t)\mathrm{d}t=(b-a)F\left(\frac{a+b}{2}\right)$$

计算式(2.29)中的积分，有

$$\sum_{j=0}^{n-1}hK(s_i,t_j+0.5h)f(t_j+0.5h)=g(s_i),\ i=0,1,\cdots,n.$$

将上式记为矩阵形式 $\boldsymbol{Ax}=\boldsymbol{b}$，其中

$$\boldsymbol{A}=(a_{ij})_{n+1,n},\ a_{ij}=hK(s_i,t_j+0.5h),$$
$$\boldsymbol{x}=(x_j)_{n\times 1},\ x_j=f(t_j+0.5h),$$
$$\boldsymbol{b}=(b_i)_{n+1\times 1},b_i=g(s_i).$$

经计算，矩阵 $\boldsymbol{A}$ 的最大和最小奇异值分别为 $\sigma_1=0.815\ 83$，$\sigma_{100}=8.621\ 3\times 10^{-20}$，病态. 下表给出了用几种方法解得 $\tilde{\boldsymbol{x}}$ 的相对误差 $\dfrac{\|\tilde{\boldsymbol{x}}-\boldsymbol{x}\|}{\|\boldsymbol{x}\|}$，其中 2.880 92 是用 Matlab 指令 $\boldsymbol{A}\backslash\boldsymbol{b}$ 计算的解的相对误差.

方法	TSVD+L	Tikhonov+L	TSVD+GCV	Tikhonov+GCV	$\boldsymbol{A}\backslash\boldsymbol{b}$
相对误差	0.192 07	0.137 36	451.284 40	0.137 36	2.880 92

表中可以看出，TSVD+GCV 方法计算的效果比较差，基本没有应用价值. 其他 4 个方法计算的误差也较大，原因是：$K(s,t)$，$f(t)$，$g(s)$ 满足式(2.28)，但是将式(2.28)离散为 $\boldsymbol{A}$，$\boldsymbol{x}$，$\boldsymbol{b}$ 时，由于积分误差，$\boldsymbol{Ax}$ 和 $\boldsymbol{b}$ 仅仅是近似相等. 图 2-2 给出用 TSVD+L 曲线方法与准确解的比较图.

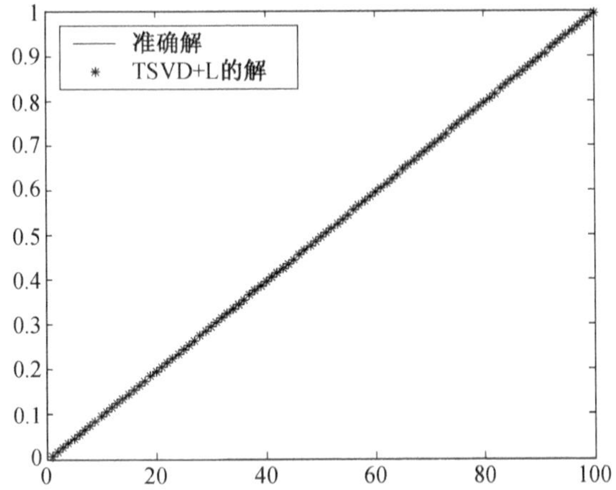

图 2-2　TSVD＋L 曲线方法的解与准确解基本一致

如果 $\boldsymbol{b}$ 不是从 $g(s)$ 计算所得，而是直接令 $\boldsymbol{b}=\boldsymbol{A}\boldsymbol{x}$，对于这样的方程，计算结果如下：

方法	TSVD＋L	Tikhonov＋L	TSVD＋GCV	Tikhonov＋GCV	$\boldsymbol{A}\backslash\boldsymbol{b}$
相对误差	0.000 04	0.005 11	612.830 88	0.000 000 013	2.855 77

可见正则化方法的精度大大提高（TSVD＋GCV 除外），而指令 $\boldsymbol{A}\backslash\boldsymbol{b}$ 计算的解与准确解偏差依旧很大.

注　在数值求解积分方程时，直接令 $\boldsymbol{b}=\boldsymbol{A}\boldsymbol{x}$ 的做法不合理，这是因为积分方程的解通常未知，从而 $\boldsymbol{x}$ 也未知，因此 $\boldsymbol{A}\boldsymbol{x}$ 的值不可知.

习　题

1. 用 Gauss 列主元消元法解下列方程：

$$(1)\begin{pmatrix}1&2&1\\3&10&5\\0&16&9\end{pmatrix}\begin{pmatrix}x_1\\x_2\\x_3\end{pmatrix}=\begin{pmatrix}4\\18\\25\end{pmatrix};\quad(2)\begin{pmatrix}1&1&1\\2&6&4\\3&7&6\end{pmatrix}\begin{pmatrix}x_1\\x_2\\x_3\end{pmatrix}=\begin{pmatrix}3\\12\\16\end{pmatrix}.$$

2. 设 $\boldsymbol{A}\in\mathbf{R}^{n\times n}$ 对称正定，经过第 1 组顺序 Gauss 消去法后成为 $\begin{pmatrix}a_{11}&\boldsymbol{\alpha}\\\boldsymbol{0}&\boldsymbol{A}_{22}\end{pmatrix}$，证明：$\boldsymbol{A}_{22}$ 对称正定.

3. 设 $\boldsymbol{A}\in\mathbf{R}^{n\times n}$ 严格对角占优，经过第 1 组顺序 Gauss 消去法后成为 $\begin{pmatrix}a_{11}&\boldsymbol{\alpha}\\\boldsymbol{0}&\boldsymbol{A}_{22}\end{pmatrix}$，证明：$\boldsymbol{A}_{22}$ 严格对角占优.

4. 设矩阵 $\boldsymbol{A}=(a_{ij})\in\mathbf{R}^{n\times n}$，且 $a_{11}\neq0$，试写出计算 Gauss 变换 $\boldsymbol{L}_1$ 及它的逆 $\boldsymbol{L}_1^{-1}$.

5．假设矩阵

$$A=\begin{pmatrix}2&1&0&0\\1&2&1&0\\1&0&1&0\\0&0&2&1\end{pmatrix},$$

计算 Gauss 变换 L_1 和 L_2，并计算乘积 $L_1^{-1}L_2^{-1}$，观察计算结果.

6．用 LU 分解方法求解下列方程组：

(1) $\begin{pmatrix}2&1&2\\0&2&4\\2&-1&1\end{pmatrix}\begin{pmatrix}x_1\\x_2\\x_3\end{pmatrix}=\begin{pmatrix}5\\6\\2\end{pmatrix}$；(2) $\begin{pmatrix}1&2&0\\1&4&4\\2&0&1\end{pmatrix}\begin{pmatrix}x_1\\x_2\\x_3\end{pmatrix}=\begin{pmatrix}3\\9\\3\end{pmatrix}$.

7．判断下列矩阵是否存在 LU 分解：

$$A=\begin{pmatrix}1&1&1\\2&2&1\\3&3&1\end{pmatrix},\ B=\begin{pmatrix}1&2&3\\2&1&1\\1&2&4\end{pmatrix},\ C=\begin{pmatrix}1&2&1\\2&4&1\\1&1&4\end{pmatrix}.$$

8．用平方根方法解下列方程组：

(1) $\begin{pmatrix}1&2&1\\2&5&4\\1&4&6\end{pmatrix}\begin{pmatrix}x_1\\x_2\\x_3\end{pmatrix}=\begin{pmatrix}4\\11\\11\end{pmatrix}$；(2) $\begin{pmatrix}1&1&0\\1&2&1\\0&1&2\end{pmatrix}\begin{pmatrix}x_1\\x_2\\x_3\end{pmatrix}=\begin{pmatrix}2\\4\\3\end{pmatrix}$.

9．计算矩阵 $H=\begin{pmatrix}3&1&0\\1&3&1\\0&1&3\end{pmatrix}$ 的 LL^{T} 分解和 LDL^{T} 分解，并由此计算 $Hx=\begin{pmatrix}1\\1\\1\end{pmatrix}$ 的解.

10．用追赶法解下列方程组：

(1) $\begin{pmatrix}1&1&0\\2&6&4\\0&2&6\end{pmatrix}\begin{pmatrix}x_1\\x_2\\x_3\end{pmatrix}=\begin{pmatrix}1\\6\\4\end{pmatrix}$；(2) $\begin{pmatrix}3&1&0\\1&2&1\\0&1&3\end{pmatrix}\begin{pmatrix}x_1\\x_2\\x_3\end{pmatrix}=\begin{pmatrix}2\\2\\2\end{pmatrix}$.

11．分别计算习题 7 中 3 个系数矩阵的 1,2,∞-范数及条件数.

12．设 A 为非奇异矩阵，证明：$\dfrac{1}{\|A^{-1}\|}=\min\limits_{y\neq 0}\dfrac{\|Ay\|}{\|y\|}$.

13．假设 $A,U\in\mathbf{R}^{n\times n}$，$A$ 可逆，U 是正交矩阵，k 是常数，证明：

(1) $\mathrm{cond}(A)\geqslant 1$；

(2) $\mathrm{cond}(U)=1$；

(3) $\mathrm{cond}(kA)=\mathrm{cond}(A)$；

(4) $\mathrm{cond}(UA)=\mathrm{cond}(AU)=\mathrm{cond}(A)$.

14．给出矩阵

$$A=\begin{pmatrix}5&7&6&5\\7&10&8&7\\6&8&10&9\\5&7&9&10\end{pmatrix},$$

(1) 证明矩阵 $\boldsymbol{A}$ 对称正定,以及行列式 $|\boldsymbol{A}|=1$.

(2) 计算条件数 $\mathrm{cond}_1(\boldsymbol{A})$.

(3) 分别取 $\boldsymbol{b}^{(1)}=(23,32,33,31)^{\mathrm{T}}$,$\boldsymbol{b}^{(2)}=(23.01,32,33,31)^{\mathrm{T}}$,求解方程组 $\boldsymbol{Ax}=\boldsymbol{b}^{(i)}$,$i=1,2$,并观察解的变化.

15. 对 $\begin{pmatrix}0.790 & 0.828\\0.619 & 0.649\end{pmatrix}\boldsymbol{x}=\begin{pmatrix}1.618\\1.268\end{pmatrix}$ 给出两个解:$\boldsymbol{x}_1=\begin{pmatrix}2.019\\0.028\end{pmatrix}$,$\boldsymbol{x}_2=\begin{pmatrix}0.021\\1.934\end{pmatrix}$.

(1) 计算条件数,判定方程组是否病态.

(2) 计算两个解的残量,解释残量小而解 $\boldsymbol{x}_1$,$\boldsymbol{x}_2$ 不准确的原因.

16. 假设方程组 $\boldsymbol{Ax}=\boldsymbol{b}^{(i)}$,$i=1,2$,其中

$$\boldsymbol{A}=\begin{bmatrix}0.0100 & 0.0792 & 0.8111\\0.0066 & 0.0520 & 0.5327\\0.0027 & 0.0216 & 0.2210\end{bmatrix},\ \boldsymbol{b}^{(1)}=\begin{bmatrix}0.9003\\0.5913\\0.2453\end{bmatrix},\ \boldsymbol{b}^{(2)}=\begin{bmatrix}0.9002\\0.5913\\0.2453\end{bmatrix}.$$

(1) 计算条件数 $\mathrm{cond}_1(\boldsymbol{A})$ 和行列式 $|\boldsymbol{A}|$,判定方程组是否病态.

(2) 计算方程组的解 $\boldsymbol{x}^{(i)}$,$i=1,2$,并观察解的变化.

17. 设 $\boldsymbol{A}\in\mathbf{R}^{n\times n}$ 非奇异,证明:

(1) $\boldsymbol{A}^{\mathrm{T}}\boldsymbol{A}$ 对称正定;

(2) $\mathrm{cond}_2(\boldsymbol{A}^{\mathrm{T}}\boldsymbol{A})=(\mathrm{cond}_2(\boldsymbol{A}))^2$.

第 3 章

求解线性方程组的迭代法

在工程计算中，迭代法也常用来求解线性方程组. 当 $\boldsymbol{A}$ 是大型稀疏矩阵时，运用稀疏矩阵的储存技术，可以节省大量的储存单元，而迭代法在计算中不会破坏矩阵的储存结构，并能以较少的计算量获得方程组的解，这是直接法所不具备的优点.

迭代法的基本思想是：构造一个收敛到方程组 $\boldsymbol{Ax}=\boldsymbol{b}$ 准确解的向量序列 $\{\boldsymbol{x}^{(k)}\}_{k=0}^{\infty}$，通常要求构造的方法包含矩阵与向量的乘法.

最常用的迭代法有古典迭代法，如 Jacobi，Gauss-Seidel 和 SOR 方法等，此外还有 Krylov 子空间方法，如求解对称正定方程组的共轭梯度法(CG)，求解非对称线性方程组的广义残量极小化方法(GMRES)等. 这些方法无论是在理论上还是在实践中，都得到充分的研究与应用，成为求解线性方程组的有力工具.

§1　向量序列的收敛性

设有 $\mathbf{R}^n$ 上的 n 维向量序列：

$$\boldsymbol{x}^{(k)}=(x_1^{(k)},x_2^{(k)},\cdots,x_n^{(k)})^{\mathrm{T}},\ k=0,1,2,\cdots,$$

显然 $\boldsymbol{x}^{(k)}$ 的每一个分量 $x_i^{(k)}$ 都是关于 k 的数列，若这些数列都有极限

$$\lim_{k\to\infty}x_i^{(k)}=x_i^*,\ i=1,2,\cdots,n,$$

称向量序列 $\boldsymbol{x}^{(k)}$ 收敛，其极限为 $\boldsymbol{x}^*=(x_1^*,x_2^*,\cdots,x_n^*)^{\mathrm{T}}$，可记为 $\lim\limits_{k\to\infty}\boldsymbol{x}^{(k)}=\boldsymbol{x}^*$.

例如，$\lim\limits_{k\to\infty}\boldsymbol{x}^{(k)}=\lim\limits_{k\to\infty}\begin{pmatrix}1\\ \dfrac{1}{k}\\ \dfrac{2}{k}\end{pmatrix}=\begin{pmatrix}\lim\limits_{k\to\infty}1\\ \lim\limits_{k\to\infty}\dfrac{1}{k}\\ \lim\limits_{k\to\infty}\dfrac{2}{k}\end{pmatrix}=\begin{pmatrix}1\\0\\0\end{pmatrix}=\boldsymbol{x}^*$.

例 1　假设 $\lim\limits_{k\to\infty}\boldsymbol{x}^{(k)}=\boldsymbol{x}^*$，$\boldsymbol{A}$ 是与 k 无关的 n 阶方阵. 证明：$\lim\limits_{k\to\infty}\boldsymbol{Ax}^{(k)}=\boldsymbol{Ax}^*$.

证明　向量 $\boldsymbol{Ax}^{(k)}$ 的第 i 个分量为 $\sum\limits_{j=1}^{n}a_{ij}x_j^{(k)}$，从而

$$\lim_{k\to\infty}\boldsymbol{A}\boldsymbol{x}^{(k)}=\lim_{k\to\infty}\begin{pmatrix}\sum_{j=1}^{n}a_{1j}x_j^{(k)}\\ \vdots\\ \sum_{j=1}^{n}a_{nj}x_j^{(k)}\end{pmatrix}=\begin{pmatrix}\sum_{j=1}^{n}a_{1j}x_j^{*}\\ \vdots\\ \sum_{j=1}^{n}a_{nj}x_j^{*}\end{pmatrix}=\boldsymbol{A}\boldsymbol{x}^{*}.$$

该例表明，与 k 无关的矩阵或向量，求极限时均可作为常量对待.

根据范数的等价性，有下列结论.

定理 1　若 $\lim\limits_{k\to\infty}\boldsymbol{x}^{(k)}=\boldsymbol{x}^*$，则对任意一种范数 $\|\boldsymbol{x}\|_p$，有 $\lim\limits_{k\to\infty}\|\boldsymbol{x}^{(k)}-\boldsymbol{x}^*\|_p=0$.

证明　证明分两步. 先证若 $\lim\limits_{k\to\infty}\boldsymbol{x}^{(k)}=\boldsymbol{x}^*$，则 $\lim\limits_{k\to\infty}\|\boldsymbol{x}^{(k)}-\boldsymbol{x}^*\|_2=0$.

因为 $\lim\limits_{k\to\infty}\boldsymbol{x}^{(k)}=\boldsymbol{x}^*$，即有

$$\lim_{k\to\infty}x_i^{(k)}=x_i^*,\ i=1,2,\cdots,n,$$

即对任意给定的 $\varepsilon>0$，存在 N，当 $k>N$ 时，对所有的 i 均成立

$$|x_i^{(k)}-x_i^*|<\frac{\varepsilon}{\sqrt{n}},\ i=1,2,\cdots,n$$

因此

$$\|\boldsymbol{x}^{(k)}-\boldsymbol{x}^*\|_2=\sqrt{(x_1^{(k)}-x_1^*)^2+(x_2^{(k)}-x_2^*)^2+\cdots+(x_n^{(k)}-x_n^*)^2}<\varepsilon,$$

即

$$\lim_{k\to\infty}\|\boldsymbol{x}^{(k)}-\boldsymbol{x}^*\|_2=0.$$

下面再证对任意范数 $\|\cdot\|_p$ 有 $\lim\limits_{k\to\infty}\|x^{(k)}-x^*\|_p=0$. 根据向量等价性，存在正常数 m,M，使得

$$m\|\boldsymbol{x}^{(k)}-\boldsymbol{x}^*\|_2\leqslant\|\boldsymbol{x}^{(k)}-\boldsymbol{x}^*\|_p\leqslant M\|\boldsymbol{x}^{(k)}-\boldsymbol{x}^*\|_2,$$

从而有 $\lim\limits_{k\to\infty}\|\boldsymbol{x}^{(k)}-\boldsymbol{x}^*\|_p=0$.

定理说明，讨论向量收敛时，只需指定一种范数即可，并且下列结论也成立：

若存在一种范数 $\|\cdot\|_p$ 使得 $\lim\limits_{k\to\infty}\|\boldsymbol{x}^{(k)}-\boldsymbol{x}^*\|_p=0$，则 $\lim\limits_{k\to\infty}\boldsymbol{x}^{(k)}=\boldsymbol{x}^*$.

证明略.

§2　一阶线性定常迭代

假设线性方程组

$$\boldsymbol{A}\boldsymbol{x}=\boldsymbol{b},\tag{3.1}$$

式中，$\boldsymbol{A}=(a_{ij})_{nn}\in\mathbf{R}^{n\times n}$ 可逆. 建立求解方程组(3.1)的迭代法的方法是：分裂 $\boldsymbol{A}=\boldsymbol{M}-\boldsymbol{N}$，则方程组(3.1)成为

$$(\boldsymbol{M}-\boldsymbol{N})\boldsymbol{x}=\boldsymbol{b} \text{ 或 } \boldsymbol{M}\boldsymbol{x}=\boldsymbol{N}\boldsymbol{x}+\boldsymbol{b}.$$

假设 $\boldsymbol{M}$ 可逆，则

$$\boldsymbol{x}=\boldsymbol{M}^{-1}\boldsymbol{N}\boldsymbol{x}+\boldsymbol{M}^{-1}\boldsymbol{b}. \tag{3.2}$$

由此建立迭代公式

$$\boldsymbol{x}^{(k+1)}=\boldsymbol{M}^{-1}\boldsymbol{N}\boldsymbol{x}^{(k)}+\boldsymbol{M}^{-1}\boldsymbol{b},\ k=0,1,2,\cdots, \tag{3.3}$$

式中，矩阵 $\boldsymbol{M}^{-1}\boldsymbol{N}$ 称为**迭代矩阵**. 这个矩阵将决定迭代法(3.3)是否收敛. 显然矩阵 $\boldsymbol{M}$ 不仅要求可逆，且 $\boldsymbol{M}^{-1}$ 容易计算，例如 $\boldsymbol{M}$ 是对角矩阵、三角形矩阵等. 取不同的 $\boldsymbol{M}$，就得到不同的迭代公式. 如果 $\boldsymbol{M}$ 是一个稠密矩阵，则计算 $\boldsymbol{M}^{-1}$ 的难度已经超出求解方程组(3.1)的难度，因而构造迭代公式就没有意义.

形如式(3.3)的迭代法称为**一阶线性定常迭代法**.

迭代法需讨论的问题是，当迭代矩阵或系数矩阵 $\boldsymbol{A}$ 满足何种条件时，式(3.3)产生的向量序列才收敛到方程组(3.1)的解. 为讨论方便，将式(3.3)记为

$$\boldsymbol{x}^{(k+1)}=\boldsymbol{B}\boldsymbol{x}^{(k)}+\boldsymbol{f}, \tag{3.4}$$

式中，$\boldsymbol{B}=\boldsymbol{M}^{-1}\boldsymbol{N}$，$\boldsymbol{f}=\boldsymbol{M}^{-1}\boldsymbol{b}$.

首先考察式(3.4)的收敛性.

引理 矩阵序列 $\boldsymbol{B}^k$，$k=0,1,2,\cdots$收敛到零的充分必要条件是 $\rho(\boldsymbol{B})<1$.

证明 (必要性)假设 $\boldsymbol{B}^k\to\boldsymbol{0}$，且 λ 是 $\boldsymbol{B}$ 的模最大的特征值，$\boldsymbol{\xi}$ 为对应的单位特征向量，即 $\|\boldsymbol{\xi}\|_2=1$，则有 $\boldsymbol{B}^k\boldsymbol{\xi}=\lambda^k\boldsymbol{\xi}$，取范数有

$$|\lambda|^k=\|\lambda^k\boldsymbol{\xi}\|_2=\|\boldsymbol{B}^k\boldsymbol{\xi}\|_2\to 0,$$

所以 $\rho(\boldsymbol{B})<1$.

充分性证明略.

注 该引理实际就是第 2 章例 8.

定理 2 迭代法(3.3)收敛的充分必要条件是：谱半径 $\rho(\boldsymbol{B})<1$.

证明 假设 $\boldsymbol{x}^*$ 是式(3.1)的解，则 $\boldsymbol{x}^*$ 也满足式(3.2)

$$\boldsymbol{x}^*=\boldsymbol{B}\boldsymbol{x}^*+\boldsymbol{f}.$$

考察误差向量

$$\boldsymbol{\varepsilon}_k=\boldsymbol{x}^{(k)}-\boldsymbol{x}^*=\boldsymbol{B}(\boldsymbol{x}^{(k-1)}-\boldsymbol{x}^*)=\cdots=\boldsymbol{B}^k(\boldsymbol{x}^{(0)}-\boldsymbol{x}^*),$$

可见 $\lim\limits_{k\to\infty}\boldsymbol{x}^{(k)}=\boldsymbol{x}^*$ 等价于 $\lim\limits_{k\to\infty}\boldsymbol{\varepsilon}_k=\boldsymbol{0}$，等价于 $\lim\limits_{k\to\infty}\boldsymbol{B}^k=\boldsymbol{0}$，等价于 $\rho(\boldsymbol{B})<1$.

定理 2 表明，迭代法(3.4)是否收敛与迭代矩阵 $\boldsymbol{B}$ 有关，与迭代初始向量 $\boldsymbol{x}^{(0)}$ 无关. 而迭代法(3.4)的极限是方程组(3.1)的解，说明迭代法(3.4)与方程组(3.1)**相容**. 因此只有与方程组(3.1)相容的迭代法才有意义.

例 2 设 $\boldsymbol{A}$ 为对称正定矩阵，解线性方程组 $\boldsymbol{A}\boldsymbol{x}=\boldsymbol{b}$ 的 Richardson 迭代法为

$$\boldsymbol{x}^{(k+1)}=(\boldsymbol{I}-\omega\boldsymbol{A})\boldsymbol{x}^{(k)}+\omega\boldsymbol{b},\ k=0,1,2,\cdots,$$

证明：当 $0<\omega<\dfrac{2}{\lambda_{\max}(\boldsymbol{A})}$ 时，迭代法收敛.

证明　该迭代格式的迭代矩阵为

$$\boldsymbol{B}=\boldsymbol{I}-\omega\boldsymbol{A}.$$

设 $\lambda>0$ 为 $\boldsymbol{A}$ 的特征值，则 $\mu=1-\omega\lambda$ 是 $\boldsymbol{B}$ 的特征值，当 $|\mu|<1$ 时，Richardson 迭代法收敛.

从 $|\mu|<1$ 得

$$|\mu|=|1-\omega\lambda|<1,$$

即 $0<\omega<\dfrac{2}{\lambda}$. 注意到 $\boldsymbol{A}$ 的特征值有 n 个，所以取 $0<\omega<\dfrac{2}{\lambda_{\max}(\boldsymbol{A})}$，$\lambda_{\max}(\boldsymbol{A})$ 为 $\boldsymbol{A}$ 的最大特征值.

注　这个格式相当于对 $\omega\boldsymbol{A}\boldsymbol{x}=\omega\boldsymbol{b}$ 取 $\boldsymbol{M}=\boldsymbol{I}$，$\boldsymbol{N}=\boldsymbol{I}-\omega\boldsymbol{A}$ 的迭代格式.

我们知道，矩阵范数与谱半径有关系 $\rho(\boldsymbol{A})\leqslant\|\boldsymbol{A}\|$，因此很容易得出下列结论.

定理 3　若迭代法(3.4)的迭代矩阵满足 $\|\boldsymbol{B}\|<1$，则该迭代法收敛.

如果 $\{\boldsymbol{x}^{(k)}\}_{k=0}^{\infty}$ 收敛，即 $\lim\limits_{k\to\infty}\boldsymbol{x}^{(k)}=\boldsymbol{x}^*$，称 $\boldsymbol{x}^{(k)}$ 为方程组(3.1)的第 k 个近似解. 关于近似解 $\boldsymbol{x}^{(k)}$ 的误差，有下列定理.

定理 4　若迭代法(3.4)的迭代矩阵满足 $\|\boldsymbol{B}\|<1$，则

$$\|\boldsymbol{x}^{(k)}-\boldsymbol{x}^*\|\leqslant\frac{q}{1-q}\|\boldsymbol{x}^{(k)}-\boldsymbol{x}^{(k-1)}\|,\tag{3.5}$$

$$\|\boldsymbol{x}^{(k)}-\boldsymbol{x}^*\|\leqslant\frac{q^k}{1-q}\|\boldsymbol{x}^{(1)}-\boldsymbol{x}^{(0)}\|.\tag{3.6}$$

证明　(不等式(3.5)的证明)考察误差

$$\boldsymbol{x}^{(k)}-\boldsymbol{x}^*=\boldsymbol{B}\boldsymbol{x}^{(k-1)}-\boldsymbol{B}\boldsymbol{x}^*,$$

将 $\boldsymbol{x}^*=(\boldsymbol{I}-\boldsymbol{B})^{-1}\boldsymbol{f}$ 代入误差有

$$\begin{aligned}\boldsymbol{x}^{(k)}-\boldsymbol{x}^*&=\boldsymbol{B}\boldsymbol{x}^{(k-1)}-\boldsymbol{B}(\boldsymbol{I}-\boldsymbol{B})^{-1}\boldsymbol{f}\\&=\boldsymbol{B}(\boldsymbol{I}-\boldsymbol{B})^{-1}[(\boldsymbol{I}-\boldsymbol{B})\boldsymbol{x}^{(k-1)}-\boldsymbol{f}]\\&=\boldsymbol{B}(\boldsymbol{I}-\boldsymbol{B})^{-1}(\boldsymbol{x}^{(k-1)}-\boldsymbol{x}^{(k)}).\end{aligned}$$

因为 $\|\boldsymbol{B}\|<1$，利用“当 $\|\boldsymbol{C}\|\leqslant1$ 时，$\|(\boldsymbol{I}-\boldsymbol{C})^{-1}\|\leqslant(1-\|\boldsymbol{C}\|)^{-1}$(第 2 章例 10)”可知：

$$\|\boldsymbol{x}^{(k)}-\boldsymbol{x}^*\|\leqslant\frac{\|\boldsymbol{B}\|}{1-\|\boldsymbol{B}\|}\|\boldsymbol{x}^{(k-1)}-\boldsymbol{x}^{(k)}\|=\frac{q}{1-q}\|\boldsymbol{x}^{(k)}-\boldsymbol{x}^{(k-1)}\|.$$

不等式(3.6)的证明略.

不等式(3.5)称为事后误差估计，这是因为需要计算 $\boldsymbol{x}^{(k)}$ 才能估计误差 $\|\boldsymbol{x}^{(k)}-\boldsymbol{x}^*\|$. 当 q 不是很接近于 1 时，若相邻两次迭代向量的差 $\|\boldsymbol{x}^{(k)}-\boldsymbol{x}^{(k-1)}\|$ 充分小，则可将 $\boldsymbol{x}^{(k)}$ 作为方程组的近似解，停止迭代. 用这个公式估计误差，要比用残量范数 $\|\boldsymbol{r}_k\|=\|\boldsymbol{b}-\boldsymbol{A}\boldsymbol{x}^{(k)}\|$ 方便.

式(3.6)由于仅需要计算 $\boldsymbol{x}^{(1)}$ 即可估计误差，称为事前误差估计.

例 3 讨论迭代法 $\boldsymbol{x}^{(k+1)}=\boldsymbol{B}\boldsymbol{x}^{(k)}+\boldsymbol{f}=\begin{pmatrix}0.5 & -0.25\\ -0.25 & 0.5\end{pmatrix}\boldsymbol{x}^{(k)}+\begin{pmatrix}0.75\\ 0.75\end{pmatrix}$，$k=0$，1，2，…的收敛性.

解 因迭代矩阵的范数 $\|\boldsymbol{B}\|_\infty=0.75$，故收敛. 取初始向量 $\boldsymbol{x}^{(0)}=(0,0)^{\mathrm{T}}$，则

$$\boldsymbol{x}^{(1)}=\begin{pmatrix}0.5 & -0.25\\ -0.25 & 0.5\end{pmatrix}\boldsymbol{x}^{(0)}+\begin{pmatrix}0.75\\ 0.75\end{pmatrix}=\begin{pmatrix}0.75\\ 0.75\end{pmatrix},$$

$$\boldsymbol{x}^{(2)}=\begin{pmatrix}0.5 & -0.25\\ -0.25 & 0.5\end{pmatrix}\boldsymbol{x}^{(1)}+\begin{pmatrix}0.75\\ 0.75\end{pmatrix}=\begin{pmatrix}0.9375\\ 0.9375\end{pmatrix},$$

…………

$k=3,4,\cdots,8$ 的计算结果(显示 8 位)列表如下：

$\boldsymbol{x}^{(3)}$	$\boldsymbol{x}^{(4)}$	$\boldsymbol{x}^{(5)}$	$\boldsymbol{x}^{(6)}$	$\boldsymbol{x}^{(7)}$	$\boldsymbol{x}^{(8)}$
0.984 375 0	0.996 093 8	0.999 023 4	0.999 755 9	0.999 939 0	0.999 984 7
0.984 375 0	0.996 093 8	0.999 023 4	0.999 755 9	0.999 939 0	0.999 984 7

若继续迭代，则 $\{\boldsymbol{x}^{(k)}\}_{k=0}^{\infty}$ 将收敛到极限 $(1,1)^{\mathrm{T}}$.

下面讨论的迭代法(3.4)的收敛速度，是针对(3.4)统一定义的.

记误差 $\boldsymbol{\varepsilon}_k=\boldsymbol{x}^{(k)}-\boldsymbol{x}^*$，则

$$\boldsymbol{\varepsilon}_k=\boldsymbol{x}^{(k)}-\boldsymbol{x}^*=\boldsymbol{B}\boldsymbol{x}^{(k-1)}-\boldsymbol{B}\boldsymbol{x}^*=\boldsymbol{B}\boldsymbol{\varepsilon}_{k-1}=\cdots=\boldsymbol{B}^k\boldsymbol{\varepsilon}_0,$$

可见误差 $\|\boldsymbol{\varepsilon}_k\|$ 的大小不仅与 $\boldsymbol{B}$ 有关，也跟初始误差 $\boldsymbol{\varepsilon}_0$ 或初始向量 $\boldsymbol{x}^{(0)}$ 有关，并且

$$\|\boldsymbol{\varepsilon}_k\|=\|\boldsymbol{x}^{(k)}-\boldsymbol{x}^*\|=\|\boldsymbol{B}^k\boldsymbol{\varepsilon}_0\|\leqslant\|\boldsymbol{B}^k\|\,\|\boldsymbol{\varepsilon}_0\|, \tag{3.7}$$

当 $k\to\infty$ 时，误差的范数 $\|\boldsymbol{\varepsilon}_k\|$ 收敛到零至少和 $\|\boldsymbol{B}^k\|$ 一样快，称 $\|\boldsymbol{B}^k\|$ 为第 k 步的收敛速度. 需特别注意的是，这里“至少”的含义是，对于特殊的迭代公式，$\|\boldsymbol{\varepsilon}_k\|$ 可以比 $\|\boldsymbol{B}^k\|$ 小很多，从而收敛到零的速度完全可以比 $\|\boldsymbol{B}^k\|$ 收敛到零的速度快很多. 原因是不等号“$\leqslant$”放大了数值 $\|\boldsymbol{\varepsilon}_k\|$ 的上界. 因此式(3.7)说明，如果 $\|\boldsymbol{B}^k\|$ 能很快地收敛到零，那么 $\|\boldsymbol{\varepsilon}_k\|$ 也能很快收敛到零，并且有可能收敛得更快.

另外一个定义是 k 步的平均收敛速度，定义为

$$R_k(\boldsymbol{B})=-\frac{\ln(\|\boldsymbol{B}^k\|)}{k},$$

于是从式(3.7)得

$$\|\boldsymbol{\varepsilon}_k\|\leqslant\|\boldsymbol{B}^k\|\cdot\|\boldsymbol{\varepsilon}_0\|=\mathrm{e}^{-kR_k(\boldsymbol{B})}\cdot\|\boldsymbol{\varepsilon}_0\|.$$

该表达式说明，R_k 越大，或等价地 $\|\boldsymbol{B}^k\|$ 越小，则 $\boldsymbol{\varepsilon}_k$ 收敛到零，或 $\boldsymbol{x}^{(k)}$ 收敛到 $\boldsymbol{x}^*$ 就越快. 显然 $R_k(\boldsymbol{B})$ 依赖于 k 和范数，并且还依赖于矩阵 $\boldsymbol{B}^k$ 的计算，这在应用中不方便，为此引进渐近收敛速度的定义：

$$R(\boldsymbol{B})=\lim_{k\to\infty}R_k(\boldsymbol{B})=-\ln\rho(\boldsymbol{B}),$$

渐近收敛速度是在 $k\to\infty$ 状况下给出的.

以上给出的 3 个定义,尽管形式不一致,但都要求 $\boldsymbol{B}^k$ 收敛到零,或等价于 $\rho(\boldsymbol{B})<1$,在此要求下,首先迭代法收敛. 其次 $\|\boldsymbol{B}^k\|\leqslant\|\boldsymbol{B}\|^k<1$,以及 $\rho(\boldsymbol{B})\leqslant\|\boldsymbol{B}\|<1$,从而 $R_k(\boldsymbol{B})$ 和 $R(\boldsymbol{B})$ 为正数,而且 $\|\boldsymbol{B}\|$ 越小,这两个数就越大,说明收敛速度越快,这和式(3.7)的意义是一致的. 但由于式(3.7)中存在不等号"$\leqslant$",因此收敛速度有时会被低估.

至此,我们对一阶线性定常迭代法的收敛性和误差估计,有了初步了解. 下面介绍的古典迭代法,如 Jacobi,Gauss-Seidel 和 SOR(超松弛法),均属于一阶线性定常迭代法,故上述结论对这 3 种方法均成立.

§3　Jacobi 迭代法

将方程组(3.1)的系数矩阵 $\boldsymbol{A}$ 分裂为

$$\boldsymbol{A}=\boldsymbol{D}-\boldsymbol{L}-\boldsymbol{U},$$

式中,$\boldsymbol{D},\boldsymbol{L},\boldsymbol{U}$ 分别是 $\boldsymbol{A}$ 的对角部分、负的严格下三角部分和负的严格上三角部分构成的矩阵. 例如,三阶矩阵

$$\begin{aligned}\boldsymbol{A}&=\begin{pmatrix}a_{11}&a_{12}&a_{13}\\a_{21}&a_{22}&a_{23}\\a_{31}&a_{32}&a_{33}\end{pmatrix}\\&=\begin{pmatrix}a_{11}&0&0\\0&a_{22}&0\\0&0&a_{33}\end{pmatrix}-\begin{pmatrix}0&0&0\\-a_{21}&0&0\\-a_{31}&a_{32}&0\end{pmatrix}-\begin{pmatrix}0&-a_{12}&-a_{13}\\0&0&-a_{23}\\0&0&0\end{pmatrix}\\&=\boldsymbol{D}-\boldsymbol{L}-\boldsymbol{U},\end{aligned}$$

分别取 $\boldsymbol{M}=\boldsymbol{D},\boldsymbol{N}=\boldsymbol{L}+\boldsymbol{U}=\boldsymbol{D}-\boldsymbol{A}$,得求解方程组(3.1)的雅可比(Jacobi)迭代法:

$$\begin{aligned}\boldsymbol{x}^{(k+1)}&=\boldsymbol{M}^{-1}\boldsymbol{N}\boldsymbol{x}^{(k)}+\boldsymbol{M}^{-1}\boldsymbol{b}\\&=(\boldsymbol{I}-\boldsymbol{D}^{-1}\boldsymbol{A})\boldsymbol{x}^{(k)}+\boldsymbol{D}^{-1}\boldsymbol{b}.\end{aligned}\tag{3.8}$$

式(3.8)是 Jacobi 迭代法的矩阵格式. Jacobi 迭代法也可以这样得到:假设对角元 a_{ii} 非零,从方程组 $\boldsymbol{A}\boldsymbol{x}=\boldsymbol{b}$ 的第 $i(i=1,2,\cdots,n)$ 个方程解出 x_i,即

$$\begin{cases}x_1=\dfrac{b_1-a_{12}x_2-\cdots-a_{1n}x_n}{a_{11}},\\x_2=\dfrac{b_2-a_{21}x_1-a_{23}x_3-\cdots-a_{2n}x_n}{a_{22}},\\\cdots\cdots\cdots\cdots\\x_n=\dfrac{b_n-a_{n1}x_1-\cdots-a_{nn-1}x_{n-1}}{a_{nn}}.\end{cases}$$

上式等号左右的 $x_1,x_2,\cdots,x_n$ 分别用向量 $\boldsymbol{x}^{(k+1)}$ 和 $\boldsymbol{x}^{(k)}$ 的分量表示，从而得到Jacobi迭代法的**分量格式**：

$$\begin{cases} x_1^{(k+1)}=\dfrac{b_1-a_{12}x_2^{(k)}-\cdots-a_{1n}x_n^{(k)}}{a_{11}}, \\ x_2^{(k+1)}=\dfrac{b_2-a_{21}x_1^{(k)}-a_{23}x_3^{(k)}-\cdots-a_{2n}x_n^{(k)}}{a_{22}}, \\ \cdots\cdots\cdots\cdots \\ x_n^{(k+1)}=\dfrac{b_n-a_{n1}x_1^{(k)}-\cdots-a_{nn-1}x_{n-1}^{(k)}}{a_{nn}}. \end{cases} \tag{3.9}$$

可以验证，式(3.8)和式(3.9)是等价的，即将式(3.9)用矩阵表示即为式(3.8). 下面将式(3.9)用一个公式表示：

$$\begin{aligned} x_i^{(k+1)} &= \frac{1}{a_{ii}}\left(b_i-\sum_{j=1}^{i-1}a_{ij}x_j^{(k)}-\sum_{j=i+1}^{n}a_{ij}x_j^{(k)}\right) \\ &= \frac{1}{a_{ii}}\sum_{j=1,j\neq i}^{n}a_{ij}x_j^{(k)},\ i=1,2,\cdots,n. \end{aligned} \tag{3.10}$$

例 4 用 Jacobi 迭代法解方程组 $\begin{pmatrix} 4 & -1 & -1 & 0 \\ -1 & 4 & 0 & -1 \\ -1 & 0 & 4 & -1 \\ 0 & -1 & -1 & 4 \end{pmatrix}\begin{pmatrix} x_1 \\ x_2 \\ x_3 \\ x_4 \end{pmatrix}=\begin{pmatrix} 2 \\ 1 \\ 1 \\ 2 \end{pmatrix}$. 要求：取初始向量 $\boldsymbol{x}^{(0)}$ 为零向量，观察向量 $\boldsymbol{x}^{(k)}$ 的误差.

解 用矩阵格式计算.

$$\begin{aligned} \boldsymbol{x}^{(k+1)} &= (\boldsymbol{I}-\boldsymbol{D}^{-1}\boldsymbol{A})\boldsymbol{x}^{(k)}+\boldsymbol{D}^{-1}\boldsymbol{b} \\ &= \begin{pmatrix} 0 & 0.25 & 0.25 & 0 \\ 0.25 & 0 & 0 & 0.25 \\ 0.25 & 0 & 0 & 0.25 \\ 0 & 0.25 & 0.25 & 0 \end{pmatrix}\boldsymbol{x}^{(k)}+\begin{pmatrix} 0.5 \\ 0.25 \\ 0.25 \\ 0.5 \end{pmatrix},\ k=0,1,\cdots. \end{aligned}$$

首先作收敛性分析. 因为

$$\|\boldsymbol{I}-\boldsymbol{D}^{-1}\boldsymbol{A}\|_1=q=0.5<1,$$

所以迭代收敛. 用谱半径也能判断，缺点是计算复杂一些. 经计算

$$\rho(\boldsymbol{I}-\boldsymbol{D}^{-1}\boldsymbol{A})=0.5<1,$$

所以迭代收敛.

下面开始计算. 取初始向量 $\boldsymbol{x}^{(0)}=(0,0,0,0)^{\mathrm{T}}$，则

$$x^{(1)}=\begin{pmatrix}0&0.25&0.25&0\\0.25&0&0&0.25\\0.25&0&0&0.25\\0&0.25&0.25&0\end{pmatrix}x^{(0)}+\begin{pmatrix}0.5\\0.25\\0.25\\0.5\end{pmatrix}=\begin{pmatrix}0.5\\0.25\\0.25\\0.5\end{pmatrix},$$

$$x^{(2)}=\begin{pmatrix}0&0.25&0.25&0\\0.25&0&0&0.25\\0.25&0&0&0.25\\0&0.25&0.25&0\end{pmatrix}x^{(1)}+\begin{pmatrix}0.5\\0.25\\0.25\\0.5\end{pmatrix}=\begin{pmatrix}0.6250\\0.5000\\0.5000\\0.6250\end{pmatrix},$$

…………

部分计算结果列表如下：

$x^{(0)}$	$x^{(1)}$	$x^{(2)}$	…	$x^{(11)}$	$x^{(12)}$	$x^{(13)}$	$x^{(14)}$
0.000 0	0.500 0	0.625 0	…	0.833 0	0.833 1	0.833 3	0.833 3
0.000 0	0.250 0	0.500 0	…	0.666 3	0.666 5	0.666 6	0.666 6
0.000 0	0.250 0	0.500 0	…	0.666 3	0.666 5	0.666 6	0.666 6
0.000 0	0.500 0	0.625 0	…	0.833 0	0.833 1	0.833 3	0.833 3

从上表看出，$x^{(13)}$ 与 $x^{(14)}$ 的小数点后 4 位已经一致. 若将 $x^{(14)}$ 作为近似解，则

$$\|x^{(14)}-x^*\|_1\leqslant\frac{q}{1-q}\|x^{(14)}-x^{(13)}\|_1$$

$$=\frac{0.5}{1-0.5}\left\|\begin{pmatrix}0.000031\\0.000061\\0.000061\\0.000031\end{pmatrix}\right\|_1=1.84\times10^{-4},$$

可见将 $x^{(14)}$ 作为方程的近似解，误差不超过 1.84×10^{-4}.

如果用分量格式计算，则首先从方程组解出

$$\begin{cases}x_1=\frac{1}{4}(2+x_2+x_3),\\x_2=\frac{1}{4}(1+x_1+x_4),\\x_3=\frac{1}{4}(1+x_1+x_4),\\x_4=\frac{1}{4}(2+x_2+x_3).\end{cases}$$

标上标得

$$\begin{cases} x_1^{(k+1)} = \frac{1}{4}(2 + x_2^{(k)} + x_3^{(k)}), \\ x_2^{(k+1)} = \frac{1}{4}(1 + x_1^{(k)} + x_4^{(k)}), \\ x_3^{(k+1)} = \frac{1}{4}(1 + x_1^{(k)} + x_4^{(k)}), \\ x_4^{(k+1)} = \frac{1}{4}(2 + x_2^{(k)} + x_3^{(k)}), \end{cases} \quad k = 0,1,2,\cdots.$$

即得 Jacobi 迭代法的分量格式，取初始向量 $\boldsymbol{x}^{(0)} = (0,0,0,0)^{\mathrm{T}}$ 即可逐步迭代出方程组的解.

注 Jacobi 迭代法中要求矩阵 $\boldsymbol{D}$ 可逆，亦即 $\boldsymbol{A}$ 的对角元非零. 若可逆矩阵 $\boldsymbol{A}$ 的对角元等于零，则可证明：必可找到一个排列阵 $\boldsymbol{P}$ 使得 $\boldsymbol{PA}$ 的对角元素均不为零. 也就是说，对方程组 $\boldsymbol{PAx} = \boldsymbol{Pb}$ 可应用 Jacobi 迭代法求解.

§4 Gauss-Seidel 迭代法

如果在 $\boldsymbol{A} = \boldsymbol{D} - \boldsymbol{L} - \boldsymbol{U}$ 中，取 $\boldsymbol{M} = \boldsymbol{D} - \boldsymbol{L}$，$\boldsymbol{N} = \boldsymbol{U}$，则迭代公式(3.3)为

$$\boldsymbol{x}^{(k+1)} = (\boldsymbol{D} - \boldsymbol{L})^{-1}\boldsymbol{U}\boldsymbol{x}^{(k)} + (\boldsymbol{D} - \boldsymbol{L})^{-1}\boldsymbol{b},\ k = 0,1,2,\cdots. \tag{3.11}$$

式(3.11)称为高斯-塞德尔(Gauss-Seidel)迭代法.

考察 Gauss-Seidel 分量格式.

在 Jacobi 迭代公式(3.10)中，当计算向量 $\boldsymbol{x}^{(k+1)}$ 的第 i 个分量 $x_i^{(k+1)}$ 时，按照 Jacobi 迭代公式的计算顺序，它的前 $i-1$ 个分量 $x_1^{(k+1)}, x_2^{(k+1)}, \cdots, x_{i-1}^{(k+1)}$ 已经计算好，若将这些值替换式(3.10)中的值 $x_1^{(k)}, x_2^{(k)}, \cdots, x_{i-1}^{(k)}$，就得到 Gauss-Seidel 迭代法的分量格式

$$x_i^{(k+1)} = \frac{1}{a_{ii}}\left(b_i - \sum_{j=1}^{i-1} a_{ij}x_j^{(k+1)} - \sum_{j=i+1}^{n} a_{ij}x_j^{(k)}\right),\ i = 1,2,\cdots,n.$$

上式用矩阵表示即为式(3.11).

例 5 用 Gauss-Seidel 迭代法解方程组

$$\begin{pmatrix} 4 & -1 & -1 & 0 \\ -1 & 4 & 0 & -1 \\ -1 & 0 & 4 & -1 \\ 0 & -1 & -1 & 4 \end{pmatrix} \begin{pmatrix} x_1 \\ x_2 \\ x_3 \\ x_4 \end{pmatrix} = \begin{pmatrix} 2 \\ 1 \\ 1 \\ 2 \end{pmatrix}.$$

要求：取初始向量 $\boldsymbol{x}^{(0)}$ 为零向量，观察向量 $\boldsymbol{x}^{(k)}$ 的误差.

解 用矩阵格式计算.

$$x^{(k+1)}=(D-L)^{-1}Ux^{(k)}+(D-L)^{-1}b$$

$$=\frac{1}{16}\begin{pmatrix}0 & 4 & 4 & 0\\0 & 1 & 1 & 4\\0 & 1 & 1 & 4\\0 & 0.5 & 0.5 & 2\end{pmatrix}x^{(k)}+\frac{1}{16}\begin{pmatrix}8\\6\\6\\11\end{pmatrix},\ k=0,1,\cdots,$$

因 $\|(D-L)^{-1}U\|_1=q=0.625<1$,故迭代收敛.

若用谱半径判断,因为 $\rho((D-L)^{-1}U)=0.25<1$,所以迭代收敛.

下面开始计算.取初始向量 $x^{(0)}=(0,0,0,0)^{\mathrm{T}}$,部分计算结果如下:

$x^{(0)}$	$x^{(1)}$	$x^{(2)}$	…	$x^{(8)}$	$x^{(9)}$	…	$x^{(14)}$
0.000 0	0.500 0	0.687 5	…	0.833 3	0.833 3	…	0.833 3
0.000 0	0.375 0	0.593 8	…	0.666 6	0.666 7	…	0.666 7
0.000 0	0.375 0	0.593 8	…	0.666 6	0.666 7	…	0.666 7
0.000 0	0.687 5	0.796 9	…	0.833 3	0.833 3	…	0.833 3

从上表看出,从 $k\geqslant 9$ 开始,$x^{(k)}$ 的小数点后 4 位已经一致.如果仍然将 $x^{(14)}$ 作为方程的近似解,则

$$\|x^{(14)}-x^*\|_1\leqslant\frac{q}{1-q}\|x^{(14)}-x^{(13)}\|_1$$

$$=\frac{0.625}{1-0.625}\left\|\begin{pmatrix}2.6077\times10^{-8}\\1.3039\times10^{-8}\\1.3039\times10^{-8}\\6.5193\times10^{-9}\end{pmatrix}\right\|_1$$

$$=9.779\times10^{-8},$$

表明误差不超过 9.779×10^{-8}.

§5　迭代法收敛性再研究

对于 Jacobi 和 Gauss-Seidel 迭代法,只要迭代矩阵 B 的谱半径 $\rho(B)<1$ 或范数 $\|B\|<1$,即可断定其收敛.实际上,还可根据方程组 $Ax=b$ 的系数矩阵 A 来判断迭代法的收敛性.

在上一章中,严格对角占优矩阵 $A=(a_{ij})_{nn}$ 是指,A 的对角元 a_{ii} 满足

$$|a_{ii}|>\sum_{j=1,j\neq i}^{n}|a_{ij}|,\ i=1,2,\cdots,n. \tag{3.12}$$

与之对应的另一概念是不可约对角占优矩阵，即：

(1)（弱对角占优）不等式(3.12)中同时包含“=”和“>”；

(2)（可约矩阵 $\boldsymbol{A}$）存在排列阵 $\boldsymbol{P}\in\mathbf{R}^{n\times n}$ 使得 $\boldsymbol{PAP}^{\mathrm{T}}=\begin{pmatrix}\boldsymbol{A}_{11} & \boldsymbol{A}_{12}\\ \boldsymbol{0} & \boldsymbol{A}_{22}\end{pmatrix}$，其中 $\boldsymbol{A}_{11}$，$\boldsymbol{A}_{22}$ 分别是 r 阶和 $n-r$ 阶方阵. 若这样的矩阵 $\boldsymbol{P}$ 不存在，则称 $\boldsymbol{A}$ 是不可约矩阵.

判断矩阵是否可约比较复杂，判别不可约的一个方法是：设 $\boldsymbol{A}$ 为 $n(n\geqslant 2)$ 阶方阵，记集合 $W=\{1,2,\cdots,n\}$，若存在 W 的两个非空的子集 S 和 T 满足

$$S\cup T=W,\ S\cap T=\varnothing, \tag{3.13}$$

使得

$$a_{ij}=0,\ i\in S, j\in T, \tag{3.14}$$

则矩阵 $\boldsymbol{A}$ 为可约的；否则称为不可约. 式(3.14)的意思是，存在矩阵 $\boldsymbol{A}$ 的零元素的行列下标，分别构成两个集合 S 和 T 满足式(3.13).

例如，矩阵

$$\boldsymbol{A}_1=\begin{pmatrix}2 & 1 & 0\\ 1 & 2 & 1\\ 0 & 1 & 2\end{pmatrix},\ \boldsymbol{A}_2=\begin{pmatrix}0 & 0 & 1\\ 2 & 3 & 4\\ 0 & 0 & 5\end{pmatrix}.$$

对于矩阵 $\boldsymbol{A}_1$，由于零元素 a_{13}, a_{31} 的行下标为 $\{1,3\}$，列下标 $\{3,1\}$，显然不存在 S 和 T 满足 $S\cup T=\{1,2,3\}$，故 $\boldsymbol{A}_1$ 不可约. 对于矩阵 $\boldsymbol{A}_2$，零元素 $a_{11}, a_{12}, a_{31}, a_{32}$ 的行下标构成集合 $\widetilde{S}=\{1,3\}$，列下标构成集合 $T=\{1,2\}$，因此若取 $S=\{3\}$，则 $S\cup T=\{1,2,3\}$，$S\cap T=\varnothing$，所以 $\boldsymbol{A}_2$ 可约. 事实上，存在排列阵 $\boldsymbol{P}$ 使得

$$\boldsymbol{PAP}^{\mathrm{T}}=\begin{pmatrix}0 & 1 & 0\\ 1 & 0 & 0\\ 0 & 0 & 1\end{pmatrix}\begin{pmatrix}0 & 0 & 1\\ 2 & 3 & 4\\ 0 & 0 & 5\end{pmatrix}\begin{pmatrix}0 & 1 & 0\\ 1 & 0 & 0\\ 0 & 0 & 1\end{pmatrix}^{\mathrm{T}}=\left(\begin{array}{c:cc}3 & 2 & 4\\ \hdashline 0 & 0 & 1\\ 0 & 0 & 5\end{array}\right).$$

此外，形如(3.15)的矩阵，三条对角线均非零的三对角矩阵等，都为不可约矩阵.

定理 5 (1) 当 $\boldsymbol{A}$ 为严格对角占优矩阵时，Jacobi 和 Gauss-Seidel 迭代法都收敛.

(2) 当 $\boldsymbol{A}$ 为不可约弱对角占优矩阵时，Jacobi 和 Gauss-Seidel 迭代法都收敛.

证明 (1) 因为 $\boldsymbol{A}$ 严格对角占优，表明 $\boldsymbol{D}$ 可逆，故 Jacobi 迭代法的迭代矩阵 $\boldsymbol{I}-\boldsymbol{D}^{-1}\boldsymbol{A}$ 存在，下证 $\|\boldsymbol{I}-\boldsymbol{D}^{-1}\boldsymbol{A}\|_\infty<1$.

$$\|\boldsymbol{I}-\boldsymbol{D}^{-1}\boldsymbol{A}\|_\infty=\max_{1\leqslant i\leqslant n}\left\{\frac{1}{|a_{11}|}\sum_{j=2}^{n}|a_{ij}|,\ \frac{1}{|a_{22}|}\sum_{j=1,\ j\neq 2}^{n}|a_{ij}|,\cdots,\right.$$

$$\left.\frac{1}{|a_{nn}|}\sum_{j=1}^{n-1}|a_{ij}|\right\}<1,$$

所以 Jacobi 迭代法收敛.

下面先证明 $\boldsymbol{A}$ 为非奇异矩阵. 考察行列式 $|\boldsymbol{I}-(\boldsymbol{I}-\boldsymbol{D}^{-1}\boldsymbol{A})|$.

假设 $|\boldsymbol{I}-(\boldsymbol{I}-\boldsymbol{D}^{-1}\boldsymbol{A})|=0$, 则 $\boldsymbol{I}-\boldsymbol{D}^{-1}\boldsymbol{A}$ 存在一个特征值 1, 与

$$\rho(\boldsymbol{I}-\boldsymbol{D}^{-1}\boldsymbol{A})\leqslant\|\boldsymbol{I}-\boldsymbol{D}^{-1}\boldsymbol{A}\|_{\infty}<1$$

矛盾. 因此 $|\boldsymbol{D}^{-1}\boldsymbol{A}|\neq 0$, 从而 $\boldsymbol{A}$ 可逆.

下证 Gauss-Seidel 迭代法收敛.

记 $\boldsymbol{B}=(\boldsymbol{D}-\boldsymbol{L})^{-1}\boldsymbol{U}$, 下证 $\rho(\boldsymbol{B})<1$. 反设 $|\lambda|=\rho(\boldsymbol{B})\geqslant 1$, 则

$$0=|\lambda\boldsymbol{I}-\boldsymbol{B}|=|\lambda\boldsymbol{I}-(\boldsymbol{D}-\boldsymbol{L})^{-1}\boldsymbol{U}|=|(\boldsymbol{D}-\boldsymbol{L})^{-1}|\cdot|\lambda(\boldsymbol{D}-\boldsymbol{L})-\boldsymbol{U}|.$$

因为 $\boldsymbol{A}$ 严格对角占优, 而 $|\lambda|\geqslant 1$, 因此 $\lambda(\boldsymbol{D}-\boldsymbol{L})-\boldsymbol{U}$ 也是严格对角占优, 故可逆, 所以有

$$|(\boldsymbol{D}-\boldsymbol{L})^{-1}|\cdot|\lambda(\boldsymbol{D}-\boldsymbol{L})-\boldsymbol{U}|\neq 0,$$

矛盾. 所以 $\rho(\boldsymbol{B})<1$, Gauss-Seidel 迭代法收敛.

(2) 证明略.

当矩阵 $\boldsymbol{A}$ 对称正定时, Jacobi 和 Gauss-Seidel 迭代法也有对应的收敛性定理.

定理 6 (1) 如果 $\boldsymbol{A}$ 是对称正定矩阵, 则 Gauss-Seidel 迭代法收敛.

(2) 如果 $\boldsymbol{A}$ 和 $2\boldsymbol{D}-\boldsymbol{A}$ 都是对称正定矩阵, 则 Jacobi 迭代法收敛.

定理 6 的证明, 借助于下列性质将会变得容易.

性质 1 假设实矩阵 $\boldsymbol{A}$ 及 $\boldsymbol{A}-\boldsymbol{B}-\boldsymbol{B}^{\mathrm{T}}$ 是对称正定矩阵, 则 $\rho(-(\boldsymbol{A}-\boldsymbol{B})^{-1}\boldsymbol{B})<1$.

证明 记 $\boldsymbol{H}=-(\boldsymbol{A}-\boldsymbol{B})^{-1}\boldsymbol{B}$, λ, ξ 为之特征值和特征向量, 则有

$$-(\boldsymbol{A}-\boldsymbol{B})^{-1}\boldsymbol{B}\boldsymbol{\xi}=\lambda\boldsymbol{\xi}\ \text{或}\ -\boldsymbol{B}\boldsymbol{\xi}=\lambda(\boldsymbol{A}-\boldsymbol{B})\boldsymbol{\xi}.$$

从上式知 $\lambda\neq 1$, 左乘共轭转置 $\bar{\boldsymbol{\xi}}^{\mathrm{T}}$ 有

$$-\bar{\boldsymbol{\xi}}^{\mathrm{T}}\boldsymbol{B}\boldsymbol{\xi}=\lambda\bar{\boldsymbol{\xi}}^{\mathrm{T}}(\boldsymbol{A}-\boldsymbol{B})\boldsymbol{\xi}\ \text{或}\ \bar{\boldsymbol{\xi}}^{\mathrm{T}}\boldsymbol{B}\boldsymbol{\xi}=\frac{\lambda}{\lambda-1}\bar{\boldsymbol{\xi}}^{\mathrm{T}}\boldsymbol{A}\boldsymbol{\xi}.$$

由于特征向量 ξ 可能是复向量, 记 $\boldsymbol{\xi}=\boldsymbol{u}+\mathrm{i}\,\boldsymbol{v}$, 其中 $\boldsymbol{u}$, $\boldsymbol{v}$ 是实向量, 从

$$\bar{\boldsymbol{\xi}}^{\mathrm{T}}\boldsymbol{A}\boldsymbol{\xi}=\boldsymbol{u}^{\mathrm{T}}\boldsymbol{A}\boldsymbol{u}+\boldsymbol{v}^{\mathrm{T}}\boldsymbol{A}\boldsymbol{v}$$

及 $\boldsymbol{A}$ 正定知 $\bar{\boldsymbol{\xi}}^{\mathrm{T}}\boldsymbol{A}\boldsymbol{\xi}>0$, 同理 $\bar{\boldsymbol{\xi}}^{\mathrm{T}}(\boldsymbol{A}-\boldsymbol{B}-\boldsymbol{B}^{\mathrm{T}})\boldsymbol{\xi}>0$. 所以

$$0<\bar{\boldsymbol{\xi}}^{\mathrm{T}}(\boldsymbol{A}-\boldsymbol{B}-\boldsymbol{B}^{\mathrm{T}})\boldsymbol{\xi}=\left(1-\frac{\lambda}{\lambda-1}-\frac{\bar{\lambda}}{\bar{\lambda}-1}\right)\bar{\boldsymbol{\xi}}^{\mathrm{T}}\boldsymbol{A}\boldsymbol{\xi}=\frac{1-|\lambda|^2}{|\lambda-1|^2}\bar{\boldsymbol{\xi}}^{\mathrm{T}}\boldsymbol{A}\boldsymbol{\xi},$$

从而 $|\lambda|<1$, 所以结论成立.

下面证明定理 6.

对于 Gauss-Seidel 迭代法, 由于 $\boldsymbol{A}=\boldsymbol{D}-\boldsymbol{L}-\boldsymbol{L}^{\mathrm{T}}$, 因此取 $\boldsymbol{B}=-\boldsymbol{L}^{\mathrm{T}}$, 亦即 $\boldsymbol{B}$ 是 $\boldsymbol{A}$ 的严格上三角部分, 因此 $\boldsymbol{A}-\boldsymbol{B}-\boldsymbol{B}^{\mathrm{T}}=\boldsymbol{D}$, 因为 $\boldsymbol{A}$ 对称正定, 故对角阵 $\boldsymbol{D}$ 对称正定, 根据性质 1 有

$$\rho(-(\boldsymbol{A}-\boldsymbol{B})^{-1}\boldsymbol{B})=\rho((\boldsymbol{D}-\boldsymbol{L})^{-1}\boldsymbol{L}^{\mathrm{T}})<1,$$

Gauss-Seidel 迭代法收敛.

对于 Jacobi 迭代法，取 $\boldsymbol{B}=\boldsymbol{A}-\boldsymbol{D}$，根据条件 $\boldsymbol{A}-\boldsymbol{B}-\boldsymbol{B}^{\mathrm{T}}=2\boldsymbol{D}-\boldsymbol{A}$ 对称正定，从而

$$\rho(-(\boldsymbol{A}-\boldsymbol{B})^{-1}\boldsymbol{B})=\rho(\boldsymbol{D}^{-1}(\boldsymbol{D}-\boldsymbol{A}))<1,$$

Jacobi 迭代法收敛.

例如，对于例 5 中的线性方程组，由于系数矩阵为

$$\boldsymbol{A}=\begin{pmatrix} 4 & -1 & -1 & 0 \\ -1 & 4 & 0 & -1 \\ -1 & 0 & 4 & -1 \\ 0 & -1 & -1 & 4 \end{pmatrix} \tag{3.15}$$

易验证 $\boldsymbol{A}$ 是严格对角占优矩阵，故用 Jacobi 和 Gauss-Seidel 迭代法求解，均收敛.

实际上，矩阵(3.15)还是对称正定矩阵，要说明这一点，可引用下列性质.

性质 2 若 $\boldsymbol{A}$ 是实对称矩阵，且对角元为正、严格对角占优，则 $\boldsymbol{A}$ 是对称正定矩阵.

证明 假设 $\boldsymbol{A}=(a_{ij})\in\mathbf{R}^{n\times n}$，$\lambda\in\mathbf{R}$ 是 $\boldsymbol{A}$ 的任意一个特征值，特征向量 $\boldsymbol{\xi}$ 满足 $\boldsymbol{A\xi}=\lambda\boldsymbol{\xi}$. 记 ξ_i 是 $\boldsymbol{\xi}$ 中模最大的分量，则 $\boldsymbol{A\xi}=\lambda\boldsymbol{\xi}$ 的第 i 个分量为

$$\sum_{j=1}^{n}a_{ij}\xi_j=\lambda\xi_i \quad \text{或} \quad \sum_{j=1,j\neq i}^{n}a_{ij}\xi_j=\lambda\xi_i-a_{ii}\xi_i,$$

从而有

$$|\lambda-a_{ii}|=\left|\frac{\sum\limits_{j=1,j\neq i}^{n}a_{ij}\xi_j}{\xi_i}\right|\leqslant\sum_{j=1,j\neq i}^{n}|a_{ij}|=R_i \tag{3.16}$$

或

$$a_{ii}-R_i\leqslant\lambda\leqslant a_{ii}+R_i.$$

因为 $\boldsymbol{A}$ 的对角元 a_{ii} 为正、且严格对角占优，故有

$$\lambda\geqslant a_{ii}-R_i>0,$$

所以 $\boldsymbol{A}$ 是对称正定矩阵.

根据性质 2 知，矩阵 $\boldsymbol{A}$(即式(3.15))是对称正定矩阵，所以 Gauss-Seidel 迭代法收敛；对于 Jacobil 迭代法，由于 $\boldsymbol{A}$ 和 $2\boldsymbol{D}-\boldsymbol{A}$ 都是对称正定矩阵，所以也收敛.

注 如果在复数范围内讨论矩阵 $\boldsymbol{A}$ 的特征值分布，则式(3.16)就是矩阵理论中的 Gerschgorin 圆盘定理，即：

若 $\boldsymbol{A}\in\mathbf{C}^{n\times n}$，记 $G_i=\{z\in\mathbf{C}:|z-a_{ii}|\leqslant R_i\}$ $(i=1,2,\cdots,n)$是复平面内以 a_{ii} 为圆心半径为 R_i 的圆盘，则 $\boldsymbol{A}$ 的任意一个特征值 λ 一定属于这些圆盘的并集 $\bigcup\limits_{i=1}^{n}R_i$，即 $\lambda\in\bigcup\limits_{i=1}^{n}R_i$.

因此直接用圆盘定理证明性质2,会更简单直观.

§6 逐次松弛法

本节介绍逐次松弛(SOR)迭代法,它可视为Gauss-Seidel迭代法的推广.对系数矩阵作如下分解:

$$\boldsymbol{A}=\boldsymbol{M}-\boldsymbol{N}=\left(\frac{1}{\omega}\boldsymbol{D}-\boldsymbol{L}\right)-\left(\frac{1-\omega}{\omega}\boldsymbol{D}+\boldsymbol{U}\right),$$

式中,ω 为实数,则SOR迭代法为

$$\boldsymbol{x}^{(k+1)}=(\boldsymbol{D}-\omega\boldsymbol{L})^{-1}\{(1-\omega)\boldsymbol{D}+\omega\boldsymbol{U}\}\boldsymbol{x}^{(k)}+\omega(\boldsymbol{D}-\omega\boldsymbol{L})^{-1}\boldsymbol{b}.\tag{3.17}$$

式(3.17)称为逐次松弛(SOR)迭代法,参数 ω 称为松弛因子.根据式(3.17),SOR迭代法的分量格式为

$$x_i^{(k+1)}=(1-\omega)x_i^{(k)}+\frac{\omega}{a_{ii}}\left(b_i-\sum_{j=1}^{i-1}a_{ij}x_j^{(k+1)}-\sum_{j=i+1}^{n}a_{ij}x_j^{(k)}\right),\ i=1,2,\cdots,n.$$

记式(3.17)的迭代矩阵为 $\boldsymbol{H}$,即

$$\boldsymbol{H}=(\boldsymbol{D}-\omega\boldsymbol{L})^{-1}\{(1-\omega)\boldsymbol{D}+\omega\boldsymbol{U}\}.$$

根据松弛因子 ω 的取值,显然当 $\omega=1$ 时SOR法就是Gauss-Seidel迭代法,当 $\omega<1$ 时称为低松弛方法,当 $\omega>1$ 时称为超松弛方法.从下面定理可以知道,SOR方法收敛的必要条件是:$0<\omega<2$.

定理7 若矩阵 $\boldsymbol{A}\in\mathbf{R}^{n\times n}$ 对角元非零,$\boldsymbol{H}$ 是式(3.17)的迭代矩阵,则 $\rho(\boldsymbol{H})\geqslant|\omega-1|$.

证明 考察 $\boldsymbol{H}$ 的行列式

$$\begin{aligned}|\boldsymbol{H}|&=|(\boldsymbol{D}-\omega\boldsymbol{L})^{-1}|\cdot|(1-\omega)\boldsymbol{D}-\omega\boldsymbol{U}|\\&=|\boldsymbol{D}^{-1}|\cdot|(1-\omega)\boldsymbol{D}|=(1-\omega)^n.\end{aligned}$$

因为 $\boldsymbol{H}$ 的特征值乘积 $\lambda_1\lambda_2\cdots\lambda_n=|\boldsymbol{H}|$,因此 $|(1-\omega)^n|=|\lambda_1\lambda_2\cdots\lambda_n|\leqslant\rho^n(\boldsymbol{H})$,得证.

因此欲使SOR法收敛,松弛因子 ω 必须满足 $|1-\omega|\leqslant\rho(\boldsymbol{H})<1$,即 $0<\omega<2$.关于SOR法的收敛性有下列定理.

定理8 (1) 若 $\boldsymbol{A}$ 是对称正定矩阵,且 $0<\omega<2$,则SOR迭代法收敛.

(2) 若矩阵 $\boldsymbol{A}$ 严格对角占优,或不可约对角占优,且 $0<\omega<1$,则SOR迭代法收敛.

证明略.

由于SOR方法收敛性与 ω 有关,那么 ω 取何值才能使SOR收敛最快?该问题称为最佳松弛因子问题.关于最佳松弛因子的理论很复杂,对一些特殊的矩阵 $\boldsymbol{A}$

有很好的结论，现列举如下供参考.

定理 9 假设 $\boldsymbol{A}$ 是对称正定三对角矩阵，则 $\rho(\boldsymbol{B}_{GS})=\rho(\boldsymbol{B})^2<1$，这里 $\boldsymbol{B}$ 为 Jacobi迭代矩阵，$\boldsymbol{B}_{GS}$是 Gauss-Seidel 迭代矩阵. SOR 方法最佳松弛因子和谱半径分别为

$$\omega=\frac{2}{1+\sqrt{1-\rho(\boldsymbol{B})^2}},\ \rho(\boldsymbol{H})=\omega-1=\frac{1-\sqrt{1-\rho(\boldsymbol{B})^2}}{1+\sqrt{1-\rho(\boldsymbol{B})^2}}. \tag{3.18}$$

例 6 假设有 $\boldsymbol{Ax}=\boldsymbol{b}$，确定 SOR 迭代法的最佳松弛因子 ω，其中

$$\boldsymbol{A}=\begin{pmatrix}4&-1&0\\-1&4&-1\\0&-1&4\end{pmatrix},\ \boldsymbol{b}=\begin{pmatrix}3\\2\\3\end{pmatrix}.$$

解 因为实对称矩阵 $\boldsymbol{A}$ 的对角元为正且严格对角占优，故 $\boldsymbol{A}$ 对称正定. 分解

$$\boldsymbol{A}=\boldsymbol{D}-\boldsymbol{L}-\boldsymbol{U}=\begin{pmatrix}4&0&0\\0&4&0\\0&0&4\end{pmatrix}-\begin{pmatrix}0&0&0\\1&0&0\\0&1&0\end{pmatrix}-\begin{pmatrix}0&1&0\\0&0&1\\0&0&0\end{pmatrix},$$

则

$$\boldsymbol{B}=\boldsymbol{I}-\boldsymbol{D}^{-1}\boldsymbol{A}=\begin{pmatrix}1&0&0\\0&1&0\\0&0&1\end{pmatrix}-\begin{pmatrix}4&0&0\\0&4&0\\0&0&4\end{pmatrix}^{-1}\boldsymbol{A}=\begin{pmatrix}0&0.75&0\\0.75&0&0.75\\0&0.75&0\end{pmatrix}.$$

矩阵 $\boldsymbol{B}$ 的特征值为 $0,\frac{\sqrt{2}}{4},-\frac{\sqrt{2}}{4}$，故谱半径为 $\rho(\boldsymbol{B})=\frac{\sqrt{2}}{4}=0.354$，最佳松弛因子 ω 为

$$\omega=\frac{2}{1+\sqrt{1-\rho(\boldsymbol{B})^2}}=\frac{2}{1+\frac{\sqrt{14}}{4}}=1.033.$$

下面作迭代次数的比较. 取初始向量为零向量，当 $\|\boldsymbol{x}^{(k+1)}-\boldsymbol{x}^{(k)}\|_2<\varepsilon=10^{-7}$ 时停止迭代，结果如下：

迭代方法	谱半径	迭代次数
Jacobi 迭代法	0.354	17
Gauss-Seidel 迭代法	0.125	10
SOR 迭代法	0.033	7
$\omega=1.5$ 的 SOR 迭代法	0.5	26

可见，最佳松弛因子对提高 SOR 迭代法的迭代收敛速度是有效的.

更一般的结论是，如用差分方法离散 Poisson 方程边值问题

$$\begin{cases}\dfrac{\partial^2 u}{\partial x^2}+\dfrac{\partial^2 u}{\partial y^2}=f(x,y),\ 0<x,y<1,\\ u(x,y)=0,\ (x,y)\in\partial\Omega.\end{cases}$$

其中$\partial\Omega$为区域 $0\leqslant x,y\leqslant 1$ 边界. 若取步长为 $h=\dfrac{1}{M}$的正方形网格(M 为正整数)，结点编号次序为自然次序，用五点差分公式离散该边值问题后得 $\boldsymbol{Ax}=\boldsymbol{b}$，其系数矩阵

$$\boldsymbol{A}=\begin{pmatrix}\boldsymbol{T} & -\boldsymbol{I} & & & \\ -\boldsymbol{I} & \boldsymbol{T} & -\boldsymbol{I} & & \\ & \ddots & \ddots & \ddots & \\ & & -\boldsymbol{I} & \boldsymbol{T} & -\boldsymbol{I}\\ & & & -\boldsymbol{I} & \boldsymbol{T}\end{pmatrix}_{(M-1)^2\times(M-1)^2},$$

$$\boldsymbol{T}=\begin{pmatrix}4 & -1 & & & \\ -1 & 4 & -1 & & \\ & \ddots & \ddots & \ddots & \\ & & -1 & 4 & -1\\ & & & -1 & 4\end{pmatrix}_{(M-1)\times(M-1)},$$

易证，$\boldsymbol{A}$ 是不可约弱对角占优矩阵，也是对称正定矩阵. 对于这样的矩阵，记 Jacobi 迭代矩阵为 $\boldsymbol{B}$. 根据最佳松弛因子理论，可以证明 SOR 迭代法收敛，最佳松弛因子 ω 和谱半径 $\rho(\boldsymbol{H})$满足式(3.18).

又如，假设矩阵 $\boldsymbol{A}$ 为分块三对角矩阵

$$\boldsymbol{A}=\begin{pmatrix}\boldsymbol{D}_1 & \boldsymbol{C}_2 & & \\ \boldsymbol{B}_2 & \boldsymbol{D}_2 & \ddots & \\ & \ddots & \ddots & \boldsymbol{C}_s\\ & & \boldsymbol{B}_s & \boldsymbol{D}_s\end{pmatrix},$$

式中，$\boldsymbol{D}_i\in\mathbf{R}^{n_i\times n_i}$ 非奇异，$n_1+\cdots+n_s=n$，如果矩阵 $\boldsymbol{A}$ 对应的 Jacobi 迭代矩阵 $\boldsymbol{B}$ 的特征值为实数，且 $\rho(\boldsymbol{B})<1$，则 SOR 迭代法收敛，且式(3.18)成立.

例 7　用 SOR 迭代法解方程组

$$\left(\begin{array}{cc:cc}4 & -1 & -1 & 0\\ -1 & 4 & 0 & -1\\ \hdashline -1 & 0 & 4 & -1\\ 0 & -1 & -1 & 4\end{array}\right)\begin{pmatrix}x_1\\x_2\\x_3\\x_4\end{pmatrix}=\begin{pmatrix}2\\1\\1\\2\end{pmatrix},$$

取初始向量 $\boldsymbol{x}^{(0)}$ 为零向量，观察到系数矩阵是分块三对角阵，两个对角阵 $\boldsymbol{D}_1=\boldsymbol{D}_2$ 非奇异，所以根据式(3.18)计算最佳松弛因子 ω 过程如下：

计算 Jacobi 迭代矩阵

$$B=I-D^{-1}A=\begin{pmatrix} 0 & 0.25 & 0.25 & 0 \\ 0.25 & 0 & 0 & 0.25 \\ 0 & 0 & 0 & 0.25 \\ 0 & 0.25 & 0.25 & 0 \end{pmatrix};$$

计算迭代矩阵 $\boldsymbol{B}$ 的谱半径 $\rho(\boldsymbol{B})=0.5$；

计算最佳松弛因子

$$\omega=\frac{2}{1+\sqrt{1-\rho(\boldsymbol{B})^2}}=1.072,$$

故 SOR 迭代法的谱半径 $\rho(\boldsymbol{H})=\omega-1=0.072<1$，SOR 迭代法收敛，由此建立 SOR 迭代法如下：

算法 3.1 （SOR 迭代法）

1. 输入 $\boldsymbol{A},\boldsymbol{b}$，计算 $\boldsymbol{D},\boldsymbol{L},\boldsymbol{U}$，给定计算精度 ε，取 $\omega=1.072,\boldsymbol{x}^{(0)}=\boldsymbol{0}$.
2. 计算 $\boldsymbol{H}=(\boldsymbol{D}-\omega\boldsymbol{L})^{-1}\{(1-\omega)\boldsymbol{D}+\omega\boldsymbol{U}\}$，$\boldsymbol{f}=\omega(\boldsymbol{D}-\omega\boldsymbol{L})^{-1}\boldsymbol{b}$.
3. 对于 $k=0,1,2,\cdots$，作迭代 $\boldsymbol{x}^{(k+1)}=\boldsymbol{H}\boldsymbol{x}^{(k)}+\boldsymbol{f}$，如果 $\|\boldsymbol{x}^{(k+1)}-\boldsymbol{x}^{(k)}\|<\varepsilon$，停止计算，将 $\boldsymbol{x}^{(k+1)}$ 作为方程的近似解；否则继续计算.

计算结果如下：

$\boldsymbol{x}^{(0)}$	$\boldsymbol{x}^{(1)}$	$\boldsymbol{x}^{(2)}$	$\boldsymbol{x}^{(3)}$	$\boldsymbol{x}^{(5)}$	$\boldsymbol{x}^{(6)}$	$\boldsymbol{x}^{(7)}$	$\boldsymbol{x}^{(8)}$
0.000 0	0.535 9	0.718 0	0.823 8	0.832 2	0.833 2	0.833 3	0.833 3
0.000 0	0.411 5	0.633 5	0.663 2	0.666 3	0.666 6	0.666 7	0.666 7
0.000 0	0.411 5	0.633 5	0.663 2	0.666 3	0.666 6	0.666 7	0.666 7

从上表看出，从 $k\geqslant 7$ 开始，$\boldsymbol{x}^{(k)}$ 的小数点后 4 位已经一致.

如果取 $\varepsilon=10^{-7}$，则当 $k=8$ 时有

$$\|\boldsymbol{x}^{(k+1)}-\boldsymbol{x}^{(k)}\|_2<\varepsilon.$$

作为对比，Jacobi 迭代法需要迭代 $k=24$ 次，Gauss-Seidel 迭代法需要迭代 $k=13$ 次.

§7 共轭梯度法

考虑线性方程组 $\boldsymbol{Ax}=\boldsymbol{b}$，其中 $\boldsymbol{A}\in\mathbf{R}^{n\times n}$ 对称正定，$\boldsymbol{b}\in\mathbf{R}^n$ 已知，$\boldsymbol{x}$ 是待求的 n 维向量. 本节讨论求解对称正定方程组的共轭梯度法(CG). 该方法由 Hestenes 和 Stiefel 于 20 世纪 50 年代提出. 经多年发展，关于 CG 法的性质和收敛理论的研究

相当完善，该方法已成为求解对称正定线性方程组的有效方法．为方便起见，以下将向量序列 $\boldsymbol{x}^{(k)}$ 写成 $\boldsymbol{x}_k$．CG 法有多种方法构造．本书从最优化入手导出 CG 法．为此先给出最速下降法，再引出共轭梯度法．

考察变分原理．定义二次泛函

$$\varphi(\boldsymbol{x})=\boldsymbol{x}^{\mathrm{T}}\boldsymbol{A}\boldsymbol{x}-2\boldsymbol{b}^{\mathrm{T}}\boldsymbol{x}.$$

定理 10　设 $\boldsymbol{A}$ 对称正定，则求方程组 $\boldsymbol{A}\boldsymbol{x}=\boldsymbol{b}$ 的解，等价于求二次泛函 $\varphi(\boldsymbol{x})$ 的极小值点．

证明　设 $\boldsymbol{x}=(x_1,x_2,\cdots,x_n)^{\mathrm{T}}$，则二次泛函 $\varphi(\boldsymbol{x})$ 是关于 $x_i,i=1,2,\cdots,n$ 的 n 元函数．计算 $\varphi(\boldsymbol{x})$ 的梯度：

$$\operatorname{grad}(\varphi(\boldsymbol{x}))=\begin{pmatrix}\dfrac{\partial\varphi}{\partial x_1}\\ \dfrac{\partial\varphi}{\partial x_2}\\ \vdots\\ \dfrac{\partial\varphi}{\partial x_n}\end{pmatrix}=2\begin{pmatrix}a_{11}x_1+a_{12}x_2+\cdots+a_{1n}x_n-b_1\\ a_{21}x_1+a_{22}x_2+\cdots+a_{2n}x_n-b_2\\ \vdots\\ a_{n1}x_1+a_{n2}x_2+\cdots+a_{nn}x_n-b_n\end{pmatrix}=2(\boldsymbol{A}\boldsymbol{x}-\boldsymbol{b}),$$

因此若 $\varphi(\boldsymbol{x})$ 在 $\boldsymbol{x}^*$ 达到最小，则 $\operatorname{grad}(\varphi(\boldsymbol{x}^*))=2(\boldsymbol{A}\boldsymbol{x}^*-\boldsymbol{b})=0$，即 $\boldsymbol{x}^*$ 是 $\boldsymbol{A}\boldsymbol{x}=\boldsymbol{b}$ 的解．

反之，假设 $\boldsymbol{x}^*$ 是 $\boldsymbol{A}\boldsymbol{x}=\boldsymbol{b}$ 的解，则对任意向量 $\boldsymbol{y}$ 有

$$\varphi(\boldsymbol{x}^*+\boldsymbol{y})=\varphi(\boldsymbol{x}^*)+\boldsymbol{y}^{\mathrm{T}}\boldsymbol{A}\boldsymbol{y}\geqslant\varphi(\boldsymbol{x}^*),$$

即 $\varphi(\boldsymbol{x})$ 在 $\boldsymbol{x}^*$ 达到最小．

定理表明，求解 $\boldsymbol{A}\boldsymbol{x}=\boldsymbol{b}$ 的问题可化为求 $\varphi(\boldsymbol{x})$ 极小值点的问题．该极小值点可以通过搜索的方法实现．

证明过程发现，方程组的残量 $\boldsymbol{r}=\boldsymbol{b}-\boldsymbol{A}\boldsymbol{x}$，等于 $\varphi(\boldsymbol{x})$ 的负梯度方向．

例 8　方程组 $\begin{pmatrix}2&1\\1&2\end{pmatrix}\begin{pmatrix}x_1\\x_2\end{pmatrix}=\begin{pmatrix}3\\3\end{pmatrix}$ 的解是 $\boldsymbol{x}^*=\begin{pmatrix}1\\1\end{pmatrix}$．二次泛函

$$\varphi(\boldsymbol{x})=\boldsymbol{x}^{\mathrm{T}}\boldsymbol{A}\boldsymbol{x}-2\boldsymbol{b}^{\mathrm{T}}\boldsymbol{x}=2x_1^2+2x_2^2+2x_1x_2-6x_1-6x_2,\tag{3.19}$$

又

$$\begin{cases}\dfrac{\partial\varphi}{\partial x_1}=4x_1+2x_2-6=0,\\ \dfrac{\partial\varphi}{\partial x_2}=4x_2+2x_1-6=0.\end{cases}\tag{3.20}$$

由此例可看出，方程组的解是二次泛函(3.19)的稳定点．这里该稳定点不能用解方程的方法求解，因为式(3.20)就是原方程，需要用其他方法计算．

1．最速下降法

最速下降法是求 $\varphi(\boldsymbol{x})$ 极小值点的有效方法．该方法从某一个点 $\boldsymbol{x}_0$ 出发，通过

逐步搜索，求出函数 $\varphi(\boldsymbol{x})$ 的极值和取得极值的点.

首先给定初始点 $\boldsymbol{x}_0$ 和方向向量 $\boldsymbol{p}_0$，在射线 $\boldsymbol{x}=\boldsymbol{x}_0+\alpha\boldsymbol{p}_0$ 上找一个点 $\boldsymbol{x}_1=\boldsymbol{x}_0+\alpha_0\boldsymbol{p}_0$，使得 $\varphi(\boldsymbol{x})$ 极小. 为此，

$$\begin{aligned}\varphi(\boldsymbol{x}_0+\alpha\boldsymbol{p}_0)&=(\boldsymbol{x}_0+\alpha\boldsymbol{p}_0)^{\mathrm{T}}\boldsymbol{A}(\boldsymbol{x}_0+\alpha\boldsymbol{p}_0)-2\boldsymbol{b}^{\mathrm{T}}(\boldsymbol{x}_0+\alpha\boldsymbol{p}_0)\\&=\alpha^2\boldsymbol{p}_0^{\mathrm{T}}\boldsymbol{A}\boldsymbol{p}_0-2\alpha\boldsymbol{r}_0^{\mathrm{T}}\boldsymbol{p}_0+\varphi(\boldsymbol{x}_0),\end{aligned}$$

式中，$\boldsymbol{r}_0=\boldsymbol{b}-\boldsymbol{A}\boldsymbol{x}_0$，是 $\varphi(\boldsymbol{x})$ 的**负梯度方向**（也是方程组的残量）. 由初等微分学的理论知，

$$\frac{\mathrm{d}\varphi(\boldsymbol{x}_0+\alpha\boldsymbol{p}_0)}{\mathrm{d}\alpha}=2\alpha\boldsymbol{p}_0^{\mathrm{T}}\boldsymbol{A}\boldsymbol{p}_0-2\boldsymbol{r}_0^{T}\boldsymbol{p}_0=0,$$

解得

$$\alpha=\frac{\boldsymbol{r}_0^{\mathrm{T}}\boldsymbol{p}_0}{\boldsymbol{p}_0^{\mathrm{T}}\boldsymbol{A}\boldsymbol{p}_0},$$

记为 α_0，即得

$$\boldsymbol{x}_1=\boldsymbol{x}_0+\alpha_0\boldsymbol{p}_0.$$

由此完成了第 1 次搜索.

假设已经计算到点 $\boldsymbol{x}_k$，则下一步是从 $\boldsymbol{x}_k$ 出发，在沿方向为 $\boldsymbol{p}_k$ 的射线 $\boldsymbol{x}=\boldsymbol{x}_k+\alpha\boldsymbol{p}_k$ 上找一个点 $\boldsymbol{x}_{k+1}$ 使得 $\varphi(\boldsymbol{x})$ 极小. 为此，令

$$\varphi(\boldsymbol{x}_k+\alpha\boldsymbol{p}_k)=\alpha^2\boldsymbol{p}_k^{\mathrm{T}}\boldsymbol{A}\boldsymbol{p}_k-2\alpha\boldsymbol{r}_k^{\mathrm{T}}\boldsymbol{p}_k+\varphi(\boldsymbol{x}_k),$$

式中，$\boldsymbol{r}_k=\boldsymbol{b}-\boldsymbol{A}\boldsymbol{x}_k$. 由 $\dfrac{\mathrm{d}\varphi}{\mathrm{d}\alpha}=0$ 得

$$\alpha=\frac{\boldsymbol{r}_k^{\mathrm{T}}\boldsymbol{p}_k}{\boldsymbol{p}_k^{\mathrm{T}}\boldsymbol{A}\boldsymbol{p}_k},$$

记为 α_k，即得

$$\boldsymbol{x}_{k+1}=\boldsymbol{x}_k+\alpha_k\boldsymbol{p}_k.$$

这个过程可以一直进行下去.

在上面的讨论中，方向向量 $\boldsymbol{p}_k$ 还没有确定. 我们知道，由于负梯度方向是 $\varphi(\boldsymbol{x})$ 减小最快的方向，故若取 $\boldsymbol{p}_k=\boldsymbol{r}_k$，即得最速下降法.

算法 3.2 （最速下降法）

1. 取 $\boldsymbol{x}_0\in\mathbf{R}^n$，计算 $\boldsymbol{r}_0=\boldsymbol{b}-\boldsymbol{A}\boldsymbol{x}_0$，给定计算精度 ε.
2. 对于 $k=0,1,2,\cdots$，

   (1) 若 $\|\boldsymbol{r}_k\|<\varepsilon$，输出 $\boldsymbol{x}_k$ 作为方程组的解，停止计算；

   (2) 计算 $\boldsymbol{\alpha}_k=\dfrac{\boldsymbol{r}_k^{\mathrm{T}}\boldsymbol{r}_k}{\boldsymbol{r}_k^{\mathrm{T}}\boldsymbol{A}\boldsymbol{r}_k}$；　　// 这里 $\boldsymbol{p}_k$ 取为 $\boldsymbol{r}_k$.

   (3) 计算 $\boldsymbol{x}_{k+1}=\boldsymbol{x}_k+\alpha_k\boldsymbol{r}_k$；

   (4) 计算 $\boldsymbol{r}_{k+1}=\boldsymbol{b}-\boldsymbol{A}\boldsymbol{x}_{k+1}$.　　//这里 $\boldsymbol{r}_{k+1}$ 可作为下一步的方向向量 $\boldsymbol{p}_{k+1}$.

最速下降法有如下性质.

性质 1　只要 $\boldsymbol{r}_k^{\mathrm{T}}\boldsymbol{p}_k \neq 0$,就有

$$\varphi(\boldsymbol{x}_{k+1}) < \varphi(\boldsymbol{x}_k).$$

这是由于

$$\begin{aligned}\varphi(\boldsymbol{x}_{k+1})-\varphi(\boldsymbol{x}_k) &= \varphi(\boldsymbol{x}_k+\alpha_k\boldsymbol{p}_k)-\varphi(\boldsymbol{x}_k)\\ &= \alpha_k^2\boldsymbol{p}_k^{\mathrm{T}}\boldsymbol{A}\boldsymbol{p}_k-2\alpha_k\boldsymbol{r}_k^{\mathrm{T}}\boldsymbol{p}_k\\ &= -\frac{(\boldsymbol{r}_k^{\mathrm{T}}\boldsymbol{p}_k)^2}{\boldsymbol{p}_k^{\mathrm{T}}\boldsymbol{A}\boldsymbol{p}_k}.\end{aligned}$$

又 $\boldsymbol{p}_k^{\mathrm{T}}\boldsymbol{A}\boldsymbol{p}_k>0$,可见只要 $\boldsymbol{r}_k^{\mathrm{T}}\boldsymbol{p}_k \neq 0$,就有 $\varphi(\boldsymbol{x}_{k+1}) < \varphi(\boldsymbol{x}_k)$,表明序列 $\{\boldsymbol{x}_k\}_{k=0}^{\infty}$ 确实使得 $\varphi(\boldsymbol{x})$ 的值越来越小.

性质 2　最速下降法中,第 $k+1$ 个近似解 $\boldsymbol{x}_{k+1}$ 的残量

$$\boldsymbol{r}_{k+1}=\boldsymbol{r}_k-\alpha_k\boldsymbol{A}\boldsymbol{r}_k.$$

证明　由 $\boldsymbol{x}_{k+1}=\boldsymbol{x}_k+\alpha_k\boldsymbol{r}_k$ 得

$$\boldsymbol{A}\boldsymbol{x}_{k+1}=\boldsymbol{A}\boldsymbol{x}_k+\alpha_k\boldsymbol{A}\boldsymbol{r}_k,$$

两边减去 $\boldsymbol{b}$ 得证.

由此可知,将最速下降法中残量 $\boldsymbol{r}_{k+1}$ 用 $\boldsymbol{r}_{k+1}=\boldsymbol{r}_k-\alpha_k\boldsymbol{A}\boldsymbol{r}_k$ 计算,可减少计算量.这是因为 $\boldsymbol{A}\boldsymbol{r}_k$ 已计算,故 $\boldsymbol{r}_{k+1}$ 就是用向量的差进行计算. 若用 $\boldsymbol{r}_{k+1}=\boldsymbol{b}-\boldsymbol{A}\boldsymbol{x}_{k+1}$ 计算,则需要额外计算矩阵与向量的乘积 $\boldsymbol{A}\boldsymbol{x}_{k+1}$.

性质 3　最速下降法中的残量满足 $\boldsymbol{r}_k^{\mathrm{T}}\boldsymbol{r}_{k+1}=0$.

证明　对 $\boldsymbol{r}_{k+1}=\boldsymbol{r}_k-\alpha_k\boldsymbol{A}\boldsymbol{r}_k$ 左乘 $\boldsymbol{r}_k^{\mathrm{T}}$ 得

$$\boldsymbol{r}_k^{\mathrm{T}}\boldsymbol{r}_{k+1}=\boldsymbol{r}_k^{\mathrm{T}}\boldsymbol{r}_k-\alpha_k\boldsymbol{r}_k^{\mathrm{T}}\boldsymbol{A}\boldsymbol{r}_k=0.$$

性质 3 表明相邻两个残量 $\boldsymbol{r}_{k+1}$ 与 $\boldsymbol{r}_k$ 正交,即最速下降法沿前后正交的路径搜索 $\varphi(x)$ 的极小值点.

最速下降法的收敛定理如下:

定理 11　设 $\boldsymbol{A}\in\mathbf{R}^{n\times n}$ 对称正定,且特征值为 $\lambda_1\geqslant\lambda_2\geqslant\cdots\geqslant\lambda_n>0$,则最速下降法产生的序列 $\{\boldsymbol{x}_k\}_{k=0}^{\infty}$ 满足

$$\|\boldsymbol{x}_k-\boldsymbol{x}^*\|_{\boldsymbol{A}}\leqslant\left(\frac{\lambda_1-\lambda_n}{\lambda_1+\lambda_n}\right)^k\|\boldsymbol{x}_0-\boldsymbol{x}^*\|_{\boldsymbol{A}},$$

式中,$\boldsymbol{x}^*=\boldsymbol{A}^{-1}\boldsymbol{b}$, $\|\boldsymbol{x}\|_{\boldsymbol{A}}=\sqrt{\boldsymbol{x}^{\mathrm{T}}\boldsymbol{A}\boldsymbol{x}}$.

证明略.

定理表明最速下降法收敛,收敛速度由 $r=\dfrac{\lambda_1-\lambda_n}{\lambda_1+\lambda_n}$ 的大小决定. 如果 $\lambda_1\gg\lambda_n$,则 $r\approx1$,收敛会很慢.

例 9　用最速下降法解方程组 $\begin{pmatrix}2 & 1\\ 1 & 2\end{pmatrix}\boldsymbol{x}=\begin{pmatrix}3\\ 3\end{pmatrix}$.

解 取初始向量 $\boldsymbol{x}_0=(0,0)^{\mathrm{T}}$,根据算法 3.2,

$$\boldsymbol{p}_0=\boldsymbol{r}_0=\boldsymbol{b}-\boldsymbol{A}\boldsymbol{x}_0=\begin{pmatrix}3\\3\end{pmatrix},$$

$$k=1,\ \alpha_0=\frac{\boldsymbol{r}_0^{\mathrm{T}}\boldsymbol{r}_0}{\boldsymbol{r}_0^{\mathrm{T}}\boldsymbol{A}\boldsymbol{r}_0}=\frac{1}{3},\ \boldsymbol{x}_1=\boldsymbol{x}_0+\alpha_0\boldsymbol{r}_0=\begin{pmatrix}1\\1\end{pmatrix},\ \boldsymbol{r}_1=\boldsymbol{b}-\boldsymbol{A}\boldsymbol{x}_1=\begin{pmatrix}0\\0\end{pmatrix}.$$

$\boldsymbol{r}_1=0$ 表明最速下降法迭代一次,就得到方程组的解 $\boldsymbol{x}_1$. 若取 $\boldsymbol{x}_0=(2,-1)^{\mathrm{T}}$,则最速下降法的收敛速度要慢许多,计算结果如下:

$\boldsymbol{x}_0$	$\boldsymbol{x}_1$	$\boldsymbol{x}_2$	$\boldsymbol{x}_3$	$\boldsymbol{x}_4$	$\boldsymbol{x}_5$	$\boldsymbol{x}_6$	$\boldsymbol{x}_7$
2.000	2.000	1.250	1.250	1.063	1.063	1.016	1.016
−1.000	0.500	0.500	0.875	0.875	0.969	0.969	0.992

可见计算到 $k=6$ 时,x_7 与准确解的差

$$\left\|\boldsymbol{x}_7-\begin{pmatrix}1\\1\end{pmatrix}\right\|_2=0.017,$$

误差较大. 各个残量 $\{\boldsymbol{r}_k\}_{k=0}^{7}$ 的数值如下:

$\boldsymbol{r}_0$	$\boldsymbol{r}_1$	$\boldsymbol{r}_2$	$\boldsymbol{r}_3$	$\boldsymbol{r}_4$	$\boldsymbol{r}_5$	$\boldsymbol{r}_6$	$\boldsymbol{r}_7$
0.000	−1.500	0.000	−0.375	0.000	−0.094	0.000	−0.023
3.000	0.000	0.750	0.000	0.188	0.000	0.047	0.000

从表中数据可以看出,相邻两个残量是正交的. 由于最速下降法的残量等于搜索方向,因此从图 3-1 可以观察到解 $\{\boldsymbol{x}_k\}_{k=0}^{7}$(图中标出 $\boldsymbol{x}_0\sim\boldsymbol{x}_4$)逐步逼近准确解的轨迹,搜索方向正交.

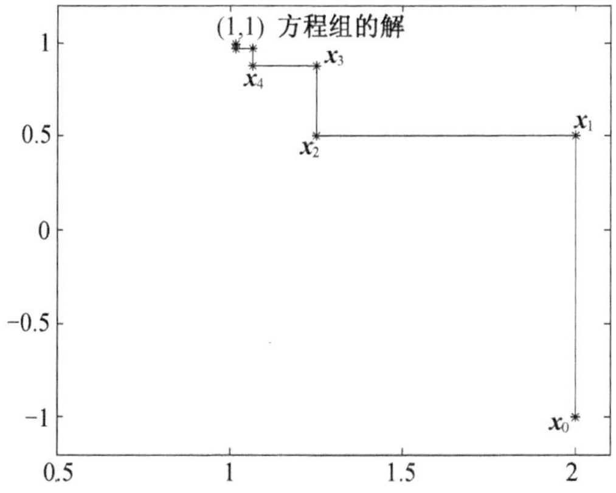

图 3-1 近似解的轨迹

2. 共轭梯度法(CG 法)

对最速下降法而言，搜索方向 $\boldsymbol{p}_k$ 取为负梯度方向，然后在射线 $\boldsymbol{x}=\boldsymbol{x}_k+\alpha\boldsymbol{p}_k$ 上求 $\boldsymbol{x}_{k+1}$，使得 $\varphi(\boldsymbol{x})$ 达最小，实际上这是沿一维方向求最小，因此从整体来看并非最佳的搜索方向. 共轭梯度法(CG)的思想是，在点 $\boldsymbol{x}_k$ 处的梯度 $\boldsymbol{r}_k$ 和 $\boldsymbol{A}$ 共轭向量 $\boldsymbol{p}_{k-1}$ 张成的二维平面上，寻找使得 $\varphi(\boldsymbol{x})$ 下降最快的方向作为 $\boldsymbol{p}_k$.

这样的方向 $\{\boldsymbol{p}_k\}_{k=0}^{\infty}$ 为 $\boldsymbol{A}$ 共轭方向，对应的方法称为共轭梯度法. 可以证明，用共轭梯度法计算的近似解 $\boldsymbol{x}_k$，满足

$$\varphi(\boldsymbol{x}_k)=\min\{\varphi(\boldsymbol{x}):\boldsymbol{x}\in\boldsymbol{x}_0+K_k(\boldsymbol{A},\boldsymbol{r}_0)\}.$$

也就是说，$\boldsymbol{x}_k$ 使得 $\varphi(\boldsymbol{x})$ 在空间 $\boldsymbol{x}_0+K_k(\boldsymbol{A},\boldsymbol{r}_0)$ 上达到最小.

定义 1　称 $K_k(\boldsymbol{A},\boldsymbol{r}_0)=\mathrm{span}\{\boldsymbol{r}_0,\boldsymbol{A}\boldsymbol{r}_0,\boldsymbol{A}^2\boldsymbol{r}_0,\cdots,\boldsymbol{A}^{k-1}\boldsymbol{r}_0\}$ 为 **Krylov 子空间**，简记为 K_k.

定义 2　假设矩阵 $\boldsymbol{A}$ 对称正定，若非零向量组 $\{\boldsymbol{p}_k\}_{k=0}^{m}$ 满足

$$\boldsymbol{p}_i^{\mathrm{T}}\boldsymbol{A}\boldsymbol{p}_j=\begin{cases}0, & i\neq j,\\ c, & i=j,\end{cases}\quad 0\leqslant i,j\leqslant m,$$

式中，常数 $c>0$，称该向量组是关于矩阵 $\boldsymbol{A}$ 共轭，简称 $\boldsymbol{A}$ 共轭.

显然，如果 $\boldsymbol{A}$ 是单位矩阵，则 $\boldsymbol{A}$ 共轭的非零向量组就是正交向量组.

可以证明，非零的 $\boldsymbol{A}$ 共轭向量组线性无关.

在 CG 方法中，$\boldsymbol{A}$ 共轭向量组可以按照下列方式构造：

给定初始迭代向量 $\boldsymbol{x}_0$，第 1 个方向向量取 $\boldsymbol{p}_0=\boldsymbol{r}_0=\boldsymbol{b}-\boldsymbol{A}\boldsymbol{x}_0$，当 $k=1,2,\cdots$ 时，方向向量取 $\boldsymbol{p}_k=\boldsymbol{r}_k+\beta_{k-1}\boldsymbol{p}_{k-1}$，其中参数 $\beta_{k-1}=-\dfrac{\boldsymbol{r}_k^{\mathrm{T}}\boldsymbol{A}\boldsymbol{p}_{k-1}}{\boldsymbol{p}_{k-1}^{\mathrm{T}}\boldsymbol{A}\boldsymbol{p}_{k-1}}$，这样 $\boldsymbol{p}_k$，$\boldsymbol{p}_{k-1}$ 关于矩阵 $\boldsymbol{A}$ 共轭. 可以证明 $\boldsymbol{p}_0,\boldsymbol{p}_1,\cdots,\boldsymbol{p}_k$ 也是 $\boldsymbol{A}$ 共轭的.

这样，结合最速下降法的框架，有如下共轭梯度法：

算法 3.3 （共轭梯度法）

1. 取初始向量 $\boldsymbol{x}_0$，计算 $\boldsymbol{p}_0=\boldsymbol{r}_0=\boldsymbol{b}-\boldsymbol{A}\boldsymbol{x}_0$.
2. 令 $k=0,1,2\cdots$，直至 $\|\boldsymbol{r}_k\|<\varepsilon$，计算：

(1) $\alpha_k=\dfrac{\boldsymbol{r}_k^{\mathrm{T}}\boldsymbol{p}_k}{\boldsymbol{p}_k^{\mathrm{T}}\boldsymbol{A}\boldsymbol{p}_k}$；

(2) $\boldsymbol{x}_{k+1}=\boldsymbol{x}_k+\alpha_k\boldsymbol{p}_k$；

(3) $\boldsymbol{r}_{k+1}=\boldsymbol{r}_k-\alpha_k\boldsymbol{A}\boldsymbol{p}_k$；

(4) $\beta_k=-\dfrac{\boldsymbol{r}_{k+1}^{\mathrm{T}}\boldsymbol{A}\boldsymbol{p}_k}{\boldsymbol{p}_k^{\mathrm{T}}\boldsymbol{A}\boldsymbol{p}_k}$；

(5) $\boldsymbol{p}_{k+1}=\boldsymbol{r}_{k+1}+\beta_k\boldsymbol{p}_k$.

在用 CG 法求解方程时中，为防止 $\boldsymbol{p}_{k+1}$ 中的元素太大或太小，通常需要单位化，这可在算法 3.3 最后再加一行：

(6) $\boldsymbol{p}_{k+1}=\dfrac{\boldsymbol{p}_{k+1}}{\|\boldsymbol{p}_{k+1}\|}$.

意为将单位化的结果$\dfrac{\boldsymbol{p}_{k+1}}{\|\boldsymbol{p}_{k+1}\|}$仍然用 $\boldsymbol{p}_{k+1}$ 表示.

定理 12 由共轭梯度法计算得到的向量组$\{\boldsymbol{r}_i\}$，$\{\boldsymbol{p}_i\}$具有如下性质：

(1) 残量$\{\boldsymbol{r}_i\}$两两正交：$\boldsymbol{r}_i^{\mathrm{T}}\boldsymbol{r}_j=0,\ i\neq j, 0\leqslant i,j\leqslant k$；

$\{\boldsymbol{p}_i\}$与$\{\boldsymbol{r}_i\}$的正交性：$\boldsymbol{p}_i^{\mathrm{T}}\boldsymbol{r}_j=0,\ i\neq j, 0\leqslant i<j\leqslant k$；

(2) 向量组$\{\boldsymbol{p}_i\}\boldsymbol{A}$ 共轭：$\boldsymbol{p}_i^{\mathrm{T}}\boldsymbol{A}\boldsymbol{p}_j=0,\ i\neq j, 0\leqslant i,j\leqslant k$；

(3) $\mathrm{span}\{\boldsymbol{r}_0,\cdots,r_k\}=\mathrm{span}\{\boldsymbol{p}_0,\cdots,\boldsymbol{p}_k\}=K_{k+1}$，其中

$$K_{k+1}(\boldsymbol{A},\boldsymbol{r}_0)=\mathrm{span}\{\boldsymbol{r}_0,\boldsymbol{A}\boldsymbol{r}_0,\boldsymbol{A}^2\boldsymbol{r}_0,\cdots,\boldsymbol{A}^k\boldsymbol{r}_0\}.$$

证明 (1) 略.

(2)（用归纳法证明）当 $k=0$ 时，

$$\boldsymbol{p}_0^{\mathrm{T}}\boldsymbol{A}\boldsymbol{p}_1=\boldsymbol{p}_0^{\mathrm{T}}\boldsymbol{A}(\boldsymbol{r}_1+\beta_0\boldsymbol{p}_0)=\boldsymbol{p}_0^{\mathrm{T}}\boldsymbol{A}\boldsymbol{r}_1+\beta_0\boldsymbol{p}_0^{\mathrm{T}}\boldsymbol{A}\boldsymbol{p}_0=0.$$

假设 $\boldsymbol{p}_0,\cdots,\boldsymbol{p}_k$ 是 $\boldsymbol{A}$ 共轭的，考察 $\boldsymbol{p}_{k+1}$：

根据构造方式，$\boldsymbol{p}_{k+1}$ 与 $\boldsymbol{p}_k$ 是 $\boldsymbol{A}$ 共轭的. 再对 $i=0,1,\cdots,k-1$ 计算

$$\boldsymbol{p}_{k+1}^{\mathrm{T}}\boldsymbol{A}\boldsymbol{p}_i=(\boldsymbol{r}_{k+1}+\beta_k\boldsymbol{p}_k)^{\mathrm{T}}\boldsymbol{A}\boldsymbol{p}_i=\boldsymbol{r}_{k+1}\boldsymbol{A}\boldsymbol{p}_i+\beta_k\boldsymbol{p}_k\boldsymbol{A}\boldsymbol{p}_i.$$

对于上式右端第 1 项：因 $\boldsymbol{A}\boldsymbol{p}_i=\dfrac{\boldsymbol{r}_i-\boldsymbol{r}_{i+1}}{\alpha_i}$，再由(1)可知 $\boldsymbol{r}_{k+1}\boldsymbol{A}\boldsymbol{p}_i=0$；对于上式右端第 2 项：根据归纳假设有 $\boldsymbol{p}_k\boldsymbol{A}\boldsymbol{p}_i=0$，所以对 $i=0,1,\cdots,k-1$ 有 $\boldsymbol{p}_{k+1}^{\mathrm{T}}\boldsymbol{A}\boldsymbol{p}_i=0$，得证.

(3)（用归纳法证明）当 $k=0$ 时，由于 $\boldsymbol{r}_0=\boldsymbol{p}_0$，$K_1(\boldsymbol{A},\boldsymbol{r}_0)=\mathrm{span}\{\boldsymbol{r}_0\}$，结论成立. 假设 $\mathrm{span}\{\boldsymbol{r}_0,\cdots,\boldsymbol{r}_{k-1}\}=\mathrm{span}\{\boldsymbol{p}_0,\cdots,\boldsymbol{p}_{k-1}\}=K_k$，先考察 $\boldsymbol{r}_k$.

由

$$\mathrm{span}\{\boldsymbol{p}_0,\cdots,\boldsymbol{p}_{k-1}\}=K_k=\mathrm{span}\{\boldsymbol{r}_0,\boldsymbol{A}\boldsymbol{r}_0,\boldsymbol{A}^2\boldsymbol{r}_0,\cdots,\boldsymbol{A}^{k-1}\boldsymbol{r}_0\}$$

知 $\boldsymbol{p}_{k-1}=\sum\limits_{i=0}^{k-1}\tau_i\boldsymbol{A}^i\boldsymbol{r}_0$，式中，$\tau_i$ 是常数，所以有

$\boldsymbol{A}\boldsymbol{p}_{k-1}=\sum\limits_{i=0}^{k-1}\tau_i\boldsymbol{A}^{i+1}\boldsymbol{r}_0$. 由于和式中包含 $\boldsymbol{A}^k\boldsymbol{r}_0$，因此 $\boldsymbol{A}\boldsymbol{p}_{k-1}\in K_{k+1}$，从而

$$\boldsymbol{r}_k=\boldsymbol{r}_{k-1}-\alpha_{k-1}\boldsymbol{A}\boldsymbol{p}_{k-1}\in K_{k+1},$$

所以

$$\mathrm{span}\{\boldsymbol{r}_0,\cdots,\boldsymbol{r}_{k-1},\boldsymbol{r}_k\}\in K_{k+1}.$$

再由 $\boldsymbol{r}_0,\cdots,\boldsymbol{r}_{k-1},\boldsymbol{r}_k$ 线性无关得知 $\mathrm{span}\{\boldsymbol{r}_0,\cdots,\boldsymbol{r}_{k-1},\boldsymbol{r}_k\}=K_{k+1}$.

同理可证 $\mathrm{span}\{\boldsymbol{p}_0,\cdots,\boldsymbol{p}_k\}=K_{k+1}$.

定理表明，向量组 $\boldsymbol{r}_0,\cdots,\boldsymbol{r}_k$ 和 $\boldsymbol{p}_0,\cdots,\boldsymbol{p}_k$ 分别是 Krylov 子空间 K_{k+1} 的正交基和共轭正交基. 当 CG 法进行到第 $k=n-1$ 步时，将计算出 $\boldsymbol{r}_n$，由于 $\boldsymbol{r}_0,\cdots,\boldsymbol{r}_{n-1},\boldsymbol{r}_n$ 正交，因此如果 $\boldsymbol{r}_0,\cdots,\boldsymbol{r}_{n-1}$ 中不出现零向量，必有 $\boldsymbol{r}_n=\boldsymbol{0}$，再由 $\boldsymbol{r}_n=\boldsymbol{b}-\boldsymbol{A}\boldsymbol{x}_n=\boldsymbol{0}$ 知 $\boldsymbol{x}_n$ 就是方程组的准确解. 如果在第 $k=n-1$ 步之前就有 $\boldsymbol{r}_k=\boldsymbol{0}$，则 $\boldsymbol{x}_k$ 就是方程组的准确解.

因此 CG 法最多 n 步便可得到方程组的解，但考虑到计算误差，向量组 $\boldsymbol{r}_0,\boldsymbol{r}_1,\boldsymbol{r}_2,\cdots$ 之间的正交性可能会逐步消失，从而不能在 n 步内达到精确解，因此可将算法 3.3 作为迭代法使用，直到 $\|\boldsymbol{r}_k\|$ 足够小为止.

算法 3.3 还可以有如下变形.

利用定理 12，算法 3.3 中的系数 α_k,β_k 还可以换个形式计算. 首先，

$$\beta_k=-\frac{\boldsymbol{r}_{k+1}^{\mathrm{T}}\boldsymbol{A}\boldsymbol{p}_k}{\boldsymbol{p}_k^{\mathrm{T}}\boldsymbol{A}\boldsymbol{p}_k}=-\frac{\boldsymbol{r}_{k+1}^{\mathrm{T}}\dfrac{\boldsymbol{r}_k-\boldsymbol{r}_{k+1}}{\alpha_k}}{\dfrac{1}{\alpha_k}\boldsymbol{r}_k^{\mathrm{T}}\boldsymbol{p}_k}=-\frac{-\boldsymbol{r}_{k+1}^{\mathrm{T}}\boldsymbol{r}_{k+1}}{\boldsymbol{r}_k^{\mathrm{T}}(\boldsymbol{r}_k+\beta_{k-1}\boldsymbol{p}_{k-1})}=\frac{\boldsymbol{r}_{k+1}^{\mathrm{T}}\boldsymbol{r}_{k+1}}{\boldsymbol{r}_k^{\mathrm{T}}\boldsymbol{r}_k}.$$

其次，由 $\boldsymbol{p}_k^{\mathrm{T}}\boldsymbol{A}\boldsymbol{p}_k=\dfrac{1}{\alpha_k}\boldsymbol{r}_k^{\mathrm{T}}\boldsymbol{p}_k=\dfrac{1}{\alpha_k}\boldsymbol{r}_k^{\mathrm{T}}(\boldsymbol{r}_k+\beta_{k-1}\boldsymbol{p}_{k-1})=\dfrac{1}{\alpha_k}\boldsymbol{r}_k^{\mathrm{T}}\boldsymbol{r}_k$ 得

$$\alpha_k=\frac{\boldsymbol{r}_k^{\mathrm{T}}\boldsymbol{r}_k}{\boldsymbol{p}_k^{\mathrm{T}}\boldsymbol{A}\boldsymbol{p}_k}.$$

因此有如下算法.

算法 3.3.1 （共轭梯度法）

1. 取初始向量 $\boldsymbol{x}_0$，计算 $\boldsymbol{p}_0=\boldsymbol{r}_0=\boldsymbol{b}-\boldsymbol{A}\boldsymbol{x}_0$.
2. 令 $k=0,1,2,\cdots$，直至 $\|\boldsymbol{r}_k\|<\varepsilon$，计算：

（1）$\alpha_k=\dfrac{\boldsymbol{r}_k^{\mathrm{T}}\boldsymbol{r}_k}{\boldsymbol{p}_k^{\mathrm{T}}\boldsymbol{A}\boldsymbol{p}_k}$，$\boldsymbol{x}_{k+1}=\boldsymbol{x}_k+\alpha_k\boldsymbol{p}_k$，$\boldsymbol{r}_{k+1}=\boldsymbol{r}_k-\alpha_k\boldsymbol{A}\boldsymbol{p}_k$；

（2）$\beta_k=\dfrac{\boldsymbol{r}_{k+1}^{\mathrm{T}}\boldsymbol{r}_{k+1}}{\boldsymbol{r}_k^{\mathrm{T}}\boldsymbol{r}_k}$，$\boldsymbol{p}_{k+1}=\boldsymbol{r}_{k+1}+\beta_k\boldsymbol{p}_k$，$\boldsymbol{p}_{k+1}=\dfrac{\boldsymbol{p}_{k+1}}{\|\boldsymbol{p}_{k+1}\|}$.

共轭梯度法作为一种迭代法，它的收敛性怎样呢？

定理 13　用共轭梯度法求得的 $\boldsymbol{x}_k$ 满足

$$\|\boldsymbol{x}_k-\boldsymbol{x}^*\|_{\boldsymbol{A}}\leqslant 2\left(\frac{\sqrt{k_2}-1}{\sqrt{k_2}+1}\right)^k\|\boldsymbol{x}_0-\boldsymbol{x}^*\|_{\boldsymbol{A}},$$

其中条件数 $k_2=\mathrm{cond}_2(\boldsymbol{A})=\|\boldsymbol{A}\|_2\|\boldsymbol{A}^{-1}\|_2$.

证明略.

由于 $\boldsymbol{A}$ 对称正定，条件数 $\mathrm{cond}_2(\boldsymbol{A})=\|\boldsymbol{A}\|_2\|\boldsymbol{A}^{-1}\|_2$ 还可以用 $\boldsymbol{A}$ 的特征值表示.

设 $\boldsymbol{A}$ 的特征值为 $\lambda_1\geqslant\lambda_2\geqslant\cdots\geqslant\lambda_n>0$，则

$$\|\boldsymbol{A}\|_2=\sqrt{\rho(\boldsymbol{A}^{\mathrm{T}}\boldsymbol{A})}=\sqrt{\rho(\boldsymbol{A}^2)}=\sqrt{(\rho(\boldsymbol{A}))^2}=\rho(\boldsymbol{A})=\lambda_1,$$

同理，

$$\|\boldsymbol{A}^{-1}\|_2=\lambda_n^{-1},$$

所以 $\mathrm{cond}_2(\boldsymbol{A})=\dfrac{\lambda_1}{\lambda_n}$. 考察定理，由

$$0\leqslant\frac{\sqrt{k_2}-1}{\sqrt{k_2}+1}=\frac{\sqrt{\lambda_1}-\sqrt{\lambda_n}}{\sqrt{\lambda_1}+\sqrt{\lambda_n}}<1$$

看出，当 $\lambda_1\approx\lambda_n$ 时，$\left(\dfrac{\sqrt{k_2}-1}{\sqrt{k_2}+1}\right)^k$ 收敛到零的速度非常快，表明此时 CG 法收敛很快.

特征值 $\lambda_1\approx\lambda_n$ 表明矩阵的特征值是聚集在一起而不是分布得很散，也表明矩阵的条件数接近于 1，属于良态. 也就是说，对于良态矩阵的线性方程组，CG 法收敛很快.

若系数矩阵 $\boldsymbol{A}$ 的特征值分布得很散，即 $\lambda_1\gg\lambda_n$，此时系数矩阵的条件数非常大，CG 法收敛速度会很慢. 为提高收敛速度，需要设法使得 $\boldsymbol{A}$ 的特征值能聚集在一起，减小矩阵的条件数.

3. 预处理共轭梯度法(PCG 方法)

假设 $\boldsymbol{A}$ 是大型稀疏对称正定矩阵，对线性方程组 $\boldsymbol{Ax}=\boldsymbol{b}$ 作预处理，目的是改善系数矩阵的条件数.

记 $\boldsymbol{A}=\boldsymbol{M}-\boldsymbol{N}$，其中对称正定矩阵 $\boldsymbol{M}$ 可视为矩阵 $\boldsymbol{A}$ 的近似，且 $\boldsymbol{M}^{-1}$ 容易计算，称 $\boldsymbol{M}$ 为预处理矩阵. 此时方程组 $\boldsymbol{Ax}=\boldsymbol{b}$ 的解可通过解下列方程组

$$\boldsymbol{M}^{-1}\boldsymbol{Ax}=\boldsymbol{M}^{-1}\boldsymbol{b}\tag{3.21}$$

获得. 由于 $\boldsymbol{M}\approx\boldsymbol{A}$，因此 $\boldsymbol{M}^{-1}\boldsymbol{A}\approx\boldsymbol{I}$，条件数 $\mathrm{cond}_2(\boldsymbol{M}^{-1}\boldsymbol{A})\ll\mathrm{cond}_2(\boldsymbol{A})$ 有望成立，再用迭代法解方程组(3.21)，可以更快的速度得到 $\boldsymbol{Ax}=\boldsymbol{b}$ 的解. 但对于 CG 法来说，矩阵 $\boldsymbol{M}^{-1}\boldsymbol{A}$ 不一定对称正定，因此要对 $\boldsymbol{M}^{-1}\boldsymbol{Ax}=\boldsymbol{M}^{-1}\boldsymbol{b}$ 作适当改造.

由于 $\boldsymbol{M}$ 对称正定，故存在可逆阵 $\boldsymbol{E}$ 使得 $\boldsymbol{M}=\boldsymbol{EE}^{\mathrm{T}}$，对矩阵 $\boldsymbol{M}^{-1}\boldsymbol{A}=\boldsymbol{E}^{-\mathrm{T}}\boldsymbol{E}^{-1}\boldsymbol{A}$ 作相似变换：

$$\boldsymbol{E}^{\mathrm{T}}\boldsymbol{M}^{-1}\boldsymbol{AE}^{-\mathrm{T}}=\boldsymbol{E}^{\mathrm{T}}\boldsymbol{E}^{-\mathrm{T}}\boldsymbol{E}^{-1}\boldsymbol{AE}^{-\mathrm{T}}=\boldsymbol{E}^{-1}\boldsymbol{AE}^{-\mathrm{T}},$$

故 $\boldsymbol{M}^{-1}\boldsymbol{A}$ 与 $\boldsymbol{E}^{-1}\boldsymbol{AE}^{-\mathrm{T}}$ 有相同的特征值. 因此将 $\boldsymbol{Ax}=\boldsymbol{b}$ 写为

$$\boldsymbol{E}^{-1}\boldsymbol{AE}^{-\mathrm{T}}\boldsymbol{E}^{\mathrm{T}}\boldsymbol{x}=\boldsymbol{E}^{-1}\boldsymbol{b},$$

并记 $\tilde{\boldsymbol{x}}=\boldsymbol{E}^{\mathrm{T}}\boldsymbol{x}$，则上式成为

$$\boldsymbol{E}^{-1}\boldsymbol{AE}^{-\mathrm{T}}\tilde{\boldsymbol{x}}=\boldsymbol{E}^{-1}\boldsymbol{b}.\tag{3.22}$$

因为

(1) $(\boldsymbol{E}^{-1}\boldsymbol{A}\boldsymbol{E}^{-\mathrm{T}})^{\mathrm{T}}=\boldsymbol{E}^{-1}\boldsymbol{A}^{\mathrm{T}}\boldsymbol{E}^{-\mathrm{T}}=\boldsymbol{E}^{-1}\boldsymbol{A}\boldsymbol{E}^{-\mathrm{T}}$；

(2) 对任意非零向量 $\boldsymbol{x}\in\mathbf{R}^n$，$\boldsymbol{x}^{\mathrm{T}}\boldsymbol{E}^{-1}\boldsymbol{A}\boldsymbol{E}^{-\mathrm{T}}\boldsymbol{x}=(\boldsymbol{E}^{-\mathrm{T}}\boldsymbol{x})^{\mathrm{T}}\boldsymbol{A}(\boldsymbol{E}^{-\mathrm{T}}\boldsymbol{x})>0$，

因此 $\boldsymbol{E}^{-1}\boldsymbol{A}\boldsymbol{E}^{-\mathrm{T}}$ 对称正定，可以用最速下降法或共轭梯度法求解方程组(3.22)，而方程组(3.22)系数矩阵的特征值等同于 $\boldsymbol{M}^{-1}\boldsymbol{A}$ 的特征值，而 $\boldsymbol{M}^{-1}\boldsymbol{A}\approx\boldsymbol{I}$，因此 $\boldsymbol{E}^{-1}\boldsymbol{A}\boldsymbol{E}^{-\mathrm{T}}$ 的特征值能够聚集在 1 附近，其条件数能够得以改善.

若将算法 3.3.1 中的矩阵 $\boldsymbol{A}$ 和 $\boldsymbol{b}$ 直接替换为 $\boldsymbol{E}^{-1}\boldsymbol{A}\boldsymbol{E}^{-\mathrm{T}}$ 和 $\boldsymbol{E}^{-1}\boldsymbol{b}$，则存在变换的预处理 CG 法：

$$\tilde{\boldsymbol{p}}_0=\tilde{\boldsymbol{r}}_0=\boldsymbol{E}^{-1}\boldsymbol{b}-\boldsymbol{E}^{-1}\boldsymbol{A}\boldsymbol{E}^{-\mathrm{T}}\tilde{\boldsymbol{x}}_0;$$

$$\alpha_k=\frac{\tilde{\boldsymbol{r}}_k^{\mathrm{T}}\tilde{\boldsymbol{r}}_k}{\tilde{\boldsymbol{p}}_k^{\mathrm{T}}\boldsymbol{E}^{-1}\boldsymbol{A}\boldsymbol{E}^{-\mathrm{T}}\tilde{\boldsymbol{p}}_k},\ \tilde{\boldsymbol{x}}_{k+1}=\tilde{\boldsymbol{x}}_k+\alpha_k\tilde{\boldsymbol{p}}_k,\ \tilde{\boldsymbol{r}}_{k+1}=\tilde{\boldsymbol{r}}_k-\alpha_k\boldsymbol{E}^{-1}\boldsymbol{A}\boldsymbol{E}^{-\mathrm{T}}\tilde{\boldsymbol{p}}_k;$$

$$\beta_k=\frac{\tilde{\boldsymbol{r}}_{k+1}^{\mathrm{T}}\tilde{\boldsymbol{r}}_{k+1}}{\tilde{\boldsymbol{r}}_k^{\mathrm{T}}\tilde{\boldsymbol{r}}_k},\ \tilde{\boldsymbol{p}}_{k+1}=\tilde{\boldsymbol{r}}_{k+1}+\beta_k\tilde{\boldsymbol{p}}_k.$$

很明显，上述算法中的矩阵 $\boldsymbol{E}$ 必须计算，增加了计算的复杂性. 实际上作适当的变量代换即可消除矩阵 $\boldsymbol{E}$ 的计算.

令 $\tilde{\boldsymbol{r}}_k=\boldsymbol{E}^{-1}\boldsymbol{r}_k$，$\tilde{\boldsymbol{p}}_k=\boldsymbol{E}^{\mathrm{T}}\boldsymbol{p}_k$ 及利用等式 $\tilde{\boldsymbol{x}}=\boldsymbol{E}^{\mathrm{T}}\boldsymbol{x}$ 和 $\boldsymbol{M}^{-1}=\boldsymbol{E}^{-\mathrm{T}}\boldsymbol{E}^{-1}$ 可得到如下算法.

算法 3.3.2 （预处理共轭梯度法）

1. 取初始向量 $\boldsymbol{x}_0$，计算 $\boldsymbol{r}_0=\boldsymbol{b}-\boldsymbol{A}\boldsymbol{x}_0$，$\boldsymbol{p}_0=\boldsymbol{M}^{-1}\boldsymbol{r}_0$.
2. 令 $k=0,1,2,\cdots$，直至 $\|\boldsymbol{r}_k\|<\varepsilon$，计算：

(1) $\alpha_k=\dfrac{\boldsymbol{r}_k^{\mathrm{T}}\boldsymbol{M}^{-1}\boldsymbol{r}_k}{\boldsymbol{p}_k^{\mathrm{T}}\boldsymbol{A}\boldsymbol{p}_k}$，$\boldsymbol{x}_{k+1}=\boldsymbol{x}_k+\alpha_k\boldsymbol{p}_k$，$\boldsymbol{r}_{k+1}=\boldsymbol{r}_k-\alpha_k\boldsymbol{A}\boldsymbol{p}_k$；

(2) $\beta_k=\dfrac{\boldsymbol{r}_{k+1}^{\mathrm{T}}\boldsymbol{M}^{-1}\boldsymbol{r}_{k+1}}{\boldsymbol{r}_k^{\mathrm{T}}\boldsymbol{M}^{-1}\boldsymbol{r}_k}$，$\boldsymbol{p}_{k+1}=\boldsymbol{r}_{k+1}+\beta_k\boldsymbol{p}_k$，$\boldsymbol{p}_{k+1}=\dfrac{\boldsymbol{p}_{k+1}}{\|\boldsymbol{p}_{k+1}\|}$.

在算法 3.3.2 中，不需要对矩阵 $\boldsymbol{M}$ 作分解 $\boldsymbol{M}=\boldsymbol{E}\boldsymbol{E}^{\mathrm{T}}$.

同时，算法中的 $\boldsymbol{M}^{-1}\boldsymbol{r}_{k+1}$ 可通过解方程组的方式得到. 令 $\boldsymbol{y}=\boldsymbol{M}^{-1}\boldsymbol{r}_{k+1}$，则通过求解 $\boldsymbol{M}\boldsymbol{y}=\boldsymbol{r}_{k+1}$ 得 $\boldsymbol{y}$. 这个向量 $\boldsymbol{y}$ 可以保存，为下一次迭代中的 α_{k+1} 使用.

如上讨论了预处理共轭梯度法，下面考察当 $\boldsymbol{A}$ 是大型稀疏对称正定矩阵时，预处理矩阵 $\boldsymbol{M}$ 的取法.

观察方程组(3.21)，若简单地取 $\boldsymbol{M}=\boldsymbol{A}$，则从方程组(3.21)可直接得出方程组的解. 但是计算 $\boldsymbol{M}^{-1}$ 的代价太大，因此这种方法通常不可取.

最简单的构造 $\boldsymbol{M}$ 的方法为，取 $\boldsymbol{M}=\mathrm{diag}(\boldsymbol{A})$，亦即 $\boldsymbol{M}$ 是由 $\boldsymbol{A}$ 的对角元或分块对角元构成. 称 $\boldsymbol{M}$ 为对角预处理或 Jacobi 预处理矩阵. $\boldsymbol{M}$ 也可以是其他元素构成

的对角阵.

第 2 种常用方法为不完全 Cholesky 分解方法，即分解

$$\boldsymbol{A}=\boldsymbol{L}\boldsymbol{L}^{\mathrm{T}}+\boldsymbol{R},$$

式中，$\boldsymbol{L}$ 为下三角矩阵，通常与 $\boldsymbol{A}$ 的下三角部分有相同的非零结构. 有时也可仅仅保留 $\boldsymbol{L}$ 较少几条主/次对角线的元素，其他元素设定为零. 这样取 $\boldsymbol{M}=\boldsymbol{L}\boldsymbol{L}^{\mathrm{T}}$，而 $\boldsymbol{M}\boldsymbol{y}=\boldsymbol{r}_{k+1}$ 可通过求解两个三角形方程组得到.

例如，考察矩阵

$$\boldsymbol{A}=\begin{pmatrix}2&1&0&1&0&0\\1&3&1&0&1&0\\0&1&4&1&0&1\\1&0&1&5&1&0\\0&1&0&1&6&1\\0&0&1&0&1&7\end{pmatrix}.$$

这个矩阵并非病态，这里仅仅示范上面提及的预处理矩阵的构造方式.

对角预处理矩阵为

$$\boldsymbol{E}=\mathrm{diag}(\sqrt{2},\sqrt{3},\sqrt{4},\sqrt{5},\sqrt{6},\sqrt{7}).$$

下面考察不完全 Cholesky 分解方法.

已知矩阵 $\boldsymbol{A}$ 的(完全)Cholesky 分解为(显示 3 位小数)$\boldsymbol{A}=\boldsymbol{L}\boldsymbol{L}^{\mathrm{T}}$，其中

$$\boldsymbol{L}=\begin{pmatrix}1.414&0&0&0&0&0\\0.707&1.581&0&0&0&0\\0&0.632&1.897&0&0&0\\0.707&-0.316&0.632&2&0&0\\0&0.632&-0.211&0.667&2.261&0\\0&0&0.527&-0.167&0.541&2.53\end{pmatrix},$$

则 $\boldsymbol{A}$ 不完全 Cholesky 分解为 $\boldsymbol{A}=\widetilde{\boldsymbol{L}}\widetilde{\boldsymbol{L}}^{\mathrm{T}}+\boldsymbol{R}$，其中

$$\widetilde{\boldsymbol{L}}=\begin{pmatrix}1.414&0&0&0&0&0\\0.707&1.581&0&0&0&0\\0&0.632&1.897&0&0&0\\0.707&0&0.632&2&0&0\\0&0.632&0&0.667&2.261&0\\0&0&0.527&0&0.541&2.53\end{pmatrix}.$$

注意矩阵 $\widetilde{\boldsymbol{L}}$ 与 $\boldsymbol{A}$ 的下三角部分有相同的非零结构，这里 $\boldsymbol{E}=\widetilde{\boldsymbol{L}}$.

保留 $\boldsymbol{L}$ 中较少的几条主/次对角线的元素，如保留一条对角线：

$$L_1=\begin{pmatrix}1.414 & 0 & 0 & 0 & 0 & 0\\ 0 & 1.581 & 0 & 0 & 0 & 0\\ 0 & 0 & 1.897 & 0 & 0 & 0\\ 0 & 0 & 0 & 2 & 0 & 0\\ 0 & 0 & 0 & 0 & 2.261 & 0\\ 0 & 0 & 0 & 0 & 0 & 2.53\end{pmatrix}，这里\ E=L_1；$$

保留两条对角线：

$$L_2=\begin{pmatrix}1.414 & 0 & 0 & 0 & 0 & 0\\ 0.707 & 1.581 & 0 & 0 & 0 & 0\\ 0 & 0.632 & 1.897 & 0 & 0 & 0\\ 0 & 0 & 0.632 & 2 & 0 & 0\\ 0 & 0 & 0 & 0.667 & 2.261 & 0\\ 0 & 0 & 0 & 0 & 0.541 & 2.53\end{pmatrix}，这里\ E=L_2.$$

下面将 $\boldsymbol{A}$ 与 $\boldsymbol{E}^{-1}\boldsymbol{A}\boldsymbol{E}^{-\mathrm{T}}$ 的特征值列表如下：

	$\boldsymbol{A}$	对角预处理矩阵	$\widetilde{\boldsymbol{L}}^{-1}\boldsymbol{A}\widetilde{\boldsymbol{L}}^{-\mathrm{T}}$	$\boldsymbol{L}_1^{-1}\boldsymbol{A}\boldsymbol{L}_1^{-\mathrm{T}}$	$\boldsymbol{L}_2^{-1}\boldsymbol{A}\boldsymbol{L}_2^{-\mathrm{T}}$
特征值	0.842	0.28	0.831	0.317	0.606
	2.765	0.825	0.916	0.889	0.791
	3.900	1	1.000	1.147	0.840
	5.100	1	1.004	1.230	1.158
	6.235	1.175	1.102	1.277	1.333
	8.158	1.72	1.189	1.969	1.611
k_2	9.685	6.131	1.432	6.205	2.659

表中 k_2 为 2 -范数意义下的条件数.可见矩阵经过预处理之后，其特征值的分布确实有所改善，并且条件数在减小.

预处理矩阵的构造方式不限于此，而且某种构造方法可能会对一类矩阵有效，但同样方法用于其他类型矩阵，效果可能会打折.这方面的研究非常多，可参见有关文献.

例 10 $n=100$ 的 Hilbert 矩阵 $\boldsymbol{H}=(h_{ij})\in\mathbf{R}^{n\times n}$，$h_{ij}=\dfrac{1}{i+j-1}$，$i,j=1,2,\cdots,n$ 是典型的病态矩阵.下面用 Matlab 指令 pcg 求解方程 $\boldsymbol{Hx}=\boldsymbol{b}$，其中 $\boldsymbol{b}$ 第 i 个分量 $b_i=\sum\limits_{j=1}^{n}H_{ij}$，即 $\boldsymbol{b}$ 等于 $\boldsymbol{H}$ 的行和.

解 调用指令

[X,FLAG,RELRES,ITER,RESVEC]=pcg(H,b,1e−15)

得

X：方程组的解；

FLAG：1,在默认迭代次数下,精度未达到 1e−15；

RELRES：3.2207e−011,残量范数$\frac{\|\boldsymbol{r}_k\|_2}{\|\boldsymbol{b}\|_2}(k=1,\cdots,21)$的最小值；

ITER：17,表示迭代 17 次达到 RELRES；

RESVEC：残量范数值$\|\boldsymbol{r}_k\|_2(k=1,\cdots,21)$.

Matlab 代码如下：

```
clear; clc;
H=hilb(n)
b=sum(H,2);
[X,FLAG,RELRES,ITER,RESVEC]=pcg(H,b,1e-15);
plot(1:length(RESVEC),log(RESVEC))
```

结果分析　首先作出残量值随迭代次数变化的图形(见图 3-2).

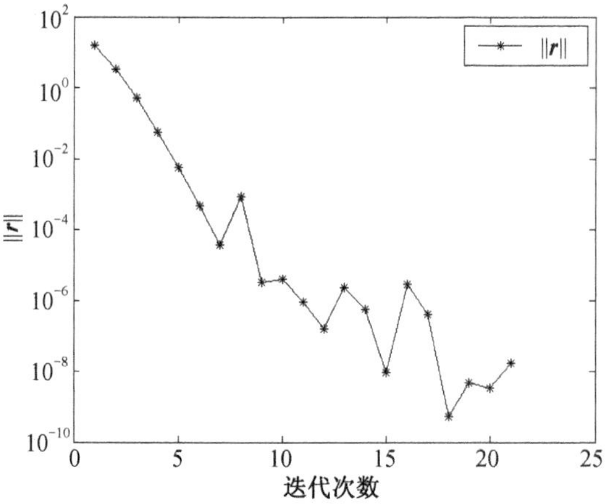

图 3-2　残量$\|\boldsymbol{r}_k\|$下降图

从图 3-2 中可以看出,$\|\boldsymbol{r}_{17}\|_2$最小,数值为

$$\|\boldsymbol{r}_{17}\|_2=3.2207\times10^{-11}\times\|b\|_2.$$

应注意到 $\boldsymbol{H}$ 是病态矩阵,计算的解 $\boldsymbol{X}$ 的误差

$$\|\boldsymbol{X}-\boldsymbol{H}^{-1}\boldsymbol{b}\|_2\approx0.0031,$$

达不到 10^{-11} 的数量级,大约精确到小数点后 3 位.例如,解 $\boldsymbol{X}=(x_1,x_2,\cdots,x_{100})^{\mathrm{T}}$

的前 5 个分量为

x_1	x_2	x_3	x_4	x_5
1	1.000 1	0.999 5	1.000 8	1.000 1

尽管如此，解 $\boldsymbol{X}$ 的精度要远远高于 Gauss 列主元法计算的解.

由于系数矩阵 $\boldsymbol{H}$ 是稠密矩阵，故若用对角预处理方法求解 $\boldsymbol{HX}=\boldsymbol{b}$，则误差

$$\|\boldsymbol{X}-\boldsymbol{H}^{-1}\boldsymbol{b}\|_2\approx 0.000\,072\,9,$$

解 $\boldsymbol{X}$ 大约能精确到小数点后 4 位，可见预处理求解方程组有一定效果.

例 11　用 Matlab 指令 pcg 求解 $\boldsymbol{Ax}=\boldsymbol{b}$，其中 $\boldsymbol{A}$，$\boldsymbol{b}$ 参见代码.

```
clear; clc;
rand('state',0);
A=rand(100,100);
A=0.5*(A+A');                      //构造对称矩阵 A.
for i=1:100
    A(i,i)=20;                     //加大对角元的值，确保 A 正定.
  end
b=sum(A,2);
[X,FLAG,RELRES,ITER,RESVEC]=pcg(A,b,1e-15);
plot(1:16,RESVEC)
```

图 3-3 是残量范数 $\|\boldsymbol{r}_k\|_2$ 的变化图形，纵坐标是 $\|\boldsymbol{r}_k\|_2(k=1,\cdots,16)$，横坐标是迭代次数.

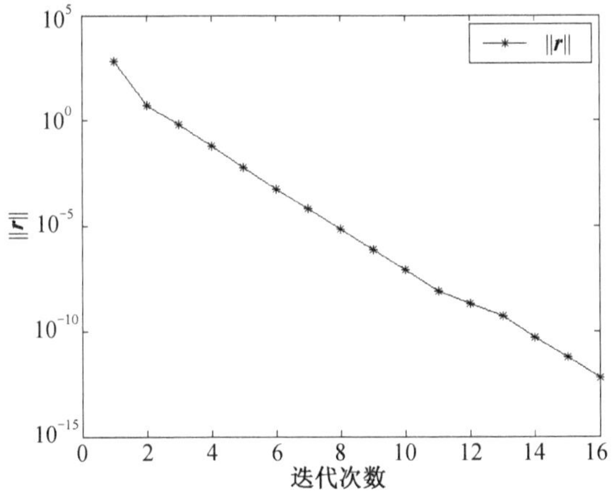

图 3-3　残量 $\|\boldsymbol{r}_k\|$ 下降图

由于 $\|\boldsymbol{r}_{16}\|_2=6.2528\times10^{-13}$,FLAG=0,可以确认迭代收敛.

§8 广义残量极小化方法

设 $\mathbf{A}\in\mathbf{R}^{n\times n}$ 非奇异,$\boldsymbol{b}\in\mathbf{R}^n$ 非零.考察大型稀疏非对称线性方程组

$$\boldsymbol{A}\boldsymbol{x}=\boldsymbol{b} \tag{3.23}$$

本节介绍以 Galerkin 原理为基础求解方程组(3.23)的**广义残量极小化方法(GMRES)**.该方法由 Saad 和 Schultz(1986)给出,属于 Krylov 子空间方法,用于计算方程组(3.23)的近似解 $\boldsymbol{x}_k\in\boldsymbol{x}_0+K_k$,并使得残量满足

$$\|\boldsymbol{r}_k\|=\|\boldsymbol{b}-\boldsymbol{A}\boldsymbol{x}_k\|=\min_{x\in x_0+K_k}\|\boldsymbol{b}-\boldsymbol{A}\boldsymbol{x}\|. \tag{3.24}$$

众多工程计算表明,该方法求解方程组(3.23)非常有效.本节约定范数是**2-范数.**

在给出 GMRES 方法之前,先介绍 Arnoldi 过程.该过程实际上是使用施密特正交化过程,计算子空间 K_k 的一组标准正交基,这组基将应用于 GMRES 方法.

给定初始向量 $\boldsymbol{x}_0$,$\boldsymbol{r}_0=\boldsymbol{b}-\boldsymbol{A}\boldsymbol{x}_0$,由 $\boldsymbol{r}_0$ 产生的 k 维 Krylov 子空间记为

$$K_k=\operatorname{span}\{\boldsymbol{r}_0,\boldsymbol{A}\boldsymbol{r}_0,\boldsymbol{A}^2\boldsymbol{r}_0,\cdots,\boldsymbol{A}^{k-1}\boldsymbol{r}_0\}.$$

假设 $\beta=\|\boldsymbol{r}_0\|$,$\boldsymbol{v}_1=\dfrac{\boldsymbol{r}_0}{\beta}$,并且已经计算了 K_k 的一组正交标准基 $\{\boldsymbol{v}_1,\cdots,\boldsymbol{v}_k\}$,则下一步计算 K_{k+1} 中的 $\boldsymbol{v}_{k+1}$.按下式计算:

$$h_{k+1,k}\,\boldsymbol{v}_{k+1}=\boldsymbol{A}\,\boldsymbol{v}_k-\sum_{j=1}^{k}\boldsymbol{h}_{jk}\boldsymbol{v}_j,$$

式中,系数 $h_{jk}=\boldsymbol{v}_j^{\mathrm{T}}\boldsymbol{A}\,\boldsymbol{v}_k$,$j=1,2,\cdots,k$,$h_{k+1,k}=\dfrac{1}{\|\boldsymbol{v}_{k+1}\|}$,这样 $\boldsymbol{v}_{k+1}$ 与 $\boldsymbol{v}_1,\cdots,\boldsymbol{v}_k$ 正交,且为单位向量.下面将该过程用矩阵表示.记 $\boldsymbol{e}_k$ 为 k 阶单位矩阵的第 k 列,

$$\boldsymbol{V}_k=(\boldsymbol{v}_1,\cdots,\boldsymbol{v}_k),\boldsymbol{w}=(0,\cdots,0,h_{k+1,k})=h_{k+1,k}\boldsymbol{e}_k^{\mathrm{T}},$$

以及

$$\widetilde{\boldsymbol{H}}_k=\begin{pmatrix}h_{11}&h_{12}&\cdots&h_{1,k-1}&h_{1,k}\\h_{21}&h_{22}&\cdots&h_{2,k-1}&h_{2,k}\\&h_{32}&\cdots&h_{3,k-1}&h_{3,k}\\&&\ddots&\vdots&\vdots\\&&&h_{k,k-1}&h_{k,k}\\&&&&h_{k+1,k}\end{pmatrix}=\begin{pmatrix}\boldsymbol{H}_k\\\boldsymbol{w}\end{pmatrix},\boldsymbol{H}_k=\begin{pmatrix}h_{11}&h_{12}&\cdots&h_{1,k-1}&h_{1,k}\\h_{21}&h_{22}&\cdots&h_{2,k-1}&h_{2,k}\\&h_{32}&\cdots&h_{3,k-1}&h_{3,k}\\&&\ddots&\vdots&\vdots\\&&&h_{k,k-1}&h_{k,k}\end{pmatrix}.$$

则 Arnoldi 过程可表示为

$$AV_k = V_{k+1}\widetilde{H}_k = (V_k, v_{k+1})\begin{pmatrix} H_k \\ w \end{pmatrix} = V_k H_k + h_{k+1,k} v_{k+1} e_k^{\mathrm{T}}.$$

其算法形式如下.

算法 3.4 （Arnoldi 过程）

1. 取初始向量 x_0，计算 $r_0 = b - Ax_0$，$v_1 = \dfrac{r_0}{\| r_0 \|}$.
2. (1) 对于 $j=1,\cdots,k$，计算 $\eta = Av_j$；
   (2) 对于 $i=1,\cdots,j$，计算 $h_{ij} = (\eta, v_i)$，$v_{j+1} = v_{j+1} - h_{ij} v_i$，$h_{j+1,j} = \| v_{j+1} \|$，

   $v_{j+1} = \dfrac{v_{j+1}}{h_{j+1,j}}$.

通过上述算法，即可计算出 K_k 的一组正交标准基 $\{v_1, \cdots, v_k\}$.

1. GMRES 方法

本节介绍 Saad 和 Schultz(1986)给出的求解方程组(3.23)的广义残量极小化方法(GMRES).

作为迭代方法，GMRES 的第 k 步计算过程如下.

取 $K_k = \mathrm{span}\{r_0, Ar_0, A^2 r_0, \cdots, A^{k-1} r_0\}$，GMRES 方法求解方程组(3.23)的第 k 个近似解

$$x_k \in x_0 + K_k(A, r_0), \tag{3.25}$$

使得残量范数 $\| r_k \| = \| b - Ax_k \|$ 在子空间 $x_0 + K_k(A, r_0)$ 达到最小，即

$$\| r_k \| = \| b - Ax_k \| = \min_{x \in x_0 + K_k} \| b - Ax \|.$$

记 $v_1, \cdots, v_k$ 是由 Arnoldi 过程计算的 $K_k(A, r_0)$ 的标准正交基，记 $V_k = (v_1, \cdots, v_k)$. 则式(3.25)可表示为

$$x_k = x_0 + V_k y,\ \ y \in \mathbf{R}^k,$$

所以

$$\begin{aligned} \| b - Ax_k \| &= \min_{y \in \mathbf{R}^k} \| b - A(x_0 + V_k y) \| \\ &= \min_{y \in \mathbf{R}^k} \| r_0 - AV_k y \| \\ &= \min_{y \in \mathbf{R}^k} \| \, \| r_0 \| v_1 - V_{k+1} \widetilde{H}_k y \|, \end{aligned}$$

注意到 $v_1 = V_{k+1} e_1$，这里 $e_1 = (1, 0, \cdots, 0)^{\mathrm{T}} \in \mathbf{R}^{k+1}$，故上式成为

$$\min_{y \in \mathbf{R}^k} \| \, \| r_0 \| V_{k+1} e_1 - V_{k+1} \widetilde{H}_k y \| = \min_{y \in \mathbf{R}^k} \| \, \| r_0 \| e_1 - \widetilde{H}_k y \|.$$

上述最小二乘问题的解 $y = \| r_0 \| \widetilde{H}_k^+ e_1$，通常用 QR 分解求解. 故线性方程组(3.23)的第 k 个近似解为

$$\boldsymbol{x}_k=\boldsymbol{x}_0+\|\boldsymbol{r}_0\|\boldsymbol{V}_k\widetilde{\boldsymbol{H}}_k^{+}\boldsymbol{e}_1,$$

式中，$\widetilde{\boldsymbol{H}}_k^{+}=(\widetilde{\boldsymbol{H}}_k^{\mathrm{T}}\widetilde{\boldsymbol{H}}_k)^{-1}\widetilde{\boldsymbol{H}}_k^{\mathrm{T}}$，可以用 QR 分解计算(参见第 6 章).

2. 近似解的精度判断

将计算的 $\boldsymbol{y}$ 代入

$$\|\boldsymbol{r}_k\|=\|\boldsymbol{b}-\boldsymbol{A}\boldsymbol{x}_k\|=\|\,\|\boldsymbol{r}_0\|\boldsymbol{e}_1-\widetilde{\boldsymbol{H}}_k\boldsymbol{y}\|,$$

只要这个数充分小，对于良态方程来讲就可以认为近似解 $\boldsymbol{x}_k$ 足够精确.

算法 3.5 (GMRES 方法)

1. 取初始迭代向量 $\boldsymbol{x}_0$，计算 $\boldsymbol{r}_0=\boldsymbol{b}-\boldsymbol{A}\boldsymbol{x}_0$，$\boldsymbol{v}_1=\dfrac{\boldsymbol{r}_0}{\|\boldsymbol{r}_0\|}$；计算精度 ε；设置 $k=1$.
2. 令 $j=1,\cdots,k$.
   (1) 用 Arnoldi 过程计算向量 $\boldsymbol{v}_1,\cdots,\boldsymbol{v}_{k+1}$ 和 $\widetilde{\boldsymbol{H}}_k$.
   (2) 求解最小二乘问题 $\min\limits_{\boldsymbol{y}\in\mathbf{R}^k}\|\,\|\boldsymbol{r}_0\|\boldsymbol{e}_1-\widetilde{\boldsymbol{H}}_k\boldsymbol{y}\|$ 得 $\boldsymbol{y}$.
   (3) 计算近似解 $\boldsymbol{x}_k=\boldsymbol{x}_0+\boldsymbol{V}_k\boldsymbol{y}$.
   (4) 判断：若 $\|\boldsymbol{r}_k\|\leqslant\varepsilon$，则 $\boldsymbol{x}_k$ 作为方程组的解，停止计算；
   否则置 $k:=k+1$，转 2 继续计算.

例 12 用 GMRES 方法解方程组

$$\begin{pmatrix}1&1&1&0\\-1&1&1&1\\0&-1&1&1\\0&0&-1&1\end{pmatrix}\begin{pmatrix}x_1\\x_2\\x_3\\x_4\end{pmatrix}=\begin{pmatrix}3\\2\\1\\0\end{pmatrix}.$$

用双精度计算，结果保留 3 位小数，观察 $\boldsymbol{V}_k$，$\widetilde{\boldsymbol{H}}_k$，$\boldsymbol{y}$ 元素和维数的变化.(下述过程中残量大小判断省略.)

解 取 $\boldsymbol{x}_0=\begin{pmatrix}0\\0\\0\\0\end{pmatrix}$，则 $\boldsymbol{r}_0=\boldsymbol{b}-\boldsymbol{A}\boldsymbol{x}_0=\begin{pmatrix}3\\2\\1\\0\end{pmatrix}$，$\|\boldsymbol{r}_0\|=3.742$，$\boldsymbol{v}_1=\dfrac{\boldsymbol{r}_0}{\|\boldsymbol{r}_0\|}=\begin{pmatrix}0.802\\0.535\\0.267\\0\end{pmatrix}$.

$k=1$：$\boldsymbol{v}_2=\begin{pmatrix}0.566\\-0.583\\-0.531\\-0.24\end{pmatrix}$，$\widetilde{\boldsymbol{H}}_1=\begin{pmatrix}1.214\\1.113\end{pmatrix}$，$\|\boldsymbol{r}_0\|\boldsymbol{e}_1=\begin{pmatrix}3.742\\0\end{pmatrix}$，

$$\boldsymbol{y}=(1.674),\ \boldsymbol{x}_1=\boldsymbol{V}_1\boldsymbol{y}=\begin{pmatrix}1.342\\0.895\\0.447\\0\end{pmatrix}.$$

$$k=2:\ \boldsymbol{v}_3=\begin{pmatrix}0.183\\-0.59\\0.631\\0.469\end{pmatrix},\ \widetilde{\boldsymbol{H}}_2=\begin{pmatrix}1.214&-1.517\\1.113&0.839\\0&1.051\end{pmatrix},\ \|\boldsymbol{r}_0\|\boldsymbol{e}_1=\begin{pmatrix}3.742\\0\\0\end{pmatrix},$$

$$\boldsymbol{y}=\begin{pmatrix}1.309\\-1.092\end{pmatrix},\ \boldsymbol{x}_2=\boldsymbol{V}_2\boldsymbol{y}=\begin{pmatrix}0.431\\1.336\\0.93\\0.262\end{pmatrix}.$$

$$k=3:\ \boldsymbol{v}_4=\begin{pmatrix}-0.059\\-0.161\\0.498\\-0.85\end{pmatrix},\ \widetilde{\boldsymbol{H}}_3=\begin{pmatrix}1.214&-1.517&0.805\\1.113&0.839&-0.923\\0&1.051&0.839\\&&0.914\end{pmatrix},\ \|\boldsymbol{r}_0\|\boldsymbol{e}_1=\begin{pmatrix}3.742\\0\\0\\0\end{pmatrix},$$

$$\boldsymbol{y}=\begin{pmatrix}1.39\\-0.887\\0.689\end{pmatrix},\ \boldsymbol{x}_3=\boldsymbol{V}_3\boldsymbol{y}=\begin{pmatrix}0.739\\0.854\\1.278\\0.536\end{pmatrix}.$$

$$k=4:\ \boldsymbol{v}_5=\begin{pmatrix}0.964\\-0.222\\0\\0.148\end{pmatrix},\ \widetilde{\boldsymbol{H}}_4=\begin{pmatrix}1.214&-1.517&0.805&-0.07\\1.113&0.839&-0.923&0.847\\0&1.051&0.839&-0.433\\&&0.914&1.108\\&&&0\end{pmatrix},$$

$$\|\boldsymbol{r}_0\|\boldsymbol{e}_1=\begin{pmatrix}3.742\\0\\0\\0\\0\end{pmatrix},\ \boldsymbol{y}=\begin{pmatrix}1.604\\-0.789\\0.693\\-0.571\end{pmatrix},\ \boldsymbol{x}_4=\boldsymbol{V}_4\boldsymbol{y}=\begin{pmatrix}1\\1\\1\\1\end{pmatrix}.$$

结论：$k=4$ 时，方程的准确解 $\boldsymbol{x}^*=(1,1,1,1)^{\mathrm{T}}$ 已经求出.

用 GMRES 方法求解方程组(3.23)时，在准确计算的情况下，GMRES 最多迭代 n 步收敛. 但当 n 非常大时，随迭代次数 k 的增加，矩阵 $\boldsymbol{V}_k$，$\widetilde{\boldsymbol{H}}_k$ 的存储量也将增加，$\boldsymbol{V}_k$ 的正交性可能会减弱，同时对有些方程可能会出现迭代“停滞”现象，即残量范数 $\|\boldsymbol{r}\|$ 下降缓慢. 为解决该问题，重新正交化、重开始、预处理等方法相继提

出，并得到了很好的应用.

重开始 GMRES 方法是指：给定重开始的次数 maxit(外层迭代次数)，每次重开始时 GMRES 方法的迭代次数 m(内层迭代次数)，计算近似解序列 $\boldsymbol{x}_k(k=1,2,\cdots,m)$，若 $\boldsymbol{x}_k$ 满足精度要求则停止计算，输出 $\boldsymbol{x}_k$ 并作为方程组的近似解. 若 $k=m$ 时 $\boldsymbol{x}_k$ 未满足精度要求，则将 $\boldsymbol{x}_m$ 作为初始向量 $\boldsymbol{x}_0$，用 GMRES 方法重新计算. 重复这个过程，直至求出满足精度要求的解. 过程如下：

算法 3.6 （重开始 GMRES 方法）

1. 给出 $\boldsymbol{A},\boldsymbol{b},\boldsymbol{x}_0,\varepsilon$ 以及 m 和 maxit；
2. 当 $i<$maxit 时，用 GMRES 方法计算 $\boldsymbol{x}_k(k=1,2,\cdots,m)$；
   若 $\|\boldsymbol{r}_k\|_2=\|\boldsymbol{b}-\boldsymbol{A}\boldsymbol{x}_k\|_2<\varepsilon$，则输出 $\boldsymbol{x}_k$，停止计算；
   当 $k=m$ 时，令 $\boldsymbol{x}_0=\boldsymbol{x}_k,i=i+1$.

预处理 GMRES 方法与预处理 CG 类似，也是按照某种方法计算矩阵 $\boldsymbol{A}$ 的近似矩阵 $\boldsymbol{M}$，使得 $\boldsymbol{M}\approx\boldsymbol{A}$，或对 $\boldsymbol{A}$ 作不完全分解，如 $\boldsymbol{A}\approx\boldsymbol{M}_1\boldsymbol{M}_2$，然后对

$$\boldsymbol{M}^{-1}\boldsymbol{A}\boldsymbol{x}=\boldsymbol{M}^{-1}\boldsymbol{b}\quad 或\quad \boldsymbol{M}_1^{-1}\boldsymbol{A}\boldsymbol{M}_2^{-1}\tilde{\boldsymbol{x}}=\boldsymbol{M}_1^{-1}\boldsymbol{b}$$

使用 GMRES 方法求解，其中 $\tilde{\boldsymbol{x}}=\boldsymbol{M}_2\boldsymbol{x}$. 一个合适的预处理矩阵能够显著提高 GMRES 方法的收敛速度.

Matlab 提供了 GMRES 指令，通过选择不同的参数，可以对 GMRES 方法进行预处理、重开始等计算，参见习题或 Matlab 帮助.

例 13 用 Matlab 指令 GMRES 计算 $\boldsymbol{A}\boldsymbol{x}=\boldsymbol{b}$，其中 $\boldsymbol{A},\boldsymbol{b}$ 参见代码.

```
>> rand('state',0);
>> A=rand(100,100);
>> b=sum(A,2);
>> x1=A\b;                                  //结果 x1 正确;
>> x2=gmres(A,b);
gmres stopped at iteration 10 without converging to the desired tole-
    rance 1e-006 because the maximum number of iterations was
    reached.
The iterate returned (number 10) has relative residual 0.0034
>> x3=gmres(A,b,[],1e-6,101);
gmres converged at iteration 99 to a solution with relative residual
    9.5e-007
>> x4=gmres(A,b,[], 1e-17,110);
```

gmres stopped at iteration 102 without converging to the desired tolerance 1e−017 because the method stagnated.

The iterate returned (number 101) has relative residual 3.6e−016

说明

计算 $x2$ 的提示：默认迭代 10 次，未达到指定精度，此时残差相对误差为 0.003 4；

计算 $x3$ 的提示：指定迭代 101 次，在迭代到 99 次时达到指定精度 9.5×10^{-7}；

计算 $x4$ 的提示：指定迭代 110 次，在迭代到 102 次时未达到精度 1×10^{-17}，原因是此时方法迭代停滞. 但这时 $k=101$ 时残差相对误差为 3.6×10^{-16}，由于 $\boldsymbol{A}$ 的条件数 $\mathrm{cond}(\boldsymbol{A},1)=2.3211\times10^4$，不算非常病态，因此可以认为此时迭代收敛. 输出 $x4$ 可以看出，$x4$ 与 $A\backslash b$ 相等.

图 3-4 给出了计算 $x4$ 时残量下降的图形. 纵坐标是 $\|\boldsymbol{r}_k\|_2(k=1,\cdots,103)$，横坐标是迭代次数.

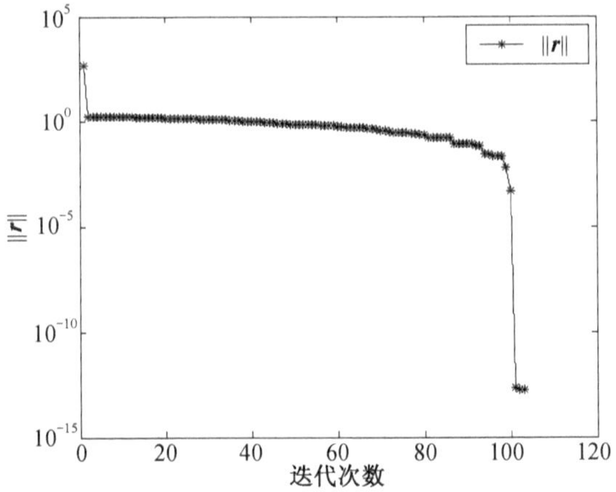

图 3-4　残量 $\|\boldsymbol{r}_k\|$ 下降图

图中可以看出，当 $k\leqslant100$ 时，$\|\boldsymbol{r}_k\|_2$ 下降得很慢，但当 $k=101$ 及以后时，$\|\boldsymbol{r}_k\|_2$ 下降得非常迅速.

如果将矩阵 $\boldsymbol{A}$ 的对角元改为 5，此时条件数 $\mathrm{cond}(\boldsymbol{A},1)=144.0344$，表明矩阵是良态的. 用 GMRES 方法，迭代 57 次即可得到方程的解. 图 3-5 给出了残量 $\|\boldsymbol{r}_k\|_2$ 的下降情况.

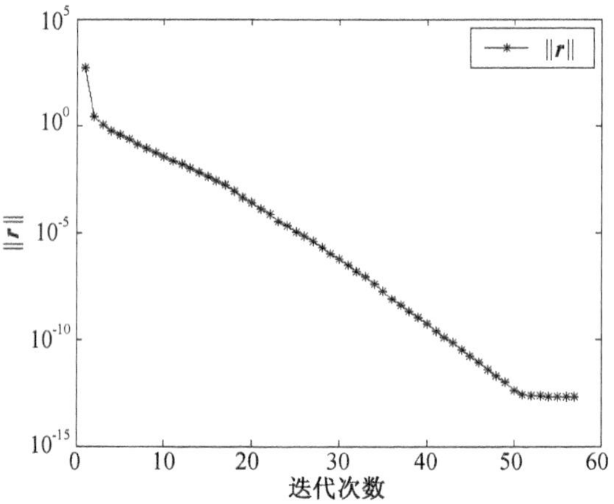

图 3-5　残量 $\|r_k\|$ 下降图

图形表明，$\|r_k\|_2$逐步下降，最后出现停滞，但是$\|r_{57}\|_2=2.120\,9\times10^{-13}$，可以确认迭代收敛.

习　题

1. 判断由下列公式产生的向量序列的收敛性：

(1) $x^{(k+1)}=\begin{pmatrix}1&2&3\\2&1&2\\3&2&1\end{pmatrix}x^{(k)}+\begin{pmatrix}1\\1\\1\end{pmatrix}$；(2) $x^{(k+1)}=\begin{pmatrix}0.2&0.4&-0.1\\0&-0.8&0.1\\-0.1&0.2&0.1\end{pmatrix}x^{(k)}+\begin{pmatrix}1\\1\\1\end{pmatrix}$.

2. 在 $x^{(k+1)}=Bx^{(k)}+g$ 中，

$$B=\begin{pmatrix}0&1.6\\0.5&0\end{pmatrix}.$$

(1) 计算 $\|B\|_1$，$\|B\|_\infty$，$\rho(B)$.

(2) 判断迭代公式的敛散性，说明理由.

(3) 当 $\|B\|\geqslant1$ 时能否判定迭代公式发散？为什么？

3. 给出方程组 $Ax=b$ 如下：

$$\begin{pmatrix}4&1&0&0\\1&4&1&0\\0&1&4&1\\0&0&1&4\end{pmatrix}x=\begin{pmatrix}1\\1\\1\\1\end{pmatrix},$$

若用迭代公式 $x^{(k+1)}=(I-\omega A)x^{(k)}+\omega b$，$k=0,1,2,\cdots$求解，问：数 ω 取何范围时，迭代收敛？

4. 对线性方程组$\begin{pmatrix}3&1\\1&3\end{pmatrix}\begin{pmatrix}x_1\\x_2\end{pmatrix}=\begin{pmatrix}4\\4\end{pmatrix}$，采用迭代法 $x^{(k+1)}=x^{(k)}+\alpha(Ax^{(k)}-b)$，$k=0,1,2,\cdots$求解，问：$\alpha$ 取何值时迭代收敛最快？

5. 方程组 $\boldsymbol{Ax}=\boldsymbol{b}$ 同题 3.

(1) 分别计算 Jacobi 和 Gauss-Seidel 法的迭代矩阵.

(2) 比较两个迭代法收敛速度的快慢.

(3) 初值 $\boldsymbol{x}^{(0)}=(0,0,0)^{\mathrm{T}}$，当要求精度满足 10^{-7} 时，Jacobi 和 Gauss-Seidel 迭代法分别需要迭代几次？以此验证(2).

(4) 编写计算程序上机计算并验证(2).

6. 如果用 Jacobi 和 Gauss-Seidel 法迭代解方程组

$$\begin{pmatrix}1 & 1 & 1\\0.5 & 1 & 1\\0.5 & 0.5 & 1\end{pmatrix}\begin{pmatrix}x_1\\x_2\\x_3\end{pmatrix}=\begin{pmatrix}1\\2\\3\end{pmatrix},\quad \begin{pmatrix}1 & 0 & 0.4\\1 & 1 & -1\\1 & 1 & 1\end{pmatrix}\begin{pmatrix}x_1\\x_2\\x_3\end{pmatrix}=\begin{pmatrix}1\\2\\3\end{pmatrix},$$

分别计算出迭代矩阵的谱半径，并比较收敛速度的快慢.

7. 调整方程组

$$\begin{pmatrix}1 & 4 & 1\\1 & 1 & 5\\4 & 1 & 1\end{pmatrix}\begin{pmatrix}x_1\\x_2\\x_3\end{pmatrix}=\begin{pmatrix}1\\2\\3\end{pmatrix}$$

中方程的次序，使得 Jacobi 和 Gauss-Seidel 法迭代收敛.

8. 已知方程组系数矩阵为 $\boldsymbol{A}=\begin{pmatrix}1 & a & a\\a & 1 & a\\a & a & 1\end{pmatrix}$，问：参数 a 满足何种条件时，

(1) Jacobi 法收敛；

(2) Gauss-Seidel 法收敛.

9. 分别取 $\omega=0.1,0.5,1.5$，用 SOR 方法解方程组

$$\begin{pmatrix}2 & 1 & 0\\1 & 3 & 1\\0 & 1 & 2\end{pmatrix}\begin{pmatrix}x_1\\x_2\\x_3\end{pmatrix}=\begin{pmatrix}3\\4\\3\end{pmatrix},$$

并比较收敛速度. 要求 $\|\boldsymbol{x}^{(k+1)}-\boldsymbol{x}^{(k)}\|_2<10^{-7}$.

10. 给出 $\begin{pmatrix}4 & 1 & 0\\1 & 4 & 1\\0 & 1 & 4\end{pmatrix}\begin{pmatrix}x_1\\x_2\\x_3\end{pmatrix}=\begin{pmatrix}5\\6\\5\end{pmatrix}$，按下列要求计算：

(1) 写出 Jacobi 迭代法的迭代格式 $\boldsymbol{x}^{(k)}=\boldsymbol{Bx}^{(k-1)}+\boldsymbol{f}$，$k=1,2,\cdots$；

(2) 计算 $\|\boldsymbol{B}\|_\infty$，并判断 Jacobi 迭代法的收敛性；

(3) 假设已经用 Jacobi 迭代法计算得 $\boldsymbol{x}^{(5)}=(0.992,0.996,1)^{\mathrm{T}}$，试以此计算 $\boldsymbol{x}^{(6)}$，并用定理 4 估计误差

$$\|\boldsymbol{x}^*-\boldsymbol{x}^{(6)}\|_\infty.$$

(4) 若用 SOR 法求解该方程组，试计算最佳松弛因子，此时对应的谱半径是多少？SOR 收敛吗？

11. 已知方程组 $\boldsymbol{Ax}=\boldsymbol{b}$ 如下：

$$
\boldsymbol{A}=\left(\begin{array}{c:cc:ccc:cc:c}
4 & -1 & -1 & & & & & & \\ \hdashline
-1 & 4 & 0 & -1 & -1 & 0 & & & \\
-1 & 0 & 4 & 0 & -1 & -1 & & & \\ \hdashline
 & -1 & 0 & 4 & 0 & 0 & -1 & 0 & \\
 & -1 & -1 & 0 & 4 & 0 & -1 & -1 & \\
 & 0 & -1 & 0 & 0 & 4 & 0 & -1 & \\ \hdashline
 & & & -1 & -1 & 0 & 4 & 0 & -1 \\
 & & & 0 & -1 & -1 & 0 & 4 & -1 \\ \hdashline
 & & & & & & -1 & -1 & 4
\end{array}\right),\ \boldsymbol{b}=\begin{pmatrix}1\\1\\1\\1\\1\\1\\1\\1\\1\end{pmatrix}.
$$

(1) 证明 $\boldsymbol{A}$ 是对称正定矩阵；

(2) 用 Jacobi,Gauss-Seidel 和 SOR 方法求解，是否收敛？

(3) 计算 Jacobi 迭代法迭代矩阵的谱半径 $\rho(\boldsymbol{B})$，并计算 SOR 方法的最佳松弛因子；

(4) 取初始向量为零向量，分别用 Jacobi,Gauss-Seidel 和 SOR 方法求解该方程，要求 $\|\boldsymbol{x}^{(k+1)}-\boldsymbol{x}^{(k)}\|_2<10^{-7}$，并观察各自的迭代次数.

12. 证明：对向量的 p-范数 $\|\boldsymbol{x}\|_p$，有 $\lim\limits_{p\to\infty}\|\boldsymbol{x}\|_p=\|\boldsymbol{x}\|_\infty$.

13. 设 $\boldsymbol{A},\boldsymbol{B}$ 是方阵，证明：$\|\boldsymbol{A}+\boldsymbol{B}\|\leqslant\|\boldsymbol{A}\|+\|\boldsymbol{B}\|$，$\|\boldsymbol{AB}\|\leqslant\|\boldsymbol{A}\|\cdot\|\boldsymbol{B}\|$.

14. 设 $\boldsymbol{I}$ 是单位矩阵，计算 $\|\boldsymbol{I}\|$.

15. 假设 $\boldsymbol{A}$ 是对称正定矩阵，证明：$\|\boldsymbol{x}\|_A=\sqrt{\boldsymbol{x}^{\mathrm{T}}\boldsymbol{A}\boldsymbol{x}}$是向量 $\boldsymbol{x}$ 的一种范数.

16. 证明：非零 $\boldsymbol{A}$ 共轭向量组线性无关.

17. 设 $\boldsymbol{p}_0,\boldsymbol{p}_1,\cdots,\boldsymbol{p}_m$ 是两两 $\boldsymbol{A}$ 共轭的，$\boldsymbol{x}_0\in\mathbf{R}^n$是任意指定的向量，那么从 $\boldsymbol{x}_0$ 出发，逐次沿方向 $\boldsymbol{p}_0,\boldsymbol{p}_1,\cdots,\boldsymbol{p}_m$ 搜索，求 $\varphi(\boldsymbol{x})=\boldsymbol{x}^{\mathrm{T}}\boldsymbol{A}\boldsymbol{x}-2\boldsymbol{b}^{\mathrm{T}}\boldsymbol{x}$ 的极小值，所得序列 $\boldsymbol{x}_k,k=0,1,\cdots,m$，满足

$$
\boldsymbol{x}_k=\boldsymbol{x}_0+\sum_{i=0}^{k-1}\alpha_i\boldsymbol{p}_i,\ \alpha_i=\frac{\boldsymbol{r}_i^{\mathrm{T}}\boldsymbol{p}_i}{\boldsymbol{p}_i^{\mathrm{T}}\boldsymbol{A}\boldsymbol{p}_i}.
$$

18. 证明：在 17 题中 $\boldsymbol{x}_n=\boldsymbol{x}^*$，其中 $\boldsymbol{x}^*$ 是方程组 $\boldsymbol{Ax}=\boldsymbol{b}$ 的解.

19. 假设实对称矩阵 $\boldsymbol{A}\in\mathbf{R}^{n\times n}$有 k 个互不相等的特征值 $\lambda_k(k=1,2,\cdots,k)$，$\boldsymbol{r}$ 是任意 n 维实向量，证明：

(1) 记 $p(\lambda)=(\lambda-\lambda_1)(\lambda-\lambda_2)\cdots(\lambda-\lambda_k)$是 k 次多项式，则 $p(\boldsymbol{A})=0$；

(2) $\boldsymbol{A}^k$ 可以表示为 $\boldsymbol{I},\boldsymbol{A},\boldsymbol{A}^2,\cdots,\boldsymbol{A}^{k-1}$的线性组合；

(3) 子空间 $\mathrm{span}\{\boldsymbol{r},\boldsymbol{Ar},\boldsymbol{A}^2\boldsymbol{r},\cdots,\boldsymbol{A}^{n-1}\boldsymbol{r}\}$的维数至多等于 k；

(4) 若 $\boldsymbol{A}$ 正定，则共轭梯度法最多迭代 k 次即可得出方程组 $\boldsymbol{Ax}=\boldsymbol{b}$ 的解.

20. 假设对称正定矩阵 $\boldsymbol{A}\in\mathbf{R}^{n\times n}$，若 $\boldsymbol{A}=\boldsymbol{I}+\boldsymbol{B}$，且 $\mathrm{rank}(\boldsymbol{B})=k$，$\boldsymbol{r}$ 是任意 n 维实向量，证明：

(1) $\boldsymbol{B}$ 对称；

(2) $\boldsymbol{B}$ 不同非零特征值的个数$\leqslant k$；

(3) $\mathrm{span}\{\boldsymbol{r},\boldsymbol{Br},\boldsymbol{B}^2\boldsymbol{r},\cdots,\boldsymbol{B}^{n-1}\boldsymbol{r}\}$的维数$\leqslant k+1$；

(4) $\mathrm{span}\{\boldsymbol{r},\boldsymbol{Ar},\boldsymbol{A}^2\boldsymbol{r},\cdots,\boldsymbol{A}^{n-1}\boldsymbol{r}\}=\mathrm{span}\{\boldsymbol{r},\boldsymbol{Br},\boldsymbol{B}^2\boldsymbol{r},\cdots,\boldsymbol{B}^{n-1}\boldsymbol{r}\}$；

(5) 共轭梯度法最多迭代 $k+1$ 次即可得出方程组 $\boldsymbol{Ax}=\boldsymbol{b}$ 的解.

21. 已知方程组 $\boldsymbol{Ax}=\boldsymbol{b}$ 如下：

$$A=\left(\begin{array}{c:cc:ccc:cc:c}
4 & -1 & -1 & & & & & & \\ \hdashline
-1 & 4 & 0 & -1 & -1 & 0 & & & \\
-1 & 0 & 4 & 0 & -1 & -1 & & & \\ \hdashline
 & -1 & 0 & 4 & 0 & 0 & -1 & 0 & \\
 & -1 & -1 & 0 & 4 & 0 & -1 & -1 & \\
 & 0 & -1 & 0 & 0 & 4 & 0 & -1 & \\ \hdashline
 & & & -1 & -1 & 0 & 4 & 0 & -1 \\
 & & & 0 & -1 & -1 & 0 & 4 & -1 \\ \hdashline
 & & & & & & -1 & -1 & 4
\end{array}\right),\ b=\begin{pmatrix}1\\1\\1\\1\\1\\1\\1\\1\\1\end{pmatrix}.$$

(1) 用共轭梯度法求解.

(2) 用 Matlab 指令 pcg 计算.

22. 证明：在 Arnoldi 过程中，有 $\boldsymbol{AV}_k=\boldsymbol{V}_{k+1}\widetilde{\boldsymbol{H}}_k=(\boldsymbol{V}_k,\boldsymbol{v}_{k+1})\begin{pmatrix}\boldsymbol{H}_k\\ \boldsymbol{w}\end{pmatrix}$.

23. 给出方程组 $\boldsymbol{Ax}=\boldsymbol{b}$，其中

$$\boldsymbol{A}=\begin{pmatrix}
2-ch^2 & -1+ah & & & \\
-1-ah & 2-ch^2 & -1+ah & & \\
 & \ddots & \ddots & \ddots & \\
 & & -1-ah & 2-ch^2 & -1+ah \\
 & & & -1-ah & 2-ch^2
\end{pmatrix}\in\mathbf{R}^{n\times n},$$

$\boldsymbol{b}=(b_1,b_2,\cdots,b_n)^{\mathrm{T}}$，$b_i$ 等于矩阵 $\boldsymbol{A}$ 的第 i 行元素的和，$i=1,2,\cdots,n$，分别取 $n=100,200,500$，以及 $h=n^{-1}$，$a=5$，$c=10$，用指令 GMRES 求解 $\boldsymbol{Ax}=\boldsymbol{b}$.

24. 假设 $\boldsymbol{I}$ 是 12 阶单位矩阵，常数 $d=1$，$h=\frac{1}{12}$，用适当方法求解线性方程组 $\boldsymbol{Ax}=\boldsymbol{b}$，其中

$$\boldsymbol{A}=\begin{pmatrix}
\boldsymbol{T} & -2\boldsymbol{I} & & & \\
-2\boldsymbol{I} & \boldsymbol{T} & -2\boldsymbol{I} & & \\
 & \ddots & \ddots & \ddots & \\
 & & -2\boldsymbol{I} & \boldsymbol{T} & -2\boldsymbol{I} \\
 & & & -2\boldsymbol{I} & \boldsymbol{T}
\end{pmatrix}_{12\times 12},$$

$$\boldsymbol{T}=\begin{pmatrix}
8 & -2+dh & & & \\
-2-dh & 8 & -2+dh & & \\
 & \ddots & \ddots & \ddots & \\
 & & -2-dh & 8 & -2+dh \\
 & & & -2-dh & 8
\end{pmatrix}$$

$\boldsymbol{b}=(b_1,b_2,\cdots,b_n)^{\mathrm{T}}$，$\boldsymbol{b}_i$ 等于矩阵 $\boldsymbol{A}$ 的第 i 行元素的和，$i=1,2,\cdots,n$.

第 4 章

矩阵特征值的计算方法

假设矩阵 $\mathbf{A}\in\mathbf{R}^{n\times n}$，$\lambda$ 和 $\boldsymbol{\xi}$ 为 $\mathbf{A}$ 的特征值和特征向量. 由特征值定义可知，特征值 λ 的计算最终归结为求 n 次特征多项式 $|\mathbf{A}-\lambda\mathbf{I}|=0$ 的根，对于 $n\geqslant 5$ 的多项式来说，已经没有明确计算根的公式了，因此，需要用其他方法来计算矩阵的特征值及其特征向量.

在实践中，可根据矩阵 $\mathbf{A}$ 的特点(如是否对称等)，选用不同的方法来计算. 例如，对非对称矩阵，经典方法是 QR 方法；对于对称矩阵，有 Jacobi 方法、对称 QR 方法等. 对于特殊矩阵，还有特殊方法计算. 例如，三对角 QR 迭代法和分而治之法能有效计算实对称三对角矩阵特征值等. 幂法和反幂法可以计算矩阵模最大和模最小的特征值.

本章主要介绍特征值的幂法、反幂法和 QR 方法.

§1 幂 法

称矩阵 $\mathbf{A}\in\mathbf{R}^{n\times n}$ 模最大的特征值为**主特征值**，对应的特征向量为**主特征向量**.

幂法是计算矩阵主特征值及其特征向量的迭代方法，该方法简单易用. 根据幂法思想，还可用**反幂法**来计算矩阵模最小的特征值，或者某个近似特征值的特征向量.

下面考察幂法及其理论.

假设 $\mathbf{A}=(a_{ij})\in\mathbf{R}^{n\times n}$ 的特征值满足

$$|\lambda_1|>|\lambda_2|\geqslant\cdots\geqslant|\lambda_n|, \tag{4.1}$$

对应特征向量 $\boldsymbol{\xi}_i$ 满足 $\mathbf{A}\boldsymbol{\xi}_i=\lambda_i\boldsymbol{\xi}_i\,(i=1,2,\cdots,n)$，且线性无关，即 $\mathbf{A}$ 有完备的特征向量. 这里 λ_1 和 $\boldsymbol{\xi}_1$ 是 $\mathbf{A}$ 的主特征值和主特征向量.

幂法的基本思想，任取非零向量 $\boldsymbol{v}_0\in\mathbf{R}^n$，将 $\boldsymbol{v}_0$ 用特征向量表示如下：

$$\boldsymbol{v}_0=a_1\boldsymbol{\xi}_1+a_2\boldsymbol{\xi}_2+\cdots+a_n\boldsymbol{\xi}_n, \tag{4.2}$$

式中，$a_i\in\mathbf{R}$ 且 $a_1\neq 0$(若 $a_1=0$，则重新选择 $\boldsymbol{v}_0$). 这样有

$$\begin{aligned}
&\boldsymbol{A}\boldsymbol{v}_0=a_1\boldsymbol{A}\boldsymbol{\xi}_1+a_2\boldsymbol{A}\boldsymbol{\xi}_2+\cdots+a_n\boldsymbol{A}\boldsymbol{\xi}_n=a_1\lambda_1\boldsymbol{\xi}_1+a_2\lambda_2\boldsymbol{\xi}_2+\cdots+a_n\lambda_n\boldsymbol{\xi}_n,\\
&\boldsymbol{A}^2\boldsymbol{v}_0=a_1\lambda_1^2\boldsymbol{\xi}_1+a_2\lambda_2^2\boldsymbol{\xi}_2+\cdots+a_n\lambda_n^2\boldsymbol{\xi}_n,\\
&\cdots\cdots\cdots\cdots\\
&\boldsymbol{A}^k\boldsymbol{v}_0=a_1\lambda_1^k\boldsymbol{\xi}_1+a_2\lambda_2^k\boldsymbol{\xi}_2+\cdots+a_n\lambda_n^k\boldsymbol{\xi}_n\\
&\qquad=\lambda_1^k\left[a_1\boldsymbol{\xi}_1+a_2\left(\frac{\lambda_2}{\lambda_1}\right)^k\boldsymbol{\xi}_2+\cdots+a_n\left(\frac{\lambda_n}{\lambda_1}\right)^k\boldsymbol{\xi}_n\right].
\end{aligned}$$

由此可得

$$\frac{\boldsymbol{A}^k\boldsymbol{v}_0}{\lambda_1^k}=a_1\boldsymbol{\xi}_1+a_2\left(\frac{\lambda_2}{\lambda_1}\right)^k\boldsymbol{\xi}_2+\cdots+a_n\left(\frac{\lambda_n}{\lambda_1}\right)^k\boldsymbol{\xi}_n. \tag{4.3}$$

上式表明，若 $a_2\neq 0$，则在条件(4.1)下等式(4.3)右边将以一阶收敛速度 $\left|\frac{\lambda_2}{\lambda_1}\right|$ 收敛到 $a_1\boldsymbol{\xi}_1$. 令 $k\to\infty$，有

$$\lim_{k\to\infty}\frac{\boldsymbol{A}^k\boldsymbol{v}_0}{\lambda_1^k}=a_1\boldsymbol{\xi}_1. \tag{4.4}$$

式(4.4)说明，当 k 充分大时 $\boldsymbol{A}^k\boldsymbol{v}_0\approx a_1\lambda_1^k\boldsymbol{\xi}_1$，即 $\boldsymbol{A}^k\boldsymbol{v}_0$ 近似等于主特征向量 $\boldsymbol{\xi}_1$ 的倍数，其特征值为 λ_1.

下面再计算 λ_1. 有两个方法，其一是若已经根据(4.3)计算得到 λ_1 的特征向量 $\boldsymbol{\xi}$，则从 $A\boldsymbol{\xi}=\lambda_1\boldsymbol{\xi}$ 可以得到

$$\lambda_1=\frac{\boldsymbol{\xi}^{\mathrm{T}}\boldsymbol{A}\boldsymbol{\xi}}{\boldsymbol{\xi}^{\mathrm{T}}\boldsymbol{\xi}}.$$

上式通常称为 $\boldsymbol{\xi}$ 的瑞利商，这个概念将在反幂法中提及并应用. 计算 λ_1 的第 2 个方法是通过 $\boldsymbol{A}^k\boldsymbol{v}_0$ 的分量计算.

记 $\boldsymbol{v}_k=\boldsymbol{A}^k\boldsymbol{v}_0$，则 $\boldsymbol{v}_{k+1}=\boldsymbol{A}^{k+1}\boldsymbol{v}_0$. 向量 $\boldsymbol{v}_k$ 的第 i 个分量 $(\boldsymbol{v}_k)_i$ 为

$$(\boldsymbol{v}_k)_i=\lambda_1^k\left[a_1\boldsymbol{\xi}_1+a_2\left(\frac{\lambda_2}{\lambda_1}\right)^k\boldsymbol{\xi}_2+\cdots+a_n\left(\frac{\lambda_n}{\lambda_1}\right)^k\boldsymbol{\xi}_n\right]_i,$$

向量 $\boldsymbol{v}_{k+1}$ 的第 i 个分量 $(\boldsymbol{v}_{k+1})_i$ 为

$$(\boldsymbol{v}_{k+1})_i=\lambda_1^{k+1}\left[a_1\boldsymbol{\xi}_1+a_2\left(\frac{\lambda_2}{\lambda_1}\right)^{k+1}\boldsymbol{\xi}_2+\cdots+a_n\left(\frac{\lambda_n}{\lambda_1}\right)^{k+1}\boldsymbol{\xi}_n\right]_i,$$

则 $\boldsymbol{v}_{k+1}$ 和 $\boldsymbol{v}_k$ 的分量比值极限为

$$\lim_{k\to\infty}\frac{(\boldsymbol{v}_{k+1})_i}{(\boldsymbol{v}_k)_i}=\lambda_1.$$

这种通过矩阵幂 $\boldsymbol{A}^k$ 计算 λ_1 和 $\boldsymbol{\xi}_1$ 的方法，称为**幂法**.

上述计算方法存在缺点：$\boldsymbol{v}_k=\boldsymbol{A}^k\boldsymbol{v}_0$ 中，如果先计算 $\boldsymbol{A}^k$，再计算 $\boldsymbol{A}^k\boldsymbol{v}_0$，则计算量太大，实际上可以换个方法计算：

$$\boldsymbol{v}_k=\boldsymbol{A}^k\boldsymbol{v}_0=\underbrace{\boldsymbol{A}(\cdots(\boldsymbol{A}(\boldsymbol{A}}_{k}v_0)))\ \text{(括号优先运算)},$$

用递推公式表示就是

$$\boldsymbol{v}_i=\boldsymbol{A}\boldsymbol{v}_{i-1},\ i=1,2,\cdots,k. \tag{4.5}$$

其次,式(4.3)的左边是用 λ_1^k 约化 $\boldsymbol{v}_k=\boldsymbol{A}^k\boldsymbol{v}_0$,而 $\boldsymbol{v}_k$ 将收敛到特征向量. 由于特征向量可以相差一个常数,因此可以用其他数来约化 $\boldsymbol{v}_k$. 由于式(4.5)是用 $\boldsymbol{A}$ 作连续乘法运算的,为防范 $\boldsymbol{v}_i$ 分量的数值越来越大(或小),需要对 $\boldsymbol{v}_i$ 进行单位化,这里用 $\boldsymbol{v}_i$ 的模最大的分量约化 $\boldsymbol{v}_i$,这对特征向量的计算没有影响.

基于上述考虑,有如下实用的幂法.

算法 4.1 (幂法)

1. 任取非零初始向量 $\boldsymbol{v}_0$(满足 $a_1\neq0$).
2. 令 $k=1,2,\cdots$,计算:
   (1) $\boldsymbol{y}=\boldsymbol{A}\boldsymbol{v}_{k-1}$;
   (2) $\mu_k=\max\{\boldsymbol{y}\}$,这里 $\max\{\boldsymbol{y}\}$ 等于 $\boldsymbol{y}$ 的模最大的分量;
   (3) $\boldsymbol{v}_k=\dfrac{\boldsymbol{y}}{\mu_k}$.

算法 4.1 的分析如下:

第 1 次迭代 $\quad \boldsymbol{v}_1=\dfrac{\boldsymbol{A}\boldsymbol{v}_0}{\max\{\boldsymbol{A}\boldsymbol{v}_0\}}=\dfrac{\boldsymbol{A}\boldsymbol{v}_0}{\mu_1}$;

第 2 次迭代 $\quad \boldsymbol{v}_2=\dfrac{\boldsymbol{A}\boldsymbol{v}_1}{\max\{\boldsymbol{A}\boldsymbol{v}_1\}}=\dfrac{1}{\mu_2}\boldsymbol{A}\dfrac{\boldsymbol{A}\boldsymbol{v}_0}{\mu_1}=\dfrac{\boldsymbol{A}^2\boldsymbol{v}_0}{\mu_1\mu_2}$;

…………

第 k 次迭代 $\quad \boldsymbol{v}_k=\dfrac{\boldsymbol{A}\boldsymbol{v}_{k-1}}{\max\{\boldsymbol{A}\boldsymbol{v}_{k-1}\}}=\dfrac{\boldsymbol{A}^k\boldsymbol{v}_0}{\mu_1\mu_2\cdots\mu_k}$.

可见,算法 4.1 产生的向量 $\boldsymbol{v}_k$ 确实是由向量 $\boldsymbol{A}^k\boldsymbol{v}_0$ 约化而来. 下面讨论 $\boldsymbol{v}_k$ 和 μ_k 的极限. 根据式(4.4),有

$$\lim_{k\to\infty}\boldsymbol{v}_k=\lim_{k\to\infty}\frac{\dfrac{\boldsymbol{A}^k\boldsymbol{v}_0}{\lambda_1^k}}{\dfrac{\mu_1\mu_2\cdots\mu_k}{\lambda_1^k}}=\frac{a_1\boldsymbol{\xi}_1}{\lim\limits_{k\to\infty}\left(\dfrac{\mu_1\mu_2\cdots\mu_k}{\lambda_1^k}\right)}. \tag{4.6}$$

下面计算式(4.6)的分母:

从 $\boldsymbol{v}_k=\dfrac{\boldsymbol{A}\boldsymbol{v}_{k-1}}{\max\{\boldsymbol{A}\boldsymbol{v}_{k-1}\}}$ 知,$\boldsymbol{v}_k$ 至少有一个分量为 1,所以 $\boldsymbol{A}^k\boldsymbol{v}_0=\mu_1\mu_2\cdots\mu_k\boldsymbol{v}_k$ 至少有一个分量是 $\mu_1\mu_2\cdots\mu_k$,并假设它是第 j 个分量,从而向量 $\dfrac{\boldsymbol{A}^k\boldsymbol{v}_0}{\lambda_1^k}$ 的第 j 个分量是

$\dfrac{\mu_1\mu_2\cdots\mu_k}{\lambda_1^k}$. 从式(4.4)可知该分量的极限为

$$\lim_{k\to\infty}\frac{\mu_1\mu_2\cdots\mu_k}{\lambda_1^k}=a_1(\boldsymbol{\xi}_1)_j,$$

这里$(\boldsymbol{\xi}_1)_j$表示$\boldsymbol{\xi}_1$的第j个分量. 因此式(4.6)成为

$$\lim_{k\to\infty}\boldsymbol{v}_k=\frac{a_1\boldsymbol{\xi}_1}{a_1(\boldsymbol{\xi}_1)_j}=\frac{\boldsymbol{\xi}_1}{(\boldsymbol{\xi}_1)_j},$$

即$\boldsymbol{v}_k$收敛到矩阵$\boldsymbol{A}$的主特征向量,不妨设为$\boldsymbol{\eta}$.

再对$\boldsymbol{A}\boldsymbol{v}_{k-1}=\boldsymbol{y}=\mu_k\boldsymbol{v}_k$取极限,由$\boldsymbol{A\eta}=\boldsymbol{\eta}\lim\limits_{k\to\infty}\mu_k$可知,$\lim\limits_{k\to\infty}\mu_k=\lambda_1$.

综上所述,有如下结论:

定理 1　设$\boldsymbol{A}=(a_{ij})\in\mathbf{R}^{n\times n}$有$n$个线性无关的特征向量,且特征值满足

$$|\lambda_1|>|\lambda_2|\geqslant\cdots\geqslant|\lambda_n|,$$

则按幂法计算的$\boldsymbol{v}_k$收敛到$\boldsymbol{A}$的主特征向量,μ_k收敛到$\boldsymbol{A}$的主特征值.

从式(4.3)看出,幂法的收敛速度取决于$\left|\dfrac{\lambda_2}{\lambda_1}\right|$的大小. 当$\left|\dfrac{\lambda_2}{\lambda_1}\right|$接近 1 时,收敛速度会很慢;如果$|\lambda_1|=|\lambda_2|$,直接使用幂法计算,则收敛变得复杂,甚至会出现发散的情况,需要加以改造.

例 1　矩阵$\boldsymbol{A}=\begin{pmatrix}3&-2&2\\-1&2&-1\\-2&-2&1\end{pmatrix}$的特征值为 3,2,1. 如果用幂法计算,保留小数点后 7 位,取$\boldsymbol{v}_0=(1,1,1)^{\mathrm{T}}$,则幂法迭代 44 次时,$\mu_{44}=3.000\,000\,1$,迭代 45 次有$\mu_{45}=3$,即得主特征值. 主要过程如下:

$$k=1:\ \boldsymbol{v}_0=\begin{pmatrix}1\\1\\1\end{pmatrix},\ \boldsymbol{y}=\boldsymbol{A}\boldsymbol{v}_0=\begin{pmatrix}3\\0\\-3\end{pmatrix},\ \mu_1=3,\ \boldsymbol{v}_1=\frac{\boldsymbol{y}}{\mu_1}=\begin{pmatrix}1\\0\\-1\end{pmatrix};$$

$$k=2:\ \boldsymbol{v}_1=\begin{pmatrix}1\\0\\-1\end{pmatrix},\ \boldsymbol{y}=\boldsymbol{A}\boldsymbol{v}_1=\begin{pmatrix}1\\0\\-3\end{pmatrix},\ \mu_2=-3,\ \boldsymbol{v}_2=\frac{\boldsymbol{y}}{\mu_2}=\begin{pmatrix}-0.333\,333\,3\\0\\1\end{pmatrix};$$

…………

$$k=45:\ \boldsymbol{v}_{44}=\begin{pmatrix}1\\-0.5\\-0.5\end{pmatrix},\ \boldsymbol{y}=\boldsymbol{A}\boldsymbol{v}_{44}=\begin{pmatrix}3\\-1.5\\-1.5\end{pmatrix},\ \mu_{45}=3,\ \boldsymbol{v}_{45}=\frac{\boldsymbol{y}}{\mu_{45}}=\begin{pmatrix}1\\-0.5\\-0.5\end{pmatrix}.$$

可见矩阵$\boldsymbol{A}$的主特征值和特征向量分别为$\mu_{45}=3$和$\boldsymbol{v}_{45}$,可验证:

$$\boldsymbol{A}\boldsymbol{v}_{45}=3\boldsymbol{v}_{45}.$$

值得注意的是,如果取$\boldsymbol{v}_0=(1,1,2)^{\mathrm{T}}$,则用幂法计算得$\mu_{24}=2$,得到矩阵$\boldsymbol{A}$的

次主特征值 2.这和幂法并不矛盾,原因如下:

记 3 个特征值为 $\lambda_1=3,\lambda_2=2,\lambda_3=1$,对应特征向量构成矩阵

$$\boldsymbol{P}=(\boldsymbol{p}_1,\boldsymbol{p}_2,\boldsymbol{p}_3)=\begin{pmatrix}-2&-2&-1\\1&1&1\\1&2&2\end{pmatrix},$$

则有 $\boldsymbol{A}\boldsymbol{p}_i=\lambda_i\boldsymbol{p}_i(i=1,2,3)$,经简单计算有

$$\boldsymbol{v}_0=(1,1,2)^{\mathrm{T}}=0\boldsymbol{p}_1-2\boldsymbol{p}_2+3\boldsymbol{p}_3,$$

表明式(4.2)中 $a_1=0$,此时只能计算 λ_2.

例 2 已知矩阵 $\boldsymbol{A}=\begin{pmatrix}0&-2&2\\-1&0&-1\\-2&-2&0\end{pmatrix}$ 具有实的重特征值 $\lambda_1=\lambda_2=\lambda_3=0$,且只有一个线性无关的特征向量 $\boldsymbol{\xi}=(1,-1,-1)^{\mathrm{T}}$.如果用幂法计算,取 $\boldsymbol{v}_0=(1,1,1)^{\mathrm{T}}$,计算过程如下.

$$k=1:\ \boldsymbol{y}=\boldsymbol{A}\boldsymbol{v}_0=\begin{pmatrix}0\\-2\\-4\end{pmatrix},\mu_1=\max\{\boldsymbol{y}\}=-4,\boldsymbol{v}_1=\frac{\boldsymbol{y}}{\mu_1}=\begin{pmatrix}0\\0.5\\1\end{pmatrix};$$

$$k=2:\ \boldsymbol{y}=\boldsymbol{A}\boldsymbol{v}_1=\begin{pmatrix}1\\-1\\-1\end{pmatrix},\mu_2=\max\{\boldsymbol{y}\}=1,\boldsymbol{v}_2=\frac{\boldsymbol{y}}{\mu_2}=\begin{pmatrix}1\\-1\\-1\end{pmatrix};$$

$$k=3:\ \boldsymbol{y}=\boldsymbol{A}\boldsymbol{v}_2=\begin{pmatrix}0\\0\\0\end{pmatrix},\mu_3=\max\{\boldsymbol{y}\}=0,\boldsymbol{v}_3=\frac{\boldsymbol{y}}{\mu_3}\text{不定}.$$

虽然 $\mu_3=0$ 是一个特征值,但是 $\boldsymbol{y}$ 为零向量显然不对,因为特征向量不能为零向量.

像例 2 那样矩阵 $\boldsymbol{A}$ 具有几个模最大的特征值的问题,计算比较复杂.又例如,满足 $\lambda_1=\lambda_2=\cdots=\lambda_r>|\lambda_{r+1}|\geqslant\cdots\geqslant|\lambda_n|$,此时式(4.3)为

$$\frac{\boldsymbol{A}^k\boldsymbol{v}_0}{\lambda_1^k}=a_1\boldsymbol{\xi}_1+\cdots+a_r\boldsymbol{\xi}_r+a_{r+1}\left(\frac{\lambda_{r+1}}{\lambda_1}\right)^k\boldsymbol{\xi}_{r+1}+\cdots+a_n\left(\frac{\lambda_n}{\lambda_1}\right)^k\boldsymbol{\xi}_n.$$

当 $k\to\infty$ 时有

$$\lim_{k\to\infty}\frac{\boldsymbol{A}^k\boldsymbol{v}_0}{\lambda_1^k}=a_1\boldsymbol{\xi}_1+\cdots+a_r\boldsymbol{\xi}_r,$$

表明 $\boldsymbol{A}^k\boldsymbol{v}_0$ 仍然收敛到主特征向量.

其他情况,例如 $\boldsymbol{A}$ 的特征值满足 $\lambda_1=-\lambda_2$,或者 λ_1 是复特征值,可以作类似讨论.

§2　位移与反幂法

反幂法可用来计算矩阵按模最小的特征值及对应特征向量.

假设 $\boldsymbol{A}\in\mathbf{R}^{n\times n}$ 的特征值满足 $|\lambda_1|\geqslant\cdots\geqslant|\lambda_{n-1}|>|\lambda_n|>0$，且有完备的特征向量，则 $\boldsymbol{A}^{-1}$ 的特征值为 λ_i^{-1}，$i=1,2,\cdots,n$，且

$$\left|\frac{1}{\lambda_n}\right|>\left|\frac{1}{\lambda_{n-1}}\right|\geqslant\cdots\geqslant\left|\frac{1}{\lambda_1}\right|>0,$$

即 λ_n^{-1} 是 $\boldsymbol{A}^{-1}$ 的主特征值. 对矩阵 $\boldsymbol{A}^{-1}$ 使用幂法，即可计算出 λ_n^{-1}，由此可得 $\boldsymbol{A}$ 的模最小特征值 λ_n. 这种方法称为**反幂法**或**逆迭代法**.

算法 4.2 （反幂法）

1. 任取非零初始向量 $\boldsymbol{v}_0$ $(a_n\neq 0)$.
2. 令 $k=1,2,\cdots$，计算：
   (1) $\boldsymbol{y}=\boldsymbol{A}^{-1}\boldsymbol{v}_{k-1}$；
   (2) $\mu_k=\max\{\boldsymbol{y}\}$，这里 $\max\{\boldsymbol{y}\}$ 等于 $\boldsymbol{y}$ 的模最大的分量；
   (3) $\boldsymbol{v}_k=\dfrac{\boldsymbol{y}}{\mu_k}$.

在反幂法中，通常不必明确计算 $\boldsymbol{A}^{-1}$，而是将 $\boldsymbol{y}=\boldsymbol{A}^{-1}\boldsymbol{v}_{k-1}$ 转化为求解方程组 $\boldsymbol{A}\boldsymbol{y}=\boldsymbol{v}_{k-1}$. 由于这样的方程组很多，故在反幂法执行之前，可先对 $\boldsymbol{A}$ 作 LU 分解，然后在每一步迭代中通过计算两个三角形方程组：

$$\boldsymbol{L}\tilde{\boldsymbol{y}}=\boldsymbol{v}_{k-1},\ \boldsymbol{U}\boldsymbol{y}=\tilde{\boldsymbol{y}}$$

获得 $\boldsymbol{y}$.

由于反幂法是对 $\boldsymbol{A}^{-1}$ 使用幂法，因此它计算的 μ_k 收敛到 $\boldsymbol{A}^{-1}$ 的主特征值 λ_n^{-1}，即 μ_k^{-1} 收敛到 $\boldsymbol{A}$ 的模最小特征值 λ_n，$\boldsymbol{v}_k$ 收敛到对应主特征向量 $\boldsymbol{\xi}_n$.

例 3　利用反幂法计算 $\boldsymbol{A}=\begin{pmatrix}3&-2&2\\-1&2&-1\\-2&-2&1\end{pmatrix}$ 的按模最小的特征值，取 $\boldsymbol{v}_0=(1,1,1)^{\mathrm{T}}$，保留小数点后 7 位.

解　迭代 24 次，计算过程如下(此例直接计算 $\boldsymbol{A}^{-1}\boldsymbol{v}_{k-1}$)：

$$k=1:\ \boldsymbol{y}=\boldsymbol{A}^{-1}\boldsymbol{v}_0=\begin{pmatrix}-0.6666667\\1.8333333\\3.3333333\end{pmatrix},\mu_1=3.3333333,\boldsymbol{v}_1=\frac{\boldsymbol{y}}{\mu_1}=\begin{pmatrix}-0.2\\0.55\\1\end{pmatrix};$$

$$k=2:\ \boldsymbol{y}=\boldsymbol{A}^{-1}\boldsymbol{v}_1=\begin{pmatrix}-0.5166667\\0.7083333\\1.3833333\end{pmatrix},\mu_2=1.3833333,\boldsymbol{v}_2=\frac{\boldsymbol{y}}{\mu_2}=\begin{pmatrix}-0.373494\\0.5120482\\1\end{pmatrix};$$

$$k=3:\ \boldsymbol{y}=\boldsymbol{A}^{-1}\boldsymbol{v}_2=\begin{pmatrix}-0.5040161\\0.5773092\\1.1465863\end{pmatrix},\mu_3=1.1465863,\boldsymbol{v}_3=\frac{\boldsymbol{y}}{\mu_3}=\begin{pmatrix}-0.4395797\\0.5035026\\1\end{pmatrix};$$

…………

$$k=24:\ \boldsymbol{y}=\boldsymbol{A}^{-1}\boldsymbol{v}_{23}=\begin{pmatrix}-0.5\\0.5\\1.0000001\end{pmatrix},\mu_{24}=1.0000001,\boldsymbol{v}_{24}=\frac{\boldsymbol{y}}{\mu_{24}}=\begin{pmatrix}-0.5\\0.5\\1\end{pmatrix}.$$

得到 $\boldsymbol{A}$ 按模最小的特征值 $\mu_{24}^{-1}=1$(近似)和特征向量 $\boldsymbol{v}_{24}$.

在应用中,如果能得到一个近似特征值 τ,则可通过**位移方法**来计算 τ 的特征向量,并且还可以提高 τ 的精度.位移方法通常与反幂法结合使用,方法如下:

记 $\boldsymbol{I}$ 是单位矩阵,选择参数 $\tau\in\mathbf{R}$,记

$$\boldsymbol{B}=\boldsymbol{A}-\tau\boldsymbol{I},$$

根据特征值理论,若 $\boldsymbol{A}$ 的特征值为 λ,则:

(1) $\boldsymbol{B}$ 的特征值为 $\lambda-\tau$;

(2) 矩阵 $\boldsymbol{A},\boldsymbol{B}$ 的特征向量相同.

若 τ 是特征值 λ 的一个近似,则可以预计 $\lambda-\tau$ 是 $\boldsymbol{B}$ 的模最小特征值.

对 $\boldsymbol{B}=\boldsymbol{A}-\tau\boldsymbol{I}$ 使用反幂法,可得到 $\boldsymbol{B}^{-1}$ 的主特征值 μ 和特征向量 $\boldsymbol{v}$,则

$$\mu=\frac{1}{\lambda-\tau},\ \text{从而}\ \lambda=\tau+\frac{1}{\mu}.$$

而 $\boldsymbol{v}$ 等于 $\boldsymbol{A}$ 的属于 λ 的特征向量.这种方法称为带位移的反幂法,τ 称为位移因子.

反幂法的一个优点是,若 τ 是一个数,则通过对 $\boldsymbol{B}=\boldsymbol{A}-\tau\boldsymbol{I}$ 使用反幂法可得到 $\boldsymbol{A}$ 的一个最接近 τ 的特征值.此外,对于计算对称三对角阵,或计算Hessenberg阵对应于一个给定的近似特征值的特征向量,反幂法是一个有效方法.

带位移的反幂法迭代格式如下.

算法 4.3 （带位移的反幂法）

1. 任取非零初始向量$\boldsymbol{v}_0$，作三角分解$(\boldsymbol{A}-\tau\boldsymbol{I})=\boldsymbol{LU}$.
2. 令 $k=1,2,\cdots$，计算：
   (1) $\boldsymbol{L}\tilde{\boldsymbol{y}}=\boldsymbol{v}_{k-1}$，$\boldsymbol{U}\boldsymbol{y}=\tilde{\boldsymbol{y}}$得 $\boldsymbol{y}$；
   (2) $\mu_k=\max\{\boldsymbol{y}\}$；
   (3) $\boldsymbol{v}_k=\dfrac{\boldsymbol{y}}{\mu_k}$.

从反幂法看，近似特征值 τ 越接近准确特征值λ_i，则 $\boldsymbol{A}-\tau\boldsymbol{I}$ 的特征值$\lambda_i-\tau$ 越接近零，$\lambda_i-\tau$ 与其他特征值分离就越大，反幂法就收敛得越快. 可以证明，当 τ 非常接近λ_i 时，矩阵 $\boldsymbol{A}-\tau\boldsymbol{I}$ 的行列式约为零，此时矩阵的病态性对反幂法收敛性几乎没有影响，反而会使得收敛非常快.

例 4 矩阵$\boldsymbol{A}=\begin{pmatrix}3&-2&2\\-1&2&-1\\-2&-2&1\end{pmatrix}$的特征值为 3,2,1. 假设 $\tau=1.98$ 是 $\boldsymbol{A}$ 的一个近似特征值，下面将反幂法作用于 $\boldsymbol{A}-\tau\boldsymbol{I}$，取$\boldsymbol{v}_0=(1,1,1)^{\mathrm{T}}$，计算结果为

$$\mu_5=50,\ \boldsymbol{v}_5=(-1,0.5,-1)^{\mathrm{T}}.$$

所以 $\boldsymbol{A}$ 的一个特征值为

$$\lambda=\tau+\frac{1}{\mu_5}=1.98+\frac{1}{50}=2.$$

对应的特征向量等于$\boldsymbol{v}_5=(1,-0.5,-1)^{\mathrm{T}}$. 验证：$\boldsymbol{A}\boldsymbol{v}_5=2\boldsymbol{v}_5$，结论成立.

例 4 表明，如果知道 $\boldsymbol{A}$ 的一个近似特征值 τ，则带位移的反幂法确实能够提高 τ 的精度，且能够计算出它的一个特征向量. 如果 τ 的近似程度比较好，则计算效率和计算效果会比较好.

如果知道 $\boldsymbol{A}$ 的一个近似特征向量，那么如何计算其对应的特征值？

一个常用方法是瑞利商迭代，它是一种带位移的反幂法，位移因子取为瑞利商，且位移因子随迭代而变化.

考察特征方程 $\boldsymbol{A\xi}=\lambda\boldsymbol{\xi}$，如果特征向量 $\boldsymbol{\xi}$ 已知，则显然有

$$\lambda=\frac{\boldsymbol{\xi}^{\mathrm{T}}\boldsymbol{A\xi}}{\boldsymbol{\xi}^{\mathrm{T}}\boldsymbol{\xi}}=\frac{(\boldsymbol{\xi},\boldsymbol{A\xi})}{(\boldsymbol{\xi},\boldsymbol{\xi})}. \tag{4.7}$$

如果 $\boldsymbol{\xi}$ 是近似的特征向量，将特征方程改写为

$$\boldsymbol{\xi}\lambda=\boldsymbol{A\xi}. \tag{4.8}$$

式(4.8)可以视为系数矩阵为 $\boldsymbol{\xi}$、未知数为 λ 的方程组，它的最小二乘解 λ 也有式(4.7)的形式. 通常称式(4.7)为**瑞利商**，这个商是 $\boldsymbol{A}$ 的一个近似特征值，可以将它

作为位移构造瑞利商迭代.

算法 4.4 （瑞利商迭代）

1. 取非零初始向量 $\boldsymbol{v}_0$ 满足 $\|\boldsymbol{v}_0\|_2=1$，计算 $\mu_0=\boldsymbol{v}_0^{\mathrm{T}}\boldsymbol{A}\boldsymbol{v}_0$.
2. 令 $k=1,2,\cdots$.
   (1) 解 $(\boldsymbol{A}-\mu_{k-1}\boldsymbol{I})\boldsymbol{y}=\boldsymbol{v}_{k-1}$ 得 $\boldsymbol{y}$； //$\boldsymbol{I}$ 是单位矩阵.
   (2) 单位化：$\boldsymbol{v}_k=\dfrac{\boldsymbol{y}}{\|\boldsymbol{y}\|_2}$； //单位化是为了防止 $\boldsymbol{v}_k$ 的元素太大.
   (3) 计算瑞利商 $\mu_k=\boldsymbol{v}_k^{\mathrm{T}}\boldsymbol{A}\boldsymbol{v}_k$.

瑞利商迭代表明，将初始（特征）向量单位化后记为 $\boldsymbol{v}_0$，将瑞利商 $\mu_k=\boldsymbol{v}_k^{\mathrm{T}}\boldsymbol{A}\boldsymbol{v}_k$ 作为位移，用反幂法计算的 $\boldsymbol{v}_k$ 将收敛到 $\boldsymbol{A}$ 的一个特征向量，这个特征向量依赖于 $\boldsymbol{v}_0$，而 μ_k 将收敛到对应的一个特征值. 当 $\boldsymbol{A}$ 是对称矩阵时，瑞利商迭代特别有效，局部收敛速度可以达到三阶.

例 5 对于例 4 中的矩阵 $\boldsymbol{A}$，特征值分别为 3,2,1，对应的特征向量为

特征值	1	2	3
特征向量	−0.408 248 290 463 863	−0.666 666 666 666 667	−0.816 496 580 927 726
	0.408 248 290 463 863	0.333 333 333 333 333	0.408 248 290 463 863
	0.816 496 580 927 726	0.666 666 666 666 667	0.408 248 290 463 863

下面做数值实验. 取近似特征向量

$$\boldsymbol{y}=(-0.408\,2,0.408\,2,0.816\,5)^{\mathrm{T}},$$

并单位化 $\boldsymbol{v}_0=\dfrac{\boldsymbol{y}}{\|\boldsymbol{y}\|_2}$，用瑞利商迭代计算，结果为

$\boldsymbol{v}_0=(-0.408\,214\,955\,228\,83,0.408\,214\,955\,228\,83,0.816\,529\,914\,121\,37)^{\mathrm{T}}$,

$\mu_0=\boldsymbol{v}_0^{\mathrm{T}}\boldsymbol{A}\boldsymbol{v}_0=0.999\,877\,531\,026\,70$;

$\boldsymbol{v}_1=(-0.408\,248\,293\,525\,14,0.408\,248\,287\,402\,09,0.816\,496\,580\,927\,98)^{\mathrm{T}}$,

$\mu_1=\boldsymbol{v}_1^{\mathrm{T}}\boldsymbol{A}\boldsymbol{v}_1=1.000\,000\,009\,997\,98$;

$\boldsymbol{v}_2=(0.408\,248\,290\,463\,86,-0.408\,248\,290\,463\,86,-0.816\,496\,580\,927\,73)^{\mathrm{T}}$,

$\mu_2=\boldsymbol{v}_2^{\mathrm{T}}\boldsymbol{A}\boldsymbol{v}_2=1$.

经验证，

$$\|\boldsymbol{A}\boldsymbol{y}-1\times\boldsymbol{y}\|_2=2.236\times10^{-4},$$
$$\|\boldsymbol{A}\boldsymbol{v}_2-1\times\boldsymbol{v}_2\|_2=0.$$

可见若将近似特征向量 $\boldsymbol{y}$ 作为瑞利商迭代法的初始迭代向量，能够很快得到对应的特征值，并且 $\boldsymbol{y}$ 的精度也能提高.

§3 计算次主特征值方法

假设 $\boldsymbol{A}$ 的特征值为 $|\lambda_1|>|\lambda_2|>|\lambda_3|\geqslant|\lambda_4|\geqslant\cdots\geqslant|\lambda_n|$，并且已经用幂法计算出 $\boldsymbol{A}$ 的主特征值 λ_1 和主特征向量 $\boldsymbol{\xi}_1$，那么如何再用幂法计算出 $\boldsymbol{A}$ 的次（模第二大）主特征值 λ_2？

可采取收缩方法，其原理是对矩阵 $\boldsymbol{A}$ 作某种运算后得新矩阵，它的子矩阵具有 $\boldsymbol{A}$ 的特征值 $\lambda_i(i=2,4,\cdots,n)$，对该子矩阵作幂法运算可得 λ_2. 这种方法也适用于反幂法计算 λ_{n-1}.

方法 1 Householder 变换法

通过 Householder 变换，将矩阵 $\boldsymbol{A}$ 相似变换为

$$\boldsymbol{HAH}^{-1}=\begin{pmatrix}\lambda_1 & \boldsymbol{\alpha}^{\mathrm{T}}\\ \boldsymbol{0} & \boldsymbol{B}\end{pmatrix}.$$

由于相似变换不改变矩阵特征值，因此子矩阵 $\boldsymbol{B}$ 的特征值为 $\lambda_2,\lambda_3,\cdots,\lambda_n$，即 λ_2 成为 $\boldsymbol{B}$ 的主特征值，然后再对 $\boldsymbol{B}$ 使用幂法.

下面引入 Householder 变换的概念. 对任意非零向量 $\boldsymbol{x}=(x_1,x_2,\cdots,x_n)^{\mathrm{T}}$，取向量

$$\boldsymbol{w}=\frac{\boldsymbol{x}-\sigma\boldsymbol{e}_1}{\|\boldsymbol{x}-\sigma\boldsymbol{e}_1\|_2},$$

式中，$\sigma=\pm\|\boldsymbol{x}\|_2$，$\boldsymbol{e}_1$ 为 n 阶单位矩阵的第 1 列，构造矩阵 $\boldsymbol{H}=\boldsymbol{I}-2\boldsymbol{w}\boldsymbol{w}^{\mathrm{T}}$，称 $\boldsymbol{H}$ 为 **Householder 变换**，其作用是使得 $\boldsymbol{Hx}=\sigma\boldsymbol{e}_1=(\sigma,0,\cdots,0)^{\mathrm{T}}$.

可以验证，Householder 变换是对称的正交矩阵，因此有 $\boldsymbol{H}^{-1}=\boldsymbol{H}^{\mathrm{T}}=\boldsymbol{H}$.

下面用主特征向量 $\boldsymbol{\xi}_1$ 构造 Householder 变换 $\boldsymbol{H}$，然后再用 $\boldsymbol{H}$ 对 $\boldsymbol{A}$ 作相似变换.

(1) 计算 $\sigma=\pm\|\boldsymbol{\xi}_1\|_2$ 及向量 $\boldsymbol{w}=\dfrac{\boldsymbol{\xi}_1-\sigma\boldsymbol{e}_1}{\|\boldsymbol{\xi}_1-\sigma\boldsymbol{e}_1\|_2}$，其中若 $\boldsymbol{\xi}_1$ 的第 1 个分量非负，则取 $\sigma=-\|\boldsymbol{\xi}_1\|_2$，否则 $\sigma=\|\boldsymbol{\xi}_1\|_2$ 这样做的目的是避免相近数相减.

(2) 计算 Householder 变换：$\boldsymbol{H}=\boldsymbol{I}-2\boldsymbol{w}\boldsymbol{w}^{\mathrm{T}}$.

(3) 对 $\boldsymbol{A}$ 作相似变换：$\boldsymbol{HAH}^{-1}$，该变换等价于 $\boldsymbol{HAH}$，则有

$$\boldsymbol{HAH}=\begin{pmatrix}\lambda_1 & \boldsymbol{\alpha}^{\mathrm{T}}\\ \boldsymbol{0} & \boldsymbol{B}\end{pmatrix},$$

这里 $\boldsymbol{B}$ 为 $n-1$ 阶方阵.

(4) 对子矩阵 $\boldsymbol{B}$ 应用幂法，即可得到 λ_2 及主特征值 $\boldsymbol{y}$. 对应到矩阵 $\boldsymbol{A}$，λ_2 对应的特征向量为

$$\boldsymbol{\xi}_2=\boldsymbol{H}\begin{pmatrix}\dfrac{\boldsymbol{\alpha}^{\mathrm{T}}\boldsymbol{y}}{\lambda_2-\lambda_1}\\ \boldsymbol{y}\end{pmatrix}.$$

例 6 假设矩阵 $\boldsymbol{A}=\begin{pmatrix}3&-2&2\\-1&2&-1\\-2&-2&1\end{pmatrix}$，其主特征值和主特征向量为

$$\lambda_1=3,\ \boldsymbol{\xi}_1=(1,-0.5,-0.5)^{\mathrm{T}}.$$

下面计算次主特征值 λ_2. 用双精度计算，显示小数点后 3 位，计算过程如下：

(1) 计算 $\sigma=-\|\boldsymbol{\xi}_1\|_2=-1.225$，计算向量

$$\boldsymbol{w}=\frac{\boldsymbol{\xi}_1-\sigma\boldsymbol{e}_1}{\|\boldsymbol{\xi}_1-\sigma\boldsymbol{e}_1\|_2}=\begin{pmatrix}0.953\\-0.214\\-0.214\end{pmatrix}.$$

(2) 计算 Householder 变换：$\boldsymbol{H}=\boldsymbol{I}-2\boldsymbol{w}\boldsymbol{w}^{\mathrm{T}}=\begin{pmatrix}-0.816&0.408&0.408\\0.408&0.908&-0.092\\0.408&-0.092&0.908\end{pmatrix}$.

(3) 对 $\boldsymbol{A}$ 作相似变换：$\boldsymbol{HAH}^{-1}$，该变换等价于 $\boldsymbol{HAH}$，则有

$$\boldsymbol{HAH}=\begin{pmatrix}\lambda_1&\boldsymbol{\alpha}^{\mathrm{T}}\\ \boldsymbol{0}&\boldsymbol{B}\end{pmatrix}=\left(\begin{array}{c:cc}3&0.133&-3.133\\ \hdashline 0&1.296&-0.071\\0&-2.929&1.704\end{array}\right),$$

取 $\boldsymbol{B}=\begin{pmatrix}1.296&-0.071\\-2.929&1.704\end{pmatrix}$，$\boldsymbol{\alpha}^{\mathrm{T}}=(0.133,-3.133)$.

(4) 对矩阵 $\boldsymbol{B}$ 应用幂法，得到 $\lambda_2=2$ 及 $\boldsymbol{B}$ 的主特征向量 $\boldsymbol{y}=\begin{pmatrix}-0.101\\1\end{pmatrix}$.

从而得出如下结论：

(1) $\boldsymbol{A}$ 的次主特征值为 $\lambda_2=2$；

(2) $\boldsymbol{A}$ 的次主特征向量为 $\boldsymbol{\xi}_2=\boldsymbol{H}\begin{pmatrix}\dfrac{\boldsymbol{\alpha}^{\mathrm{T}}\boldsymbol{y}}{\lambda_2-\lambda_1}\\ \boldsymbol{y}\end{pmatrix}=\begin{pmatrix}3.146\,428\,199\,482\,25\\-0.101\,020\,514\,433\,644\\1\end{pmatrix}$；

验证计算结果的正确性：

$$\boldsymbol{A}\boldsymbol{\xi}_2-\lambda_2\boldsymbol{\xi}_2=\begin{pmatrix}-1.776\times10^{-15}\\0\\0\end{pmatrix},$$

其中第 1 个分量应视为数值零，故有 $\boldsymbol{A}\boldsymbol{\xi}_2=\lambda_2\boldsymbol{\xi}_2$，计算正确.

用方法 1 计算 λ_2，过程比较复杂，但计算过程是稳定的. 利用该方法，还可以进一步计算 λ_3，λ_4 等.

方法 2　Wielandt 收缩方法

假设 $\lambda_1,\lambda_2,\cdots,\lambda_n$ 是 $\boldsymbol{A}$ 的特征值，$\boldsymbol{\xi}_1,\boldsymbol{\xi}_2,\cdots,\boldsymbol{\xi}_n$ 为对应的特征向量. **Wielandt 收缩方法**原理是对 $\boldsymbol{A}$ 减去一个秩等于 1 的矩阵后，得到矩阵 $\boldsymbol{B}$，而 $\boldsymbol{B}$ 的特征值为 $0,\lambda_2,\lambda_3,\cdots,\lambda_n$. 这样的矩阵 $\boldsymbol{B}$ 具有形式

$$\boldsymbol{B}=\boldsymbol{A}-\lambda_1\boldsymbol{\xi}_1\boldsymbol{u}^{\mathrm{T}},\tag{4.9}$$

式中，$\boldsymbol{u}$ 是满足

$$\boldsymbol{u}^{\mathrm{T}}\boldsymbol{\xi}_1=1\tag{4.10}$$

的任意向量. 可以证明，$\boldsymbol{B}$ 的特征值为 $0,\lambda_2,\lambda_3,\cdots,\lambda_n$.

下面考察矩阵 $\boldsymbol{B}$ 的特征值. 首先，

$$\boldsymbol{B}\boldsymbol{\xi}_1=(\boldsymbol{A}-\lambda_1\boldsymbol{\xi}_1\boldsymbol{u}^{\mathrm{T}})\boldsymbol{\xi}_1=\boldsymbol{A}\boldsymbol{\xi}_1-\lambda_1\boldsymbol{\xi}_1\boldsymbol{u}^{\mathrm{T}}\boldsymbol{\xi}_1=0\boldsymbol{\xi}_1,$$

故 $\boldsymbol{B}$ 有零特征值，对应的特征向量恰为 $\boldsymbol{A}$ 的主特征向量 $\boldsymbol{\xi}_1$. 下面计算 $\boldsymbol{B}$ 的其他特征值. 为此需要两个引理.

引理 1　矩阵 $\boldsymbol{A}$ 和 $\boldsymbol{A}^{\mathrm{T}}$ 的特征值相同.

引理 2　矩阵 $\boldsymbol{A}$ 和 $\boldsymbol{A}^{\mathrm{T}}$ 的属于不同特征值的特征向量相互正交.

引理 1 是显然的，下面考察引理 2. 记 $\boldsymbol{A}^{\mathrm{T}}\boldsymbol{\eta}_j=\lambda_j\boldsymbol{\eta}_j,\ j=1,2,\cdots,n$，从

$$\boldsymbol{A}\boldsymbol{\xi}_i=\lambda_i\boldsymbol{\xi}_i,\ i=1,2,\cdots,n\ \text{或}\ \boldsymbol{\xi}_i^{\mathrm{T}}\boldsymbol{A}^{\mathrm{T}}=\lambda_i\boldsymbol{\xi}_i^{\mathrm{T}}$$

知，若 $\lambda_j\neq\lambda_i$，则右乘 $\boldsymbol{\eta}_j$ 得

$$\boldsymbol{\xi}_i^{\mathrm{T}}\boldsymbol{A}^{\mathrm{T}}\boldsymbol{\eta}_j=\lambda_i\boldsymbol{\xi}_i^{\mathrm{T}}\boldsymbol{\eta}_j\Leftrightarrow\boldsymbol{\xi}_i^{\mathrm{T}}\lambda_j\boldsymbol{\eta}_j=\lambda_i\boldsymbol{\xi}_i^{\mathrm{T}}\boldsymbol{\eta}_j\Leftrightarrow(\lambda_j-\lambda_i)\boldsymbol{\xi}_i^{\mathrm{T}}\boldsymbol{\eta}_j=0,$$

所以 $\boldsymbol{\xi}_i$ 和 $\boldsymbol{\eta}_j$ 正交.

下面计算 $\boldsymbol{B}^{\mathrm{T}}\boldsymbol{\eta}_j(j=2,3,\cdots,n)$.

$$\boldsymbol{B}^{\mathrm{T}}\boldsymbol{\eta}_j=(\boldsymbol{A}-\lambda_1\boldsymbol{\xi}_1\boldsymbol{u}^{\mathrm{T}})^{\mathrm{T}}\boldsymbol{\eta}_j=\boldsymbol{A}^{\mathrm{T}}\boldsymbol{\eta}_j-\lambda_1\boldsymbol{u}\boldsymbol{\xi}_1^{\mathrm{T}}\boldsymbol{\eta}_j=\boldsymbol{A}^{\mathrm{T}}\boldsymbol{\eta}_j=\lambda_j\boldsymbol{\eta}_j,$$

所以 $\boldsymbol{B}$ 的特征值还有 $\lambda_2,\lambda_3,\cdots,\lambda_n$.

经过上面的分析，矩阵 $\boldsymbol{B}=\boldsymbol{A}-\lambda_1\boldsymbol{\xi}_1\boldsymbol{u}^{\mathrm{T}}$ 的所有特征值为 $0,\lambda_2,\lambda_3,\cdots,\lambda_n$.

下面讨论向量 $\boldsymbol{u}$ 的选择. 满足条件(4.10)的向量 $\boldsymbol{u}$ 有许多. 在 Wielandt 收缩方法中，一个常用方法是取 $\boldsymbol{u}$ 为

$$\boldsymbol{u}=\frac{1}{\lambda_1\cdot(\boldsymbol{\xi}_1\ \text{的第}\ k\ \text{个分量})}\times(\boldsymbol{A}\ \text{的第}\ k\ \text{行})^{\mathrm{T}},\tag{4.11}$$

可以验证，这样的 $\boldsymbol{u}$ 满足 $\boldsymbol{u}^{\mathrm{T}}\boldsymbol{\xi}_1=1$. 事实上，

$$\begin{aligned}\boldsymbol{u}^{\mathrm{T}}\boldsymbol{\xi}_1&=\frac{1}{\lambda_1\cdot(\boldsymbol{\xi}_1\ \text{的第}\ k\ \text{个分量})}\times(\boldsymbol{A}\ \text{的第}\ k\ \text{行})\boldsymbol{\xi}_1\\&=\frac{1}{\lambda_1\cdot(\boldsymbol{\xi}_1\ \text{的第}\ k\ \text{个分量})}\times(\boldsymbol{A}\boldsymbol{\xi}_1\ \text{的第}\ k\ \text{个分量})\\&=\frac{1}{\lambda_1\cdot(\boldsymbol{\xi}_1\ \text{的第}\ k\ \text{个分量})}\times(\lambda_1\boldsymbol{\xi}_1\ \text{的第}\ k\ \text{个分量})=1\end{aligned}$$

为了防止绝对值非常小的数作除数，式(4.11)中 ξ_1 的第 k 个分量应该取为模最大的分量.

最后再讨论 $\boldsymbol{A}$ 的次主特征向量 $\boldsymbol{\xi}_2$ 的计算. 假设已经对 $\boldsymbol{A}$ 作幂法得到 λ_1 和 $\boldsymbol{\xi}_1$，按照式(4.9)计算得 $\boldsymbol{B}$. 对 $\boldsymbol{B}$ 用幂法得到 λ_2 和 $\boldsymbol{u}_2$ 满足 $\boldsymbol{B}\boldsymbol{u}_2=\lambda_2\boldsymbol{u}_2$，则

$$\boldsymbol{\xi}_2=(\lambda_2-\lambda_1)\boldsymbol{u}_2+\lambda_1(\boldsymbol{u}^{\mathrm{T}}\boldsymbol{u}_2)\boldsymbol{\xi}_1. \tag{4.12}$$

式(4.12)的证明如下：

假设 $\boldsymbol{\xi}_2=a\boldsymbol{u}_2+b\boldsymbol{\xi}_1$，其中 a,b 为待定系数. 则对式(4.9)右乘 $\boldsymbol{\xi}_2$ 有

$$\boldsymbol{B}\boldsymbol{\xi}_2=\boldsymbol{A}\boldsymbol{\xi}_2-\lambda_1\boldsymbol{\xi}_1\boldsymbol{u}^{\mathrm{T}}\boldsymbol{\xi}_2=\lambda_2\boldsymbol{\xi}_2-\lambda_1\boldsymbol{\xi}_1\boldsymbol{u}^{\mathrm{T}}\boldsymbol{\xi}_2.$$

将 $\boldsymbol{\xi}_2=a\boldsymbol{u}_2+b\boldsymbol{\xi}_1$ 代入上式有

$$\boldsymbol{B}(a\boldsymbol{u}_2+b\boldsymbol{\xi}_1)=\lambda_2(a\boldsymbol{u}_2+b\boldsymbol{\xi}_1)-\lambda_1\boldsymbol{\xi}_1\boldsymbol{u}^{\mathrm{T}}(a\boldsymbol{u}_2+b\boldsymbol{\xi}_1).$$

由 $\boldsymbol{B}\boldsymbol{\xi}_1=\boldsymbol{0}$ 及 $\boldsymbol{B}\boldsymbol{u}_2=\lambda_2\boldsymbol{u}_2$，上式可以化简为

$$0=[b(\lambda_2-\lambda_1)-a\lambda_1\boldsymbol{u}^{\mathrm{T}}\boldsymbol{u}_2]\boldsymbol{\xi}_1$$

或

$$b(\lambda_2-\lambda_1)-a\lambda_1\boldsymbol{u}^{\mathrm{T}}\boldsymbol{u}_2=0.$$

取这个方程的一个解为

$$a=\lambda_2-\lambda_1,\ b=\lambda_1\boldsymbol{u}^{\mathrm{T}}\boldsymbol{u}_2,$$

所以式(4.12)成立. 将上述过程总结如下.

算法 4.5 (Wielandt 收缩方法)

假设 λ_1 和 $\boldsymbol{\xi}_1$ 已经计算.

(1) 取 $\boldsymbol{u}=\dfrac{1}{\lambda_1\cdot(\boldsymbol{\xi}_1\text{ 的第 }k\text{ 个分量})}\times(\boldsymbol{A}\text{ 的第 }k\text{ 行})^{\mathrm{T}}$；

(2) 计算：$\boldsymbol{B}=\boldsymbol{A}-\lambda_1\boldsymbol{\xi}_1\boldsymbol{u}^{\mathrm{T}}$；

(3) 用幂法计算 $\boldsymbol{B}$ 的主特征值和主特征向量：λ_2 和 $\boldsymbol{u}_2$；

(4) 计算：$\boldsymbol{\xi}_2=(\lambda_2-\lambda_1)\boldsymbol{u}_2+\lambda_1(\boldsymbol{u}^{\mathrm{T}}\boldsymbol{u}_2)\boldsymbol{\xi}_1$；

(5) 输出：λ_2 和 $\boldsymbol{\xi}_2$.

注 1 如果 $\boldsymbol{A}$ 是实对称矩阵，最简单的方法是对 $\boldsymbol{\xi}_1$ 进行单位化：$\boldsymbol{x}=\dfrac{\boldsymbol{\xi}_1}{\|\boldsymbol{\xi}_1\|_2}$，并将 $\boldsymbol{x}$ 重新记为 $\boldsymbol{A}$ 的主特征向量 $\boldsymbol{\xi}_1$，并取 $\boldsymbol{u}=\boldsymbol{\xi}_1$，可以验证 $\boldsymbol{u}$ 满足条件(4.10)：

$$\boldsymbol{u}^{\mathrm{T}}\boldsymbol{\xi}_1=\boldsymbol{\xi}_1^{\mathrm{T}}\boldsymbol{\xi}_1=1.$$

这样矩阵 $\boldsymbol{B}=\boldsymbol{A}-\lambda_1\boldsymbol{\xi}_1\boldsymbol{u}^{\mathrm{T}}=\boldsymbol{A}-\lambda_1\boldsymbol{\xi}_1\boldsymbol{\xi}_1^{\mathrm{T}}$ 就完全确定了. 同时由于实对称矩阵的不同特征值对应的特征向量正交，因此

$$\boldsymbol{B}\boldsymbol{\xi}_2=\boldsymbol{A}\boldsymbol{\xi}_2-\lambda_1\boldsymbol{\xi}_1\boldsymbol{\xi}_1^{\mathrm{T}}\boldsymbol{\xi}_2=\lambda_2\boldsymbol{\xi}_2. \tag{4.13}$$

可见 $\boldsymbol{B}$ 的主特征向量等于 $\boldsymbol{\xi}_2$，与 $\boldsymbol{A}$ 的次主特征向量相同.

如果 $\boldsymbol{A}$ 是非对称矩阵，则式(4.13)一般不成立.

注 2　以上都是在 λ_1 为单特征值的前提下讨论.

例 7　用 Wielandt 收缩方法计算例 5 中矩阵的次主特征值 λ_2 和特征向量 $\boldsymbol{\xi}_2$.

解　首先用幂法解得 $\lambda_1=3$，$\boldsymbol{\xi}_1=\begin{pmatrix}1\\-0.5\\-0.5\end{pmatrix}$，下按 Wielandt 收缩方法运算.

(1) 取 $\boldsymbol{\xi}_1$ 的第 1 个分量计算：

$$\boldsymbol{u}=\frac{1}{\lambda_1\cdot(\boldsymbol{\xi}_1\text{ 的第 1 个分量})}\times(\boldsymbol{A}\text{ 的第 1 行})^{\mathrm{T}}=\frac{1}{3}\begin{pmatrix}3\\-2\\2\end{pmatrix}.$$

(2) 计算：$\boldsymbol{B}=\boldsymbol{A}-\lambda_1\boldsymbol{\xi}_1\boldsymbol{u}^{\mathrm{T}}=\begin{pmatrix}0&0&0\\0.5&1&0\\-0.5&-3&2\end{pmatrix}$.

(3) 用幂法计算 $\boldsymbol{B}$ 的主特征值和主特征向量：

$$\lambda_2=2,\ \boldsymbol{u}_2=\begin{pmatrix}0\\0\\1\end{pmatrix};$$

(4) 计算：$\boldsymbol{\xi}_2=(\lambda_2-\lambda_1)\boldsymbol{u}_2+\lambda_1(\boldsymbol{u}^{\mathrm{T}}\boldsymbol{u}_2)\boldsymbol{\xi}_1=\begin{pmatrix}2\\-1\\-2\end{pmatrix}$.

验证：$\boldsymbol{A}\boldsymbol{\xi}_2-\lambda_2\boldsymbol{\xi}_2=0$，所以计算结果正确.

例 8　写出用“注 1”中的方法计算上例矩阵的次主特征值 λ_2 的方法.

解　经单位化得

$$\boldsymbol{\xi}_1=\frac{\boldsymbol{\xi}_1}{\|\boldsymbol{\xi}_1\|_2}=\begin{pmatrix}0.816\\-0.408\\-0.408\end{pmatrix},$$

取 $\boldsymbol{u}=\boldsymbol{\xi}_1$，则

$$\boldsymbol{B}=\boldsymbol{A}-\lambda_1\boldsymbol{\xi}_1\boldsymbol{\xi}_1^{\mathrm{T}}=\begin{pmatrix}1&-1&3\\0&1.5&-1.5\\-1&-2.5&0.5\end{pmatrix}.$$

对 $\boldsymbol{B}$ 使用幂法，可以得到 $\boldsymbol{A}$ 的次主特征值 2. 验证：$\boldsymbol{B}$ 的特征值分别为 0，1，2，对比 $\boldsymbol{A}$ 的特征值为 3，2，1 可知方法正确.

§4 QR 方法

QR 方法是目前求解矩阵全部特征值和特征向量的最有效方法之一，其数学原理是：当 $\boldsymbol{A}$ 满足一定条件时，通过对 $\boldsymbol{A}$ 反复进行 QR 迭代，最终结果是，若 $\boldsymbol{A}$ 的特征值是实数，则得到一个上三角矩阵；如果 $\boldsymbol{A}$ 有复特征值，则得到一个拟上三角矩阵，而(拟)上三角矩阵的特征值容易求得.

通常为减少计算量，会先用相似变换将矩阵 $\boldsymbol{A}$ 变换为上 Hessenberg 矩阵 $\boldsymbol{H}_e$，再对 $\boldsymbol{H}_e$ 作 QR 迭代，最终得到矩阵 $\boldsymbol{A}$ 的全部特征值.

QR 迭代的原理比较复杂，本节按照下列线索介绍 QR 方法：

首先，介绍基本 QR 迭代；

其次，介绍将矩阵 $\boldsymbol{A}$ 变换为上 Hessenberg 矩阵 $\boldsymbol{H}_e$ 的方法；

最后，介绍对 $\boldsymbol{H}_e$ 作基本 QR 迭代，以及对基本 QR 迭代进行加速的方法.

1. 基本 QR 迭代

假设 $\boldsymbol{A}\in\mathbf{R}^{n\times n}$，记 $\boldsymbol{A}_0=\boldsymbol{A}$，基本 QR 迭代格式如下.

算法 4.6 (基本 QR 迭代)

令 $k=0,1,2,\cdots$，计算：

(1) QR 分解：$\boldsymbol{A}_k=\boldsymbol{Q}_k\boldsymbol{R}_k$；

(2) 矩阵乘积：$\boldsymbol{A}_{k+1}=\boldsymbol{R}_k\boldsymbol{Q}_k$.

其中，$\boldsymbol{Q}_k$ 是正交矩阵，$\boldsymbol{R}_k$ 是上三角矩阵，且对角元为正. 下面分析基本 QR 迭代的性质. 易知

$$\begin{aligned}\boldsymbol{A}_{k+1}&=\boldsymbol{R}_k\boldsymbol{Q}_k=\boldsymbol{Q}_k^{-1}\boldsymbol{A}_k\boldsymbol{Q}_k\\&=\boldsymbol{Q}_k^{-1}\boldsymbol{Q}_{k-1}^{-1}\boldsymbol{A}_{k-1}\boldsymbol{Q}_{k-1}\boldsymbol{Q}_k\\&=\cdots=\boldsymbol{Q}_k^{-1}\boldsymbol{Q}_{k-1}^{-1}\cdots\boldsymbol{Q}_0^{-1}\boldsymbol{A}_0\boldsymbol{Q}_0\cdots\boldsymbol{Q}_{k-1}\boldsymbol{Q}_k.\end{aligned}$$

记 $\widetilde{\boldsymbol{Q}}_k=\boldsymbol{Q}_0\cdots\boldsymbol{Q}_{k-1}\boldsymbol{Q}_k$，则上式等于

$$\boldsymbol{A}_{k+1}=\widetilde{\boldsymbol{Q}}_k^{-1}\boldsymbol{A}\widetilde{\boldsymbol{Q}}_k. \tag{4.14}$$

表明 $\boldsymbol{A}_{k+1}$ 与 $\boldsymbol{A}$ 相似，从而有相同的特征值. 下面的定理表明，当 $\boldsymbol{A}$ 满足一定条件时，$\boldsymbol{A}_{k+1}$ 将收敛到一个特定的矩阵.

定理 2 假设 $\boldsymbol{A}\in\mathbf{R}^{n\times n}$ 的特征值满足

$$|\lambda_1|>|\lambda_2|>\cdots>|\lambda_n|>0,$$

对应的特征向量为 $\boldsymbol{\xi}_i(i=1,2,\cdots,n)$，若矩阵 $\boldsymbol{Y}^{-1}=(\boldsymbol{\xi}_1,\boldsymbol{\xi}_2,\cdots,\boldsymbol{\xi}_n)^{-1}$ 存在 LU 分解，则当 $k\to\infty$ 时，$\boldsymbol{A}_{k+1}$ 的对角元素收敛到 $\boldsymbol{A}$ 的特征值，$\boldsymbol{A}_{k+1}$ 的严格下三角部分收敛到零.

证明略.

定理 2 条件表明，矩阵的特征值是实数，且互不相等. 当 $k\to\infty$ 时，$\boldsymbol{A}_{k+1}$ 的对角元可以收敛到特征值，但是 $\boldsymbol{A}_{k+1}$ 上三角部分的元素的极限是什么，不能确定.

如果矩阵有复特征值，则 $\boldsymbol{A}_{k+1}$ 不能收敛到上三角矩阵，而是收敛到拟上三角矩阵.

定理 3　假设 $\boldsymbol{A}\in\mathbf{R}^{n\times n}$，则存在正交矩阵 $\boldsymbol{Q}$，使得

$$\boldsymbol{Q}^{\mathrm{T}}\boldsymbol{A}\boldsymbol{Q}=\begin{pmatrix}\boldsymbol{R}_{11} & \boldsymbol{R}_{12} & \cdots & \boldsymbol{R}_{1m}\\ & \boldsymbol{R}_{22} & \cdots & \boldsymbol{R}_{2m}\\ & & \ddots & \vdots\\ & & & \boldsymbol{R}_{mm}\end{pmatrix},\tag{4.15}$$

式中，$\boldsymbol{R}_{ii}(i=1,2,\cdots,m)$ 是一个实数，或是一个具有一对共轭特征值的二阶矩阵.

定理 3 中的分解(4.15)称为矩阵 $\boldsymbol{A}$ 的**实 Schur 分解**，右边的拟上三角矩阵为矩阵 $\boldsymbol{A}$ 的**实 Schur 标准形**. 显然，实 Schur 标准形的特征值易求.

定理 3 表明，对任意实矩阵 $\boldsymbol{A}$，它的实 Schur 分解是存在的. 基本 QR 迭代就是用迭代方法计算出 $\boldsymbol{A}$ 的实 Schur 分解，进而再计算特征值.

例 9　矩阵

$$\boldsymbol{A}=\begin{pmatrix}7 & 0 & 0 & 6\\ 0 & 4 & 2 & 0\\ 0 & -1 & 1 & 0\\ -3 & 0 & 0 & 2\end{pmatrix},\quad \boldsymbol{B}=\begin{pmatrix}7 & 0 & 0 & 6\\ 0 & 4 & 1 & 0\\ 0 & -1 & 1 & 0\\ -3 & 0 & 0 & 2\end{pmatrix},$$

式中，$\boldsymbol{A}$ 的特征值为 1，2，3，4，$\boldsymbol{B}$ 的特征值为 1，2，$4\pm\mathrm{i}$. 下面用基本 QR 迭代计算这两个矩阵的特征值. 当 $\boldsymbol{A}$ 和 $\boldsymbol{B}$ 分别迭代 81 次和 25 次后，有

$$\boldsymbol{A}_{81}=\begin{pmatrix}4 & 0 & 0 & 9\\ 0 & 3 & 3 & 0\\ 0 & 0 & 2 & 0\\ 0 & 0 & 0 & 1\end{pmatrix},$$

$$\boldsymbol{B}_{25}=\left(\begin{array}{c:cc:c}4 & 0 & 0 & 9\\ \hdashline 0 & 4 & 1 & 0\\ 0 & -1 & 4 & 0\\ \hdashline 0 & 0 & 0 & 1\end{array}\right)=\begin{pmatrix}\boldsymbol{R}_{11} & \boldsymbol{R}_{12} & \boldsymbol{R}_{13}\\ & \boldsymbol{R}_{22} & \boldsymbol{R}_{23}\\ & & \boldsymbol{R}_{33}\end{pmatrix}.$$

对于矩阵 $\boldsymbol{A}$，其特征值可以从 $\boldsymbol{A}_{81}$ 立刻得到. 矩阵 $\boldsymbol{B}$ 的特征值可以从 $\boldsymbol{B}_{25}$ 得到，显然

$\boldsymbol{B}_{25}$的特征值是由 4,1 以及二阶矩阵 $\boldsymbol{R}_{22}$ 的特征值组成. 易知 $\boldsymbol{R}_{22}=\begin{pmatrix}4 & 1\\ -1 & 4\end{pmatrix}$特征值为 $4\pm \mathrm{i}$,因此 $\boldsymbol{B}$ 的特征值为 $1,4,4\pm\mathrm{i}$.

从例 9 看出,基本 QR 迭代的计算量大,主要体现在矩阵的 QR 分解上,并且收敛慢,一般情况是线性收敛,参见习题. 例如,对矩阵 $\boldsymbol{A}$ 需要作 81 次迭代和 81 次矩阵的 QR 分解. 但是基本 QR 迭代提供了计算矩阵特征值的思路和方法,有必要对它作出改进,以减少运算量,提高收敛速度.

求解特征值的 QR 方法,需要先将 $\boldsymbol{A}$ 相似变换为上 Hessenberg 矩阵 $\boldsymbol{H}_e$,这个过程称为上 Hessenberg 化;然后再对 $\boldsymbol{H}_e$ 使用基本 QR 迭代,使之成为拟上三角矩阵;最后求出特征值.

下面考察矩阵的上 Hessenberg 化.

2. 矩阵的上 Hessenberg 化

假设 $\boldsymbol{A}\in\mathbf{R}^{n\times n}$,对 $\boldsymbol{A}$ 作相似变换$\boldsymbol{Q}^{-1}\boldsymbol{A}\boldsymbol{Q}$可以保持特征值不变. 为避免逆矩阵 $\boldsymbol{Q}^{-1}$的出现,我们取$\boldsymbol{Q}$为 Householder 变换,由于$\boldsymbol{Q}$是正交矩阵,故$\boldsymbol{Q}^{-1}=\boldsymbol{Q}^{\mathrm{T}}$.

下面回顾 Householder 变换.

假设 $\boldsymbol{w}\in\mathbf{R}^n$ 满足 $\|\boldsymbol{w}\|_2=1$,称 $\boldsymbol{H}=\boldsymbol{I}-2\boldsymbol{w}\boldsymbol{w}^{\mathrm{T}}$ 为 Householder 变换. Householder 变换 $\boldsymbol{H}$ 是对称的正交矩阵.

所以若取$\boldsymbol{Q}=\boldsymbol{H}$,则对应的正交相似变换 $\boldsymbol{H}^{-1}\boldsymbol{A}\boldsymbol{H}$ 可以用 $\boldsymbol{HAH}$ 替换.

考察变换 $\boldsymbol{HAH}$. 记

$$\boldsymbol{A}=\left(\begin{array}{c|cccc} a_{11} & a_{12} & a_{13} & \cdots & a_{1n}\\ \hline a_{21} & a_{22} & a_{23} & \cdots & a_{2n}\\ a_{31} & a_{32} & a_{33} & \cdots & a_{3n}\\ \vdots & \vdots & \vdots & & \vdots\\ a_{n1} & a_{n2} & a_{n3} & \cdots & a_{nn}\end{array}\right)=\begin{pmatrix} a_{11} & \boldsymbol{\alpha}_1\\ \boldsymbol{\beta}_1 & \boldsymbol{A}_{22}\end{pmatrix},$$

式中,$\boldsymbol{\beta}_1=\begin{pmatrix}a_{21}\\ a_{31}\\ \vdots\\ a_{n1}\end{pmatrix}$,$\boldsymbol{e}_1=\begin{pmatrix}1\\ 0\\ \vdots\\ 0\end{pmatrix}\in\mathbf{R}^{n-1}$. 构造 Householder 变换 $\boldsymbol{H}$,即

$$\boldsymbol{H}=\boldsymbol{I}-2\boldsymbol{w}\boldsymbol{w}^{\mathrm{T}},$$

式中,$\boldsymbol{w}=\dfrac{\boldsymbol{\beta}_1-\sigma_1\boldsymbol{e}_1}{\|\boldsymbol{\beta}_1-\sigma_1\boldsymbol{e}_1\|_2}$,$\sigma_1=\pm\|\boldsymbol{\beta}_1\|_2$,则

$$\boldsymbol{H}\boldsymbol{\beta}_1=\sigma_1\boldsymbol{e}_1.$$

注意到上式中 $\boldsymbol{H}$ 是 $n-1$ 阶矩阵,将 $\boldsymbol{H}$ 扩充到 n 阶矩阵有

$$\boldsymbol{H}_1=\begin{pmatrix}1 & \boldsymbol{0}\\ \boldsymbol{0} & \boldsymbol{H}\end{pmatrix}\in\mathbf{R}^{n\times n},$$

则 $\boldsymbol{H}_1$ 也是对称的 n 阶正交矩阵. 于是

$$
\begin{aligned}
\boldsymbol{H}_1\boldsymbol{A}\boldsymbol{H}_1 &= \begin{pmatrix} 1 & \boldsymbol{0} \\ \boldsymbol{0} & \boldsymbol{H} \end{pmatrix} \begin{bmatrix} a_{11} & \boldsymbol{\alpha}_1 \\ \boldsymbol{\beta}_1 & \boldsymbol{A}_{22} \end{bmatrix} \begin{pmatrix} 1 & \boldsymbol{0} \\ \boldsymbol{0} & \boldsymbol{H} \end{pmatrix} \\
&= \begin{bmatrix} a_{11} & \boldsymbol{\alpha}_1\boldsymbol{H} \\ \boldsymbol{H}\boldsymbol{\beta}_1 & \boldsymbol{H}\boldsymbol{A}_{22}\boldsymbol{H} \end{bmatrix} \\
&= \begin{bmatrix} a_{11} & a_{12}^{(1)} & a_{13}^{(1)} & \cdots & a_{1n}^{(1)} \\ \sigma_1 & a_{22}^{(1)} & a_{23}^{(1)} & \cdots & a_{2n}^{(1)} \\ 0 & a_{32}^{(1)} & a_{33}^{(1)} & \cdots & a_{3n}^{(1)} \\ \vdots & \vdots & \vdots & & \vdots \\ 0 & a_{n2}^{(1)} & a_{n3}^{(1)} & \cdots & a_{nn}^{(1)} \end{bmatrix}.
\end{aligned} \tag{4.16}
$$

以上是对 $\boldsymbol{A}$ 作一次相似变换，将 $\boldsymbol{A}$ 第 1 列的第 3 至第 n 行元素化为零，如式(4.16)所示. 下一次相似变换是对矩阵 $\boldsymbol{H}\boldsymbol{A}_{22}\boldsymbol{H}$ 作同样变换，其中

$$
\boldsymbol{H}\boldsymbol{A}_{22}\boldsymbol{H} = \begin{bmatrix} a_{22}^{(1)} & a_{23}^{(1)} & \cdots & a_{2n}^{(1)} \\ a_{32}^{(1)} & a_{33}^{(1)} & \cdots & a_{3n}^{(1)} \\ \vdots & \vdots & & \vdots \\ a_{n2}^{(1)} & a_{n3}^{(1)} & \cdots & a_{nn}^{(1)} \end{bmatrix} = \begin{bmatrix} a_{22}^{(1)} & \boldsymbol{\alpha}_2 \\ \boldsymbol{\beta}_2 & \widetilde{\boldsymbol{A}}_{22} \end{bmatrix},
$$

式中，$\boldsymbol{\beta}_2 = \begin{bmatrix} a_{32}^{(1)} \\ \vdots \\ a_{n2}^{(1)} \end{bmatrix}$. 构造 Householder 变换 $\boldsymbol{H}$ 使得 $\boldsymbol{H}\boldsymbol{\beta}_2 = \sigma_2\boldsymbol{e}_1$，扩充 $\boldsymbol{H}$ 到 n 阶矩阵

$$
\boldsymbol{H}_2 = \begin{bmatrix} 1 & 0 & \boldsymbol{0} \\ 0 & 1 & \boldsymbol{0} \\ \boldsymbol{0} & \boldsymbol{0} & \boldsymbol{H} \end{bmatrix} = \begin{pmatrix} \boldsymbol{I}_2 & \boldsymbol{0} \\ \boldsymbol{0} & \boldsymbol{H} \end{pmatrix} \in \mathbf{R}^{n\times n},
$$

则

$$
\begin{aligned}
\boldsymbol{H}_2\boldsymbol{H}_1\boldsymbol{A}\boldsymbol{H}_1\boldsymbol{H}_2 &= \begin{pmatrix} \boldsymbol{I}_2 & \boldsymbol{0} \\ \boldsymbol{0} & \boldsymbol{H} \end{pmatrix} \begin{bmatrix} a_{11} & a_{12}^{(1)} & a_{13}^{(1)} & \cdots & a_{1n}^{(1)} \\ \sigma_1 & a_{22}^{(1)} & a_{23}^{(1)} & \cdots & a_{2n}^{(1)} \\ 0 & a_{32}^{(1)} & & & \\ \vdots & \vdots & & \widetilde{A}_{22} & \\ 0 & a_{n2}^{(1)} & & & \end{bmatrix} \begin{pmatrix} \boldsymbol{I}_2 & \boldsymbol{0} \\ \boldsymbol{0} & \boldsymbol{H} \end{pmatrix} \\
&= \begin{bmatrix} a_{11} & a_{12}^{(1)} & a_{13}^{(2)} & \cdots & a_{1n}^{(2)} \\ \sigma_1 & a_{22}^{(1)} & a_{23}^{(2)} & \cdots & a_{2n}^{(2)} \\ 0 & \sigma_2 & & & \\ 0 & 0 & & \boldsymbol{H}\widetilde{\boldsymbol{A}}_{22}\boldsymbol{H} & \\ \vdots & \vdots & & & \\ 0 & 0 & & & \end{bmatrix},
\end{aligned}
$$

如此进行 $n-2$ 次相似变换，有

$$\boldsymbol{H}_{n-2}\cdots\boldsymbol{H}_2\boldsymbol{H}_1\boldsymbol{A}\boldsymbol{H}_1\boldsymbol{H}_2\cdots\boldsymbol{H}_{n-2}=\begin{pmatrix} a_{11} & a_{12}^{(1)} & a_{13}^{(2)} & \cdots & a_{1n}^{(n-2)} & a_{1n}^{(n-1)} \\ \sigma_1 & a_{22}^{(1)} & a_{23}^{(2)} & \cdots & a_{2n}^{(n-2)} & a_{2n}^{(n-1)} \\ & \sigma_2 & a_{33}^{(2)} & \cdots & a_{3n}^{(n-2)} & a_{3n}^{(n-1)} \\ & & \sigma_3 & \cdots & a_{4n}^{(n-2)} & a_{4n}^{(n-1)} \\ & & & \ddots & \vdots & \vdots \\ & & & & \sigma_{n-1} & a_{nn}^{(n-1)} \end{pmatrix}=\boldsymbol{H}_e. \tag{4.17}$$

形如(4.17)式右边的矩阵 $\boldsymbol{H}_e$ 称为**上 Hessenberg 矩阵**. 记$\boldsymbol{Q}=\boldsymbol{H}_1\boldsymbol{H}_2\cdots\boldsymbol{H}_{n-2}$，即有

$$\boldsymbol{Q}^{\mathrm{T}}\boldsymbol{A}\,\boldsymbol{Q}=\boldsymbol{H}_e. \tag{4.18}$$

至此，通过 $n-2$ 次相似变换，可将 $\boldsymbol{A}$ 约化为上 Hessenberg 矩阵 $\boldsymbol{H}_e$.

例 10 对矩阵 $\boldsymbol{A}=\begin{pmatrix} 1 & 2 & 3 & 4 \\ 2 & 3 & 4 & 5 \\ 3 & 4 & 5 & 6 \\ 6 & 7 & 8 & 1 \end{pmatrix}$上 Hessenberg 化.

解 因为 $\boldsymbol{A}$ 是 4 阶矩阵，所以最多 2 次相似变换即可将 $\boldsymbol{A}$ 上 Hessenberg 化. 以下用 MathCAD 双精度计算，结果显示小数点后 3 位.

第 1 次相似变换：

$$\boldsymbol{\beta}_1=\begin{pmatrix} 2 \\ 3 \\ 4 \end{pmatrix},\ \boldsymbol{e}_1=\begin{pmatrix} 1 \\ 0 \\ 0 \end{pmatrix},\ \sigma_1=-\|\boldsymbol{\beta}_1\|_2=-7,$$

$$\boldsymbol{H}=\boldsymbol{I}-2\boldsymbol{w}\boldsymbol{w}^{\mathrm{T}}=\begin{pmatrix} -0.286 & -0.429 & -0.857 \\ -0.429 & 0.857 & -0.286 \\ -0.857 & -0.286 & 0.429 \end{pmatrix},$$

$$\boldsymbol{H}_1=\begin{pmatrix} 1 & 0 & 0 & 0 \\ 0 & -0.286 & -0.429 & -0.857 \\ 0 & -0.429 & 0.857 & -0.286 \\ 0 & -0.857 & -0.286 & 0.429 \end{pmatrix},$$

$$\boldsymbol{H}_1\boldsymbol{A}\boldsymbol{H}_1=\begin{pmatrix} 1 & -5.286 & 0.571 & -0.857 \\ -7 & 10.959 & -3.633 & 8.163 \\ 0 & -2.49 & -0.592 & 0.959 \\ 0 & 5.592 & 0.673 & -1.367 \end{pmatrix}.$$

第 2 次相似变换：

$$\boldsymbol{\beta}_2=\begin{pmatrix} -2.49 \\ 5.592 \end{pmatrix},\ \boldsymbol{e}_1=\begin{pmatrix} 1 \\ 0 \end{pmatrix},\ \sigma_1=\|\boldsymbol{\beta}_2\|_2=6.121,$$

$$\boldsymbol{H}=\boldsymbol{I}-2\boldsymbol{w}\boldsymbol{w}^{\mathrm{T}}=\begin{pmatrix}0.407 & 0.914\\ 0.914 & 0.407\end{pmatrix},$$

$$\boldsymbol{H}_2=\begin{pmatrix}1 & 0 & 0 & 0\\ 0 & 1 & 0 & 0\\ 0 & 0 & -0.407 & 0.914\\ 0 & 0 & 0.914 & 0.407\end{pmatrix},$$

$$\boldsymbol{H}_2\boldsymbol{H}_1\boldsymbol{A}\boldsymbol{H}_1\boldsymbol{H}_2=\begin{pmatrix}1 & -5.286 & 1.015 & 0.173\\ -7 & 10.959 & 8.935 & 1.904\times 10^{-3}\\ 0 & 6.121 & -1.846 & 0.115\\ 0 & 0 & 0.401 & -0.113\end{pmatrix}=\boldsymbol{H}_{\mathrm{e}}.$$

记

$$\boldsymbol{Q}=\boldsymbol{H}_1\boldsymbol{H}_2=\begin{pmatrix}1 & 0 & 0 & 0\\ 0 & -0.286 & -0.609 & -0.74\\ 0 & -0.429 & -0.61 & 0.667\\ 0 & -0.857 & 0.508 & -0.087\end{pmatrix},$$

有

$$\boldsymbol{Q}^{\mathrm{T}}\boldsymbol{A}\,\boldsymbol{Q}=\boldsymbol{H}_{\mathrm{e}}.$$

完成对矩阵 $\boldsymbol{A}$ 的上 Hessenberg 化.

将 $\boldsymbol{A}$ 相似变换为上 Hessenberg 矩阵 $\boldsymbol{H}_{\mathrm{e}}$ 之后，计算 $\boldsymbol{A}$ 的特征值就转化为计算 $\boldsymbol{H}_{\mathrm{e}}$ 的特征值. 下面考虑对 $\boldsymbol{H}_{\mathrm{e}}$ 进行 QR 迭代的问题，首先要解决如何以较少的计算量完成 $\boldsymbol{H}_{\mathrm{e}}$ 的 QR 分解.

3. 上 Hessenberg 矩阵的 QR 分解

观察 $\boldsymbol{H}_{\mathrm{e}}$ 的结构(4.17)知，只要将 $\boldsymbol{H}_{\mathrm{e}}$ 每列中的一个元素 $\sigma_i\,(i=1,2,\cdots,n-2)$ 用正交变换化为零，即成上三角矩阵. Householder 变换可以完成这一任务，但若不考虑矩阵 $\boldsymbol{H}_{\mathrm{e}}$ 结构而直接使用 Householder 变换，大约需要 $\dfrac{2n^3}{3}$ 次计算才能完成 QR 分解. 在这里使用 Givens 变换，可以将计算量减少至大约为 $4n^2$. 形如

$$\boldsymbol{G}(i,k)=\begin{pmatrix}1 &&&&&&\\ &\ddots&&&&&\\ &&c&&s&&\leftarrow i\text{ 行}\\ &&&\ddots&&&\\ &&-s&&c&&\leftarrow k\text{ 行}\\ &&\uparrow&&\uparrow&\ddots&\\ &&i\text{ 列}&&k\text{ 列}&&1\end{pmatrix}\tag{4.19}$$

的矩阵 $\boldsymbol{G}(i,k)$ 变换称为 **Givens** 变换，其中 $c=\cos\theta, s=\sin\theta,\theta$ 是参数. 显然它是

正交矩阵，用 $\boldsymbol{G}(i,k)$ 左乘向量 $\boldsymbol{x}$ 的结果是：用 $\boldsymbol{x}$ 的元素 x_i 将元素 x_k 变换为零. 具体取值为

$$c=\frac{x_i}{\sqrt{x_i^2+x_k^2}},\ s=\frac{x_k}{\sqrt{x_i^2+x_k^2}}.$$

经简单计算知，$\boldsymbol{G}(i,k)\boldsymbol{x}$ 的第 k 个分量为零.

例如，$\boldsymbol{x}=(1,2,3,4)^{\mathrm{T}}$，我们分别用 $\boldsymbol{G}(1,3)$ 和 $\boldsymbol{G}(2,3)$ 将 $\boldsymbol{x}$ 的第 3 个分量 $x_3=3$ 变换为零，这里

$$\boldsymbol{G}(1,3)=\begin{pmatrix} c & 0 & s & 0 \\ 0 & 1 & 0 & 0 \\ -s & 0 & c & 0 \\ 0 & 0 & 0 & 1 \end{pmatrix},\ c=\frac{x_1}{\sqrt{x_1^2+x_3^2}}=\frac{1}{\sqrt{10}},\ s=\frac{3}{\sqrt{10}},$$

$$\boldsymbol{G}(2,3)=\begin{pmatrix} 1 & 0 & 0 & 0 \\ 0 & c & s & 0 \\ 0 & -s & c & 0 \\ 0 & 0 & 0 & 1 \end{pmatrix},\ c=\frac{x_2}{\sqrt{x_2^2+x_3^2}}=\frac{2}{\sqrt{13}},\ s=\frac{3}{\sqrt{13}},$$

则分别有

$$\boldsymbol{G}(1,3)\begin{pmatrix} 1 \\ 2 \\ 3 \\ 4 \end{pmatrix}=\begin{pmatrix} \sqrt{10} \\ 2 \\ 0 \\ 4 \end{pmatrix},\ \boldsymbol{G}(2,3)\begin{pmatrix} 1 \\ 2 \\ 3 \\ 4 \end{pmatrix}=\begin{pmatrix} 1 \\ \sqrt{13} \\ 0 \\ 4 \end{pmatrix}.$$

此例说明 $\boldsymbol{G}(i,k)\boldsymbol{x}$ 确实是用 x_i 将 x_k 化为零，而且仅仅是对 $\boldsymbol{x}$ 的第 i,k 个分量进行计算. 因此如果 $\boldsymbol{G}(i,k)$ 对矩阵 $\boldsymbol{A}$ 变换，则 $\boldsymbol{G}(i,k)\boldsymbol{A}$ 仅有 $\boldsymbol{A}$ 的第 i,k 行元素参与计算，其他元素不参与计算，这样大大减少了计算量.

例如，用 $\boldsymbol{G}(1,3)$ 对 $\boldsymbol{A}$ 变换

$$\boldsymbol{G}(1,3)\boldsymbol{A}=\boldsymbol{G}(1,3)\begin{pmatrix} 1 & 5 & 9 & 3 \\ 2 & 6 & 0 & 4 \\ 3 & 7 & 1 & 5 \\ 4 & 8 & 2 & 6 \end{pmatrix}=\begin{pmatrix} 3.162 & 8.222 & 3.795 & 5.692 \\ 2 & 6 & 0 & 4 \\ 0 & -2.53 & -8.222 & -1.265 \\ 4 & 8 & 2 & 6 \end{pmatrix}.$$

可见只有 $\boldsymbol{A}$ 的第 1,3 行元素进行了计算，其他元素没有变化.

因此 $\boldsymbol{G}(i,k)\boldsymbol{H}_e$ 看似是两个矩阵相乘，实际上是 $\boldsymbol{H}_e$ 的两个行向量在计算. 下面以一个 4 阶矩阵 $\boldsymbol{H}_e$ 为例，考察对 $\boldsymbol{H}_e$ 作 QR 分解的过程.

例 11 对矩阵 $\boldsymbol{H}_e=\begin{pmatrix} 1 & 2 & 2 & 4 \\ 4 & 2 & 4 & 6 \\ 0 & 6 & -1 & 2 \\ 0 & 0 & 2 & 4 \end{pmatrix}$ 进行 QR 分解.

解　目标是将 $\boldsymbol{H}_e$ 中的 $\sigma_1=4,\sigma_2=6,\sigma_3=2$ 化为零.

$$\boldsymbol{G}(1,2)\boldsymbol{H}_e=\begin{pmatrix}0.243 & 0.97 & 0 & 0\\ -0.97 & 0.243 & 0 & 0\\ 0 & 0 & 1 & 0\\ 0 & 0 & 0 & 1\end{pmatrix}\boldsymbol{H}_e$$

$$=\begin{pmatrix}4.123 & 2.425 & 4.366 & 6.791\\ 0 & -1.455 & -0.97 & -2.425\\ 0 & 6 & -1 & 2\\ 0 & 0 & 2 & 4\end{pmatrix}=\boldsymbol{H}_e^{(1)};$$

$$\boldsymbol{G}(2,3)\boldsymbol{H}_e^{(1)}=\begin{pmatrix}1 & 0 & 0 & 0\\ 0 & -0.236 & 0.972 & 0\\ 0 & -0.972 & -0.236 & 0\\ 0 & 0 & 0 & 1\end{pmatrix}\boldsymbol{H}_e^{(1)}$$

$$=\begin{pmatrix}4.123 & 2.425 & 4.366 & 6.791\\ 0 & 6.174 & -0.743 & 2.515\\ 0 & 0 & 1.179 & 1.886\\ 0 & 0 & 2 & 4\end{pmatrix}=\boldsymbol{H}_e^{(2)},$$

$$\boldsymbol{G}(3,4)\boldsymbol{H}_e^{(2)}=\begin{pmatrix}1 & 0 & 0 & 0\\ 0 & 1 & 0 & 0\\ 0 & 0 & 0.508 & 0.862\\ 0 & 0 & -0.862 & 0.508\end{pmatrix}\boldsymbol{H}_e^{(2)}$$

$$=\begin{pmatrix}4.123 & 2.425 & 4.366 & 6.791\\ 0 & 6.174 & -0.743 & 2.515\\ 0 & 0 & 2.321 & 4.403\\ 0 & 0 & 0 & 0.406\end{pmatrix}=\boldsymbol{R},$$

所以

$$\boldsymbol{G}(3,4)\boldsymbol{G}(2,3)\boldsymbol{G}(1,2)\boldsymbol{H}_e=\boldsymbol{R},$$

记 $\boldsymbol{Q}^{-1}=\boldsymbol{G}(3,4)\boldsymbol{G}(2,3)\boldsymbol{G}(1,2)$，则有

$$\boldsymbol{H}_e=\boldsymbol{QR},$$

即完成了对 $\boldsymbol{H}_e$ 的 QR 分解.

完成 QR 分解 $\boldsymbol{H}_e=\boldsymbol{QR}$ 之后，还需要对矩阵 $\boldsymbol{RQ}$ 再作 QR 分解，如此往复，直至 $\boldsymbol{RQ}$ 成为一个拟上三角矩阵为止.

需要指出的是，可以证明，若 $\boldsymbol{H}_e=\boldsymbol{QR}$，由 Givens 变换 $\boldsymbol{G}(i,k)$ 结构知，$\boldsymbol{Q}$ 也是上 Hessenberg 矩阵，从而在对 $\boldsymbol{H}_e$ 的 QR 基本迭代中，矩阵 $\boldsymbol{RQ}$ 也是上 Hessenberg 矩阵.

下面将算法 4.6 改成为算法 4.7.

算法 4.7

1. 将 $\boldsymbol{A}$ 正交相似变换为上 Hessenberg 矩阵 $\boldsymbol{H}_e$，记 $\boldsymbol{H}_0=\boldsymbol{H}_e$.
2. 令 $k=0,1,2,\cdots$，计算：
   (1) QR 分解：$\boldsymbol{H}_k=\boldsymbol{Q}_k\boldsymbol{R}_k$；
   (2) 矩阵乘积：$\boldsymbol{H}_{k+1}=\boldsymbol{R}_k\boldsymbol{Q}_k$.

在算法 4.7 中，$\boldsymbol{H}_k(k=0,1,2,\cdots)$是上 Hessenberg 矩阵，在以下的讨论中，总是假定 $\boldsymbol{H}_k$ 是不可约的，即式(4.17)中 $\boldsymbol{H}_e$ 次对角元 $\sigma_1,\sigma_2,\cdots,\sigma_{n-1}$ 非零. 如果有一个次对角元等于零，则 $\boldsymbol{H}_e$ 可以分块为两个上 Hessenberg 矩阵，即

$$\boldsymbol{H}_e=\begin{pmatrix}\boldsymbol{H}_{11} & \boldsymbol{H}_{12}\\ \boldsymbol{0} & \boldsymbol{H}_{22}\end{pmatrix},$$

式中，$\boldsymbol{H}_{11}$ 和 $\boldsymbol{H}_{22}$ 是两个上 Hessenberg 矩阵，可对它们依次作 QR 迭代，直至成为拟上三角矩阵.

下面的问题是，如何提高算法 4.7 的收敛速度. 这需要对 $\boldsymbol{H}_k$ 作位移处理. 位移有原点位移和双重步位移. 当然，从对非对称矩阵特征值计算的效果来看，双重步位移无疑优于原点位移.

4. 带原点位移的 QR 迭代

以下记 $\boldsymbol{H}_k$ 为上 Hessenberg 矩阵.

对 $\boldsymbol{H}_k$ 进行 QR 迭代，通过对 QR 迭代收敛性分析以及实际计算经验可知，$\boldsymbol{H}_k$ 的右下角会出现两种情况.

情况 1　元素 $\boldsymbol{H}_k^{(n,n)}$(位于第 n 行第 n 列)收敛到 $\boldsymbol{A}$ 的(实)特征值 λ_n；$\boldsymbol{H}_k$ 的右下角形如

$$\boldsymbol{H}_k=\left(\begin{array}{c:cc}\ddots & & \\ & \ddots & \\ \hdashline & H_k^{(n-1,n-1)} & H_k^{(n-1,n)}\\ & 0 & H_k^{(n,n)}\end{array}\right);$$

情况 2　$\boldsymbol{H}_k$ 的右下角是二阶矩阵 $\boldsymbol{B}$，如

$$\boldsymbol{H}_k=\left(\begin{array}{c:cc}\ddots & & \\ & \ddots & \\ \hdashline & H_k^{(n-1,n-1)} & H_k^{(n-1,n)}\\ & H_k^{(n,n-1)} & H_k^{(n,n)}\end{array}\right),\quad \boldsymbol{B}=\begin{pmatrix}H_k^{(n-1,n-1)} & H_k^{(n-1,n)}\\ H_k^{(n,n-1)} & H_k^{(n,n)}\end{pmatrix},$$

式中，$H_k^{(n,n-1)}\neq 0$，$H_k^{(n-1,n-2)}=0$. 由矩阵实 Schur 分解知，$\boldsymbol{B}$ 的一对复特征值是 $\boldsymbol{A}$

的复特征值.

对于第 1 种情况,可以模仿带位移的幂法,取位移因子 μ 为 $\boldsymbol{H}_k$ 的右下角元素 $H_k^{(n,n)}$,这样有望提高 QR 迭代的收敛速度,实际情况也确实如此.

算法 4.8 (带原点位移的 QR 迭代,$\boldsymbol{H}_k$ 是上 Hessenberg 矩阵)

1. 将 $\boldsymbol{A}$ 正交相似变换为上 Hessenberg 矩阵 $\boldsymbol{H}_e$,记 $\boldsymbol{H}_0=\boldsymbol{H}_e$.
2. 令 $k=0,1,2,\cdots$,计算:
   (1) QR 分解:$\boldsymbol{H}_k-\mu_k\boldsymbol{I}=\boldsymbol{Q}_k\boldsymbol{R}_k$;
   (2) 矩阵乘积:$\boldsymbol{H}_{k+1}=\boldsymbol{R}_k\boldsymbol{Q}_k+\mu_k\boldsymbol{I}$.

下面对算法 4.8 进行分析:

(1) 带原点位移的 QR 迭代能否计算出 $\boldsymbol{A}$ 的特征值?

假设 $\boldsymbol{A}$ 已经约化为上 Hessenberg 矩阵 $\boldsymbol{H}_e$,记为 $\boldsymbol{H}_0$,则对 $\boldsymbol{H}_0$ 作带原点位移的 QR 迭代,可以证明 $\boldsymbol{H}_{k+1}$ 和 $\boldsymbol{H}_k$ 是正交相似的.这是因为

$$\boldsymbol{H}_{k+1}=\boldsymbol{Q}_k^{\mathrm{T}}\boldsymbol{Q}_k\boldsymbol{R}_k\boldsymbol{Q}_k+\mu_k\boldsymbol{Q}_k^{\mathrm{T}}\boldsymbol{Q}_k=\boldsymbol{Q}_k^{\mathrm{T}}(\boldsymbol{Q}_k\boldsymbol{R}_k+\mu_k\boldsymbol{I})\boldsymbol{Q}_k=\boldsymbol{Q}_k^{\mathrm{T}}\boldsymbol{H}_k\boldsymbol{Q}_k. \tag{4.20}$$

故 $\boldsymbol{H}_{k+1}$ 的特征值等同于 $\boldsymbol{H}_0$ 的特征值.

(2) 矩阵 $\boldsymbol{H}_{k+1}$ 是否还是上 Hessenberg 矩阵?

可以证明,如果 $\boldsymbol{H}_k$ 是上 Hessenberg 矩阵,则 $\boldsymbol{H}_{k+1}$ 也是上 Hessenberg 矩阵.

(3) 加速效果.

如果 $\boldsymbol{H}_k$ 右下角元素 $H_k^{(n,n)}$ 收敛到实特征值 λ_n,那么元素 $H_k^{(n,n-1)}$ 必定收敛到零,否则 $\boldsymbol{H}_k$ 右下角的二阶矩阵

$$\boldsymbol{B}=\begin{pmatrix} H_k^{(n-1,n-1)} & H_k^{(n-1,n)} \\ H_k^{(n,n-1)} & H_k^{(n,n)} \end{pmatrix}$$

永远不会是上三角矩阵.既然 $H_k^{(n,n-1)}$ 收敛到零,则当 k 充分大时,$H_k^{(n,n-1)}$ 必定充分小.可以证明(参见习题),若再进行一次带原点位移的 QR 迭代,$\boldsymbol{H}_{k+1}$ 的元素 $H_{k+1}^{(n,n-1)}=c(H_k^{(n,n-1)})^2$,$c$ 是常数.这表明当 k 充分大时,原点位移的 QR 迭代是二次收敛的.

例 12　矩阵 $\boldsymbol{A}=\begin{pmatrix} 7 & 0 & 0 & 6 \\ 0 & 4 & 2 & 0 \\ 0 & -1 & 1 & 0 \\ -3 & 0 & 0 & 2 \end{pmatrix}$ 的特征值为 1,2,3,4.将 $\boldsymbol{A}$ 约化为上 Hessenberg 矩阵后,分别用基本 QR 迭代和带原点位移的 QR 迭代,当次对角元的数量级达到 10^{-15} 时,停止运算.结论如下:分别迭代 132 次和 46 次后,有

$$
\boldsymbol{A}_{132}=\begin{pmatrix}4 & -5.008\times10^{-15} & -8.517\times10^{-14} & -9\\ 0 & 3 & -3 & 3.371\times10^{-14}\\ 0 & 0 & 2 & -9.012\times10^{-15}\\ 0 & 0 & -8.593\times10^{-15} & 1\end{pmatrix},
$$

$$
\boldsymbol{A}_{46}=\begin{pmatrix}4 & -9 & 5.425\times10^{-15} & 0\\ 8.527\times10^{-15} & 1 & 0 & 0\\ 0 & -1.503\times10^{-15} & 3 & -3\\ 0 & 0 & 0 & 2\end{pmatrix}.
$$

可见,加速效果是明显的.

可是,如果 $\boldsymbol{H}_k$ 的右下角收敛到一个二阶矩阵 $\boldsymbol{B}$,取 $\mu=H_k^{(n,n)}$ 就达不到提高收敛速度的效果.

5. 双重步位移的 QR 迭代

对于第 2 种情况,即 $\boldsymbol{H}_k$ 右下角的二阶矩阵是 $\boldsymbol{B}$,且 $H_k^{(n,n-1)}\neq0$,这时可以取 $\boldsymbol{B}$ 的两个复共轭特征值 μ_1,μ_2 作两次位移.

算法 4.9 (双重步位移的 QR 迭代,$\boldsymbol{H}_k$ 是上 Hessenberg 矩阵)

1. 将 $\boldsymbol{A}$ 正交相似变换为上 Hessenberg 矩阵 $\boldsymbol{H}_e$,记 $\boldsymbol{H}_0=\boldsymbol{H}_e$.
2. 令 $k=0,1,2,\cdots$,计算:

   (1) QR 分解:$\boldsymbol{H}_k-\mu_1\boldsymbol{I}=\boldsymbol{Q}_1\boldsymbol{R}_1$,计算 $\boldsymbol{C}=\boldsymbol{R}_1\boldsymbol{Q}_1+\mu_1\boldsymbol{I}$;

   (2) QR 分解:$\boldsymbol{C}-\mu_2\boldsymbol{I}=\boldsymbol{Q}_2\boldsymbol{R}_2$,计算 $\boldsymbol{H}_{k+1}=\boldsymbol{R}_2\boldsymbol{Q}_2+\mu_2\boldsymbol{I}$.

下对算法 4.9 进行分析.

(1) $\boldsymbol{H}_{k+1}$ 与 $\boldsymbol{H}_k$ 正交相似. 事实上,根据式(4.20)有

$$
\boldsymbol{C}=\boldsymbol{Q}_1^{\mathrm{T}}\boldsymbol{H}_k\boldsymbol{Q}_1,\quad \boldsymbol{H}_{k+1}=\boldsymbol{Q}_2^{\mathrm{T}}\boldsymbol{C}\boldsymbol{Q}_2,
$$

从而有

$$
\boldsymbol{H}_{k+1}=\boldsymbol{Q}_2^{\mathrm{T}}\boldsymbol{Q}_1^{\mathrm{T}}\boldsymbol{H}_k\boldsymbol{Q}_1\boldsymbol{Q}_2. \tag{4.21}
$$

(2) 尽管 μ_1,μ_2 是复数,表面上看算法 4.9 是复数运算,但仔细分析会发现,可以通过实数运算来计算 $\boldsymbol{H}_{k+1}$,且 $\boldsymbol{H}_{k+1}$ 仍然是实数矩阵. 分析如下:

假设 $\boldsymbol{H}_k$ 是实数矩阵,首先计算

$$
\begin{aligned}
\boldsymbol{Q}_1\boldsymbol{Q}_2\boldsymbol{R}_2\boldsymbol{R}_1 &=\boldsymbol{Q}_1(\boldsymbol{C}-\mu_2\boldsymbol{I})\boldsymbol{R}_1\\
&=\boldsymbol{Q}_1(\boldsymbol{R}_1\boldsymbol{Q}_1+\mu_1\boldsymbol{I}-\mu_2\boldsymbol{I})\boldsymbol{R}_1\\
&=\boldsymbol{Q}_1\boldsymbol{R}_1\boldsymbol{Q}_1\boldsymbol{R}_1+(\mu_1-\mu_2)\boldsymbol{Q}_1\boldsymbol{R}_1\\
&=(\boldsymbol{H}_k-\mu_1\boldsymbol{I})^2+(\mu_1-\mu_2)(\boldsymbol{H}_k-\mu_1\boldsymbol{I})\\
&=\boldsymbol{H}_k^2-(\mu_1+\mu_2)\boldsymbol{H}_k+\mu_1\mu_2\boldsymbol{I}.
\end{aligned}
$$

记 $\boldsymbol{M}=\boldsymbol{H}_k^2-(\mu_1+\mu_2)\boldsymbol{H}_k+\mu_1\mu_2\boldsymbol{I}$. 由于 $\mu_1+\mu_2$ 等于 $\boldsymbol{B}$ 的对角元之和，$\mu_1\mu_2$ 等于 $\boldsymbol{B}$ 的行列式，这两个数是实数，所以矩阵 $\boldsymbol{M}$ 是实数矩阵，并且由于 $\boldsymbol{M}=\boldsymbol{Q}_1\boldsymbol{Q}_2\boldsymbol{R}_2\boldsymbol{R}_1$ 是 $\boldsymbol{M}$ 的 QR 分解，如果限定上三角矩阵 $\boldsymbol{R}_2\boldsymbol{R}_1$ 的对角元为正，则分解唯一. 故从实矩阵 $\boldsymbol{M}$ 的 QR 分解

$$\boldsymbol{M}=\boldsymbol{H}_k^2-(\mu_1+\mu_2)\boldsymbol{H}_k+\mu_1\mu_2\boldsymbol{I}=\boldsymbol{QR} \tag{4.22}$$

知，$\boldsymbol{Q}=\boldsymbol{Q}_1\boldsymbol{Q}_2$，从而 $\boldsymbol{Q}_1\boldsymbol{Q}_2$ 是实数矩阵，因此由式(4.21)知 $\boldsymbol{H}_{k+1}$ 是实数矩阵.

(3) 从式(4.21)知，如果 $\boldsymbol{Q}_1\boldsymbol{Q}_2$ 从式(4.22)计算，则算法 4.6 可以简化为算法 4.10 如下.

算法 4.10　(新的双重步位移的 QR 迭代，$\boldsymbol{H}_k$ 是上 Hessenberg 矩阵)

1. 将 $\boldsymbol{A}$ 正交相似变换为上 Hessenberg 矩阵 $\boldsymbol{H}_e$，记 $\boldsymbol{H}_0=\boldsymbol{H}_e$.
2. 令 $k=0,1,2,\cdots$，计算：
   (1) $\boldsymbol{M}=\boldsymbol{H}_k^2-(\mu_1+\mu_2)\boldsymbol{H}_k+\mu_1\mu_2\boldsymbol{I}$；
   (2) $\boldsymbol{M}=\boldsymbol{QR}$；
   (3) $\boldsymbol{H}_{k+1}=\boldsymbol{Q}^{\mathrm{T}}\boldsymbol{H}_k\boldsymbol{Q}$.

算法 4.10 只要计算一个正交分解，并且能保持实数运算，但是出现一个新问题：矩阵 $\boldsymbol{M}$ 不是上 Hessenberg 矩阵，例如：

$$\boldsymbol{H}_k=\begin{pmatrix}1&2&3&4\\2&3&4&5\\0&3&4&5\\0&0&4&5\end{pmatrix},\ \boldsymbol{H}_k^2=\begin{pmatrix}5&17&39&49\\8&25&54&68\\6&21&48&60\\0&12&36&45\end{pmatrix}.$$

对 $\boldsymbol{M}$ 不能使用计算量为 $O(n^2)$ 的 Givens 变换作 QR 分解.

Francis 巧妙地给出了从 $\boldsymbol{H}_k$ 计算 $\boldsymbol{H}_{k+1}$ 的 QR 分法，称为 **Francis QR 方法**，该方法通过 Householder 变换，且以 $O(n^2)$ 次运算完成从 $\boldsymbol{H}_k$ 计算 $\boldsymbol{H}_{k+1}$. 方法如下：

(1) 计算矩阵 $\boldsymbol{M}$ 的第 1 列 $\boldsymbol{M}_1$；

(2) 求 Householder 变换 $\boldsymbol{P}_0$ 使得 $\boldsymbol{P}_0\boldsymbol{M}_1=\pm\|\boldsymbol{M}_1\|\boldsymbol{e}_1$；

(3) 计算 $\boldsymbol{B}=\boldsymbol{P}_0\boldsymbol{H}_k\boldsymbol{P}_0$；

(4) 计算 Householder 变换 $\boldsymbol{P}_1,\boldsymbol{P}_2,\cdots,\boldsymbol{P}_{n-2}$，使得 $(\boldsymbol{P}_1\boldsymbol{P}_2\cdots\boldsymbol{P}_{n-2})^{\mathrm{T}}\boldsymbol{B}\boldsymbol{P}_1\boldsymbol{P}_2\cdots\boldsymbol{P}_{n-2}$ 为上 Hessenberg 矩阵.

例 13　利用 Francis QR 方法从

$$H_k=\begin{pmatrix}0.45&0.44&0.48&0.74&0.59\\0.75&0.52&0.12&0.42&0.51\\0&0.16&0.42&0.7&0.14\\0&0&0.45&0.96&0.15\\0&0&0&0.15&0.73\end{pmatrix}$$

计算到 $\boldsymbol{H}_{k+1}$.

解 计算 $\boldsymbol{M}$ 的第 1 列为

$$\boldsymbol{M}_1=(-0.906,-0.54,0.12,0,0)^{\mathrm{T}},$$

构造 Householder 变换 $\boldsymbol{P}_0$ 使得

$$\boldsymbol{P}_0\boldsymbol{M}_1=(1.062,0,0,0,0,)^{\mathrm{T}},$$

则

$$\boldsymbol{B}=\boldsymbol{P}_0\boldsymbol{H}_k\boldsymbol{P}_0=\begin{pmatrix}0.922&-0.159&-0.526&-0.766&-0.747\\-0.486&-0.019&-0.073&6.75\times10^{-3}&0.143\\-0.124&0.17&0.487&0.792&0.222\\0.051&0.014&0.447&0.96&0.15\\0&0&0&0.15&0.73\end{pmatrix}.$$

下面用 Householder 变换逐步将 $\boldsymbol{B}$ 约化为上 Hessenberg 矩阵.

首先约化 $\boldsymbol{B}$ 的第 1 列.

取 $\boldsymbol{B}$ 的元素

$$\boldsymbol{\beta}=\begin{pmatrix}-0.486\\-0.124\\0.051\end{pmatrix}.$$

构造 Householder 变换 $\widetilde{\boldsymbol{P}}=\begin{pmatrix}-0.964&-0.246&0.101\\-0.246&0.969&0.013\\0.101&0.013&0.995\end{pmatrix}$,使得

$$\widetilde{\boldsymbol{P}}\boldsymbol{\beta}=\begin{pmatrix}0.504\\0\\0\end{pmatrix}.$$

构造 Householder 变换 $\boldsymbol{P}_1=\begin{pmatrix}1&\boldsymbol{0}&0\\\boldsymbol{0}&\widetilde{\boldsymbol{P}}&\boldsymbol{0}\\0&\boldsymbol{0}&1\end{pmatrix}$ 使得 $\boldsymbol{P}_1\boldsymbol{B}\boldsymbol{P}_1=\boldsymbol{B}_1$,其中

$$
\boldsymbol{B}_1=\begin{pmatrix}
0.922 & 0.205 & -0.481 & -0.785 & -0.747\\
0.504 & 0.012 & -1.578\times10^{-4} & 0.106 & -0.106\\
0 & -0.207 & 0.449 & 0.797 & 0.181\\
0 & -0.025 & 0.438 & 0.968 & 0.166\\
0 & 0.015 & 1.892\times10^{-3} & 0.149 & 0.73
\end{pmatrix}.
$$

然后约化 $\boldsymbol{B}_1$ 的第 2 列. 取 $\boldsymbol{\beta}=(-0.207,-0.025,0.015)^{\mathrm{T}}$,构造 Householder 变换 $\widetilde{\boldsymbol{P}}$,使得

$$
\widetilde{\boldsymbol{P}}\boldsymbol{\beta}=(0.209,0,0)^{\mathrm{T}},
$$

构造 Householder 变换 $\boldsymbol{P}_2=\begin{pmatrix}1 & 0 & \boldsymbol{0}\\ 0 & 1 & \boldsymbol{0}\\ \boldsymbol{0} & \boldsymbol{0} & \widetilde{P}\end{pmatrix}$使得

$$
\boldsymbol{P}_2\boldsymbol{B}_1\boldsymbol{P}_2=\begin{pmatrix}
0.922 & 0.205 & 0.516 & -0.725 & -0.783\\
0.504 & 0.012 & 6.151\times10^{-5} & -0.106 & -0.177\\
0 & 0.209 & 0.588 & -0.829 & -0.181\\
0 & 0 & -0.471 & 0.814 & 0.178\\
0 & 0 & -7.525\times10^{-3} & 0.208 & 0.744
\end{pmatrix}=\boldsymbol{B}_2.
$$

再约化 $\boldsymbol{B}_2$ 的第 3 列. 取 $\boldsymbol{\beta}=(-0.471,-7.525\times10^{-3})^{\mathrm{T}}$,构造 Householder 变换 $\widetilde{\boldsymbol{P}}$ 使得

$$
\widetilde{\boldsymbol{P}}\boldsymbol{\beta}=(0.471,0)^{\mathrm{T}},
$$

构造 Householder 变换 $\boldsymbol{P}_3=\begin{pmatrix}1 & 0 & 0 & \boldsymbol{0}\\ 0 & 1 & 0 & \boldsymbol{0}\\ 0 & 0 & 1 & \boldsymbol{0}\\ \boldsymbol{0} & \boldsymbol{0} & \boldsymbol{0} & \widetilde{\boldsymbol{P}}\end{pmatrix}$使得

$$
\boldsymbol{P}_3\boldsymbol{B}_2\boldsymbol{P}_3=\begin{pmatrix}
0.922 & 0.205 & 0.516 & 0.737 & -0.772\\
0.504 & 0.012 & 6.151\times10^{-5} & 0.109 & -0.176\\
0 & 0.209 & 0.588 & 0.832 & -0.173\\
0 & 0 & -0.471 & 0.82 & -0.176\\
0 & 0 & 0 & -0.207 & 0.737
\end{pmatrix}=\boldsymbol{H}_{k+1}.
$$

取 μ_1,μ_2 作位移(又称 Francis 位移),可以不必限于 $\boldsymbol{B}$ 一定有一对复特征值,对实特征值也可作这样的位移. 此时,可以预期,$\boldsymbol{H}_k$ 的两个元素 $H_k^{(n-1,n-2)}$,$H_k^{(n,n-1)}$会随 k 的增大而平方收敛到零.

6. 标准的 QR 迭代

至此本书讨论了 QR 迭代计算矩阵 $\boldsymbol{A}$ 特征值的主要步骤.

第 1 步　将 $\boldsymbol{A}$ 正交相似变换为上 Hessenberg 矩阵 $\boldsymbol{H}$.

第 2 步　将 Francis QR 方法应用于 $\boldsymbol{H}$,直至收敛到一个拟上三角矩阵.

这是求解非对称矩阵特征值问题的标准方法. 在第 k 步迭代过程中，为减少计算量，防止 $\boldsymbol{H}_k$ 对角线上的已经是 1×1 或 2×2 的子矩阵继续参与不必要的迭代，需要将 $\boldsymbol{H}_k$ 作适当分块，分别处理. 例如：

$$\boldsymbol{H}_k=\begin{pmatrix}\boldsymbol{H}_{11} & \boldsymbol{H}_{12} & \boldsymbol{H}_{13}\\ & \boldsymbol{H}_{22} & \boldsymbol{H}_{23}\\ & & \boldsymbol{H}_{33}\end{pmatrix}, \tag{4.23}$$

式中，$\boldsymbol{H}_{22}$ 是不可约矩阵上 Hessenberg 矩阵，是 Francis QR 方法应用的对象，也就是说，“第 2 步将 Francis QR 方法应用于 $\boldsymbol{H}$”，实际上是“应用于 $\boldsymbol{H}_{22}$”；$\boldsymbol{H}_{11}$ 是 $p\times p$ 阶上 Hessenberg 矩阵，可以是可约，但阶数低于 $\boldsymbol{H}_{22}$ 的阶数；$\boldsymbol{H}_{33}$ 是 $q\times q$ 阶拟上三角矩阵(即对角线是 1×1 或 2×2 的方阵). $\boldsymbol{H}_{33}$ 可不必参与 QR 迭代，$\boldsymbol{H}_{11}$ 在第 k 步也不参与 QR 迭代. 需要注意的是，在迭代初期，$\boldsymbol{H}_{11}$ 和 $\boldsymbol{H}_{33}$ 可能还没有形成. 最后如果 $q=n$，则 $\boldsymbol{H}_k$ 已经是拟上三角矩阵，迭代结束.

在第 k 步迭代过程中，还需要检测次对角元 $H_k^{(i+1,i)}$ $(i=1,2,\cdots,n-1)$ 的大小. 若它的绝对值非常小，例如：

$$|H_k^{(i+1,i)}|\leqslant(|H_k^{(i,i-1)}|+|H_k^{(i-1,i-1)}|)\varepsilon, \tag{4.24}$$

式中，ε 是机器精度，则将 $H_k^{(i+1,i)}$ 设定为零.

总结上述过程，得 QR 方分法如下：

算法 4.11 (QR 方法)

1. 将 $\boldsymbol{A}$ 正交相似变换为上 Hessenberg 矩阵 $\boldsymbol{H}$.
2. 令 $k=0,1,2,\cdots$.
   (1) 将所有满足式(4.24)的 $H_k^{(i+1,i)}$ 设定为零；
   (2) 找出最大数 q 和最小数 p，对 $\boldsymbol{H}_k$ 作形如式(4.23)的分块；
   (3) 若 $q=n$ 则迭代结束，停止计算；
   (4) 对 $\boldsymbol{H}_{22}$ 作 Francis QR 方法计算；$k=k+1$，转(1).

算法 4.11 应用于 $\boldsymbol{A}$ 之后，$\boldsymbol{A}$ 成为拟上三角矩阵，其对角线上的 1×1 阶矩阵的元素是 $\boldsymbol{A}$ 的特征值，2×2 阶矩阵的特征值是 $\boldsymbol{A}$ 的一对复特征值.

尽管 QR 迭代是计算非对称矩阵特征值的主要方法，但是在实际计算时，QR 迭代也会失败.

例 14 矩阵 $\boldsymbol{B}=\begin{pmatrix}0 & -2 & 2\\ -1 & 0 & -1\\ -2 & -2 & 0\end{pmatrix}$ 有 3 个特征值 0,0,0. 用数学软件计算特征值，结果如下：

	指令	特征值
双重步位移	算法 4.10	$2.072\times10^{-6}\pm3.589\mathrm{i}\times10^{-6}$, -4.145×10^{-6}
Matlab	eig	$-0.4588\times10^{-5}\pm0.7946\mathrm{i}\times10^{-5}$, 0.9175×10^{-5}
Matlab	eig 符号计算	0,0,0
MathCAD	eigenvals	$-1.651\times10^{-6}\pm2.859\mathrm{i}\times10^{-6}$, 3.302×10^{-6}
MathCAD	eigenvals 符号计算	0,0,0

Matlab 和 MathCAD 均可用指令计算矩阵特征值和特征向量，但对有些矩阵会出现差错.

虽然符号计算可以正确算出特征值，但符号计算不是数值计算，且不适合高阶矩阵的计算.

例 15　50 阶三对角矩阵 $\boldsymbol{B}=\begin{pmatrix} 6 & 1 & & & & \\ 8 & 6 & 1 & & & \\ & 8 & 6 & 1 & & \\ & & \ddots & \ddots & \ddots & \\ & & & 8 & 6 & 1 \\ & & & & 8 & 6 \end{pmatrix}$ 的特征值为

$$\lambda_j=6+2\sqrt{8}\cos\frac{j\pi}{51},\ j=1,2,\cdots,50.$$

对于该矩阵，Matlab 和 MathCAD 均不能正确计算出 $\boldsymbol{B}$ 的特征值.

习　题

1. 假设矩阵 $\boldsymbol{A}\in\mathbf{R}^{n\times n}$，$p_k(x)=\sum\limits_{i=0}^{k}a_ix^i$ 是 k 次多项式，试用 $\boldsymbol{A}$ 的特征值和特征向量表示矩阵 $p_k(\boldsymbol{A})$ 的特征值和特征向量.

2. 假设矩阵 $\boldsymbol{A},\boldsymbol{B}$ 及初始向量 $(1,1,1)^{\mathrm{T}}$，其中

$$\boldsymbol{A}=\begin{pmatrix} 4 & 1 & -1 \\ 1 & 4 & 1 \\ -1 & 1 & 4 \end{pmatrix},\ \boldsymbol{B}=\begin{pmatrix} 1 & 2 & 0 \\ 2 & 1 & 1 \\ 0 & 1 & 1 \end{pmatrix}.$$

(1) 用幂法计算 $\boldsymbol{A},\boldsymbol{B}$ 的主特征值和特征向量；

(2) 用反幂法计算 $\boldsymbol{A},\boldsymbol{B}$ 的模最小的特征值和特征向量；

(3) 假设 4.9 是 $\boldsymbol{A}$ 的一个近似特征值，试计算它的特征向量.

3. 用反幂法求矩阵 $\boldsymbol{A}=\begin{pmatrix} 3 & 2 & 0 \\ 2 & 1 & 4 \\ 1 & 2 & 1 \end{pmatrix}$ 最接近 -2 的特征值和特征向量，迭代初值取 $(1,1,1)^{\mathrm{T}}$.

4. 设矩阵 $\boldsymbol{A}=\begin{pmatrix}1 & 2\\ 3 & 4\end{pmatrix}$.

(1) 取初始向量$(1,1)^{\mathrm{T}}$,用幂法求 $\boldsymbol{A}$ 的主特征值;

(2) 用作 10 次基本 QR 迭代,求 $\boldsymbol{A}$ 的特征值;

(3) 将(1),(2)结果与矩阵 $\boldsymbol{A}$ 的特征值比较.

5. 假设线性方程组 $\boldsymbol{Ax}=\boldsymbol{b}$,其中

$$\boldsymbol{A}=\begin{pmatrix}\boldsymbol{B} & -2\boldsymbol{I} & \boldsymbol{0}\\ -\boldsymbol{I} & \boldsymbol{B} & -\boldsymbol{I}\\ \boldsymbol{0} & -2\boldsymbol{I} & \boldsymbol{B}\end{pmatrix},\boldsymbol{B}=\begin{pmatrix}4 & -2 & 0\\ -1 & 4 & -1\\ 0 & -2 & 4\end{pmatrix},$$

$\boldsymbol{I}$ 是单位矩阵,$\boldsymbol{b}$ 是元素都等于 1 的 9 维列向量.

(1) 试用幂法计算 Jacobi、Gauss-Seidel 迭代法的迭代矩阵谱半径,并判别迭代法的收敛性;

(2) 计算 SOR 迭代法的最佳松弛因子.

6. 假设矩阵

$$\boldsymbol{A}=\begin{pmatrix}0.806 & 0.211 & 0.553 & 0.114\\ 0.752 & 0.543 & 0.437 & 0.696\\ 0.437 & 0.578 & 0.629 & 0.504\\ 0.696 & 0.19 & 0.178 & 0.457\end{pmatrix}.$$

(1) 试用 Householder 变换将 $\boldsymbol{A}$ 变换成上 Hessenberg 矩阵 $\boldsymbol{H}$;

(2) 试用 Givens 变换 $\boldsymbol{H}$ 作 QR 分解:$\boldsymbol{H}=\boldsymbol{QR}$,并验证$\boldsymbol{Q}$是否是上 Hessenberg 矩阵.

7. 计算拟上三角矩阵 $\boldsymbol{A}$,$\boldsymbol{B}$ 的特征值:

$$\boldsymbol{A}=\begin{pmatrix}1.984 & -0.367 & -0.048 & -0.572\\ 0 & -0.558 & 0.49 & -0.044\\ 0 & 0 & 0.06 & -0.193\\ 0 & 0 & 0.114 & 0.254\end{pmatrix},$$

$$\boldsymbol{B}=\begin{pmatrix}1.984 & -0.367 & -0.048 & 0.572\\ 0 & -0.558 & 0.49 & -0.044\\ 0 & 0 & 0.06 & -0.193\\ 0 & 0 & 0.114 & 0.254\end{pmatrix}.$$

8. 假设矩阵

$$\boldsymbol{A}=\begin{pmatrix}5 & -4 & -10 & 0\\ -5 & 17 & 0 & -10\\ -13 & 0 & 17 & -4\\ 0 & -13 & -5 & 19\end{pmatrix},\ \boldsymbol{B}=\begin{pmatrix}1 & 1 & 0 & 0\\ 1 & 0 & 1 & 0\\ 1 & 1 & 1 & 1\\ 0 & 1 & 0 & 1\end{pmatrix};$$

(1) 用 QR 基本迭代法计算 $\boldsymbol{A}$,$\boldsymbol{B}$ 的特征值及特征向量;

(2) 用带原点位移的 QR 迭代计算 $\boldsymbol{A}$,$\boldsymbol{B}$ 的特征值;

(3) 用双重步位移的 QR 迭代计算 $\boldsymbol{A}$,$\boldsymbol{B}$ 的特征值.

9. 假设 $\boldsymbol{H}$ 是上 Hessenberg 矩阵,对 $\boldsymbol{H}$ 作 QR 分解得 $\boldsymbol{H}=\boldsymbol{QR}$,证明:

(1) 正交矩阵$\boldsymbol{Q}$是上 Hessenberg 矩阵；

(2) $\boldsymbol{RQ}$是上 Hessenberg 矩阵，由此说明 $\boldsymbol{H}$ 经 QR 迭代后仍然是上 Hessenberg 矩阵；

(3) 双重步位移的 QR 迭代保持上 Hessenberg 矩阵形式.

10. 在带原点位移的 QR 迭代中，如果位移因子 μ_k 正好是矩阵 $\boldsymbol{H}_k$ 的一个精确特征值，则 QR 迭代一步就能确定它是矩阵 $\boldsymbol{H}_k$ 的一个精确特征值.

11. 证明：当 k 足够大时，基本 QR 迭代是线性收敛的.

12. 证明：当 k 足够大时，带原点位移的 QR 迭代是 2 次收敛的.

13. 假设有多项式 $f(x)=x^n+a_{n-1}x^{n-1}+\cdots+a_1x+a_0$.

(1) 证明矩阵 $\mathbf{A}=\begin{pmatrix} 0 & & & & & -a_0 \\ 1 & 0 & & & & -a_1 \\ & 1 & 0 & & & -a_2 \\ & & \ddots & \ddots & & \vdots \\ & & & 1 & 0 & -a_{n-2} \\ & & & & 1 & -a_{n-1} \end{pmatrix}$ 的特征多项式等于 $f(x)$；

(2) 用 QR 方法计算下列多项式的根：

$$f_1(x)=1+2x+3x^2+4x^4+5x^5,\ f_2(x)=3-x^2+4x^4.$$

第 5 章

多项式插值

多项式插值属于函数逼近问题，基本思想是，在某个函数类中选择一个函数，使得它在某种意义下逼近另外一个函数. 例如在函数类为次数不超过 n 的多项式中，选择多项式 $P(x)$逼近$[a,b]$上的连续函数 $f(x)$，“某种意义”常常为以下形式之一：

(1) 使得最大误差 $\max\limits_{x\in[a,b]}|f(x)-P(x)|$ 最小；

(2) 使得最大误差 $\max\limits_{0\leqslant i\leqslant m}|f(x_i)-P(x_i)|$ 最小；

(3) 使得平方误差 $\int_a^b(f(x)-P(x))^2\mathrm{d}x$ 最小；

(4) 使得平方误差 $\sum\limits_{i=0}^{m}(f(x_i)-P(x_i))^2$ 最小.

这里情形(1)(3)(4)将是第 6 章的内容. 函数插值可看成是情形(2)或(4)的特殊情况. 下面讨论函数插值.

假设一组给定数据

$$(x_i, y_i),\ i=0,1,\cdots,n, \tag{5.1}$$

式中，$y_i=f(x_i)$. 这种情况下(2)或(4)的最小值可以是零，也就是用满足条件 $P(x_i)=y_i$ 的函数 $P(x)$逼近函数 $f(x)$，称 $P(x)$为 $f(x)$的插值函数. 如上所述若 $P(x)$是多项式，则称之为插值多项式. 多项式插值是数值积分、数值微分和微分方程数值解法等的基础.

例如，用数值方法计算积分 $I=\int_a^b f(x)\mathrm{d}x$，可先 n 等分$[a,b]$得 $n+1$ 个等分节点 x_i，以及函数值 $y_i=f(x_i)$，得形如式(5.1)的一组数据，据此构造 n 次插值多项式 $p_n(x)$逼近 $f(x)$，则

$$I=\int_a^b f(x)\mathrm{d}x\approx\int_a^b p_n(x)\mathrm{d}x.$$

由此可得计算积分的牛顿-科特斯公式.

常用的多项式插值有拉格朗日插值、牛顿插值，以及带有导数的埃尔米特插

值、样条插值等.

§1　多项式插值概述

假设式(5.1)中节点 $x_i\in[a,b]$，且满足 $a=x_0<x_1<\cdots<x_n=b$，多项式插值是指：构造满足条件

$$p_n(x_i)=y_i,\ i=0,1,\cdots,n \tag{5.2}$$

的次数不超过 n 的多项式 $p_n(x)$. 称式(5.2)为插值条件，点 x_i 为插值节点，$p_n(x)$ 是关于节点(5.1)的 n 次插值多项式.

要求 $p_n(x)$满足式(5.2)的原因是，既然用 $p_n(x)$逼近 $f(x)$，自然要求 $p_n(x)$与 $f(x)$在“尽可能多的地方上相等”，但若仅知道 $f(x_i)$的值，当然要求 $p_n(x)$满足式(5.2). 对于 Hermite 插值，不仅要求 $P(x)$满足式(5.2)，还要求导数条件 $P'(x_j)=y'_j$，这里 j 是 0 到 n 之间的一些正整数，意思是不必知道每个节点上函数的导数值.

下面的定理表明，满足式(5.2)的多项式 $p_n(x)$唯一存在.

定理 1　满足插值条件(5.2)的 n 次插值多项式 $p_n(x)$唯一存在.

证明　设 $p_n(x)=a_0+a_1x+a_2x^2+\cdots+a_nx^n$，根据式(5.2)有

$$\begin{cases}a_0+a_1x_0+a_2x_0^2+\cdots+a_nx_0^n=y_0,\\ a_0+a_1x_1+a_2x_1^2+\cdots+a_nx_1^n=y_1,\\ \cdots\cdots\cdots\cdots\\ a_0+a_1x_n+a_2x_n^2+\cdots+a_nx_n^n=y_n.\end{cases} \tag{5.3}$$

这是关于未知系数 $a_0,a_1,\cdots,a_n$ 的线性方程组，其系数行列式是范德蒙行列式，当节点 x_i 互不相等时，系数行列式非零，从而方程组(5.3)有唯一解 $a_0,a_1,\cdots,a_n$，故 $p_n(x)$唯一存在.

例 1　根据下列数据构造 2 次插值多项式，并计算 $f(0.53)$的值.

x	0.500	0.520	0.540
y	0.520 500	0.537 899	0.554 939

解　令 2 次插值多项式 $p_2(x)=a_0+a_1x+a_2x^2$，根据插值条件有

$$\begin{cases}a_0+0.5a_1+0.5^2a_2=0.520\,500\\ a_0+0.52a_1+0.52^2a_2=0.537\,899\\ a_0+0.54a_1+0.54^2a_2=0.554\,939\end{cases}$$

或
$$\begin{pmatrix}1 & 0.50 & 0.5^2\\ 1 & 0.52 & 0.52^2\\ 1 & 0.54 & 0.54^2\end{pmatrix}\begin{pmatrix}a_0\\ a_1\\ a_2\end{pmatrix}=\begin{pmatrix}0.520\,500\\ 0.537\,899\\ 0.554\,939\end{pmatrix},$$

解得 $a_0=-0.031\,15$，$a_1=1.327\,675$，$a_2=-0.448\,75$，所以

$$p_2(x)=-0.031\,15+1.327\,675x-0.448\,75x^2,$$

$$f(0.53)\approx p_2(0.53)=0.546\,463\,9.$$

通过方程组(5.3)计算 $p_n(x)$有以下缺点：

(1) 当 n 较大时，求解方程组(5.3)的计算量大；

(2) 这种类型的方程组可能是病态方程组.

因此，这种方法无论是手算还是用计算机计算，都不是最好的，但它从理论上说明了插值多项式的存在性与唯一性.

如果只要计算 $f(x)$在节点 x 处的值，则不用计算 $p_n(x)$的表达式也能完成.

§2 拉格朗日插值多项式

拉格朗日(Lagrange)插值多项式是一种简单实用的插值多项式，构造方法如下：取 n 次多项式 $l_j(x)$，$j=0,1,2,\cdots,n$，即

$$l_j(x)=\frac{(x-x_0)\cdots(x-x_{j-1})(x-x_{j+1})\cdots(x-x_n)}{(x_j-x_0)\cdots(x_j-x_{j-1})(x_j-x_{j+1})\cdots(x_j-x_n)}=\prod_{k=0,k\neq j}^{n}\frac{x-x_k}{x_j-x_k}. \tag{5.4}$$

这里 $l_j(x)$称为**插值基函数**，显然有

$$l_j(x_i)=\begin{cases}0, & i\neq j,\\ 1, & i=j,\end{cases}\quad i,j=0,1,\cdots,n.$$

记

$$\begin{aligned}p_n(x)&=y_0l_0(x)+y_1l_1(x)+\cdots+y_nl_n(x) \qquad (5.5)\\ &=\sum_{j=0}^{n}y_jl_j(x)=\sum_{j=0}^{n}\left(y_j\cdot\prod_{k=0,k\neq j}^{n}\frac{x-x_k}{x_j-x_k}\right).\end{aligned}$$

可验证式(5.5)满足插值条件(5.2)，称 $p_n(x)$为 n **次拉格朗日插值多项式**.

特别地，当 $n=1$ 时，称 $p_1(x)$为线性插值多项式，表达式为

$$p_1(x)=y_0\frac{x-x_1}{x_0-x_1}+y_1\frac{x-x_0}{x_1-x_0};$$

当 $n=2$(3 个节点)时，称 $p_2(x)$为 2 次插值多项式，表达式为

$$\begin{aligned}p_2(x)&=y_0l_0(x)+y_1l_1(x)+y_2l_2(x)\\ &=y_0\frac{(x-x_1)(x-x_2)}{(x_0-x_1)(x_0-x_2)}+y_1\frac{(x-x_0)(x-x_2)}{(x_1-x_0)(x_1-x_2)}+y_2\frac{(x-x_0)(x-x_1)}{(x_2-x_0)(x_2-x_1)}.\end{aligned}$$

例 2　用拉格朗日插值多项式计算 $f(0.53)$的值.

x	0.500	0.520	0.540
y	0.520 500	0.537 899	0.554 939

解　总共 3 个点,用二次拉格朗日插值多项式计算.

$$
\begin{aligned}
f(0.53)&\approx p_2(0.53)\\
&=y_0l_0(0.53)+y_1l_1(0.53)+y_2l_2(0.53)\\
&=0.520\,500l_0(0.53)+0.537\,899l_1(0.53)+0.554\,939l_2(0.53),
\end{aligned}
$$

式中

$$
\begin{aligned}
l_0(0.53)&=\frac{(0.53-x_1)(0.53-x_2)}{(x_0-x_1)(x_0-x_2)}\\
&=\frac{(0.53-0.52)(0.53-0.54)}{(0.5-0.52)(0.5-0.54)}=-0.125.
\end{aligned}
$$

同理 $l_1(0.53)=0.75$,$l_2(0.53)=0.375$,所以

$$f(0.53)\approx p_2(0.53)=0.546\,463\,9.$$

与例 1 比较,两者结果一样,这是因为插值唯一.

§3　插值余项

当用插值多项式 $p_n(x)$逼近函数 $f(x)$时,称误差 $R(x)=f(x)-p_n(x)$为**插值余项**.下面定理给出了插值余项的表达式.

定理 2　设 $f^{(n)}(x)$在$[a,b]$上连续,$f^{(n+1)}(x)$在(a,b)内存在,$p_n(x)$是关于节点$(x_i,y_i)_{i=0}^n$的插值多项式,且 $a=x_0<x_1<\cdots<x_n=b$,则插值余项满足

$$f(x)-p_n(x)=\frac{f^{(n+1)}(\xi)}{(n+1)!}(x-x_0)(x-x_1)\cdots(x-x_n),$$

式中,$\xi\in(a,b)$,且与 x 有关.

证明　记 $w(x)=(x-x_0)(x-x_1)\cdots(x-x_n)$,构造函数

$$\varphi(t)=f(t)-p_n(t)-\frac{f(x)-p_n(x)}{w(x)}w(t),$$

显然 $\varphi(t)$有 $n+2$ 个零点: $x_0,x_1,\cdots,x_n$ 和 x.由罗尔定理知 $\varphi'(t)$在$[a,b]$中至少有 $n+1$ 个零点,$\varphi''(t)$至少有 n 个零点,依此类推,$\varphi^{(n+1)}(t)$至少有 1 个零点,记为 ξ,所以

$$\varphi^{(n+1)}(\xi)=f^{(n+1)}(\xi)-\frac{f(x)-p_n(x)}{w(x)}\cdot(n+1)!=0.$$

定理得证.

定理中区间$[a,b]$称插值区间，如果插值点 $x\in[a,b]$，则称为内插，否则称为外推. 一般外推不可靠，这是因为当 x 远离插值区间时，函数 $w(x)=\prod_{i=0}^{n}(x-x_i)$ 可能会很大. 同样，若值 $f^{(n+1)}(\xi)$很大，误差也会大.

例 3 在例 2 中

$$f(x)=\frac{2}{\sqrt{\pi}}\int_0^x e^{-x^2}\,dx,$$

试估计插值误差$|f(0.53)-p_2(0.53)|$.

解 在点 0.53 处的误差为

$$|f(0.53)-p_2(0.53)|=\left|\frac{f'''(\xi)}{3!}(0.53-x_0)(0.53-x_1)(0.53-x_2)\right|$$
$$=5\times10^{-7}\times|f'''(\xi)|,$$

而式中 $f'''(\xi)$未知，将它作放大处理：

$$|f'''(\xi)|\leqslant\max_{0.5\leqslant x\leqslant 0.54}|f'''(x)|=0.879,$$

所以

$$|f(0.53)-p_2(0.53)|\leqslant5\times10^{-7}\times0.879=4.395\times10^{-7}.$$

注 与用 Romberg 公式计算的积分值

$$f(0.53)=\frac{2}{\sqrt{\pi}}\int_0^{0.53}e^{-x^2}\,dx=0.546\,464\,09\cdots$$

比较，$p_2(0.53)=0.546\,463\,9$ 的准确性较高. 原因是：① $|f'''(x)|$的最大值较小；② 插值区间$[0.5,0.54]$非常小，导致

$$|w(0.53)|=|(0.53-x_0)(0.53-x_1)(0.53-x_2)|$$

很小.

在实际应用中，由于 $f^{(n+1)}(\xi)$计算困难或可能未知，余项定理的应用受到限制，于是可用下列方法进行误差估计. 假设数据$(x_i,y_i)_{i=0}^{n}$，则对节点 x，先取点 x_0，$x_1,\cdots,x_{n-1}$ 计算插值，记为 $\tilde{y}_1(x)$；再取点 $x_1,x_2,\cdots,x_n$ 计算另一个插值，记为 $\tilde{y}_2(x)$，以下简记为 $\tilde{y}_1$ 和 $\tilde{y}_2$. 它们的误差分别为

$$y-\tilde{y}_1=\frac{f^{(n)}(\xi_1)}{n!}(x-x_0)\cdots(x-x_{n-1}) \tag{5.6}$$

和

$$y-\tilde{y}_2=\frac{f^{(n)}(\xi_2)}{n!}(x-x_1)\cdots(x-x_n). \tag{5.7}$$

假设 $f^{(n+1)}(x)$在$[a,b]$上变化不大，即 $f^{(n)}(\xi_1)\approx f^{(n)}(\xi_2)$，式(5.6)和(5.7)两式相除并解得

$$y-\tilde{y}_1\approx(\tilde{y}_2-\tilde{y}_1)\frac{x-x_0}{x_n-x_0}, \tag{5.8}$$

称式(5.8)为**事后误差估计**. 同时,从式(5.8)还可得到 $y=f(x)$新的近似值

$$y\approx\tilde{y}_1+(\tilde{y}_2-\tilde{y}_1)\frac{x-x_0}{x_n-x_0}. \tag{5.9}$$

下面考察式(5.9)的意义. 由于式(5.9)等价于

$$y\approx\tilde{y}_1\ \frac{x-x_n}{x_0-x_n}+\tilde{y}_2\ \frac{x-x_0}{x_n-x_0}=p(x). \tag{5.10}$$

可见式(5.9)是关于节点$(x_0,\tilde{y}_1)$,$(x_n,\tilde{y}_2)$的线性插值. 若将 $x\in\mathbf{R}$ 看成变量,则 $\tilde{y}_1(x)$和 $\tilde{y}_2(x)$均为 $n-1$ 次插值多项式,从而 $p(x)$是 n 次多项式. 由于

$$p(x_0)=\tilde{y}_1(x_0)\frac{x_0-x_n}{x_0-x_n}+\tilde{y}_2(x_0)\frac{x_0-x_0}{x_n-x_0}=y_0,$$

$$p(x_i)=\tilde{y}_1(x_i)\frac{x_i-x_n}{x_0-x_n}+\tilde{y}_2(x_i)\frac{x_i-x_0}{x_n-x_0}=y_i,\ i=1,2,\cdots,n-1,$$

$$p(x_n)=\tilde{y}_1(x_n)\frac{x_n-x_n}{x_0-x_n}+\tilde{y}_2(x_n)\frac{x_n-x_0}{x_n-x_0}=y_n,$$

可见式(5.10)右端的 $p(x)$实际上是关于节点$(x_i,y_i)_{i=0}^{n}$的 n 次插值多项式.

§4 牛顿插值多项式

在拉格朗日插值中,若新增一个节点计算 $p_{n+1}(x)$时,原有的基函数 $l_j(x)$要重新计算. 牛顿插值多项式则不然. 假设节点$(x_i,y_i)$$(i=0,1,\cdots,n)$,取 $n+1$ 个函数

$$1,x-x_0,(x-x_0)(x-x_1),\cdots,(x-x_0)(x-x_1)\cdots(x-x_{n-1})$$

作为牛顿插值多项式的基函数,令

$$\begin{aligned}N_n(x)=a_0+a_1(x-x_0)+&\\ &a_2(x-x_0)(x-x_1)+\cdots+\\ &a_n(x-x_0)(x-x_1)\cdots(x-x_{n-1}),\end{aligned}$$

式中,系数 $a_0,a_1,\cdots,a_n$ 由插值条件 $N_n(x_i)=y_i(i=0,1,\cdots,n)$确定:

(1) 由 $N_n(x_0)=y_0$ 得 $a_0=y_0=f(x_0)$;

(2) 由 $N_n(x_1)=y_1$ 得 $a_1=\dfrac{f(x_1)-f(x_0)}{x_1-x_0}$;

(3) 依此类推,由 $N_n(x_k)=y_k$ 计算 $a_k(k=2,3,\cdots,n)$.

如此确定的 n 次多项式 $N_n(x)$称为**牛顿(Newton)插值多项式**. 当 k 较大时,按照上述方法计算 a_k 比较繁琐. 实际上这里的 a_k 是关于节点 $x_0,x_1,\cdots x_k$ 的差商.

定义 由 $k+1$ 个点 $x_0,x_1,\cdots x_k$ 定义的 k 阶差商为

$$f[x_0,x_1,\cdots,x_k]=\frac{f[x_1,x_2,\cdots,x_k]-f[x_0,x_1,\cdots,x_{k-1}]}{x_k-x_0}, \qquad (5.11)$$

一个点 x_0 的 0 阶差商定义为 $f[x_0]=f(x_0)$，即 $f(x)$ 在 x_0 处的函数值.

可以验证，多项式 $N_n(x)$ 中的系数 a_k 是关于节点 $x_0,x_1,\cdots x_k$ 的 $k(k=0,1,\cdots,n)$ 阶差商，即

$$\begin{aligned}a_k &= f[x_0,x_1,\cdots,x_k]\\ &= \sum_{j=0}^{k}\frac{f(x_j)}{(x_j-x_0)\cdots(x_j-x_{j-1})(x_j-x_{j+1})\cdots(x_j-x_k)},\end{aligned} \qquad (5.12)$$

事实上关于节点 $x_0,x_1,\cdots,x_k$ 的 k 次拉格朗日插值多项式和 k 次牛顿插值多项式的首项系数分别为 $\sum\limits_{j=0}^{k}\left(y_j\cdot\prod\limits_{i=0,i\neq j}^{k}\frac{1}{x_j-x_i}\right)$ 和 a_k. 根据插值唯一性可知式(5.12)成立.

式(5.12)还表明，差商与节点排列顺序无关. 若将 $f[x_0,x_1,\cdots,x_k]$ 简记为 $f_{012\cdots k}$，则牛顿插值多项式可记为

$$N_n(x)=f(x_0)+\sum_{i=1}^{n}\left[f_{012\cdots i}\cdot\prod_{j=0}^{i-1}(x-x_j)\right]. \qquad (5.13)$$

差商也可以用牛顿差商表计算. 以 5 个节点为例，按照式(5.11)逐行或逐列计算：

x_0	$f(x_0)$				
x_1	$f(x_1)$	f_{01}			
x_2	$f(x_2)$	f_{12}	f_{012}		
x_3	$f(x_3)$	f_{23}	f_{123}	f_{0123}	
x_4	$f(x_4)$	f_{34}	f_{234}	f_{1234}	f_{01234}

上表称为**牛顿差商表**，其中每一个差商用式(5.11)计算. 例如差商

$$f_{1234}=\frac{f_{234}-f_{123}}{x_4-x_1}=\frac{f[x_2,x_3,x_4]-f[x_1,x_2,x_3]}{x_4-x_1}.$$

根据差商表，容易写出 1 至 4 次牛顿插值多项式如下：

$N_1(x)=f(x_0)+f_{01}(x-x_0)$,

$N_2(x)=f(x_0)+f_{01}(x-x_0)+f_{012}(x-x_0)(x-x_1)$,

$N_3(x)=f(x_0)+f_{01}(x-x_0)+f_{012}(x-x_0)(x-x_1)+f_{0123}(x-x_0)(x-x_1)(x-x_2)$,

$N_4(x)=N_3(x)+f_{01234}(x-x_0)(x-x_1)(x-x_2)(x-x_3)$.

可见牛顿插值多项式的递推性质：

$$N_{n+1}(x)=N_n(x)+f_{0,1,2,\cdots,n+1}(x-x_0)(x-x_1)\cdots(x-x_n).$$

例 4　式(5.9)是关于节点$(x_0,\bar{y}_1)$，$(x_n,\bar{y}_2)$的 1 次牛顿插值多项式.

例 5　用牛顿插值多项式计算 $f(0.53)$的值.

x	0.500	0.520	0.540
y	0.520 500	0.537 899	0.554 939

解　牛顿差商表如下：

$x_0=0.50$　$f_0=0.520\,5$

$x_1=0.52$　$f_1=0.537\,9$　$f_{01}=0.869\,95$

$x_2=0.54$　$f_2=0.554\,9$　$f_{12}=0.852$　$f_{012}=-0.448\,75$

所以牛顿插值多项式为

$$N_2(x)=f(x_0)+f_{01}(x-x_0)+f_{012}(x-x_0)(x-x_1)$$
$$=0.520\,5+0.869\,95(x-0.5)-0.448\,75(x-0.5)(x-0.52),$$
$$f(0.53)\approx N_2(0.53)=0.546\,463\,9.$$

§5　牛顿插值多项式的余项

由于基于节点$(x_i,y_i)_{i=0}^n$的 n 次插值多项式唯一，故 n 次牛顿插值多项式$N_n(x)$的余项也为

$$f(x)-N_n(x)=\frac{f^{(n+1)}(\xi)}{(n+1)!}\prod_{i=0}^{n}(x-x_i).$$

这个余项也可用差商表示. 下面以低阶插值为例归纳.

由一阶差商 $f[x_0,x]=\dfrac{f(x)-f(x_0)}{x-x_0}$得

$$f(x)=f(x_0)+(x-x_0)f[x_0,x]=N_0(x)+(x-x_0)f[x_0,x],\tag{5.14}$$

这里 $N_0(x)$为关于节点(x_0,y_0)的零次牛顿插值多项式.

再由二阶差商 $f[x,x_0,x_1]=\dfrac{f[x_0,x_1]-f[x,x_0]}{x_1-x}$得

$$f[x,x_0]=f[x_0,x_1]-(x_1-x)f[x,x_0,x_1].$$

将上式代入式(5.14)得

$$f(x)=N_1(x)+(x-x_0)(x-x_1)f[x_0,x_1,x].$$

依此类推，有

$$f(x)-N_n(x)=f[x_0,\cdots,x_n,x]\cdot\prod_{i=0}^{n}(x-x_i).\tag{5.15}$$

式(5.15)是用差商表示的插值余项. 再由插值的唯一性知

$$f[x_0,\cdots,x_n,x]=\frac{f^{(n+1)}(\xi)}{(n+1)!}.\tag{5.16}$$

式(5.16)表明了差商和导数之间的关系，即

定理 3 若 $f(x)$在$[a,b]$上存在 n 阶导数，节点 $x_i\in[a,b]$，$i=0,1,\cdots,n$，则 n 阶差商与 n 阶导数满足如下关系：

$$f[x_0,\cdots,x_n]=\frac{f^{(n)}(\xi)}{n!},\ \xi\in(a,b).$$

§6 Hermite 插值多项式

本节讨论节点带导数的插值，即插值多项式 $p(x)$除了要满足插值条件(5.2)外，还要满足导数条件：

$$p'(x_i)=y'_i,\ i=0,1,\cdots,n. \tag{5.17}$$

式(5.17)表示在节点 x_i 处 $p(x)$与 $f(x)$的斜率一致，因而 $p(x)$能更好反映出 $f(x)$的变化，这种插值称为 **Hermite 插值**. 可以证明，这样的 Hermite 插值多项式是 $2n+1$ 次多项式，且唯一存在.

定理 4 存在唯一次数$\leqslant 2n+1$ 的多项式 $p(x)$满足式(5.17)和式(5.2).

证明 由于式(5.17)和式(5.2)共有 $2n+2$ 个条件，故可计算 $2n+1$ 次多项式 $p(x)$. 取 $2n+1$ 次多项式

$$\alpha_i(x)=[1-2(x-x_i)l'_i(x_i)]\ l_i^2(x),$$

$$\beta_i(x)=(x-x_i)\ l_i^2(x),\ i=0,1,\cdots,n$$

作为插值基函数，其中 $l_i(x)$是拉格朗日插值基函数(5.4)，则

$$p(x)=\sum_{i=0}^{n}(y_i\alpha_i(x)+y'_i\beta_i(x))$$

满足式(5.17)和式(5.2).

$p(x)$的唯一性证明.

假设 $2n+1$ 次多项式 $q(x)$也满足要求，由于 x_i 是 $p(x)-q(x)$的二重零点，故 $2n+1$ 次多项式 $p(x)-q(x)$有 $2n+2$ 个零点，说明 $q(x)=p(x)$.

计算 Hermite 插值多项式的方法包括：

① 解方程组的方法；

② 牛顿方法；

③ 拉格朗日方法(定理 4 中证明的方法).

下面以计算区间$[x_i,x_{i+1}]$上满足

$$H(x_i)=y_i,\ H(x_{i+1})=y_{i+1},\ H'(x_i)=y'_i,\ H'(x_{i+1})=y'_{i+1} \tag{5.18}$$

的插值多项式 $H(x)$为例介绍.

由于式(5.18)包含 4 个等式，因此 $H(x)$为次数不超过 3 的多项式.

先考察**牛顿方法**. 考察式(5.18)，节点 x_i,x_{i+1}分别出现两次，因此在构造牛顿

差商表时，要将这些节点重复列出，即差商表的第 1 列为 $x_i, x_i, x_{i+1}, x_{i+1}$，第 2 列为对应的函数值. 差商表中差商 $f[x_i, x_i]$ 计算方法为

$$f[x_i, x_i]=\lim_{x\to x_i}\frac{f(x)-f(x_i)}{x-x_i}=f'(x_i),$$

这里 $f[x_i, x_i]$ 称为二重节点 x_i 的差商，等于 $f(x)$ 在该节点的导数值.

问题(5.18)求解 记 $h_i=x_{i+1}-x_i$，构造如下牛顿差商表：

$$\begin{array}{lllll}
x_i & f(x_i) & & & \\
x_i & f(x_i) & f_{01}=y_i' & & \\
x_{i+1} & f(x_{i+1}) & f_{12}=\dfrac{y_{i+1}-y_1}{h_i} & f_{012}=\dfrac{f_{12}-f_{01}}{h_i} & \\
x_{i+1} & f(x_{i+1}) & f_{23}=y_{i+1}' & f_{123}=\dfrac{f_{23}-f_{12}}{h_i} & f_{0123}=\dfrac{f_{123}-f_{012}}{h_i}
\end{array}$$

所以三次 Hermite 插值多项式为

$$\begin{aligned}
H(x)&=f(x_i)+f_{01}(x-x_i)+f_{012}(x-x_i)^2+f_{0123}(x-x_i)^2(x-x_{i+1})\\
&=f(x_i)+y_i'(x-x_i)+\left(\frac{y_{i+1}-y_i}{h_i}-y_i'\right)\frac{(x-x_i)^2}{h_i}+\\
&\quad\left(\frac{y_{i+1}'+y_i'}{h_i^2}-2\,\frac{y_{i+1}-y_i}{h_i^3}\right)(x-x_i)^2(x-x_{i+1}).
\end{aligned}\tag{5.19}$$

下面用**拉格朗日插值方法求解式**(5.18).

根据条件(5.18)，定义 4 个基函数 $\alpha_i(x), \alpha_{i+1}(x), \beta_i(x), \beta_{i+1}(x)$，它们都是 3 次多项式，在点 x_i, x_{i+1} 上的取值如下表所示：

	基函数在节点的取值		基函数的导数在节点取值	
节点	x_i	x_{i+1}	x_i	x_{i+1}
$\alpha_i(x)$	1	0	0	0
$\alpha_{i+1}(x)$	0	1	0	0
$\beta_i(x)$	0	0	1	0
$\beta_{i+1}(x)$	0	0	0	1

如果令

$$H(x)=y_i\alpha_i(x)+y_{i+1}\alpha_{i+1}(x)+y_i'\beta_i(x)+y_{i+1}'\beta_{i+1}(x),\tag{5.20}$$

易验证 $H(x)$ 满足条件(5.18)，$H(x)$ 就是要求的三次插值多项式. 下面计算 4 个基函数.

首先计算 $\alpha_i(x)$. 由 $\alpha_i(x_{i+1})=\alpha_i'(x_{i+1})=0$ 知 x_{i+1} 是 $\alpha_i(x)$ 的二重零点，故

$$\alpha_i(x)=(ax+b)(x-x_{i+1})^2.$$

又根据 $\alpha_i(x_i)=1,\alpha_i'(x_i)=0$ 得

$$\begin{cases}(ax_i+b)(x_i-x_{i+1})^2=1,\\ a(x_i-x_{i+1})^2+2(ax_i+b)(x_i-x_{i+1})=0.\end{cases}$$

解方程得 a,b,并代入 $\alpha_i(x)$ 表达式得

$$\alpha_i(x)=\left(1+2\frac{x-x_i}{x_{i+1}-x_i}\right)\left(\frac{x-x_{i+1}}{x_i-x_{i+1}}\right)^2.$$

同理,另外 3 个基函数的表达式分别为

$$\alpha_{i+1}(x)=\left(1+2\frac{x-x_{i+1}}{x_i-x_{i+1}}\right)\left(\frac{x-x_i}{x_{i+1}-x_i}\right)^2,$$

$$\beta_i(x)=(x-x_i)\left(\frac{x-x_{i+1}}{x_i-x_{i+1}}\right)^2,$$

$$\beta_{i+1}(x)=(x-x_{i+1})\left(\frac{x-x_i}{x_{i+1}-x_i}\right)^2.$$

注 1 也可以直接应用定理 4 计算 4 个基函数.

注 2 4 个基函数也可以通过引进局部参数 t 表示.令

$$t=\frac{x-x_i}{x_{i+1}-x_i}=\frac{x-x_i}{h_i},\quad 1-t=\frac{x_{i+1}-x}{h_i},$$

则

$$\alpha_i(x)=\left(1+2\frac{x-x_i}{x_{i+1}-x_i}\right)\left(\frac{x-x_{i+1}}{x_i-x_{i+1}}\right)^2=(1+2t)(1-t)^2=\varphi_1(t),$$

$$\alpha_{i+1}(x)=\left(1+2\frac{x-x_{i+1}}{x_i-x_{i+1}}\right)\left(\frac{x-x_i}{x_{i+1}-x_i}\right)^2=[1+2(1-t)]t^2=\varphi_1(1-t),$$

$$\beta_i(x)=(x-x_i)\left(\frac{x-x_{i+1}}{x_i-x_{i+1}}\right)^2=h_it(1-t)^2=h_i\varphi_2(t),$$

$$\beta_{i+1}(x)=(x-x_{i+1})\left(\frac{x-x_i}{x_{i+1}-x_i}\right)^2=-h_i(1-t)t^2=-h_i\varphi_2(1-t),$$

因此有

$$H(x)=y_i\varphi_1(t)+y_{i+1}\varphi_1(1-t)+y_i'h_i\varphi_2(t)-y_{i+1}'h_i\varphi_2(1-t).$$

下面以方程组方法解式(5.18).

$H(x)$也可以用解方程组的方法计算.令

$$H(x)=a_0+a_1x+a_2x^2+a_3x^3,$$

根据插值条件(5.18)得

$$\begin{cases}a_0+a_1x_i+a_2x_i^2+a_3x_i^3=y_i,\\ a_0+a_1x_{i+1}+a_2x_{i+1}^2+a_3x_{i+1}^3=y_{i+1},\\ a_1+2a_2x_i+3a_3x_i^2=y_i',\\ a_1+2a_2x_{i+1}+3a_3x_{i+1}^2=y_{i+1}'.\end{cases}\tag{5.21}$$

解此方程组即得 $H(x)$ 表达式.

下面讨论问题(5.18)的插值误差.

考察牛顿差商表第 1 列元素：$x_i, x_i, x_{i+1}, x_{i+1}$，将它们记为 $x_i, x_i^{(m)}, x_{i+1}, x_{i+1}^{(m)}$，$m=0,1,2,\cdots$，这里 $x_i^{(m)}, x_{i+1}^{(m)}$ 是不等于 x_i, x_{i+1} 的两个数列，但它们极限分别是 x_i, x_{i+1}.

若按照 $x_i, x_i^{(m)}, x_{i+1}, x_{i+1}^{(m)}$ 构造牛顿插值多项式 $N_3^{(m)}(x)$，则误差为

$$f(x)-N_3^{(m)}(x)=\frac{f^{(4)}(\xi^{(m)})}{4!}(x-x_i)(x-x_i^{(m)})(x-x_{i+1})(x-x_{i+1}^{(m)}).$$

让 $m\to\infty$，可以证明 $N_3^{(m)}(x)$ 的极限是式(5.20)，所以有

$$f(x)-H(x)=\frac{f^{(4)}(\xi)}{4!}(x-x_i)^2(x-x_{i+1})^2. \tag{5.22}$$

例 6　计算满足插值条件 $H(0)=1, H(1)=2, H'(0)=-1, H'(1)=0$ 的插值多项式 $H(x)$.

解　这里用 3 种方法计算 $H(x)$.

首先用方程组方法，假设

$$H(x)=a_0+a_1x+a_2x^2+a_3x^3,$$

将插值条件代入(5.21)并求解：

$$\begin{cases} a_0=1, \\ a_0+a_1+a_2+a_3=2, \\ a_1=-1, \\ a_1+2a_2+3a_3=0. \end{cases} \Rightarrow \begin{cases} a_0=1, \\ a_1=-1, \\ a_2=5, \\ a_3=-3, \end{cases}$$

所以 $H(x)=1-x+5x^2-3x^3$.

其次用差商表方法计算 $H(x)$，为此建立差商表如下：

$x_0=0$	$y_0=1$			
$x_1=0$(重节点)	$y_1=1$	$f_{01}=y_0'=-1$		
$x_2=1$	$y_2=2$	$f_{12}=\dfrac{y_2-y_1}{x_2-x_1}=1$	$f_{012}=\dfrac{f_{12}-f_{01}}{x_2-x_0}=2$	
$x_3=1$(重节点)	$y_3=2$	$f_{23}=y_2'=0$	$f_{123}=\dfrac{f_{23}-f_{12}}{x_3-x_1}=-1$	$f_{0123}=\dfrac{f_{123}-f_{012}}{x_3-x_0}=-3$

所以

$$\begin{aligned} H(x)&=1-(x-x_0)+2(x-x_0)(x-x_1)-3(x-x_0)(x-x_1)(x-x_2) \\ &=1-x+2x^2-3x^2(x-1). \end{aligned}$$

上式也可通过式(5.19)得到.

最后用拉格朗日插值方法，将插值条件代入到(5.20)化简即得 $H(x)$.

对于带有高阶导数条件的 Hermite 插值，解法与上面的方法类似，关键是重节点差商的计算. 考察 $k+1$ 个节点 x_0 的差商计算问题：

$$f[\underbrace{x_0, x_0, \cdots, x_0}_{k+1}], \tag{5.23}$$

式(5.23)可以看成是不同节点 $x_0, x_1, \cdots, x_k$ 的差商的极限：

$$f[\underbrace{x_0, x_0, \cdots, x_0}_{k+1}] = \lim_{\substack{x_1 \to x_0 \\ \vdots \\ x_k \to x_0}} f[x_0, x_1, \cdots, x_k].$$

如果 $f^{(k)}(x)$ 连续，根据差商与导数的关系知

$$\lim_{\substack{x_1 \to x_0 \\ \vdots \\ x_k \to x_0}} f[x_0, x_1, \cdots, x_k] = \lim_{\substack{x_1 \to x_0 \\ \vdots \\ x_k \to x_0}} \frac{f^{(k)}(\xi)}{k!} = \frac{f^{(k)}(x_0)}{k!},$$

所以式(5.23)等于 $\frac{f^{(k)}(x_0)}{k!}$. 根据这个结论，可用牛顿差商表计算带有高阶导数条件的 Hermite 插值多项式.

例 7 计算满足下列条件的 Hermite 插值多项式.

x	1	2
y	0	1
y'		2
y''		3

解 建立牛顿差商表，注意节点的写法，x_1, x_2, x_3 是三重节点.

$x_0=1$	$y_0=0$			
$x_1=2$	$y_1=1$	$f_{01}=1$		
$x_2=2$	$y_2=1$	$f_{12}=2$	$f_{012}=1$	
$x_3=2$	$y_3=1$	$f_{23}=2$	$f_{123}=1.5$	$f_{0123}=0.5$

其中，f_{12} 和 f_{23} 是二重节点的差商，等于导数值 2；

f_{123} 是三重节点的差商，等于 $\frac{3}{2!}=1.5$；

$$f_{0123} = \frac{f_{123} - f_{012}}{x_3 - x_0} = \frac{1.5-1}{2-1} = 0.5.$$

所以 Hermite 插值多项式是

$$\begin{aligned} H(x) &= y_0 + f_{01}(x-x_0) + f_{012}(x-x_0)(x-x_1) + f_{0123}(x-x_0)(x-x_1)^2 \\ &= -1 + 2x - 1.5x^2 + 0.5x^3, \end{aligned}$$

根据差商表，模仿问题(5.18)的误差的计算方法，很容易写出插值余项如下：

$$f(x) - H(x) = \frac{f^{(4)}(\xi)}{4!}(x-1)(x-2)^3.$$

§7　分段线性插值多项式

对有些函数 $f(x)$，其插值余项 $R(x)=f(x)-p_n(x)$ 的大小并非随 n 的增大而减小. 例如，对区间$[-5,5]$上的函数 $f(x)=\frac{1}{1+x^2}$，取节点 $x_i=-5+i(i=0,1,2,\cdots,10)$构造 $p_{10}(x)$逼近 $f(x)$，逼近效果如图 5-1 所示.

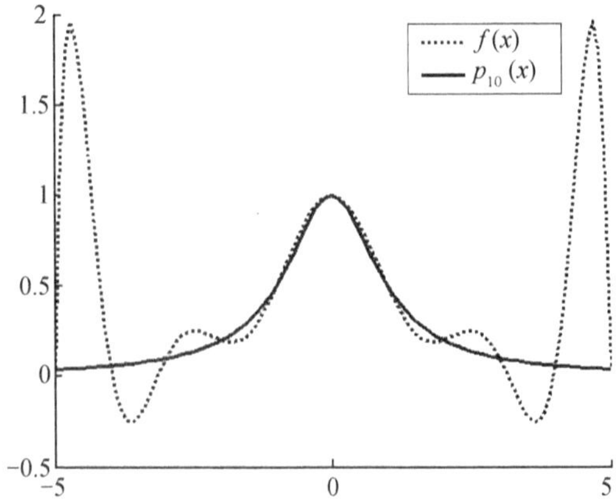

图 5-1　对函数 $f(x)=\frac{1}{1+x^2}$ 插值的龙格现象

从图看出 $p_{10}(x)$在区间两端与 $f(x)$相去甚远，两条曲线的凹凸性、极值点也不完全一致. 可以证明，对于该函数，仅仅当 $|x|\leqslant c\approx 3.63$ 时才有 $\lim\limits_{n\to\infty}p_n(x)=f(x)$，而在其他地方 $p_n(x)$发散，因此在$[-c,c]$外 $p_{10}(x)$不能作为 $f(x)$的近似表达式. 插值的这种震荡现象称为**龙格现象**. 对于插值效果比这个函数更差的函数，如 $f(x)=|x|,x\in[-1,1]$，当用等距节点构造插值多项式 $p_n(x)$逼近时，随着 n 的增大，除了$-1,0,1$ 三个点外，$p_n(x)$处处不收敛于$|x|$. 因此实践中一般不宜用高次多项式来逼近 $f(x)$.

由于多节点插值难以控制误差的大小，故**分段插值**是一个行之有效的方法. 所谓分段插值，就是选择 $t+1$ 个节点构造插值 t 次分段插值多项式：

$$I_t(x)=\begin{cases}a_1+a_2x+\cdots+a_tx^t, & x\in[x_0,x_t],\\ b_1+b_2x+\cdots+b_tx^t, & x\in[x_t,x_{2t}],\\ c_1+c_2x+\cdots+c_tx^t, & x\in[x_{2t},x_{3t}],\\ \quad\vdots & \quad\vdots\end{cases}$$

特别地，$I_1(x)$时称为分段线性(一次)插值多项式，$I_2(x)$称为分段二次插值多项式，等等. 下面考察分段线性插值多项式.

给定数据(x_i, y_i)，$i=0,1,\cdots,n$，分段线性插值多项式 $I_1(x)$是分段一次多项式：

$$I_1(x)=\begin{cases} p_0(x), & x\in[x_0,x_1], \\ p_1(x), & x\in[x_1,x_2], \\ \vdots & \vdots \\ p_{n-1}(x), & x\in[x_{n-1},x_n]. \end{cases}$$

$I_1(x)$在区间$[x_i,\ x_{i+1}]$上表达式(线性插值)为

$$p_i(x)=y_i\frac{x-x_{i+1}}{x_i-x_{i+1}}+y_{i+1}\frac{x-x_i}{x_{i+1}-x_i}.$$

这里 $p_i(x)$的下标 i 表示序号，不是多项式的次数. $I_1(x)$可以用基函数 $l_i(x)$，$i=0,1,\cdots,n$ 线性表示，表达式分别为

$$l_0(x)=\begin{cases} \dfrac{x-x_1}{x_0-x_1}, & x_0\leqslant x\leqslant x_1, \\ 0, & x_1\leqslant x\leqslant x_n, \end{cases}\qquad l_n(x)=\begin{cases} \dfrac{x-x_{n-1}}{x_n-x_{n-1}}, & x_{n-1}\leqslant x\leqslant x_n, \\ 0, & x_0\leqslant x\leqslant x_{n-1}, \end{cases}$$

$$l_i(x)=\begin{cases} \dfrac{x-x_{i-1}}{x_i-x_{i-1}}, & x_{i-1}\leqslant x\leqslant x_i, \\ \dfrac{x_{i+1}-x}{x_{i+1}-x_i}, & x_i\leqslant x\leqslant x_{i+1}, \quad i=1,2,\cdots,n-1, \\ 0, & \text{其他}. \end{cases}$$

显然基函数在节点取值情况为 $l_i(x_i)=0$，当 $j\neq i$ 时 $l_i(x_j)=0$. 典型的基函数图形如图 5-2 所示.

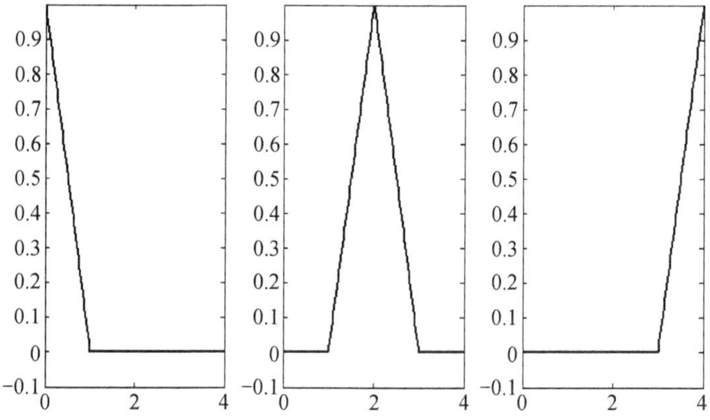

图 5-2　关于节点(0,1,2,3,4)的基函数 $l_0(x)$，$l_2(x)$，$l_4(x)$的图形

这样有

$$I_1(x)=\sum_{i=0}^{n}y_il_i(x), \tag{5.24}$$

可以证明，当区间长度 $h_i=x_{i+1}-x_i$ 很小时，插值余项 $|f(x)-I_1(x)|$ 可以很小. 这是因为：假设 $f''(x)$ 连续，则在 $[x_i,x_{i+1}]$ 上有

$$\begin{aligned}\left|f(x)-I_1(x)\right|&=\frac{1}{2}\left|f''(\xi_i)(x-x_i)(x-x_{i+1})\right|\\&\leqslant\frac{1}{2}\max_{x_i\leqslant x\leqslant x_{i+1}}|f''(x)|\cdot\max_{x_i\leqslant x\leqslant x_{i+1}}|(x-x_i)(x-x_{i+1})|\\&=\frac{1}{2}\max_{x_i\leqslant x\leqslant x_{i+1}}|f''(x)|\times\frac{1}{4}h_i^2.\end{aligned}$$

记 $h=\max\limits_{0\leqslant i\leqslant n-1}|h_i|$，$M=\max\limits_{x_0\leqslant x\leqslant x_n}|f''(x)|$，从而在整个区间 $[x_0,\ x_n]$ 上有

$$|f(x)-I_1(x)|\leqslant\frac{1}{8}Mh^2.$$

上式表明当 $h\to0$ 时有 $\lim\limits_{h\to0}I_1(x)=f(x)$，说明当 h 充分小（即节点增加）时，$I_1(x)$ 与 $f(x)$ 的误差可以很小.

例 8　对下列数据构造分段线性插值.

x	$x_0=-1$	$x_1=0$	$x_2=1$	$x_3=2$
y	$y_0=1$	$y_1=2$	$y_2=1$	$y_3=0.5$

解　$I_1(x)$ 是分为三段的一次多项式，形式如下：

$$I_1(x)=\begin{cases}1\,\dfrac{x-0}{-1-0}+2\,\dfrac{x-(-1)}{0-(-1)}=x+2, & x\in[-1,0],\\[2mm] 2\,\dfrac{x-1}{0-1}+1\,\dfrac{x-0}{1-0}=-x+2, & x\in[0,1],\\[2mm] 1\,\dfrac{x-2}{1-2}+0.5\,\dfrac{x-1}{2-1}=-0.5x+1.5, & x\in[1,2].\end{cases}$$

下面将 $I_1(x)$ 表示为式(5.24)的形式. 首先计算 4 个基函数：

$$l_0(x)=\begin{cases}\dfrac{x-x_1}{x_0-x_1}, & x_0\leqslant x\leqslant x_1,\\ 0, & x_1\leqslant x\leqslant x_n\end{cases}=\begin{cases}\dfrac{x-0}{-1-0}=-x, & -1\leqslant x\leqslant 0,\\ 0, & 0\leqslant x\leqslant 2.\end{cases}$$

$$l_1(x)=\begin{cases}\dfrac{x-x_0}{x_1-x_0}, & x_0\leqslant x\leqslant x_1,\\[2mm] \dfrac{x_2-x}{x_2-x_1}, & x_1\leqslant x\leqslant x_2,\\ 0, & \text{其他}\end{cases}=\begin{cases}x+1, & -1\leqslant x\leqslant 0,\\ 1-x, & 0\leqslant x\leqslant 1,\\ 0, & \text{其他}.\end{cases}$$

$$l_2(x)=\begin{cases}\dfrac{x-x_1}{x_2-x_1}, & x_1\leqslant x\leqslant x_2,\\ \dfrac{x_3-x}{x_3-x_2}, & x_2\leqslant x\leqslant x_3\\ 0, & \text{其他}\end{cases}=\begin{cases}x, & 0\leqslant x\leqslant 1,\\ 2-x, & 1\leqslant x\leqslant 2,\\ 0, & \text{其他}.\end{cases}$$

$$l_3(x)=\begin{cases}\dfrac{x-x_2}{x_3-x_2}, & x_2\leqslant x\leqslant x_3,\\ 0, & x_0\leqslant x\leqslant x_2\end{cases}=\begin{cases}x-1, & 1\leqslant x\leqslant 2,\\ 0, & -1\leqslant x\leqslant 1.\end{cases}$$

则

$$I_1(x)=y_0l_0(x)+y_1l_1(x)+y_2l_2(x)+y_3l_3(x).$$

例 9 在区间$[-5,5]$上,用点 $x_i=-5+i(i=0,1,2,\cdots,10)$构造 $I_1(x)$逼近 $f(x)=(1+x^2)^{-1}$，此时 $h=1,M=2$,则插值误差为

$$|I_1(x)-f(x)|\leqslant\frac{1}{8}Mh^2=0.25.$$

可以预计,当 h 取更小时,插值误差也会更小.

可以验证,分段线性插值多项式 $I_1(x)$在节点 x_i 处是连续的,但是一般导数不存在,这是因为在$[x_i, x_{i+1}]$上

$$p_i(x)=y_i\frac{x-x_{i+1}}{x_i-x_{i+1}}+y_{i+1}\frac{x-x_i}{x_{i+1}-x_i}\Rightarrow p_i'(x_i+0)=\frac{y_{i+1}-y_i}{x_{i+1}-x_i},$$

同理$[x_{i-1}, x_i]$上计算得

$$p_i'(x_i-0)=\frac{y_i-y_{i-1}}{x_i-x_{i-1}}.$$

通常 $p_i'(x_i+0)\neq p_i'(x_i-0)$,故 $I_1(x)$节点 x_i 处的导数通常不存在,光滑性较差.

下面考察分段 3 次 Hermite 插值多项式,它能确保一阶导数连续.

§8 分段三次 Hermite 插值多项式

若给出的节点信息为(x_i,y_i,y_i'),$i=0,1,2,\cdots,n$,则可构造分段 3 次 Hermite 插值多项式.它在区间$[x_0,x_n]$的表达式为:

$$H_3(x)=\begin{cases}p_0(x), & x\in[x_0,x_1],\\ p_1(x), & x\in[x_1,x_2],\\ \cdots\cdots\cdots\cdots \\ p_{n-1}(x), & x\in[x_{n-1},x_n].\end{cases}\tag{5.25}$$

且 $H_3(x)$在区间$[x_i,x_{i+1}]$$(i=0,1,\cdots,n-1)$上表达式 $p_i(x)$为式(5.19)或式(5.20),是 3 次多项式,在内节点 x_i 上一阶导数连续.

$H_3(x)$在$[x_i,x_{i+1}]$上的表达式,可用式(5.19)表示. $H_3(x)$的表达式(5.25)也可以在区间$[a,b]$中用一个和式

$$H_3(x)=\sum_{i=0}^{n}y_i\alpha_i(x)+\sum_{i=0}^{n}y'_i\beta_i(x)$$

表示.为此需要重新定义基函数如下:

$$\alpha_0(x)=\begin{cases}\left(1+2\dfrac{x-x_0}{x_1-x_0}\right)\left(\dfrac{x-x_1}{x_0-x_1}\right)^2, & x_0\leqslant x\leqslant x_1,\\ 0, & x_1\leqslant x\leqslant x_n,\end{cases}$$

$$\alpha_i(x)=\begin{cases}\left(1+2\dfrac{x-x_i}{x_{i-1}-x_i}\right)\left(\dfrac{x-x_{i-1}}{x_i-x_{i-1}}\right)^2, & x_{i-1}\leqslant x\leqslant x_i,\\ \left(1+2\dfrac{x-x_i}{x_{i+1}-x_i}\right)\left(\dfrac{x-x_{i+1}}{x_i-x_{i+1}}\right)^2, & x_i\leqslant x\leqslant x_{i+1},\quad i=1,2,\cdots,n-1.\\ 0, & \text{其他},\end{cases}$$

$$\alpha_n(x)=\begin{cases}\left(1+2\dfrac{x-x_n}{x_{n-1}-x_n}\right)\left(\dfrac{x-x_{n-1}}{x_n-x_{n-1}}\right)^2, & x_{n-1}\leqslant x\leqslant x_n,\\ 0, & \text{其他},\end{cases}$$

$$\beta_0(x)=\begin{cases}(x-x_0)\left(\dfrac{x-x_1}{x_0-x_1}\right)^2, & x_0\leqslant x\leqslant x_1,\\ 0, & x_1\leqslant x\leqslant x_n,\end{cases}$$

$$\beta_i(x)=\begin{cases}(x-x_i)\left(\dfrac{x-x_{i-1}}{x_i-x_{i-1}}\right)^2, & x_{i-1}\leqslant x\leqslant x_i,\\ (x-x_i)\left(\dfrac{x-x_{i+1}}{x_i-x_{i+1}}\right)^2, & x_i\leqslant x\leqslant x_{i+1},\quad i=1,2,\cdots,n-1.\\ 0, & \text{其他},\end{cases}$$

$$\beta_n(x)=\begin{cases}(x-x_n)\left(\dfrac{x-x_{n-1}}{x_n-x_{n-1}}\right)^2, & x_{n-1}\leqslant x\leqslant x_n,\\ 0, & \text{其他}.\end{cases}$$

利用余项公式(5.22),以及

$$\max_{x_i\leqslant x\leqslant x_{i+1}}(x-x_i)^2(x-x_{i+1})^2=\frac{h_i^4}{16},$$

式中 $h_i=x_{i+1}-x_i$,可以得到 $H_3(x)$的余项公式

$$|f(x)-H_3(x)|\leqslant\frac{h^4}{384}\max_{x_0\leqslant x\leqslant x_n}|f^{(4)}(x)|.$$

误差界$|f(x)-H_3(x)|=o(h^4)$,明显高于 $I_1(x)$的误差界.

例 10　在区间[1,4]上用节点 1,2,3,4 构造函数 $f(x)=\sin 3x$ 的分段三次 Hermite 插值多项式.

解　根据节点 1,2,3,4 计算数据(MathCAD 双精度计算,显示小数点后 3 位):

x	1	2	3	4
y	0.141	−0.279	0.412	−0.537
y'	−2.97	2.881	−2.733	2.532

利用式(5.25)计算可得

$$H_3(x)=\begin{cases}4.158-4.311x-0.457x^2+0.752x^3, & x\in[1,2],\\ 3.5\times10^{-2}-8.138x+6.463x^2-1.236x^3, & x\in[2,3],\\ -36.368+42.507x-15.172x^2+1.696x^3, & x\in[3,4].\end{cases}$$

逼近效果如图 5-3 所示.

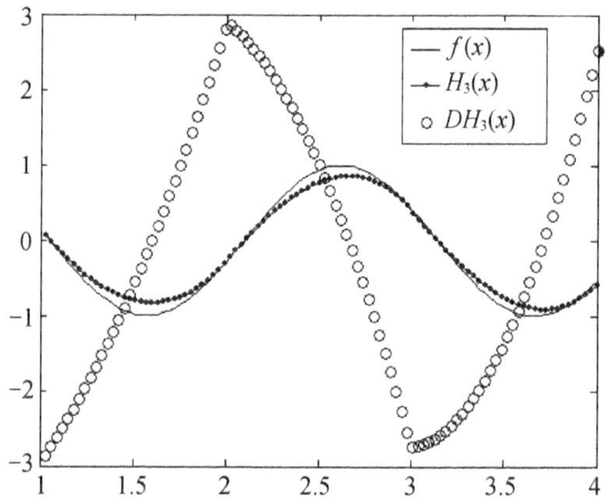

图 5-3 $H_3(x)$及其导函数图形

图中,函数 $H_3(x)$是 $f(x)=\sin 3x$ 的分段 3 次 Hermite 插值多项式,逼近效果良好.函数 $DH_3(x)$是 $H_3(x)$的一阶导数,可以看出,$DH_3(x)$的图形在节点 2,3 处是尖点,因而从图形可验证 $DH_3(x)$连续,但在尖点处不可导,即 $H_3(x)$只能保证其一阶导数连续,二阶导数在节点 2,3 处不存在.

如果要求分段 Hermite 插值多项式的二阶导数也要连续,则它是分段五次多项式,如果仍然希望是分段三次多项式,则需要用三次样条插值方法构造,三次样条插值多项式能确保其在节点处的一阶,二阶导数连续.

§9 三次样条插值多项式

尽管 $I_1(x)$能够收敛到 $f(x)$,但从图形上看,$I_1(x)$是一条折线,在节点处不可导,光滑性差,而 $H_3(x)$也至多 1 阶导数连续.

在工程上,许多曲线如机翼、船体等形状的曲线线型不仅要求连续,而且要求二阶导数连续. 这种线型可用样条(一根细长木条)完成：将样条固定在节点(x_i,y_i)上，样条的其他地方自由弯曲，然后依样条形状画下的曲线称为样条曲线，可以证明它实际上是由分段(分断点是 x_i)的三次多项式组成，在节点 x_i 上有二阶连续导数. 样条曲线对应的函数称为样条函数，其数学定义为：

给定一组数据(x_i,y_i)，$i=0,1,\cdots,n$，并且 $a=x_0<x_1<\cdots<x_n=b$，如果函数$S(x)$满足：

(1) 在$[a,b]$上有连续的二阶导数，

(2) 在区间$[x_i,x_{i+1}]$$(i=0,1,\cdots,n-1)$上是三次多项式，

则称 $S(x)$是关于节点 x_i 的三次样条函数.

如果 $S(x)$还满足插值条件 $S(x_i)=y_i(i=0,1,\cdots,n)$，则 $S(x)$是 3 次样条插值多项式. 通常它具有如下形式：

$$S(x)=\begin{cases} S_0(x)=a_0+b_0x+c_0x^2+d_0x^3, & x\in[x_0,x_1], \\ S_i(x)=a_i+b_ix+c_ix^2+d_ix^3, & x\in[x_i,x_{i+1}], \\ S_{n-1}(x)=a_{n-1}+b_{n-1}x+c_{n-1}x^2+d_{n-1}x^3, & x\in[x_{n-1},x_n], \end{cases}$$

式中，$i=1,2,\cdots,n-2$. 很显然，$S(x)$有下列性质：

(1) 满足插值条件；

(2) $S'(x_i-0)=S'(x_i+0)$，$i=1,2,\cdots,n-1$，即在内部节点上一阶导数连续；

(3) $S''(x_i-0)=S''(x_i+0)$，$i=1,2,\cdots,n-1$，即在内部节点上二阶导数连续.

例如，关于节点$(1,-1)$，$(2,0)$，$(3,1)$的一个三次样条插值多项式为

$$S(x)=\begin{cases} 1.5-\dfrac{23}{4}x+4x^2-\dfrac{3}{4}x^3, & x\in[1,2], \\ -6.5+6.26x-2x^2+\dfrac{1}{4}x^3, & x\in[2,3]. \end{cases}$$

它满足定义的所有要求，特别地在节点 $x=2$ 处一阶和二阶导数连续. 同样，

$$S(x)=\begin{cases} -\dfrac{3}{2}-\dfrac{1}{4}x+x^2-\dfrac{3}{4}x^3, & x\in[1,2], \\ -9.5+11.75x-5x^2+\dfrac{3}{4}x^3, & x\in[2,3]. \end{cases}$$

这也是关于节点$(1,-1)$，$(2,0)$，$(3,1)$的三次样条插值多项式.

由此可见，按照定义不能唯一计算 $S(x)$，需要额外指定两个条件才能唯一计算 $S(x)$. 事实上 $S(x)$有 $4n$ 个系数 $a_i,b_i,c_i,d_i(i=0,1,\cdots,n-1)$需要计算，但是根据插值条件

$$S(x_i)=y_i,\ i=0,1,\cdots,n$$

可得 $n+1$ 个方程；另外，要求 $S(x)$在内节点 $x_i(i=1,\cdots,n-1)$满足连续性条件，可得 $3n-3$ 个方程

$$S(x_i-0)=S(x_i+0),S'(x_i-0)=S'(x_i+0),S''(x_i-0)=S''(x_i+0).$$

这样共有 $4n-2$ 方程,因此为了唯一计算 $S(x)$,还需要在区间$[a,b]$的端点上补充两个边界条件:

第 1 种边界条件(D1 样条) 指定区间$[a,b]$两端的一阶导数值 $y'(a),y'(b)$,并要求 $S'(a)=y'(a),S'(b)=y'(b)$.

第 2 种边界条件(D2 样条) 指定区间两端二阶导数值 $y''(a)$, $y''(b)$,并要求 $S''(a)=y''(a),S''(b)=y''(b)$. 特别地,当 $y''(a)=y''(b)=0$ 时,称 $S(x)$为自然样条函数,曲线 $S(x)$在区间两端自由弯曲.

第 3 种边界条件(周期样条) 若 $f(x)$是以 $b-a$ 为周期的函数,则要求 $S(x)$也是周期函数,边界条件应要求

$$S(a+0)=S(b-0),\ S'(a+0)=S'(b-0),\ S''(a+0)=S''(b-0).$$

第 4 种边界条件(非节点条件) 指定 $S'''(x)$在 x_1,x_{n-1}连续,即

$$S_0'''(x_1)=S_1'''(x_1),\ S_{n-2}'''(x_{n-1})=S_{n-1}'''(x_{n-1}).$$

该条件实际上隐含了 $S_0(x)=S_1(x),S_{n-2}(x)=S_{n-1}(x)$的情况. 以 $S_0(x)=S_1(x)$为例:在区间$[x_0,x_1]$和$[x_1,x_2]$上,利用 $S_0^{(k)}(x_1)=S_1^{(k)}(x_1),k=0,1,2,3$即可推断.

因此在给定数据$(x_i,y_i),i=0,1,\cdots,n$后,需要根据实际情况选择一种边界条件,计算三次样条插值多项式 $S(x)$. 如果仅有数据而没有边界条件,则可用导数的近似计算公式(参见第 8 章)计算端点的一阶或二阶导数值;或用第 4 种边界条件计算 $S(x)$. 自然样条要慎重使用,原因是通常 $f(x)$在端点的二阶导数值不一定等于零,因此在端点处 $S(x)$与 $f(x)$可能有明显差异.

可以通过两种方法构造 $S(x)$.

方法 1 以 $S''(x_i)(i=0,1,\cdots,n)$作为未知量,利用 $S(x)$在内部节点一阶导数连续的条件构造 $S(x)$,称为三弯矩方法.

方法 2 以 $S'(x_i)(i=0,1,\cdots,n)$作为未知量,利用 $S(x)$在内部节点二阶导数连续的条件构造 $S(x)$,称为三转角方法.

下面分别讨论.

1. 三弯矩方法

假设 $S''(x_i)=M_i(i=0,1,2,\cdots,n)$. 由于 $S(x)$是三次多项式,故 $S''(x)$是一次多项式,由线性插值可知,它在区间$[x_i,x_{i+1}]$上的表达式为

$$S''(x)=M_i\frac{x-x_{i+1}}{x_i-x_{i+1}}+M_{i+1}\frac{x-x_i}{x_{i+1}-x_i},$$

上式说明 $S''(x_i+0)=S''(x_i-0)$,即 $S(x)$在节点处二阶导数连续. 积分两次得

$$S(x)=M_i\frac{(x-x_{i+1})^3}{-6h_i}+M_{i+1}\frac{(x-x_i)^3}{6h_i}+ax+b, \tag{5.26}$$

式中，a,b 为积分常数，可用插值条件 $S(x_i)=y_i$，$S(x_{i+1})=y_{i+1}$ 计算得

$$a=\frac{y_{i+1}-y_i}{h_i}+\frac{h_i(M_i-M_{i+1})}{6},$$

$$b=y_i-\frac{M_ih_i^2}{6}-\left(\frac{y_{i+1}-y_i}{h_i}+\frac{h_i(M_i-M_{i+1})}{6}\right)x_i.$$

于是 $S(x)$ 可得表达式(5.26)，但如果能将未知量 $M_i(i=0,1,\cdots,n)$ 计算出，则 $S(x)$ 就完全确定. 为此对 $S(x)$ 求一阶导数：

$$S'(x)=M_i\frac{(x-x_{i+1})^2}{-2h_i}+M_{i+1}\frac{(x-x_i)^2}{2h_i}+a,$$

由连续性条件 $S'(x_i-0)=S'(x_i+0)$ 得

$$\frac{h_{i-1}M_{i-1}}{6}+\frac{h_i+h_{i-1}}{3}M_i+\frac{h_iM_{i+1}}{6}=\frac{y_{i+1}-y_i}{h_i}-\frac{y_i-y_{i-1}}{h_{i-1}},$$

记 $\lambda_i=\dfrac{h_{i-1}}{h_i+h_{i-1}}$，$\mu_i=1-\lambda_i$，$g_i=\dfrac{6}{h_i+h_{i-1}}\left(\dfrac{y_{i+1}-y_i}{h_i}-\dfrac{y_i-y_{i-1}}{h_{i-1}}\right)$，则关于 $M_i(i=0,1,\cdots,n)$ 的三弯矩方程如下：

$$\lambda_iM_{i-1}+2M_i+\mu_iM_{i+1}=g_i,\ i=1,2,\cdots,n-1. \tag{5.27}$$

下面根据边界条件补充两个方程.

(1) **第 1 种边界条件**(D1 样条).

给出 $y'(x_0)$，$y'(x_n)$，则利用 $S'(x_0)=y'_0$，$S'(x_n)=y'_n$ 得方程

$$2M_0+M_1=\frac{6}{h_0}\left(\frac{y_1-y_0}{h_0}-y'_0\right)=g_0,$$

$$2M_n+M_{n-1}=\frac{6}{h_{n-1}}\left(y'_n-\frac{y_n-y_{n-1}}{h_{n-1}}\right)=g_n.$$

与方程(5.27)合并得

$$\begin{pmatrix}2 & 1 & & & \\ \lambda_1 & 2 & \mu_1 & & \\ & \ddots & \ddots & \ddots & \\ & & \lambda_{n-1} & 2 & \mu_{n-1} \\ & & & 1 & 2\end{pmatrix}\begin{pmatrix}M_0\\ M_1\\ \vdots\\ M_{n-1}\\ M_n\end{pmatrix}=\begin{pmatrix}g_0\\ g_1\\ \vdots\\ g_{n-1}\\ g_n\end{pmatrix}. \tag{5.28}$$

方程组(5.28)是严格对角占优的三对角线性方程组，可用追赶法解出 $M_0,\cdots,M_n$，即得 $S(x)$ 的表达式. 由于在力学上 M_i 解释为细梁在 x_i 截面处的弯距，因此这种用二阶导数构造的方法称为弯距法.

例 11　用三弯矩方法计算满足下列条件的三次样条插值多项式 $S(x)$.

x	1	2	3	4
y	2	4	8	12
y'	1			2

解 这是D1样条.构造方程组(5.28)并求解如下：

$$\begin{pmatrix} 2 & 1 & 0 & 0 \\ 0.5 & 2 & 0.5 & 0 \\ 0 & 0.5 & 2 & 0.5 \\ 0 & 0 & 1 & 2 \end{pmatrix}\begin{pmatrix} M_0 \\ M_1 \\ M_2 \\ M_3 \end{pmatrix}=\begin{pmatrix} 6 \\ 6 \\ 0 \\ -12 \end{pmatrix} \Rightarrow \begin{pmatrix} M_0 \\ M_1 \\ M_2 \\ M_3 \end{pmatrix}=\begin{pmatrix} 1.8667 \\ 2.2667 \\ 1.0667 \\ -6.5333 \end{pmatrix},$$

根据式(5.26)得

$$S(x)=\begin{cases} 0.067x^3+0.733x^2-0.667x+1.867, & x\in[1,2], \\ -0.2x^3+2.333x^2-3.867x+4, & x\in[2,3], \\ -1.267x^3+11.933x^2-32.667x+32.8, & x\in[3,4]. \end{cases}$$

(2) **第2种边界条件**(D2样条).

将 $S''(x_0)=y''_0$，$S''(x_n)=y''_n$ 与方程组(5.27)合并得

$$\begin{pmatrix} 2 & 0 & & & \\ \lambda_1 & 2 & \mu_1 & & \\ & \ddots & \ddots & \ddots & \\ & & \lambda_{n-1} & 2 & \mu_{n-1} \\ & & & 0 & 2 \end{pmatrix}\begin{pmatrix} M_0 \\ M_1 \\ \vdots \\ M_{n-1} \\ M_n \end{pmatrix}=\begin{pmatrix} 2y''_0 \\ g_1 \\ \vdots \\ g_{n-1} \\ 2y''_n \end{pmatrix}, \tag{5.29}$$

可用追赶法求解方程组(5.29)得 $M_0,\cdots,M_n$.

(3) **第3种边界条件**(周期样条).

由 $S''(x_0+0)=S''(x_n-0)$ 得 $M_0=M_n$.代入到方程组(5.27)的第1个方程

$$\lambda_1 M_0+2M_1+\mu_1 M_2=g_1,$$

得

$$2M_1+\mu_1 M_2+\lambda_1 M_n=g_1.$$

再由 $S'(x_0+0)=S'(x_n-0)$ 经过较为复杂的推算有

$$\frac{h_0}{h_0+h_{n-1}}M_1+\frac{h_{n-1}}{h_0+h_{n-1}}M_{n-1}+2M_n=6\left(\frac{f_{01}-f_{n-1,n}}{h_0+h_{n-1}}\right).$$

将上式简记为 $\mu_n M_1+\lambda_n M_{n-1}+2M_n=g_n$，与方程组(5.27)的第2至 $n-1$ 个方程合并有

$$\begin{pmatrix} 2 & \mu_1 & & & \lambda_1 \\ \lambda_2 & 2 & \mu_2 & & \\ & \ddots & \ddots & \ddots & \\ & & \lambda_{n-1} & 2 & \mu_{n-1} \\ \mu_n & & & \lambda_n & 2 \end{pmatrix}\begin{pmatrix} M_1 \\ M_2 \\ \vdots \\ M_{n-1} \\ M_n \end{pmatrix}=\begin{pmatrix} g_1 \\ g_1 \\ \vdots \\ g_{n-1} \\ g_n \end{pmatrix}.$$

这是严格对角占优方程组，解出 $M_1,\cdots,M_n$ 以及 M_0，即得 $S(x)$ 的表达式.

(4) **第4种边界条件**(非节点条件).

由 $S'''_0(x_1)=S'''_1(x_1)$，$S'''_{n-2}(x_{n-1})=S'''_{n-1}(x_{n-1})$ 知，在 $[x_0,x_1]$ 上有

$$S_0''(x)=M_0\frac{x-x_1}{x_0-x_1}+M_1\frac{x-x_0}{x_1-x_0}\Rightarrow S_0'''(x)=\frac{M_1-M_0}{x_1-x_0}=\frac{M_1-M_0}{h_0}.$$

同理计算$[x_1,x_2]$上有 $S_1'''(x)=\dfrac{M_2-M_1}{h_1}$,所以由 $S_0'''(x)=S_1'''(x)$得

$$h_1M_0-(h_0+h_1)M_1+h_0M_2=0.$$

同样从 $S_{n-2}'''(x_{n-1})=S_{n-1}'''(x_{n-1})$可以推断出

$$h_{n-1}M_{n-2}-(h_{n-1}+h_{n-2})M_{n-1}+h_{n-2}M_n=0.$$

与方程组(5.27)合并有

$$\begin{pmatrix} h_1 & -(h_0+h_1) & h_0 & & \\ \lambda_1 & 2 & \mu_1 & & \\ & \ddots & \ddots & \ddots & \\ & & \lambda_{n-1} & 2 & \mu_{n-1} \\ & & h_{n-1} & -(h_{n-1}+h_{n-2}) & h_{n-2} \end{pmatrix}\begin{pmatrix} M_0 \\ M_1 \\ \vdots \\ M_{n-1} \\ M_n \end{pmatrix}=\begin{pmatrix} 0 \\ g_1 \\ \vdots \\ g_{n-1} \\ 0 \end{pmatrix}, \tag{5.30}$$

解出 $M_0,M_1,\cdots,M_n$ 即得 $S(x)$的表达式.

注　若将 $M_0=\dfrac{h_0+h_1}{h_1}M_1-\dfrac{h_0}{h_1}M_2$ 和 $M_n=\dfrac{h_{n-1}+h_{n-2}}{h_{n-2}}M_{n-1}-\dfrac{h_{n-1}}{h_{n-2}}M_{n-2}$分别代入方程组(5.27)的第 1 个和第 $n-1$ 个方程,再与方程组(5.27)第 2 到 $n-2$ 个方程合并有

$$\begin{pmatrix} 2+\lambda_1\dfrac{h_0+h_1}{h_1} & \mu_1-\lambda_1\dfrac{h_0}{h_1} & & & \\ \lambda_2 & 2 & \mu_2 & & \\ & \ddots & \ddots & \ddots & \\ & & \lambda_{n-2} & 2 & \mu_{n-2} \\ & & & \lambda_{n-1}-\mu_{n-1}\dfrac{h_{n-1}}{h_{n-2}} & 2+\mu_{n-1}\dfrac{h_{n-1}+h_{n-2}}{h_{n-2}} \end{pmatrix}\begin{pmatrix} M_1 \\ M_2 \\ \vdots \\ M_{n-2} \\ M_{n-1} \end{pmatrix}=\begin{pmatrix} g_1 \\ g_2 \\ \vdots \\ g_{n-2} \\ g_{n-1} \end{pmatrix}.$$

这是三对角方程组,解出 $M_1,\cdots,M_{n-1}$以及 M_0 和 M_n,即得 $S(x)$的表达式.

例 12　用三弯矩方法计算满足下列条件的三次样条多项式 $S(x)$:

x	1	2	3	4
y	2	4	8	12

解　由于没有指定边界条件,因此可使用非节点样条计算. 构造方程组(5.30)并求解如下:

$$\begin{pmatrix}1 & -2 & 1 & 0\\0.5 & 2 & 0.5 & 0\\0 & 0.5 & 2 & 0.5\\0 & 1 & -2 & 1\end{pmatrix}\begin{pmatrix}M_0\\M_1\\M_2\\M_3\end{pmatrix}=\begin{pmatrix}0\\6\\0\\0\end{pmatrix}\Rightarrow\begin{pmatrix}M_0\\M_1\\M_2\\M_3\end{pmatrix}=\begin{pmatrix}4\\2\\0\\-2\end{pmatrix},$$

根据式(5.26)得

$$S(x)=\begin{cases}4-\dfrac{14}{3}x+3x^2-\dfrac{1}{3}x^3, & x\in[1,2],\\ 4-\dfrac{14}{3}x+3x^2-\dfrac{1}{3}x^3, & x\in[2,3],\\ 4-\dfrac{14}{3}x+3x^2-\dfrac{1}{3}x^3, & x\in[3,4].\end{cases}$$

从计算结果看,$S(x)$在 3 个区间的表达式一致,这是非节点样条的特点：$S(x)$的表达式在第 1,2 个区间上一致,在第 $n-2,n-1$ 个区间上也一致.

作为对比,将非节点样条和指定边界条件 $y'(1)=1,y'(4)=4$ 的 D1 样条作图 5-4对比如下：

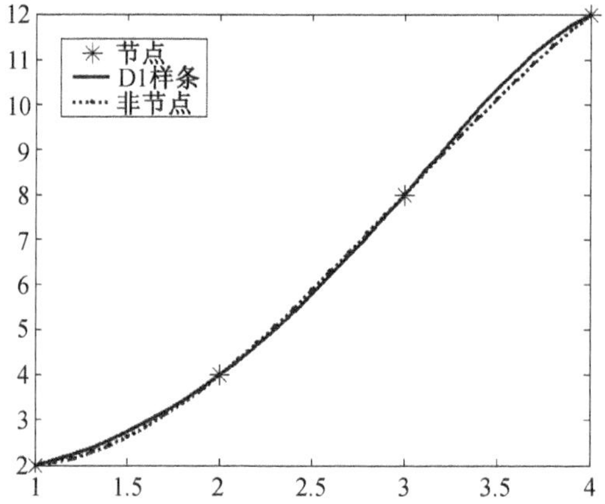

图 5-4　D1 样条和非节点样条

从非节点样条和 D1 样条的曲线对比中可以看出,两者在区间端点的区别明显.

2. 三转角方法

假设 $S'(x_i)=m_i$，$i=0,1,2,\cdots,n$. 下面计算 $S(x)$在区间$[x_i,x_{i+1}]$($i=0,1,\cdots,n-1$)上的表达式. 记 $h_i=x_{i+1}-x_i$. 在区间$[x_i,x_{i+1}]$上，因为

$$S(x_i)=y_i,\ S(x_{i+1})=y_{i+1},\ S'(x_i)=m_i,\ S'(x_{i+1})=m_{i+1},$$

根据 Hermite 插值问题(5.18)知 $S(x)$有如下形式：

$$S(x)=y_i\left(1+2\frac{x-x_i}{h_i}\right)\left(\frac{x-x_{i+1}}{h_i}\right)^2+y_{i+1}\left(1-2\frac{x-x_{i+1}}{h_i}\right)\left(\frac{x-x_i}{h_i}\right)^2+$$

$$m_i(x-x_i)\left(\frac{x-x_{i+1}}{h_i}\right)^2+m_{i+1}(x-x_{i+1})\left(\frac{x-x_i}{h_i}\right)^2, \tag{5.31}$$

且 $S'(x)$在节点 $x_i(i=1,2,\cdots,n-1)$处连续. 下面计算 m_i, m_{i+1}的值. 因为要求 $S''(x)$连续,所以在节点 $x_i(i=1,2,\cdots,n-1)$处应有

$$S''(x_i+0)=S''(x_i-0),$$

即

$$\frac{1}{h_{i-1}}m_{i-1}+2\left(\frac{1}{h_{i-1}}+\frac{1}{h_i}\right)m_i+\frac{1}{h_i}m_{i+1}=3\left(\frac{y_{i+1}-y_i}{h_i^2}+\frac{y_i-y_{i-1}}{h_{i-1}^2}\right). \tag{5.32}$$

若记

$$\lambda_i=\frac{h_i}{h_{i-1}+h_i},\ \mu_i=1-\lambda_i,\ g_i=3\left(\lambda_i\frac{y_i-y_{i-1}}{h_{i-1}}+\mu_i\frac{y_{i+1}-y_i}{h_i}\right),$$

则式(5.32)可简记成

$$\lambda_i m_{i-1}+2m_i+\mu_i m_{i+1}=g_i,\ i=1,2,\cdots,n-1. \tag{5.33}$$

这是含有 $n+1$ 个未知量 $m_0, m_1, \cdots, m_n$, $n-1$ 个方程的线性方程组,称为**三转角方程**. 要唯一解出 m_i, 需要用边界条件补充两个方程.

(1) **第 1 种边界条件**(D1 样条).

给出 $y'(x_0)$, $y'(x_n)$,与式(5.33)合在一起,有如下方程组

$$\begin{cases}m_0=y_0',\\ \lambda_i m_{i-1}+2m_i+\mu_i m_{i+1}=g_i,\ i=1,2,\cdots,n-1.\\ m_n=y_n',\end{cases}$$

写成矩阵形式,即为

$$\begin{pmatrix}2&0&0&&\\ \lambda_1&2&\mu_1&&\\ &\ddots&\ddots&\ddots&\\ &&\lambda_{n-1}&2&\mu_{n-1}\\ &&0&0&2\end{pmatrix}\begin{pmatrix}m_0\\ m_1\\ \vdots\\ m_{n-1}\\ m_n\end{pmatrix}=\begin{pmatrix}2y_0'\\ g_1\\ \vdots\\ g_{n-1}\\ 2y_n'\end{pmatrix}. \tag{5.34}$$

(2) **第 2 种边界条件**(D2 样条).

对式(5.31)求导两次,根据 $S''(x_0)=y''(x_0)$, $S''(x_n)=y''(x_n)$得方程组

$$\begin{cases}2m_0+m_1=\dfrac{3(y_1-y_0)}{h_0}-0.5y''(x_0),\\ \lambda_i m_{i-1}+2m_i+\mu_i m_{i+1}=g_i, & i=1,2,\cdots,n-1.\\ m_{n-1}+2m_n=\dfrac{3(y_n-y_{n-1})}{h_{n-1}}+0.5y''(x_n),\end{cases}$$

写成矩阵形式,即

$$\begin{pmatrix} 2 & 1 & 0 & & \\ \lambda_1 & 2 & \mu_1 & & \\ & \ddots & \ddots & \ddots & \\ & & \lambda_{n-1} & 2 & \mu_{n-1} \\ & & & 1 & 2 \end{pmatrix} \begin{pmatrix} m_0 \\ m_1 \\ \vdots \\ m_{n-1} \\ m_n \end{pmatrix} = \begin{pmatrix} \dfrac{3(y_1-y_0)}{h_0}-0.5y''(x_0) \\ g_1 \\ \vdots \\ g_{n-1} \\ \dfrac{3(y_n-y_{n-1})}{h_{n-1}}+0.5y''(x_n) \end{pmatrix}. \tag{5.35}$$

易验证，矩阵(5.34)和矩阵(5.35)是严格对角占优三对角方程组. 该类型的方程组有唯一解，可用追赶法解 $m_i\,(i=0,1,\cdots,n)$，代入式(5.31)即得 $S(x)$ 在 $[x_i,x_{i+1}]$上的表达式.

(3) **第 3 种边界条件**(周期样条).

由 $S'(x_0+0)=S'(x_n-0)$得 $m_0=m_n$，代入式(5.33)的第 1 个方程

$$\lambda_1 m_0+2m_1+\mu_1 m_2=g_1,$$

有

$$2m_1+\mu_1 m_2+\lambda_1 m_n=g_1. \tag{5.36}$$

再由 $S''(x_0+0)=S''(x_n-0)$得

$$\frac{h_{n-1}}{h_0+h_{n-1}}m_1+\frac{h_0}{h_0+h_{n-1}}m_{n-1}+2m_n=3\left(\frac{h_{n-1}}{h_0+h_{n-1}}f_{01}+\frac{h_0}{h_0+h_{n-1}}f_{n-1,n}\right).$$

将上式简记为

$$\mu_n m_1+\lambda_n m_{n-1}+2m_n=3(\mu_n f_{01}+\lambda_n f_{n-1,n}). \tag{5.37}$$

再将式(5.36)、式(5.37)与式(5.33)的第 2 至第 $n-1$ 个方程联立得

$$\begin{pmatrix} 2 & \mu_1 & 0 & & \lambda_1 \\ \lambda_2 & 2 & \mu_2 & & \\ & \ddots & \ddots & \ddots & \\ & & \lambda_{n-1} & 2 & \mu_{n-1} \\ \mu_n & & & \lambda_n & 2 \end{pmatrix} \begin{pmatrix} m_1 \\ m_2 \\ \vdots \\ m_{n-1} \\ m_n \end{pmatrix} = \begin{pmatrix} g_1 \\ g_2 \\ \vdots \\ g_{n-1} \\ 3(\mu_n f_{01}+\lambda_n f_{n-1,n}) \end{pmatrix}.$$

从上述方程组中解出 $m_i(i=0,1,\cdots,n)$即得 $S(x)$的表达式.

(4) **第 4 种边界条件**(非节点条件).

在$[x_i,x_{i+1}]$上对式(5.31)求三阶导数有

$$S_i'''(x)=-12\,\frac{y_{i+1}-y_i}{h_i^3}+6\,\frac{m_{i+1}+m_i}{h_i^2},$$

所以由条件 $S_0'''(x_1)=S_1'''(x_1)$得

$$h_1^2\,m_0+(h_1^2-h_0^2)m_1-h_0^2 m_2=-2h_0^2 f_{12}+2h_1^2 f_{01}.$$

由条件 $S_{n-2}'''(x_{n-1})=S_{n-1}'''(x_{n-1})$得

$$h_{n-1}^2\,m_{n-2}+(h_{n-1}^2-h_{n-2}^2)m_{n-1}-h_{n-2}^2 m_n=-2h_{n-2}^2 f_{n-1,n}+2h_{n-1}^2 f_{n-2,n-1},$$

合并得

$$\begin{pmatrix} h_1^2 & h_1^2-h_0^2 & -h_0^2 & & \\ \lambda_1 & 2 & \mu_1 & & \\ & \ddots & \ddots & \ddots & \\ & & \lambda_{n-1} & 2 & \mu_{n-1} \\ & & h_{n-1}^2 & h_{n-1}^2-h_{n-2}^2 & -h_{n-2}^2 \end{pmatrix}\begin{pmatrix} m_0 \\ m_1 \\ \vdots \\ m_{n-1} \\ m_n \end{pmatrix}=\begin{pmatrix} -2h_0^2 f_{12}+2h_1^2 f_{01} \\ g_1 \\ \vdots \\ g_{n-1} \\ -2h_{n-2}^2 f_{n-1,n}+2h_{n-1}^2 f_{n-2,n-1} \end{pmatrix}.$$

求解上述方程组得 $m_i(i=0,1,\cdots,n)$，代入到式(5.31)即可得到 $S(x)$ 的表达式.

算法设计

以D1 为例，用三转角方法计算 $S(x)$ 的具体步骤如下：

(1) 输入数据 (x_i,y_i)，$i=0,1,\cdots,n$ 及边界条件 $y'(x_0)$，$y'(x_n)$；

(2) 构造方程组(5.34)；

(3) 用追赶法解方程组(5.34)；

(4) 根据式(5.31)计算 $S(x)$.

例 13　计算满足下列条件的三次样条多项式 $S(x)$.

x	1	2	3	4
y	2	4	8	12
y'	1			2

解　这是 D1 样条，首先计算：

$x_0=1$	$h_0=1$			$g_0=2y_0'=2$
$x_1=2$	$h_1=1$	$\lambda_1=0.5$	$\mu_1=0.5$	$g_1=9$
$x_2=3$	$h_2=1$	$\lambda_2=0.5$	$\mu_1=0.5$	$g_2=12$
$x_3=4$				$g_3=2y_3'=4$

构造方程组(5.34)并求解如下：

$$\begin{pmatrix} 2 & 0 & 0 & 0 \\ 0.5 & 2 & 0.5 & 0 \\ 0 & 0.5 & 2 & 0.5 \\ 0 & 0 & 0 & 2 \end{pmatrix}\begin{pmatrix} m_0 \\ m_1 \\ m_2 \\ m_3 \end{pmatrix}=\begin{pmatrix} 2 \\ 9 \\ 12 \\ 4 \end{pmatrix}\Rightarrow\begin{pmatrix} m_0 \\ m_1 \\ m_2 \\ m_3 \end{pmatrix}=\begin{pmatrix} 1 \\ 3.067 \\ 4.733 \\ 2 \end{pmatrix},$$

代入式(5.31)并化简得

$$S(x)=\begin{cases} 0.067x^3+0.733x^2-0.667x+1.867, & x\in[1,2], \\ -0.2x^3+2.333x^2-3.867x+4, & x\in[2,3], \\ -1.267x^3+11.933x^2-32.667x+32.8, & x\in[3,4]. \end{cases}$$

在 Matlab 中，指令 interp1 和 spline 是常用的插值计算指令，都可以用来计算样条插值. 但对于指定边界条件的样条插值. 可使用指令 csape，其基本格式是

PP＝csape(X，Y，CONDS，VALCONDS)，

式中字符串

CONDS＝"complete" 或 "clamped"，表示 D1 样条；

CONDS＝"second"，表示 D2 样条；

CONDS＝"variational"，表示自然样条；

CONDS＝"periodic"，表示周期样条；

CONDS＝"not-a-knot"，非节点条件.

它们对应的数据存放在 VALCONDS 中. 计算结果 PP 存放样条的信息，如节点、多项式系数等. 对应到本例，Matlab 代码如下：

```
≫ x=[1  2  3  4]; y=[2  4  8  12];
≫ P=csape(x,y,'clamped',[1 2]); //这里[1 2]表示 D1 样条的边界条件.
≫ pp=P.coefs //pp 是三次样条插值多项式的系数.
pp=
     0.0667    0.9333    1.0000    2.0000
    -0.2000    1.1333    3.0667    4.0000
    -1.2667    0.5333    4.7333    8.0000
```

说明 此时三次样条插值多项式应该为

0.066 667 * (t−1)^3＋0.933 33 * (t−1)^2＋(t−1)＋2，$t\in[1,2]$；

−0.2 * (t−2)^3＋1.133 3 * (t−2)^2＋3.066 7 * (t−2)＋4，$t\in[2,3]$；

−1.266 7 * (t−3)^3＋0.533 33 * (t−3)^2＋4.733 3 * (t−3)＋8，$t\in[3,4]$；

上述表达式可以用 Matlab 化简，例如在 $t\in[2,3]$ 区间段，输入指令

```
≫ P2=poly2str(pp(2,:),'*(t-2)')
≫ syms t %自变量用 t 表示;
≫ vpa(collect(P2,t),6)
   ans=-.2*t^3+2.3333*t^2-3.8665*t+3.9998;
```

结果与 $S(x)$ 在区间 $[2,3]$ 的表达式一致.

关于三次样条插值多项式的逼近误差，有如下定理：

定理 5 设 $f(x)$ 在插值区间 $[a,b]$ 上 4 阶导数连续，$S(x)$ 是用第 1 或第 2 边界条件计算三次样条插值，$h=\max\{x_{i+1}-x_i \mid i=0,1,\cdots,n-1\}$，则在 $[a,b]$ 上有

$$|f^{(k)}(x)-S^{(k)}(x)|\leqslant c_k h^{4-k}\max_{a\leqslant x\leqslant b}|f^{(4)}(x)|,\ k=0,1,2,$$

且 $c_0=\dfrac{1}{16}, c_1=c_2=\dfrac{1}{2}$.

定理表明，$k=1,2$ 分别表示 $S(x)$ 与 $f(x)$ 的一阶、二阶导函数之间的误差. 而

$k=0$ 表示是 $f(x)$ 与三次样条 $S(x)$ 的误差，即

$$|f(x)-S(x)|\leqslant\frac{h^4}{16}\max_{a\leqslant x\leqslant b}|f^{(4)}(x)|,$$

尽管与分段三次 Hermite 插值的误差比较，$S(x)$ 的误差稍大一点，但是它的光滑性更好一些.

习 题

1. 求满足 $p(x_i)=1, i=0,1,\cdots,4$ 的 4 次拉格朗日插值多项式 $p(x)$.

2. 求 $\sin x$ 的 4 次拉格朗日插值多项式 $p(x)$，节点为 $0,\frac{\pi}{8},\frac{\pi}{4},\frac{3\pi}{8},\frac{\pi}{2}$，并估计误差 $\sin x-p(x)$，画出 $\sin x-p(x)$ 误差曲线.

3. 设 $l_j(x)$ 是关于节点 $x_j(j=0,1,\cdots,n)$ 的拉格朗日插值基函数，证明：

(1) $l_j(x_i)=\begin{cases}0, & i\neq j,\\ 1, & i=j,\end{cases}\quad i, j=0,1,\cdots,n$；

(2) $\sum\limits_{j=0}^{n}l_j(x)=1$；

(3) $\sum\limits_{i=0}^{n}x_i^k\, l_i(x)=x^k,\ k=0,1,2,\cdots,n.$

4. 给定 $f(x)=\sqrt{x}, x\in[0,1]$，取节点 $x_0=0, x_1=0.5, x_2=1$ 建立二次插值多项式 $p_2(x)$，并估计误差 $f(x)-p_2(x)$.

5. 设 $f(x)=x^3+x^2+1$，求取节点 0,1,2,3 的插值多项式.

6. 假设 $f(x)$ 是次数 $\leqslant n$ 的多项式，用余项定理证明：以节点 $(x_i, f(x_i))$，$i=0,1,\cdots,n$ 的 n 次拉格朗日插值多项式 $p_n(x)\equiv f(x)$.

7. 设 $f(x)\in C^2[0,1]$ 且 $f(0)=f(1)=0$.

(1) 计算 $f(x)$ 的线性插值多项式；

(2) 证明：$\max\limits_{0\leqslant x\leqslant 1}|f(x)|\leqslant\dfrac{\max\limits_{0\leqslant x\leqslant 1}|f''(x)|}{8}$.

8. 证明：$\max\limits_{x_i\leqslant x\leqslant x_{i+1}}(x-x_i)^2(x-x_{i+1})^2=\dfrac{h_i^4}{16}$，其中 $h_i=x_{i+1}-x_i$.

9. 在 $[a,b]$ 上取 $a=x_0<x_1<\cdots<x_n=b$ 构造 $f(x)$ 的 n 次插值多项式 $p_n(x)$. 证明：如果 $f(x)$ 在 $[a,b]$ 上任意可微，且 $|f^{(k)}(x)|\leqslant M, k=0,1,2,\cdots$，则 $\lim\limits_{n\to\infty}p_n(x)=f(x)$.

10. 已知 $y=f(x)$ 的值为

x	0	1	2	3	4	5
y	-5	-2	15	58	139	270

试用牛顿差商表计算 1,2,3,4 次插值多项式.

11. 证明：$f[x_0,x_1,\cdots,x_k]=\sum_{j=0}^{k}\dfrac{f(x_j)}{(x_j-x_0)\cdots(x_j-x_{j-1})(x_j-x_{j+1})\cdots(x_j-x_k)}$.

12. 设 $f(x)=1+2x+3x^2+4x^3+5x^4$，节点 $x_k=k$，$k=1,2,\cdots,6$. 试用差商与导数的关系计算 $f(x_1,x_2,x_3,x_4,x_5)$ 和 $f(x_1,x_2,x_3,x_4,x_5,x_6)$.

13. 构造条件 $f(0)=1,f(1)=2,f'(1)=1,f(2)=1$ 的插值多项式.

14. 若用分段线性插值构造函数 $f(x)=e^x$ 在 $[0,1]$ 的等距节点函数表，若要求误差不大于 0.5×10^{-5}，问最大步长 h 应取多大？

15. 试构造三次 Hermite 多项式 $H_3(x)$ 逼近函数 $f(x)$，满足条件：

$$\begin{cases}H_3(0)=f(0)=0, & H_3(1)=f(1)=1,\\ H'_3(0)=f'(0)=1, & H'_3(1)=f'(1)=2.\end{cases}$$

16. (1) 判断 $S(x)=\begin{cases}x^3+2x+1, & x\in[-1,0),\\ 2x^3+2x+1, & x\in[0,1]\end{cases}$ 是否是三次样条插值函数.

(2) 设

$$S(x)=\begin{cases}0.5+2.75x-2x^2+\dfrac{3}{4}x^3, & 1\leqslant x\leqslant 2,\\ a+bx+cx^2-\dfrac{9}{4}x^3, & 2\leqslant x\leqslant 3.\end{cases}$$

试求 a,b,c 使 $S(x)$ 成为节点 $(1,2)$，$(2,4)$，$(3,8)$ 的三次样条插值函数.

17. 给定 $f(x)=|x|,x\in[-1,1]$，取 11 个等距节点.

(1) 计算插值多项式 $p_{10}(x)$，观察逼近效果图；

(2) 用三弯矩方法计算自然样条，观察逼近效果图；

(3) 用三弯矩方法计算 D1 样条，观察逼近效果图；

(4) 用三弯矩方法计算非节点样条，观察逼近效果图.

18. 根据下表，用三弯矩方法计算三次自然样条和非节点样条插值多项式 $S(x)$，并计算各区间中点的插值.

x	0.0	0.2	0.3	0.4	0.5	0.6	0.7	0.8	1.0
y	0.302	0.185	0.106	0.093	0.240	0.579	0.561	0.468	0.302

19. 给出 $f(x)=\dfrac{1}{1+x^2}$，$x\in[-5,5]$. 取节点 $x_i=-5+i,i=0,1,\cdots,10$ 构造逼近 $f(x)$ 的 D1 三次样条函数 $S(x)$，并与 10 次拉格朗日插值多项式 $p_{10}(x)$ 计算结果比较.

第 6 章

函数的最佳逼近

我们知道，用插值方法逼近某些函数，即使提高插值多项式的阶数，也不能降低插值误差. 仔细观察上一章绘制的 $p_{10}(x)$ 逼近 $f(x)=(1+x^2)^{-1}$ 效果图 6-1，会发现在区间两端误差函数 $R(x)=f(x)-p_{10}(x)$ 明显大于 $x=0$ 附近的误差，表明在区间 $[-5,5]$ 上 $R(x)$ 的大小变化并不“均匀”，这是因为插值出发点并非是降低 $R(x)$ 的大小，而是要求多项式 $p_{10}(x)$ 满足插值条件.

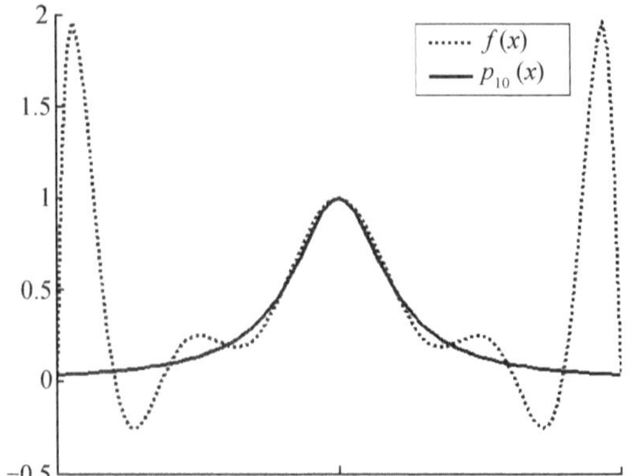

图 6-1　插值逼近的龙格现象

本章介绍的最佳逼近，是从另一角度用多项式作函数逼近. 为用数学语言描述最佳逼近，先给出如下概念.

$C[a,b]$：区间 $[a,b]$ 上所有连续函数构成的连续函数空间；

P_n：所有次数不超过 n 的多项式构成的空间；

$C[a,b]$ 上的一致范数：$\| f \|_\infty = \max\limits_{a\leqslant x\leqslant b} |f(x)|$，其中 $f(x)\in C[a,b]$；

$C[a,b]$ 上的平方范数：$\| f \|_2 = \sqrt{\int_a^b \rho(x) f^2(x)\mathrm{d}x}$，其中 $\rho(x)$ 是权函数（即 $\rho(x)$ 在 $[a,b]$ 上非负、可积，最多在 $[a,b]$ 中有限个点上等于零），它的选择与 P_n 中的基函数有关.

在逼近理论中，范数是一个重要概念. 它作为距离，可以测定一个空间中两个元素之间的距离，如 $\| f-g \|$ 表示元素 f,g 之间的距离或 g 逼近 f 的误差.

范数也可用来测定空间中一个元素到一个集合的距离. 例如，取 $f(x)\in C[a,b]$ 及子空间 P_n，求 $p_n(x)\in P_n$，使得 $p_n(x)$ 到 $f(x)$ 的距离最短，即 $\| f(x)-p_n(x) \|$ 最小. 因此，用多项式作函数的最佳逼近是指：

给定 $f(x)\in C[a,b]$，求 n 次多项式 $p_n(x)\in P_n$，使得误差 $\| f(x)-p_n(x) \|_p$ 最小. 若 $p=\infty$，称为**最佳一致逼近**；若 $p=2$，称为**最佳平方逼近**.

本章主要介绍最佳平方逼近，这是因为平方逼近易于计算，应用广泛. 最佳平方逼近需研究的问题是：使得误差 $\| f(x)-p_n(x) \|_2$ 最小的 $p_n(x)$ 是否存在？是否唯一？如何计算这样的 $p_n(x)$？为此本书从赋范线性空间入手，逐步研究最佳平方逼近问题.

§1 赋范线性空间

假设 X 是线性空间，元素 $x,y,z\in X$，实数 $k\in \mathbf{R}$，若对 X 中元素定义了称为**内积**的二元函数（·，·），该函数要求满足下列条件：

(1) $(x,y)=(y,x)$；

(2) $(kf,g)=k(f,g)$；

(3) $(x+y,z)=(x,z)+(y,z)$；

(4) $(x,x)\geqslant 0$，当且仅当 $x=0$ 时，$(x,x)=0$，

则称 X 为**内积空间**.

根据内积的定义有

$$\left(\sum_{k=0}^{n} a_k x_k, y\right) = \sum_{k=0}^{n} a_k (x_k, y),$$

式中，$a_k\in \mathbf{R}$，$x_k, y\in X$.

对于内积空间中的两个元素 x,y，若 $(x,y)=0$，则称 x,y 正交.

例 1 若线性空间 X 是 n 维向量空间 $\mathbf{R}^n$，对任意 $\boldsymbol{x},\boldsymbol{y}\in \mathbf{R}^n$，定义内积 $(\boldsymbol{x},\boldsymbol{y})=\boldsymbol{x}^{\mathrm{T}}\boldsymbol{y}$，则 $\mathbf{R}^n$ 成为内积空间.

例 2 若线性空间 X 是连续函数空间 $C[a,b]$，对任意 $f,g\in C[a,b]$，定义内积

$$(f,g)=\int_a^b \rho(x) f(x) g(x)\,\mathrm{d}x,$$

式中，$\rho(x)$ 是权函数，则 $C[a,b]$ 成为内积空间.

在线性空间 X 上还可以定义范数运算，记 $f,g\in X$，定义实函数 $\|\cdot\|$，满足

条件：

(1) $\| f \| \geqslant 0$，当且仅当 $f=0$ 时 $\| f \|=0$；

(2) $\| kf \| = |k| \cdot \| f \|$，$k \in \mathbf{R}$；

(3) $\| f+g \| \leqslant \| f \| + \| g \|$，

则称 $\| \cdot \|$ 为线性空间 X 的**范数**，此时 X 又称为**赋范线性空间**.

例如，对于 $\boldsymbol{x} \in \mathbf{R}^n$，$\| \boldsymbol{x} \|_1$，$\| \boldsymbol{x} \|_2$ 和 $\| \boldsymbol{x} \|_\infty$ 都满足上述定义；而 $C[a,b]$ 上定义的 $\| f \|_\infty$ 和 $\| f \|_2$ 也满足上述定义.

对于最佳平方逼近，需要着重考虑的是用内积定义的范数. 假设 X 是内积空间，对任意 $x \in X$，定义

$$\| x \|_2 = \sqrt{(x,x)}, \tag{6.1}$$

称式(6.1)定义的范数为由内积导出的范数. 例如，在 $\mathbf{R}^n$ 上有

$$\| \boldsymbol{x} \|_2 = \sqrt{(\boldsymbol{x},\boldsymbol{x})} = \sqrt{\boldsymbol{x}^{\mathrm{T}}\boldsymbol{x}},$$

在 $C[a,b]$ 上有

$$\| f \|_2 = \sqrt{(f,f)} = \sqrt{\int_a^b \rho(x) f^2(x) \mathrm{d}x}$$

等，都是由内积导出的范数. 这样对线性空间 X 定义内积及其导出的范数后，最佳平方逼近问题可按如下描述：

假设元素 $\varphi_0, \varphi_1, \cdots, \varphi_n \in X$ 线性无关，$\Phi = \mathrm{span}\{\varphi_0, \varphi_1, \cdots, \varphi_n\}$ 是由 $\varphi_i (i=0,1,\cdots,n)$ 生成的子空间，则 Φ 对 $f \in X$，$f \notin \Phi$ 的最佳平方逼近定义为

$$\| f - \varphi^* \|_2 = \min_{\varphi \in \Phi} \| f - \varphi \|_2, \tag{6.2}$$

式中，$\varphi \in \Phi$ 可表示为

$$\varphi = a_0\varphi_0 + a_1\varphi_1 + \cdots + a_n\varphi_n \in \Phi,\ a_i \in \mathbf{R}, i=0,1,\cdots,n. \tag{6.3}$$

因此，当 $\varphi_0, \varphi_1, \cdots, \varphi_n$ 给定后，式(6.2)对 φ 求最小，等价于对 $a_i (i=0,1,\cdots,n)$ 求最小.

式(6.2)的解 φ^* 称为 Φ 对 $f \in X$ 的**最佳逼近元**.

下面先讨论使得式(6.2)成立的 $a_i (i=0,1,\cdots,n)$ 应满足何种条件，之后讨论元素 $\varphi_0, \varphi_1, \cdots, \varphi_n$ 的取法.

§2　最佳平方逼近问题的解

本节讨论如何求解式(6.2). 记 $F(\boldsymbol{\alpha}) = \| f - \varphi \|_2^2$，其中 φ 形如式(6.3)，$\boldsymbol{\alpha}$ 是由 $a_i (i=0,1,\cdots,n)$ 构成的列向量，则

$$F(\boldsymbol{\alpha}) = (f-\varphi, f-\varphi) = (f,f) - 2(f,\varphi) + (\varphi,\varphi),$$

式中,

$$(f,\varphi)=\sum_{i=0}^{n}a_i(f,\varphi_i)=((f,\varphi_0),(f,\varphi_1),\cdots,(f,\varphi_n))\cdot\begin{pmatrix}a_0\\a_1\\\vdots\\a_2\end{pmatrix}=\boldsymbol{b}^{\mathrm{T}}\boldsymbol{\alpha}$$

$$\begin{aligned}(\varphi,\varphi)&=\left(\sum_{i=0}^{n}a_i\varphi_i,\sum_{i=0}^{n}a_i\varphi_i\right)\\&=(a_0,a_1,\cdots,a_n)\begin{pmatrix}(\varphi_0,\varphi_0)&(\varphi_0,\varphi_1)&\cdots&(\varphi_0,\varphi_n)\\(\varphi_1,\varphi_0)&(\varphi_1,\varphi_1)&\cdots&(\varphi_1,\varphi_n)\\\vdots&\vdots&&\vdots\\(\varphi_n,\varphi_0)&(\varphi_n,\varphi_1)&\cdots&(\varphi_n,\varphi_n)\end{pmatrix}\begin{pmatrix}a_0\\a_1\\\vdots\\a_n\end{pmatrix}\\&=\boldsymbol{\alpha}^{\mathrm{T}}\boldsymbol{A\alpha}.\end{aligned}$$

由二次泛函导数公式

$$\frac{\partial\varphi(\boldsymbol{x})}{\partial\boldsymbol{x}}=\frac{\partial(\boldsymbol{x}^{\mathrm{T}}\boldsymbol{Ax}-2\boldsymbol{b}^{\mathrm{T}}\boldsymbol{x})}{\partial\boldsymbol{x}}=2(\boldsymbol{Ax}-\boldsymbol{b})\tag{6.4}$$

得

$$\frac{\partial F(\boldsymbol{\alpha})}{\partial\boldsymbol{\alpha}}=\frac{\partial((f,f)-2\boldsymbol{b}^{\mathrm{T}}\boldsymbol{\alpha}+\boldsymbol{\alpha}^{\mathrm{T}}\boldsymbol{A\alpha})}{\partial\boldsymbol{\alpha}}=2(\boldsymbol{A\alpha}-\boldsymbol{b}).$$

令$\dfrac{\partial F(\boldsymbol{\alpha})}{\partial\boldsymbol{\alpha}}=0$得$\boldsymbol{A\alpha}=\boldsymbol{b}$,即

$$\begin{pmatrix}(\varphi_0,\varphi_0)&(\varphi_0,\varphi_1)&\cdots&(\varphi_0,\varphi_n)\\(\varphi_1,\varphi_0)&(\varphi_1,\varphi_1)&\cdots&(\varphi_1,\varphi_n)\\\vdots&\vdots&&\vdots\\(\varphi_n,\varphi_0)&(\varphi_n,\varphi_1)&\cdots&(\varphi_n,\varphi_n)\end{pmatrix}\begin{pmatrix}a_0\\a_1\\\vdots\\a_n\end{pmatrix}=\begin{pmatrix}(f,\varphi_0)\\(f,\varphi_1)\\\vdots\\(f,\varphi_n)\end{pmatrix},\tag{6.5}$$

称方程组(6.5)是**法方程组**,其系数矩阵称为是关于$\varphi_i(i=0,1,\cdots,n)$的 **Gram 矩阵**. 可以证明,Gram 矩阵有如下定理.

定理 1 设X为内积空间,若$\varphi_0,\varphi_1,\cdots,\varphi_n\in\Phi\subset X$线性无关,则它的 Gram 矩阵非奇异.

证明 因为$\varphi_0,\varphi_1,\cdots,\varphi_n$线性无关,则使得

$$a_0\varphi_0+a_1\varphi_1+\cdots+a_n\varphi_n=0\tag{6.6}$$

成立的系数$a_i(i=0,1,\cdots,n)$必为零. 对式(6.6)两端用$\varphi_i(i=0,1,\cdots,n)$作内积,可得齐次线性方程组$\boldsymbol{A\alpha}=\boldsymbol{0}$,它只有零解,从而$\boldsymbol{A}$非奇异. 而$\boldsymbol{A}$为方程组(6.5)的系数矩阵.

以下假设$\varphi_0,\varphi_1,\cdots,\varphi_n\in\Phi\subset X$线性无关.

定理 2　若 a_i^* $(i=0,1,\cdots,n)$是法方程组(6.5)的解，记 $\varphi^* = \sum_{i=0}^{n} a_i^* \varphi_i$，则

$$(f-\varphi^*, \varphi_k)=0,\ k=0,1,\cdots,n. \tag{6.7}$$

证明　记 $k=0,1,\cdots,n$，由 $\boldsymbol{A\alpha}=\boldsymbol{b}$ 得

$$\sum_{i=0}^{n} a_i^* (\varphi_k, \varphi_i) = (f, \varphi_k) \Rightarrow \left(\sum_{i=0}^{n} a_i^* \varphi_i, \varphi_k\right) = (f, \varphi_k),$$

即有$(\varphi^*, \varphi_k)=(f, \varphi_k)$，移项有$(f-\varphi^*, \varphi_k)=0$.

定理 3　若 a_i^* $(i=0,1,\cdots,n)$是法方程组(6.5)的解，则 $\varphi^* = \sum_{i=0}^{n} a_i^* \varphi_i$ 是问题(6.2)的解，也就是 f 的最佳逼近元.

证明　对任何 $P = \sum_{i=0}^{n} a_i \varphi_i \in \Phi \subset X$，考察误差

$$\begin{aligned}\| f-P \|_2^2 &= (f-P, f-P)\\ &= (f-\varphi^* + \varphi^* - P, f-\varphi^* + \varphi^* - P)\\ &= (f-\varphi^*, f-\varphi^*) + (\varphi^* - P, \varphi^* - P) + 2(f-\varphi^*, \varphi^* - P).\end{aligned}$$

由于 $\varphi^* - P \in \Phi$，根据定理 2 知$(f-\varphi^*, \varphi^* - P)=0$，所以

$$\| f-P \|_2^2 = \| f-\varphi^* \|_2^2 + \| \varphi^* - P \|_2^2 \geqslant \| f-\varphi^* \|_2^2,$$

因此

$$\| f-\varphi^* \|_2 = \min_{\varphi \in \Phi} \| f-\varphi \|_2.$$

总结上述讨论有如下定理.

定理 4　最佳平方逼近问题(6.2)的解存在，且唯一.

注　若 $\varphi^* = \sum_{i=0}^{n} a_i^* \varphi_i$ 是 Φ 对 $f \in X$ 的最佳平方逼近，则$(f-\varphi^*, \varphi_i)=0$ 表明，误差函数 $f-\varphi^*$ 与 Φ 的基函数 $\varphi_0, \varphi_1, \cdots, \varphi_n$ 正交，亦即 $f-\varphi^*$ 与子空间 Φ 正交. 实际上这个结论反过来也成立，即若$(f-\varphi^*, \varphi_i)=0$，则 φ^* 为 f 的最佳逼近元.

因此，定理 2 刻画了最佳逼近元的特征：误差函数 $f-\varphi^*$ 与 Φ 正交. 将上述内容总结如下：

定理 5　假设 X 为内积空间，$f \in X$ 且 $f \notin \Phi$，φ_i 是 Φ 中的一组基，则 $\varphi^* \in \Phi$ 为 f 的最佳逼近元的充分必要条件是

$$(f-\varphi^*, \varphi_i)=0,\ i=0,1,\cdots,n.$$

下面给出最佳平方逼近的误差估计.

假设 $\varphi^* = \sum_{i=0}^{n} a_i^* \varphi_i$ 是 f 的最佳逼近元，则

$$\begin{aligned}\|f-\varphi^*\|_2^2&=(f-\varphi^*,f-\varphi^*)=(f-\varphi^*,f)-(f-\varphi^*,\varphi^*)\\&=(f-\varphi^*,f)\qquad\qquad //\text{这里用到}(f-\varphi^*,\varphi^*)=0.\\&=(f,f)-(\varphi^*,f)\\&=\|f\|_2^2-(f,\varphi^*)\\&=\|f\|_2^2-\sum_{i=0}^{n}a_i^*(f,\varphi_i),\end{aligned}$$

式中，a_i^* 和(f,φ_i)分别是法方程组(6.5)的解和右边量.

至此，已经完成内积空间 X 上最佳平方逼近及逼近误差的讨论.

下面将问题转向具体的内积空间 X，分别讨论当 $X=C[a,b]$和 $X=\mathbf{R}^n$ 时的最佳逼近.

§3 $C[a,b]$上的最佳平方逼近

假设 $X=C[a,b]$，函数 $\varphi_0(x),\varphi_1(x),\cdots,\varphi_n(x)\in C[a,b]$线性无关，记

$$\Phi_n=\mathrm{span}\{\varphi_0(x),\varphi_1(x),\cdots,\varphi_n(x)\}$$

是由 $\varphi_i(x)(i=0,1,\cdots,n)$生成的子空间. 本节讨论当 $\Phi_n=P_n$，即 Φ_n 是所有次数不超过 n 的多项式构成的空间时，最佳逼近元(又称最佳平方多项式)的计算. 这里涉及 P_n 的基函数的问题，分两方面讨论：

(1) P_n 的基函数取为单项式 $1,x,\cdots,x^n$ 时的计算；

(2) P_n 的基函数取为正交多项式时的计算.

首先讨论问题(1).

1. 用单项式作最佳平方逼近

取基函数为单项式 $\varphi_0=1,\varphi_1=x,\cdots,\varphi_n=x^n$，权函数 $\rho(x)=1$，则对任意 $f\in C[a,b]$，其最佳逼近元是 $\varphi^*=\sum\limits_{i=0}^{n}a_i\varphi_i$，其中，系数 a_i是法方程

$$\begin{pmatrix}(\varphi_0,\varphi_0)&(\varphi_0,\varphi_1)&\cdots&(\varphi_0,\varphi_n)\\(\varphi_1,\varphi_0)&(\varphi_1,\varphi_1)&\cdots&(\varphi_1,\varphi_n)\\\vdots&\vdots&&\vdots\\(\varphi_n,\varphi_0)&(\varphi_n,\varphi_1)&\cdots&(\varphi_n,\varphi_n)\end{pmatrix}\begin{pmatrix}a_0\\a_1\\\vdots\\a_n\end{pmatrix}=\begin{pmatrix}(f,\varphi_0)\\(f,\varphi_1)\\\vdots\\(f,\varphi_n)\end{pmatrix}$$

的解，

$$(\varphi_i,\varphi_j)=\int_a^b\varphi_i(x)\varphi_j(x)\mathrm{d}x,$$

$$(f,\varphi_i)=\int_a^b f(x)\varphi_i(x)\mathrm{d}x,i,j=0,1,\cdots,n.$$

例 3 求 $f(x)=\sin x$ 在$[0,1]$上的二次最佳平方多项式.

解　取基函数 $\varphi_0=1,\varphi_1=x,\varphi_2=x^2$，则法方程为

$$\begin{pmatrix}(1,1) & (1,x) & (1,x^2)\\(x,1) & (x,x) & (x,x^2)\\(x^2,1) & (x^2,x) & (x^2,x^2)\end{pmatrix}\begin{pmatrix}a_0\\a_1\\a_2\end{pmatrix}=\begin{pmatrix}(f,1)\\(f,x)\\(f,x^2)\end{pmatrix},\tag{6.8}$$

即

$$\begin{pmatrix}1 & \frac{1}{2} & \frac{1}{3}\\\frac{1}{2} & \frac{1}{3} & \frac{1}{4}\\\frac{1}{3} & \frac{1}{4} & \frac{1}{5}\end{pmatrix}\begin{pmatrix}a_0\\a_1\\a_2\end{pmatrix}=\begin{pmatrix}0.459\,697\,694\,131\,86\\0.301\,168\,678\,939\,757\\0.223\,244\,275\,483\,933\end{pmatrix},\quad\begin{pmatrix}a_0\\a_1\\a_2\end{pmatrix}=\begin{pmatrix}-0.007\,464\,930\,126\,52\\1.091\,299\,780\,578\,44\\-0.235\,461\,798\,092\,519\end{pmatrix},$$

所以二次最佳平方多项式(取 4 位有效数字)为

$$p_2(x)=-0.007\,465+1.091\,3x-0.235\,5x^2.$$

逼近误差为

$$\|f-\varphi^*\|_2^2=\|f\|_2^2-\sum_{i=0}^{2}a_i(f,\varphi_i)=\int_a^b f^2(x)\mathrm{d}x-\sum_{i=0}^{2}a_i(f,\varphi_i)$$
$$\approx 0.000\,007\,439\,7,$$

即

$$\|f-\varphi^*\|_2=\sqrt{0.000\,007\,439\,7}\approx 0.002\,728.$$

仔细观察发现，方程组(6.8)的系数矩阵是三阶 Hilbert 矩阵. 第 2 章指出，该矩阵是病态的，数据误差会使方程组解发生大的变化. 为了能说明该问题，我们计算 5 次最佳平方多项式，基函数为 $\varphi_i=x^i(i=0,1,2,\cdots,5)$，此时法方程组和解分别为

$$\begin{pmatrix}1 & \frac{1}{2} & \frac{1}{3} & \frac{1}{4} & \frac{1}{5} & \frac{1}{6}\\\frac{1}{2} & \frac{1}{3} & \frac{1}{4} & \frac{1}{5} & \frac{1}{6} & \frac{1}{7}\\\frac{1}{3} & \frac{1}{4} & \frac{1}{5} & \frac{1}{6} & \frac{1}{7} & \frac{1}{8}\\\frac{1}{4} & \frac{1}{5} & \frac{1}{6} & \frac{1}{7} & \frac{1}{8} & \frac{1}{9}\\\frac{1}{5} & \frac{1}{6} & \frac{1}{7} & \frac{1}{8} & \frac{1}{9} & \frac{1}{10}\\\frac{1}{6} & \frac{1}{7} & \frac{1}{8} & \frac{1}{9} & \frac{1}{10} & \frac{1}{11}\end{pmatrix}\begin{pmatrix}a_0\\a_1\\a_2\\a_3\\a_4\\a_5\end{pmatrix}=\begin{pmatrix}0.459\,697\,694\,131\,86\\0.301\,168\,678\,939\,757\\0.223\,244\,275\,483\,933\\0.177\,098\,574\,917\,009\\0.146\,650\,327\,556\,254\\0.125\,081\,119\,831\,161\end{pmatrix},$$

$$\begin{pmatrix} a_0 \\ a_1 \\ a_2 \\ a_3 \\ a_4 \\ a_5 \end{pmatrix} = \begin{pmatrix} 0.000\,000\,663 \\ 0.999\,972\,866 \\ 0.000\,261\,023 \\ -0.167\,648\,214 \\ 0.001\,642\,249 \\ 0.007\,243\,161 \end{pmatrix},$$

所以 5 次最佳平方多项式为

$$p_5(x)=0.000\,000\,663+0.999\,972\,866x+0.000\,261\,023x^2-0.167\,648\,214x^3+0.001\,642\,249x^4+0.007\,243\,161x^5.$$

如果法方程组经扰动后成为

$$\begin{pmatrix} 1 & \frac{1}{2} & \frac{1}{3} & \frac{1}{4} & \frac{1}{5} & \frac{1}{6} \\ \frac{1}{2} & \frac{1}{3} & \frac{1}{4} & \frac{1}{5} & \frac{1}{6} & \frac{1}{7} \\ \frac{1}{3} & \frac{1}{4} & \frac{1}{5} & \frac{1}{6} & \frac{1}{7} & \frac{1}{8} \\ \frac{1}{4} & \frac{1}{5} & \frac{1}{6} & \frac{1}{7} & \frac{1}{8} & \frac{1}{9} \\ \frac{1}{5} & \frac{1}{6} & \frac{1}{7} & \frac{1}{8} & \frac{1}{9} & \frac{1}{10} \\ \frac{1}{6} & \frac{1}{7} & \frac{1}{8} & \frac{1}{9} & \frac{1}{10} & \frac{1}{11} \end{pmatrix} \begin{pmatrix} a_0 \\ a_1 \\ a_2 \\ a_3 \\ a_4 \\ a_5 \end{pmatrix} = \begin{pmatrix} 0.459\,697\,6 \\ 0.301\,168\,678\,939\,757 \\ 0.223\,244\,275\,483\,933 \\ 0.177\,098\,574\,917\,009 \\ 0.146\,650\,327\,556\,254 \\ 0.125\,081\,119\,831\,161 \end{pmatrix},$$

则

$$\begin{pmatrix} a_0 \\ a_1 \\ a_2 \\ a_3 \\ a_4 \\ a_5 \end{pmatrix} = \begin{pmatrix} -0.000\,002\,725 \\ 1.000\,032\,169 \\ -0.000\,055\,259 \\ -0.166\,936\,581 \\ 0.000\,930\,616 \\ 0.007\,504\,093 \end{pmatrix},$$

此时 5 次最佳平方多项式为

$$q_5(x)=-0.000\,002\,725+1.000\,032\,169x-0.000\,055\,259x^2-0.166\,936\,581x^3+0.000\,930\,616x^4+0.007\,504\,093x^5.$$

按照方程组扰动理论，法方程组的解确实发生了很大的改变，导致 $p_5(x)$ 和 $q_5(x)$ 形式上完全不一样. 那么它们的逼近效果怎么样？按照误差公式，有

$$\| f(x)-p_5(x) \|_2=1.986\,355\,765\,947\,03\times10^{-7},$$

$$\| f(x)-q_5(x) \|_2=5.987\,020\,835\,107\,21\times10^{-7}.$$

虽然 $q_5(x)$ 的误差大约是 $p_5(x)$ 的误差的 3 倍，但误差的数量级是 10^{-7}，还是比较

小.所以从方程组角度来看,在[0,1]上用单项式作最佳平方逼近,将导致一病态方程组,但如果逼近误差足够小且阶数 n 不高,最终逼近效果是可以接受的.

下面是各阶最佳逼近的误差(MathCAD 计算):

n	用 $\boldsymbol{A}^{-1}\boldsymbol{b}$ 方法计算	lsolve(MathCAD 指令)
1	0.017 760 976 361 096	0.017 760 976 361 096
2	2.727 587 734 539 98E−3	2.727 587 734 54E−3
3	9.444 698 985 273 75E−5	9.444 698 985 273 79E−5
4	8.668 527 179 803 17E−6	8.668 527 179 825 19E−6
5	1.986 355 765 947 03E−7	1.986 355 766 169 01E−7
6	1.300 575 461 602 65E−8	1.300 570 060 377 74E−8
7	5.643 183 554 193 28E−10	2.228 963 849 897 67E−10
8	3.198 639 828 224 08E−9	1.153 182 343 602 55E−11
9	5.349 993 463 356 38E−8	2.786 817 187 897 12E−11
10	1.275 977 600 494 43E−6	2.205 685 958 339 63E−10
11	1.548 301 035 142 06E−5	1.293 034 324 599 54E−9
12	**A** 数值奇异,计算失败	7.719 628 299 360 59E−9
13	7.640 324 470 527 84E−4	1.465 913 706 628 22E−9
14	1.584 333 787 450 78E−4	1.676 075 947 116 56E−9
15	2.970 137 406 058 74E−4	1.976 422 763 544E−9
16	**A** 数值奇异,计算失败	4.945 293 485 586 88E−9

MathCAD 指令计算的结果比较稳定,但是用 $\boldsymbol{A}^{-1}\boldsymbol{b}$ 方法,则结果稍差.因此在数值计算时,应尽量用成熟的数学软件.

2. 用正交多项式作最佳平方逼近

用单项式作最佳平方逼近,潜在的问题是法方程会是病态方程组.若取 P_n 中的正交多项式作为基函数,则法方程组(6.5)不仅结构简单,其病态性也能消除,计算过程也非常简单.

首先给出正交函数组的定义.

定义 给定函数系 $\varphi_i(x)\in C[a,b](i=0,1,2,\cdots)$,若

$$(\varphi_i,\varphi_j)=\int_a^b\rho(x)\varphi_i(x)\varphi_j(x)\mathrm{d}x=\begin{cases}0, & i\neq j,\\ c_i>0, & i=j,\end{cases}$$

则称 $\varphi_i(x)$ 是$[a,b]$上关于权 $\rho(x)$ 正交的正交函数系;若 $c_i=1$,称 $\varphi_i(x)$,$i=0,1,$

2,…是规范正交系.特别地,若 $\varphi_i(x)$是 i 次多项式,则称之为$[a,b]$上关于权 $\rho(x)$正交的 i 次正交多项式.

只要正交多项式 $\varphi_i(x)\in P_n(i=0,1,2,\cdots,n)$非零,则 $\varphi_i(x)$线性无关.事实上,假设

$$c_0\varphi_0+c_1\varphi_1+\cdots+c_n\varphi_n=0,$$

用 φ_i 与上式作内积即得 $c_i=0,i=0,1,\cdots,n$,因此 $\varphi_i(x)$可以作为 P_n 的一组基函数.

根据定义,若 $\varphi_i(x)\in P_n$ 是 i 次正交多项式,$i=0,1,\cdots,n$,则法方程组(6.5)成为

$$\begin{pmatrix}(\varphi_0,\varphi_0) & 0 & \cdots & 0\\ 0 & (\varphi_1,\varphi_1) & \cdots & 0\\ \vdots & \vdots & & \vdots\\ 0 & 0 & \cdots & (\varphi_n,\varphi_n)\end{pmatrix}\begin{pmatrix}a_0\\ a_1\\ \vdots\\ a_n\end{pmatrix}=\begin{pmatrix}(f,\varphi_0)\\ (f,\varphi_1)\\ \vdots\\ (f,\varphi_n)\end{pmatrix},$$

解得

$$a_i=\frac{(f,\varphi_i)}{(\varphi_i,\varphi_i)},\ i=0,1,\cdots,n,$$

对应的最佳平方逼近多项式为

$$\varphi^*=\sum_{i=0}^{n}a_i\varphi_i=\sum_{i=0}^{n}\frac{(f,\varphi_i)}{(\varphi_i,\varphi_i)}\varphi_i, \tag{6.9}$$

逼近误差为

$$\|f-\varphi^*\|_2^2=\|f\|_2^2-\sum_{i=0}^{n}\frac{(f,\varphi_i)^2}{(\varphi_i,\varphi_i)}. \tag{6.10}$$

定理 6 假设 $\varphi_i(x)\in P_n(i=0,1,\cdots,n)$是$[a,b]$上的 i 次正交多项式,则对任意 $f\in C[a,b]$,其最佳逼近多项式由式(6.9)给出,误差由式(6.10)给出.

特别地,当 $\varphi_i(x)$是规范正交时,由于$(\varphi_i,\varphi_i)=1$,式(6.9)可更简单地表示为

$$\varphi^*=\sum_{i=0}^{n}(f,\varphi_i)\varphi_i.$$

常见的正交多项式有:

(1) 勒让德(Legendre)正交多项式;

(2) 切比雪夫(Chebyshev)正交多项式.

它们分别是取权函数为 1 和$\dfrac{1}{\sqrt{1-x^2}}$,由单项式序列 $1,x,\cdots,x^n,\cdots$正交化得到.

用正交多项式逼近函数时,若将区间$[a,b]$局限于$[-1,1]$时,可以建立类似于插值余项的误差公式如下.

定理 7 假设 $f^{(n+1)}(x)\in C[-1,1]$,$\varphi_i(x)(i=0,1,\cdots,n)$是$[-1,1]$上关于

权函数 $\rho(x)$ 的 i 次正交多项式，$\varphi^*(x)=\sum_{i=0}^{n}a_i\varphi_i(x)$ 是 $f(x)$ 的 n 次最佳平方逼近多项式，则存在 $\xi\in(-1,1)$ 使得

$$\| f(x)-\varphi^*(x)\|_2=\frac{|f^{(n+1)}(\xi)|}{(n+1)!}\|\prod_{i=0}^{n}(x-x_i^*)\|_2, \tag{6.11}$$

式中，x_i^* 是 $(-1,1)$ 中互异节点.

对于勒让德和切比雪夫正交多项式，式(6.11)的右端项还有更细致的表达式.

下面对最佳平方逼近多项式作进一步讨论：

在式(6.9)中，若 $n\to\infty$，则称

$$\sum_{i=0}^{\infty}\frac{(f,\varphi_i)}{(\varphi_i,\varphi_i)}\varphi_i$$

为广义傅里叶级数，系数 $\frac{(f,\varphi_i)}{(\varphi_i,\varphi_i)}$ 称为广义傅里叶系数. 若 $\varphi_i(x)$ 是由单项式正交化所得时，则 $\varphi_i(x)$，$i=0,1,\cdots$ 为正交多项式系，可以证明此时有

$$\lim_{n\to\infty}\| f(x)-\varphi^*(x)\|_2=0,$$

式中，$\varphi^*(x)$ 由式(6.9)定义.

3. 勒让德多项式

勒让德(Legendre)多项式是定义在 $[-1,1]$ 的关于权函数 $\rho(x)=1$ 的正交多项式，其定义为

$$L_n(x)=\frac{1}{2^n n!}\frac{\mathrm{d}^n}{\mathrm{d}x^n}(x^2-1)^n,\ n=0,1,2,\cdots,$$

其中，首项系数为 $\frac{(2n)!}{2^n(n!)^2}$，几个低阶的表达式如下：

$L_0(x)=1$,

$L_1(x)=x$,

$L_2(x)=\frac{3}{2}x^2-\frac{1}{2}$,

$L_3(x)=\frac{5}{2}x^3-\frac{3}{2}x$,

$L_4(x)=\frac{3}{8}-\frac{15}{4}x^2+\frac{35}{8}x^4$,

$L_5(x)=\frac{15}{8}x-\frac{35}{4}x^3+\frac{63}{8}x^5$,

$L_6(x)=-\frac{5}{16}+\frac{105}{16}x^2-\frac{315}{16}x^4+\frac{231}{16}x^6$,

$L_7(x)=-\frac{35}{16}x+\frac{315}{16}x^3-\frac{693}{16}x^5+\frac{429}{16}x^7$,

$$L_8(x)=\frac{35}{128}x-\frac{315}{32}x^2+\frac{3\ 465}{64}x^4-\frac{3\ 003}{32}x^6+\frac{6\ 435}{128}x^8,$$

$$L_9(x)=\frac{315}{128}x-\frac{1\ 155}{32}x^3+\frac{9\ 009}{64}x^5-\frac{6\ 435}{32}x^7+\frac{12\ 155}{128}x^9,$$

$$L_{10}(x)=-\frac{63}{256}+\frac{3\ 465}{256}x^2-\frac{15\ 015}{128}x^4+\frac{45\ 045}{128}x^6-\frac{109\ 395}{256}x^8+\frac{46\ 189}{256}x^{10}.$$

从上述低阶表达式可以看出，$L_n(1)=1$，在$[-1,1]$中有$|L_n(x)|\leqslant 1$，以及$L_n(x)$的奇偶性.此外，勒让德多项式的正交性如下：

$$(L_n,L_m)=\int_{-1}^{1}L_n(x)L_m(x)\mathrm{d}x=\begin{cases}0, & n\neq m,\\ \dfrac{2}{2n+1}, & n=m.\end{cases}$$

式中，$n\neq m$时$(L_n,L_m)=0$表示多项式$L_n(x)$，$L_m(x)$正交.

勒让德多项式还可以通过三项递推计算：

$$L_0(x)=1,\ L_1(x)=x,$$

$$L_{n+1}(x)=\frac{2n+1}{n+1}xL_n(x)-\frac{n}{n+1}L_{n-1}(x),\ n=1,2,\cdots.$$

用勒让德多项式作最佳平方逼近，只要将式(6.9)中$\varphi_i(x)$用勒让德多项式$L_i(x)$替换即可.

例4 求$f(x)=\sin x$在$[0,1]$上的二次最佳平方多项式，基函数取为勒让德多项式.

解 因勒让德多项式定义在$[-1,1]$上，故作变换$x=\frac{b-a}{2}t+\frac{b+a}{2}=\frac{1}{2}t+\frac{1}{2}$，则

$$f(x)=\sin x=\sin\left(\frac{1}{2}t+\frac{1}{2}\right)=F(t),\ t\in[-1,1].$$

下面在$[-1,1]$上对$F(t)$作最佳平方逼近.取基函数$\varphi_0=1,\varphi_1=t,\varphi_2=\frac{3}{2}t^2-\frac{1}{2}$，则根据式(6.9)，$F(t)$的最佳平方逼近为

$$\varphi^*(t)=\sum_{i=0}^{2}\frac{(F,\varphi_i)}{(\varphi_i,\varphi_i)}\varphi_i.$$

式中，分母分别为$(\varphi_0,\varphi_0)=2$，$(\varphi_1,\varphi_1)=\frac{2}{3}$，$(\varphi_2,\varphi_2)=\frac{2}{5}$；分子分别为

$$(F,\varphi_0)=\int_{-1}^{1}F(t)\mathrm{d}t=0.919\ 395\ 388\ 263\ 72,$$

$$(F,\varphi_1)=\int_{-1}^{1}F(t)t\mathrm{d}t=0.285\ 279\ 327\ 495\ 307,$$

$$(F,\varphi_2)=\int_{-1}^{1}F(t)\left(\frac{3}{2}t^2-\frac{1}{2}\right)\mathrm{d}t=-0.015\ 697\ 453\ 206\ 168,$$

所以

$$\varphi^*(t)=\sum_{i=0}^{2}\frac{(F,\varphi_i)}{(\varphi_i,\varphi_i)}\varphi_i=0.4793195+0.4279189t-0.05886545t^2.$$

再作变换 $t=2x-1$ 得 $f(x)$在$[0,1]$上的二次最佳平方多项式

$$p_2(x)=-0.007465+1.0913x-0.2355x^2.$$

误差为 $\|f-\varphi^*\|_2=0.002728$.

对于勒让德多项式的逼近误差，除可用式(6.10)计算外，下面根据式(6.11)建立更细致的误差公式.

为方便起见，将式(6.9)中 φ_i 用 L_i 表示得

$$p_n(x)=\sum_{i=0}^{n}a_iL_i(x)=\sum_{i=0}^{n}\frac{(f,L_i)}{(L_i,L_i)}L_i(x)=\sum_{i=0}^{n}\frac{(2i+1)(f,L_i)}{2}L_i(x).$$

引理 1　误差函数 $f(x)-p_n(x)$与 $L_i(x)$，$i=0,1,\cdots,n$ 正交.

证明　由于

$$(f-p_n,L_i)=(f,L_i)-(p_n,L_i)=(f,L_i)-a_i(L_i,L_i)=0,\tag{6.12}$$

得证.实际上直接应用定理 7 即可得出结论.

引理 2　误差函数 $f(x)-p_n(x)$在区间$[-1,1]$上至少有 $n+1$ 个零点.

证明　假设 $E(x)=f(x)-p_n(x)$只有 $k<n+1$ 个零点

$$-1<x_0<x_1<\cdots<x_{k-1}<1,$$

则 $E(x)$与 k 次多项式

$$\omega_k(x)=\prod_{i=0}^{k-1}(x-x_i)$$

有相同零点，且没有其他零点，故函数 $E(x)\omega_k(x)$在$[-1,1]$上或$\geqslant0$，或$\leqslant0$，因而$(E,\omega_k)\neq0$.但又由于 $\omega_k(x)$可以用 $L_i(x)(i=0,1,\cdots,k)$线性表示，由式(6.12)知$(E,\omega_k)=0$，矛盾.故 $f(x)-p_n(x)$的零点个数 $k\geqslant n+1$ 个.

引理 3　$p_n(x)$可以看成是 $f(x)$的 n 次插值多项式.

证明　由引理 2 知 $f(x)-p_n(x)$有 $n+1$ 个零点 x_k，$k=0,1,\cdots,n$，表明 $f(x_k)=p_n(x_k)$成立.由插值唯一性知结论成立.

引理 4　给定 $f(x)=x^{n+1}$，以及 $p_n(x)\in P_n$ 是 $f(x)$的最佳平方逼近多项式，则

$$p_n(x)=x^{n+1}-\widetilde{L}_{n+1}(x),$$

式中，$\widetilde{L}_{n+1}(x)$是首 1 的 $n+1$ 次勒让德多项式.

证明　将 $f(x)-p_n(x)$用首 1 勒让德多项式 $\widetilde{L}_0(x),\widetilde{L}_1(x),\cdots,\widetilde{L}_{n+1}(x)$表示为

$$x^{n+1}-p_n(x)=c_0\widetilde{L}_0(x)+c_1\widetilde{L}_1(x)+\cdots+c_n\widetilde{L}_n(x)+c_{n+1}\widetilde{L}_{n+1}(x).\tag{6.13}$$

下面计算系数 $c_i(i=0,1,\cdots,n)$.用 $\widetilde{L}_i(x)$与上式作内积有

$$(x^{n+1}-p_n(x),\widetilde{L}_i(x))=c_i(\widetilde{L}_i(x),\widetilde{L}_i(x)).$$

由于 $p_n(x)$是 x^{n+1}的最佳平方逼近，根据定理 5 知$(x^{n+1}-p_n(x),\widetilde{L}_i(x))=0$，从而 $c_i=0$，所以式(6.13)成为

$$x^{n+1}-p_n(x)=c_{n+1}\widetilde{L}_{n+1}(x).$$

再由首项系数为 1 知 $c_{n+1}=1$，因此 $p_n(x)=x^{n+1}-\widetilde{L}_{n+1}(x)$.

引理 4 给出了首 1 勒让德多项式的一个重要性质. 由于 $p_n(x)$是 x^{n+1}的最佳平方逼近，因而

$$\min=\|x^{n+1}-p_n(x)\|_2=\|\widetilde{L}_{n+1}(x)\|_2=\|\widetilde{L}_{n+1}(x)-0\|_2,$$

上式表明，在所有首项系数为 1 的 $n+1$ 次多项式中，$\widetilde{L}_{n+1}(x)$与零的误差在 2-范数意义下最小. $\widetilde{L}_{n+1}(x)$的表达式为

$$\widetilde{L}_{n+1}(x)=\frac{1}{C}L_{n+1}(x),$$

式中，$C=\dfrac{(2n+2)!}{2^{n+1}[(n+1)!]^2}$为 $L_{n+1}(x)$的首项系数. 因此

$$\|\widetilde{L}_{n+1}(x)\|_2=\left\|\frac{1}{C}L_{n+1}(x)\right\|_2=\frac{1}{C}\frac{2}{2n+3}.$$

根据以上讨论，下面建立勒让德多项式的逼近误差公式.

定理 8 在定理 7 中，若取 $\varphi_i(x)=L_i(x)(i=0,1,\cdots,n)$，则

$$\|f(x)-p_n(x)\|_2=\frac{1}{C}\sqrt{\frac{2}{2n+3}}\frac{|f^{(n+1)}(\xi)|}{(n+1)!},\ \xi\in(-1,1).$$

证明 记 $p_n^*(x)$是$(x_k^*,f(x_k))$，$k=0,1,\cdots,n$ 的插值多项式，其中 x_k^* 是 $L_{n+1}(x)$的零点，则由插值余项定理和积分中值定理得

$$\begin{aligned}\|f(x)-p_n^*(x)\|_2^2&=\int_{-1}^{1}\left[\frac{f^{(n+1)}(\zeta)}{(n+1)!}\prod_{k=0}^{n}(x-x_k^*)\right]^2\mathrm{d}x\\&=\left[\frac{f^{(n+1)}(\xi_1)}{(n+1)!}\right]^2\left\|\prod_{k=0}^{n}(x-x_k^*)\right\|_2^2.\end{aligned}$$

因为

$$\prod_{k=0}^{n}(x-x_k^*)=\frac{1}{C}L_{n+1}(x),$$

式中，C 为 $L_{n+1}(x)$的首项系数，所以

$$\left\|\prod_{k=0}^{n}(x-x_k^*)\right\|_2^2=\frac{1}{C^2}\|L_{n+1}(x)\|_2^2=\frac{1}{C^2}\frac{2}{2n+3}.$$

因此

$$\|f(x)-p_n^*(x)\|_2^2=\frac{1}{C^2}\frac{2}{2n+3}\left[\frac{f^{(n+1)}(\xi_1)}{(n+1)!}\right]^2.$$

由于 $p_n(x)$是 $f(x)$的最佳平方逼近多项式，因此有

$$\| f(x)-p_n(x) \|_2 \leqslant \| f(x)-p_n^*(x) \|_2 = \frac{1}{C}\sqrt{\frac{2}{2n+3}}\frac{|f^{(n+1)}(\xi_1)|}{(n+1)!}. \quad (6.14)$$

另一方面,由于 $p_n(x)$本身也是关于 $f(x)-p_n(x)$零点 $x_i(i=0,1,\cdots,n)$的 n 次插值多项式(参见引理 3),因此也有

$$f(x)-p_n(x)=\frac{f^{(n+1)}(\zeta)}{(n+1)!}(x-x_0)(x-x_1)\cdots(x-x_n),\ \zeta\in(-1,1).$$

取范数以及引理 4,

$$\| f(x)-p_n(x) \|_2 = \frac{|f^{(n+1)}(\zeta_1)|}{(n+1)!}\| (x-x_0)(x-x_1)\cdots(x-x_n) \|_2$$
$$\geqslant \frac{1}{C}\frac{2}{2n+3}\frac{|f^{(n+1)}(\zeta_1)|}{(n+1)!}. \quad (6.15)$$

综合式(6.14),式(6.15),$f^{(n+1)}(x)$连续及介值定理有

$$\| f(x)-p_n(x) \|_2 = \frac{1}{C}\sqrt{\frac{2}{2n+3}}\frac{|f^{(n+1)}(\xi)|}{(n+1)!},\ \xi\in(-1,1).$$

定理 8 中的系数$\frac{1}{C(n+1)!}\sqrt{\frac{2}{2n+3}}$比较复杂,下面取 $n=1\sim10$ 时系数的取值如下:

n	1	2	3	4	5
系数	0.210 818 5	0.035 634 8	0.004 489 6	0.000 451 2	0.000 037 7
n	6	7	8	9	10
系数	0.000 002 7	$1.692\ 12\times10^{-7}$	$9.415\ 21\times10^{-9}$	$4.713\ 50\times10^{-10}$	$2.144\ 71\times10^{-11}$

可见,只要$|f^{(n+1)}(\xi)|$不是太大,误差$\| f(x)-p_n(x) \|_2$是逐步趋于零的.

4. 切比雪夫多项式

第一类切比雪夫多项式是定义在$[-1,1]$,权函数为 $\rho(x)=\frac{1}{\sqrt{1-x^2}}$的正交多项式,形式为

$$T_n(x)=\cos(n\arccos x),\ x\in[-1,1].$$

简称切比雪夫多项式. $T_n(x)$看似非多项式,但是容易验证,$T_0(x)=1$,$T_1(x)=x$. 令 $x=\cos\theta$,由三角公式

$$\cos(n+1)\theta+\cos(n-1)\theta=\cos\theta\cos n\theta$$

得到

$$T_{n+1}(x)+T_{n-1}=2xT_n(x).$$

整理得切比雪夫多项式的三项递推公式:

$$\begin{cases} T_0(x)=1, \\ T_1(x)=x, \\ T_{n+1}(x)=2xT_n(x)-T_{n-1}(x),\ n=1,2,\cdots. \end{cases}$$

所以 $T_n(x)$是 n 次多项式. 几个低阶切比雪夫多项式为

$$T_0(x)=1,\ T_1(x)=x,\ T_2(x)=2x^2-1,\ T_3(x)=4x^3-3x,$$
$$T_4(x)=8x^4-8x^2+1,$$
$$T_5(x)=16x^5-20x^3+5x,$$
$$T_6(x)=32x^6-48x^4+18x^2-1,$$
$$T_7(x)=64x^7-112x^5+56x^3-7x,$$
$$T_8(x)=128x^8-256x^6+160x^4-32x^2+1,$$
$$T_9(x)=256x^9-576x^7+432x^5-120x^3+9x,$$
$$T_{10}(x)=512x^{10}-1\,280x^8+1\,120x^6-400x^4+50x^2-1.$$

从上述低阶表达式可以看出,$T_n(x)$的首项系数为 2^{n-1},$T_n(1)=1$,且在区间$[-1,1]$中有

$$|T_n(x)|=|\cos n\theta|\leqslant 1.$$

$T_n(x)$的奇偶性也能容易判别.

切比雪夫多项式的正交性质为

$$(T_n,T_m)=\int_{-1}^{1}\frac{1}{\sqrt{1-x^2}}T_n(x)T_m(x)\mathrm{d}x$$
$$=\begin{cases} 0, & n\neq m, \\ \pi, & m=m=0, \\ 0.5\pi, & m=n\neq 0. \end{cases}$$

由于 $T_n(x)$是用余弦函数定义的,因此容易计算出它在$(-1,1)$内的 n 个不同的零点:

$$x_k=\cos\frac{2k+1}{2n}\pi,\ k=0,1,\cdots,n-1.$$

此外,$T_n(x)$达到极值的点也容易计算:

$$T_n(x)=\cos n\theta=\pm 1\Rightarrow n\theta=i\pi\Rightarrow\theta=\frac{i\pi}{n},\ i=0,1,\cdots,n,$$

即 $T_n(x)$在节点

$$x_i=\cos\theta=\cos\frac{i\pi}{n},\ i=0,1,\cdots,n$$

取到± 1,亦即 $T_n(x_i)=(-1)^i$.

例如,$T_5(x)$,$T_6(x)$的极值点(3 位小数)分别为

	x_0	x_1	x_2	x_3	x_4	x_5	x_6
$T_5(x)$极值点	1.000	0.809	0.309	−0.309	−0.809	−1.000	
$T_5(x)$极值	1	−1	1	−1	1	−1	
$T_6(x)$极值点	1.000	0.866	0.500	0.000	−0.500	−0.866	−1.000
$T_6(x)$极值	1	−1	1	−1	1	−1	1

可见 $T_n(x)$在节点 $x_i=\cos\frac{i\pi}{n}, i=0,1,\cdots,n$ 上轮流取得 $n+1$ 个正最大值和负最大值，这也说明了 $T_n(x)$确实有 n 个互异的实零点.

用切比雪夫多项式作最佳平方逼近，可将式(6.9)中基函数 $\varphi_i(x)$用切比雪夫多项式 $T_i(x)$替换，其内积为

$$(f,T_i)=\int_{-1}^{1}\frac{1}{\sqrt{1-x^2}}f(x)T_i(x)\mathrm{d}x, \tag{6.16}$$

即

$$\begin{aligned}\varphi^*(x)&=\sum_{i=0}^{n}a_iT_i(x)=\sum_{i=0}^{n}\frac{(f,T_i)}{(T_i,T_i)}T_i(x)\\&=\frac{(f,T_0)}{\pi}T_0(x)+\sum_{i=1}^{n}\frac{(f,T_i)}{0.5\pi}T_i(x).\end{aligned} \tag{6.17}$$

若记

$$a_i=\frac{(f,T_i)}{0.5\pi},\ i=0,1,\cdots,n,$$

则式(6.17)记成

$$\varphi^*(x)=\frac{a_0}{2}+\sum_{i=1}^{n}a_iT_i(x).$$

注　从内积(6.16)看出，±1 是积分的奇点，因此当 $f(x)$中不包含因子 $\sqrt{1-x^2}$，用数值方法计算式(6.16)时，可能会导致精度下降. 可采用高斯型积分公式计算，或作变量代换 $x=\cos\theta$，消除积分的奇异性.

例 5　求 $f(x)=\sin x$ 在$[0,1]$上的二次最佳平方多项式，基函数取为切比雪夫多项式.

解　因为切比雪夫多项式定义在$[-1,1]$上，故作变换

$$x=\frac{b-a}{2}t+\frac{b+a}{2}=\frac{1}{2}t+\frac{1}{2},$$

则

$$f(x)=\sin x=\sin\left(\frac{1}{2}t+\frac{1}{2}\right)=F(t),\ t\in[-1,1].$$

下面对 $F(t)$作最佳平方逼近. 取基函数 $T_0=1, T_1=t, T_2=2t^2-1$，由式(6.9)知

$F(t)$的最佳平方逼近为

$$\varphi^*(t)=\sum_{i=0}^{2}\frac{(F,T_i)}{(T_i,T_i)}T_i,$$

式中,分母分别为$(T_0,T_0)=\pi$,$(T_1,T_1)=\frac{\pi}{2}$,$(T_2,T_2)=\frac{\pi}{2}$;用 MathCAD 计算分子,分别为

$$(F,T_0)=\int_{-1}^{1}\frac{F(t)}{\sqrt{1-t^2}}\mathrm{d}t=1.413\,487\,143\,342\,48,$$

$$(F,T_1)=\int_{-1}^{1}\frac{F(t)T_1(t)}{\sqrt{1-t^2}}\mathrm{d}t=0.667\,934\,122\,512\,348,$$

$$(F,T_2)=\int_{-1}^{1}\frac{F(t)T_2(t)}{\sqrt{1-t^2}}\mathrm{d}t=-0.046\,092\,851\,257\,16,$$

所以

$$\varphi^*(t)=\sum_{i=0}^{2}\frac{(F,T_i)}{(T_i,T_i)}T_i(t)=0.479\,270\,7+0.425\,220\,1t-0.058\,687\,2t^2.$$

再作变换 $t=2x-1$ 得 $f(x)$在$[0,1]$上的二次最佳平方多项式

$$p_2(x)=-0.004\,636\,758+1.085\,189x-0.234\,748\,9x^2.$$

逼近误差为

$$\|f-p_2\|_2=0.003\,141\,77.$$

注 1 由于本例 $f(x)$不包含因子 $\sqrt{1-x^2}$,故内积运算无法将权函数 $\rho(x)=\frac{1}{\sqrt{1-x^2}}$消除,出现奇异积分,这里采用 MathCAD 的自适应算法计算积分.

注 2 通常计算式(6.16)时,可以作变量代换 $x=\cos\theta$,则式(6.16)成为

$$(f,T_i)=\int_{-1}^{1}\frac{1}{\sqrt{1-x^2}}f(x)T_i(x)\mathrm{d}x=\int_0^{\pi}f(\cos\theta)\cos i\theta\mathrm{d}\theta,$$

这样积分中的权函数已经消除.对应到本例题,利用 MathCAD 计算,结果如下:

$$(F,T_0)=\int_0^{\pi}F(\cos\theta)\mathrm{d}\theta=\int_0^{\pi}\sin\left(\frac{\cos\theta}{2}+\frac{1}{2}\right)\mathrm{d}t=1.413\,485\,450\,277\,29,$$

$$(F,T_1)=\int_0^{\pi}F(\sin\theta)\cos\theta\mathrm{d}\theta=0.667\,935\,816\,573\,365,$$

$$(F,T_2)=\int_0^{\pi}F(\sin\theta)\cos(2\theta)\mathrm{d}\theta=-0.046\,094\,548\,322\,206.$$

所以 $f(x)$在$[0,1]$上的二次最佳平方多项式

$$\begin{aligned}p_2(x)&=\varphi^*(2x-1)=\sum_{i=0}^{2}\frac{(F,T_i)}{(T_i,T_i)}T_i(2x-1)\\&=-4.639\,456\times10^{-3}+1.085\,199\,90x-0.234\,757\,607x^2.\end{aligned}$$

逼近误差为

$$\| f-p_2 \|_2 = 0.003\,141\,45.$$

注 3　计算结果的差异源于积分的近似计算. 与例 4 计算结果的差异源于权函数的不同.

类似于定理 8，下面建立切比雪夫多项式的逼近误差公式.

定理 9　在区间[-1,1]中，若 $p_n(x)$ 是式(6.17)中的 $\varphi^*(x)$，且 $f^{(n+1)}(x) \in C[-1,1]$，则

$$\| f(x)-p_n(x) \|_2 = \frac{\sqrt{\pi}}{2^{n+\frac{1}{2}}} \frac{|f^{(n+1)}(\xi)|}{(n+1)!},\ \xi \in (-1,1).$$

该定理的证明类似于定理 8，此处省略.

定理 9 中的系数 $\frac{\sqrt{\pi}}{2^{n+\frac{1}{2}}} \frac{1}{(n+1)!}$，在取 $n=1\sim10$ 时的取值如下：

n	1	2	3	4	5
系数	0.313 328 5	0.052 221 4	0.006 527 7	0.000 652 8	0.000 054 4
n	6	7	8	9	10
系数	0.000 003 9	$2.428\,451\,6\times10^{-7}$	$1.349\,14\times10^{-8}$	$6.745\,70\times10^{-10}$	$3.066\,23\times10^{-11}$

可见，只要 $|f^{(n+1)}(\xi)|$ 不是太大，误差 $\| f(x)-p_n(x) \|_2$ 逐步趋于零.

5. 切比雪夫多项式的应用

切比雪夫多项式具有独特的性质，下面在区间[-1,1]讨论. 取 $T_n(x)$ 的零点

$$x_k = \cos\frac{2k+1}{2n}\pi,\ k=0,1,\cdots,n-1$$

构造首项系数等于 1 的多项式

$$\widetilde{T}_n(x) = \prod_{i=0}^{n-1}(x-x_i) = \frac{1}{2^{n-1}}T_n(x).$$

由于多项式 $\widetilde{T}_n(x)$ 在[-1,1]上的 $n+1$ 个极值点

$$\bar{x}_i = \cos\frac{i\pi}{n},\ i=0,1,\cdots,n$$

上取得极值

$$2^{1-n}T_n(\bar{x}_i) = (-1)^i 2^{1-n},$$

可以证明，$\widetilde{T}_n(x)$ 与零的最大误差(一致范数)达到最小，即

$$2^{1-n} = \| \widetilde{T}_n(x)-0 \|_\infty \leqslant \| p_n(x)-0 \|_\infty, \tag{6.18}$$

式中，$p_n(x)$ 是任意首项系数为 1 的 n 次多项式.

事实上，若存在首 1 多项式 $p_n(x)$ 满足 $|p_n(x)|<2^{1-n}$，则当 $i=0,1,\cdots,n$ 时，误差函数 $p_n(x)-2^{1-n}T_n(x)$ 在 $n+1$ 个极值点 $\bar{x}_i=\cos\frac{i\pi}{n}$ 上依次取值小于零、大

于零,亦即通过 x 坐标轴 n 次,表明多项式 $p_n(x)-2^{1-n}T_n(x)$ 有 n 个零点,但 $p_n(x)$ 和 $2^{1-n}T_n(x)$ 都是首 1 的 n 次多项式,故

$$p_n(x)-2^{1-n}T_n(x)\in P_{n-1}.$$

它不存在 n 个零点,因此必有

$$|p_n(x)|\geqslant 2^{1-n}=\|\widetilde{T}_n(x)\|_\infty.$$

式(6.18)又称为切比雪夫多项式的最小零偏差性质.利用这个性质,可以用切比雪夫多项式的零点进行插值,以减小逼近误差.原理如下:

假设关于节点 $x_i\in[-1,1]$,$i=0,1,\cdots,n$ 的拉格朗日插值为 $p_n(x)$,则插值误差为

$$\begin{aligned}|f(x)-p_n(x)|&=\frac{|f^{(n+1)}(\xi)|}{(n+1)!}|(x-x_0)(x-x_1)\cdots(x-x_n)|\\&\leqslant\frac{M}{(n+1)!}|\omega(x)|,\end{aligned}\tag{6.19}$$

式中,$M=\|f^{(n+1)}(x)\|_\infty$,$\omega(x)=(x-x_0)(x-x_1)\cdots(x-x_n)$.由于

$$|\omega(x)|=|\omega(x)-0|,$$

因此当插值节点 x_i 取为 $T_{n+1}(x)$ 的 $n+1$ 个零点时,

$$\omega(x)=\widetilde{T}_{n+1}(x)=\frac{1}{2^n}T_{n+1}(x),$$

此时 $|\omega(x)|=|\omega(x)-0|$ 的最大误差为 2^{-n},式(6.19)成为

$$|f(x)-p_n(x)|\leqslant\frac{M}{2^n(n+1)!}.$$

例 6 在区间$[-5,5]$对函数 $f(x)=(1+x^2)^{-1}$ 作 10 次切比雪夫插值.

解 作变换 $x=\frac{b-a}{2}t+\frac{b+a}{2}=5t$,则

$$f(x)=(1+x^2)^{-1}=(1+25t^2)^{-1}=F(t),\ t\in[-1,1].$$

下面在$[-1,1]$上对 $F(t)$ 作 10 次切比雪夫插值.

取 $T_{11}(t)$ 零点如下:

$$t_k=\cos\frac{2k+1}{2\times 11}\pi,\ k=0,1,\cdots,10,$$

则插值节点(t_k,y_k),$k=0,1,\cdots,10$,10 次拉格朗日插值多项式

$$p_{10}(t)=\sum_{k=0}^{10}y_kl_k(t),$$

因而在$[-5,5]$上 10 次切比雪夫插值多项式为

$$\widetilde{p}_{10}(x)=\sum_{k=0}^{10}y_kl_k(0.2x).$$

插值效果如图 6-2 所示

从图 6-2 可以看出,10 次切比雪夫插值多项式(点线)的逼近效果明显优于

10 次拉格朗日插值(实线).

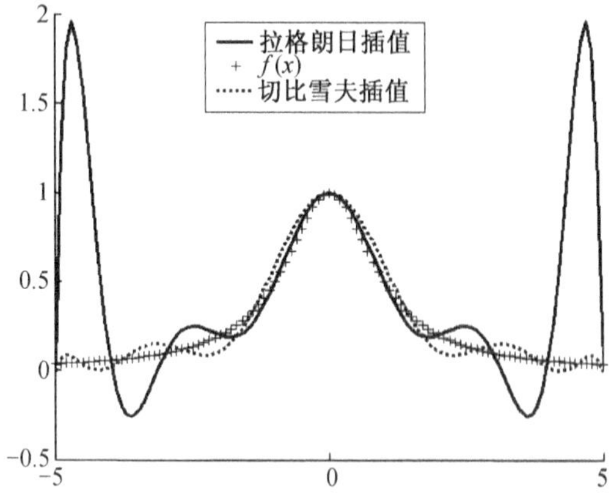

图 6-2 切比雪夫插值逼近效果

6. 其他类型的正交多项式

本节简单介绍几个常用的正交多项式,它们有不同的权函数和区间,也是函数逼近的基本工具,在数值积分的计算中可直接使用.

① 第二类切比雪夫正交多项式,区间$[-1,1]$,权函数

$$\rho(x)\equiv\sqrt{1-x^2};$$

② Laguerre 多项式(拉盖尔多项式),区间$[0,+\infty)$,权函数

$$\rho(x)\equiv e^{-x}.$$

③ Hermite 多项式(埃尔米特多项式),区间$(-\infty,+\infty)$,权函数

$$\rho(x)\equiv e^{-x^2}.$$

(1) 第二类切比雪夫正交多项式

类似于第一类切比雪夫多项式,式由三角公式

$$\sin(n+1)\theta=\sin n\theta\cos\theta+\cos n\theta\sin\theta$$

得

$$\frac{\sin(n+1)\theta}{\sin\theta}=\frac{\sin n\theta\cos\theta}{\sin\theta}+\cos n\theta. \tag{6.20}$$

令 $x=\cos\theta$,则 $\sin\theta=\sqrt{1-\cos^2\theta}=\sqrt{1-x^2}$,以及第一类切比雪夫多项式

$$T_n(x)=\cos(n\arccos x)=\cos n\theta.$$

从式(6.20)得

$$\frac{\sin(n+1)\theta}{\sin\theta}=x\frac{\sin n\theta}{\sin\theta}+T_n(x).$$

由此定义第二类切比雪夫多项式

$$U_n(x)=\frac{\sin[(n+1)\arccos x]}{\sqrt{1-x^2}},\ x\in[-1,1].$$

从式(6.20)还可以得到$U_n(x)$的三项递推公式：

$$U_n(x)=xU_{n-1}(x)+T_n(x),\ n=1,2,\cdots,$$

式中，$U_0(x)=1$. 利用这个递推公式，可以得到

$$U_1(x)=xU_0(x)+T_1(x)=2x,$$

$$U_2(x)=xU_1(x)+T_2(x)=4x^2-1.$$

可以证明，$U_n(x)$的三项递推公式还可以写成

$$U_{n+1}(x)=2xU_n(x)-U_{n-1}(x),\ n=1,2,\cdots.$$

第二类切比雪夫多项式的正交性为

$$\int_{-1}^{1}\sqrt{1-x^2}U_n(x)U_m(x)\mathrm{d}x=\begin{cases}0, & m\neq n,\\ 0.5\pi, & m=n.\end{cases}$$

(2) 拉盖尔正交多项式

在区间$[0,+\infty)$，关于权函数$\rho(x)=\mathrm{e}^{-x}$的正交多项式称为拉盖尔多项式，表达式为

$$L_n(x)=\mathrm{e}^x\frac{\mathrm{d}^n}{\mathrm{d}x^n}(x^n\mathrm{e}^{-x}),\ n=0,1,2,\cdots.$$

$L_n(x)$的三项递推公式为

$$\begin{cases}L_0(x)=1, L_1(x)=1-x,\\ L_{n+1}(x)=(1+2n-x)L_n(x)-n^2L_{n-1}(x),\ n=1,2,\cdots.\end{cases}$$

正交性为

$$\int_0^{\infty}\mathrm{e}^{-x}L_n(x)L_m(x)\mathrm{d}x=\begin{cases}0, & m\neq n,\\ (n!)^2, & m=n.\end{cases}$$

2 到 8 阶拉盖尔正交多项式为

$L_2(x)=2-4x+x^2$,

$L_3(x)=6-18x+9x^2-x^3$,

$L_4(x)=24-96x+72x^2-16x^3+x^4$,

$L_5(x)=120-600x+600x^2-200x^3+25x^4-x^5$,

$L_6(x)=720-4\,320x+5\,400x^2-2\,400x^3+450x^4-36x^5+x^6$,

$L_7(x)=5\,040-35\,280x+52\,920x^2-29\,400x^3+7\,350x^4-882x^5+49x^6-x^7$,

$L_8(x)=40\,320-322\,560x+564\,480x^2-376\,320x^3+117\,600x^4-18\,816x^5+1\,568x^6-64x^7+x^8$.

(3) 埃尔米特多项式

对于区间$(-\infty,+\infty)$，关于权函数$\rho(x)=\mathrm{e}^{-x^2}$的埃尔米特正交多项式，表达式为

$$H_n(x)=(-1)^n e^{x^2}\frac{d^n}{dx^n}(e^{-x^2}),\ n=0,1,2,\cdots.$$

$H_n(x)$的三项递推公式为

$$\begin{cases}H_0(x)=1, H_1(x)=2x,\\ H_{n+1}(x)=2xH_n(x)-2nH_{n-1}(x),\ n=1,2,\cdots.\end{cases}$$

正交性为

$$\int_{-\infty}^{+\infty} e^{-x^2}H_n(x)H_m(x)dx=\begin{cases}0, & m\neq n,\\ 2^n n!\sqrt{\pi}, & m=n.\end{cases}$$

2 到 8 阶埃尔米特正交多项式为

$$\begin{aligned}
&H_2(x)=-2+4x^2,\\
&H_3(x)=-12x+8x^3,\\
&H_4(x)=12-48x^2+16x^4,\\
&H_5(x)=120x-160x^3+32x^5,\\
&H_6(x)=-120+7\,200x^2-480x^4+64x^6,\\
&H_7(x)=-1\,680x+3\,360x^3-1\,344x^5+128x^7,\\
&H_8(x)=30\,240x-80\,640x^3+4\,838x^5-9\,216x^7+512x^9.
\end{aligned}$$

§4　向量空间的最佳平方逼近

本节介绍内积空间 X 是向量空间的最佳平方逼近.

记 n 个 m 维 $\boldsymbol{a}_1,\boldsymbol{a}_2,\cdots,\boldsymbol{a}_n\in\mathbf{R}^m$ 线性无关,假设 $m>n$,则 $\Phi=\text{span}\{\boldsymbol{a}_1,\boldsymbol{a}_2,\cdots,\boldsymbol{a}_n\}$是 $\mathbf{R}^m$ 的 n 维子空间,考虑如下最佳逼近问题:

对于 $\boldsymbol{b}\in\mathbf{R}^m$,求 $\boldsymbol{y}=x_1\boldsymbol{a}_1+x_2\boldsymbol{a}_2+\cdots+x_n\boldsymbol{a}_n\in\Phi$ 使得

$$\|\boldsymbol{b}-\boldsymbol{y}\|_2=\min. \tag{6.21}$$

问题(6.21)也称为最小二乘问题.

根据最佳逼近理论,$x_i(i=1,2,\cdots,n)$应该满足形如(6.5)的法方程组

$$\begin{pmatrix}(\boldsymbol{a}_1,\boldsymbol{a}_1) & (\boldsymbol{a}_1,\boldsymbol{a}_2) & \cdots & (\boldsymbol{a}_1,\boldsymbol{a}_n)\\ (\boldsymbol{a}_2,\boldsymbol{a}_1) & (\boldsymbol{a}_2,\boldsymbol{a}_2) & \cdots & (\boldsymbol{a}_2,\boldsymbol{a}_n)\\ \vdots & \vdots & & \vdots\\ (\boldsymbol{a}_n,\boldsymbol{a}_1) & (\boldsymbol{a}_n,\boldsymbol{a}_2) & \cdots & (\boldsymbol{a}_n,\boldsymbol{a}_n)\end{pmatrix}\begin{pmatrix}x_1\\ x_2\\ \vdots\\ x_n\end{pmatrix}=\begin{pmatrix}(\boldsymbol{a}_1,\boldsymbol{b})\\ (\boldsymbol{a}_2,\boldsymbol{b})\\ \vdots\\ (\boldsymbol{a}_n,\boldsymbol{b})\end{pmatrix} \tag{6.22}$$

的解,这里$(\boldsymbol{a}_i,\boldsymbol{a}_j)=\boldsymbol{a}_i^T\boldsymbol{a}_j$ 是向量的内积.

问题(6.21)通常与超定方程组的最小二乘解相关.

记列满秩矩阵 $\mathbf{A}=(\boldsymbol{a}_1,\boldsymbol{a}_2,\cdots,\boldsymbol{a}_n)\in\mathbf{R}^{m\times n}$,因 $\boldsymbol{a}_1,\boldsymbol{a}_2,\cdots,\boldsymbol{a}_n$ 线性无关,故 $\boldsymbol{y}\in\Phi$

可以表示为

$$\boldsymbol{y}=\sum_{i=1}^{n}x_i\boldsymbol{a}_i=(\boldsymbol{a}_1,\boldsymbol{a}_2,\cdots,\boldsymbol{a}_n)\begin{pmatrix}x_1\\x_2\\\vdots\\x_n\end{pmatrix}=\boldsymbol{A}\boldsymbol{x},$$

则式(6.21)成为求 $\boldsymbol{x}^*\in\mathbf{R}^n$ 满足

$$\|\boldsymbol{b}-\boldsymbol{A}\boldsymbol{x}^*\|_2=\min_{\boldsymbol{x}\in\mathbf{R}^n}\|\boldsymbol{r}\|_2=\min_{\boldsymbol{x}\in\mathbf{R}^n}\|\boldsymbol{b}-\boldsymbol{A}\boldsymbol{x}\|_2. \tag{6.23}$$

式(6.23)对应一个线性方程组

$$\boldsymbol{A}\boldsymbol{x}=\boldsymbol{b}, \tag{6.24}$$

式中，$\boldsymbol{A}\in\mathbf{R}^{m\times n}$，且 $m>n$，$\text{rank}(\boldsymbol{A})=n$，$\boldsymbol{b}\in\mathbf{R}^m$.

$m>n$ 表明方程组(6.24)中方程的个数多于未知量的个数，此时方程组(6.24)又称为超定方程组，$\text{rank}(\boldsymbol{A})=n$ 表明矩阵 $\boldsymbol{A}$ 是**列满秩矩阵**.

若方程组(6.24)有解，可以用高斯消去法等求解.

若方程组(6.24)无解，则可以计算一个近似解 $\boldsymbol{x}^*\in\mathbf{R}^n$，使得误差 $\|\boldsymbol{b}-\boldsymbol{A}\boldsymbol{x}^*\|_2$ 最小. 这个问题在实际问题中应用广泛. 具体来说，记 $\boldsymbol{r}=\boldsymbol{b}-\boldsymbol{A}\boldsymbol{x}$，求 $\boldsymbol{x}^*$ 使得式(6.23)成立. 式(6.23)的解也称为方程组(6.24)的**最小二乘解**.

式(6.23)的解也可以这样得到. 记

$$\begin{aligned}F(\boldsymbol{x})&=\|\boldsymbol{b}-\boldsymbol{A}\boldsymbol{x}\|_2^2=(\boldsymbol{b}-\boldsymbol{A}\boldsymbol{x},\boldsymbol{b}-\boldsymbol{A}\boldsymbol{x})\\&=(\boldsymbol{b},\boldsymbol{b})-(\boldsymbol{b},\boldsymbol{A}\boldsymbol{x})-(\boldsymbol{A}\boldsymbol{x},\boldsymbol{b})+(\boldsymbol{A}\boldsymbol{x},\boldsymbol{A}\boldsymbol{x})\\&=(\boldsymbol{b},\boldsymbol{b})-2(\boldsymbol{x},\boldsymbol{A}^{\mathrm{T}}\boldsymbol{b})+(\boldsymbol{x},\boldsymbol{A}^{\mathrm{T}}\boldsymbol{A}\boldsymbol{x}),\end{aligned}$$

利用式(6.4)有

$$\frac{\partial F(\boldsymbol{x})}{\partial\boldsymbol{x}}=\frac{\partial((\boldsymbol{b},\boldsymbol{b})-2(\boldsymbol{x},\boldsymbol{A}^{\mathrm{T}}\boldsymbol{b})+(\boldsymbol{x},\boldsymbol{A}^{\mathrm{T}}\boldsymbol{A}\boldsymbol{x}))}{\partial\boldsymbol{x}}=2(\boldsymbol{A}^{\mathrm{T}}\boldsymbol{A}\boldsymbol{x}-\boldsymbol{A}^{\mathrm{T}}\boldsymbol{b}).$$

由 $\dfrac{\partial F(\boldsymbol{x})}{\partial\boldsymbol{x}}=\boldsymbol{0}$ 得

$$\boldsymbol{A}^{\mathrm{T}}\boldsymbol{A}\boldsymbol{x}=\boldsymbol{A}^{\mathrm{T}}\boldsymbol{b}. \tag{6.25}$$

式(6.25)称为法方程组. 该方程组实际上等价于方程组(6.22).

由于矩阵 $\boldsymbol{A}$ 列满秩，故 $\boldsymbol{A}^{\mathrm{T}}\boldsymbol{A}$ 对称正定，式(6.25)有唯一解

$$\boldsymbol{x}=(\boldsymbol{A}^{\mathrm{T}}\boldsymbol{A})^{-1}\boldsymbol{A}^{\mathrm{T}}\boldsymbol{b}. \tag{6.26}$$

综上所述有：

定理 10 $\boldsymbol{x}\in\mathbf{R}^n$ 是方程组(6.24)的最小二乘解，当且仅当 $\boldsymbol{A}^{\mathrm{T}}\boldsymbol{A}\boldsymbol{x}=\boldsymbol{A}^{\mathrm{T}}\boldsymbol{b}$.

例 7 求解超定方程组

$$\begin{pmatrix}1&2\\2&5\\3&1\end{pmatrix}\begin{pmatrix}x_1\\x_2\end{pmatrix}=\begin{pmatrix}1\\1\\1\end{pmatrix}.$$

解　记方程组为 $\boldsymbol{Ax}=\boldsymbol{b}$，验证可知：$\boldsymbol{A}$ 列满秩且方程无解，因此其最小二乘解应满足式(6.25)．法方程组 $\boldsymbol{A}^{\mathrm{T}}\boldsymbol{Ax}=\boldsymbol{A}^{\mathrm{T}}\boldsymbol{b}$ 等价于

$$\begin{pmatrix}14 & 15\\15 & 30\end{pmatrix}\begin{bmatrix}x_1\\x_2\end{bmatrix}=\begin{pmatrix}6\\8\end{pmatrix},$$

解得

$$\boldsymbol{x}=\begin{pmatrix}0.308\\0.113\end{pmatrix}.$$

这个解是使得误差

$$\begin{aligned}\|\boldsymbol{r}\|_2&=\|\boldsymbol{b}-\boldsymbol{Ax}\|_2\\&=\left\|\begin{pmatrix}0.467\\-0.179\\-0.036\end{pmatrix}\right\|_2=0.501\end{aligned}$$

达到最小的解．

注　该超定方程组无解，故求最小二乘解是指，找一个近似解 $\boldsymbol{x}$，使得误差 $\|\boldsymbol{b}-\boldsymbol{Ax}\|_2$ 最小．若某方程组存在解，则按照该方程组(6.25)计算的最小二乘解，就是该方程组的解．

法方程组(6.25)可以用 Gauss 消去法、迭代法求解，也可以根据 $\boldsymbol{A}^{\mathrm{T}}\boldsymbol{A}$ 对称正定之特点，用 Cholesky 分解求解，过程如下：

(1) 计算 $\boldsymbol{C}=\boldsymbol{A}^{\mathrm{T}}\boldsymbol{A}$，$\boldsymbol{d}=\boldsymbol{A}^{\mathrm{T}}\boldsymbol{b}$；

(2) 计算 $\boldsymbol{C}=\boldsymbol{L}\boldsymbol{L}^{\mathrm{T}}$；

(3) 求解 $\boldsymbol{Ly}=\boldsymbol{d}$，$\boldsymbol{L}^{\mathrm{T}}\boldsymbol{x}=\boldsymbol{y}$ 得最小二乘解 $\boldsymbol{x}$．

该方法应用于例 7，计算过程如下：

计算 $\boldsymbol{C}=\boldsymbol{A}^{\mathrm{T}}\boldsymbol{A}=\begin{pmatrix}14 & 15\\15 & 30\end{pmatrix}$，$\boldsymbol{d}=\boldsymbol{A}^{\mathrm{T}}\boldsymbol{b}=\begin{pmatrix}6\\8\end{pmatrix}$；

计算 $\boldsymbol{L}=\begin{pmatrix}3.742 & 0\\4.009 & 3.732\end{pmatrix}$；

计算 $\boldsymbol{y}=\begin{pmatrix}1.604\\0.421\end{pmatrix}$，得最小二乘解 $\boldsymbol{x}=\begin{pmatrix}0.308\\0.113\end{pmatrix}$．

类似于线性方程组的病态问题，最小二乘也有病态问题．因此若方程组(6.24)是病态的，需要用特殊方法求解．

常用的方法：通过对矩阵 $\boldsymbol{A}$ 作 QR 分解或 SVD 分解等方法来计算方程组(6.24)的最小二乘解，或正则化方法．

§5 QR分解求解最小二乘问题

应当注意，当矩阵 $\boldsymbol{A}^{\mathrm{T}}\boldsymbol{A}$ 病态时，法方程组(6.25)的解对数据的舍入误差非常敏感，用 Gauss 消去法或 Cholesky 分解求解可能会产生较大的误差.

矩阵的正交分解(QR 分解)是计算最小二乘解的常用方法. 该方法计算稳定，同时计算过程中矩阵 $\boldsymbol{A}^{\mathrm{T}}\boldsymbol{A}$ 可以不必明显形成.

引理 5 对任意非零向量 $\boldsymbol{x}=\begin{pmatrix}x_1\\x_2\\\cdots\\x_n\end{pmatrix}$，存在正交矩阵 $\boldsymbol{H}$，使得

$$\boldsymbol{H}\boldsymbol{x}=\sigma\boldsymbol{e}_1,$$

式中，$\sigma=\pm\|\boldsymbol{x}\|_2$，$\boldsymbol{e}_1$ 为 n 阶单位矩阵的第 1 列.

引理中的正交矩阵为

$$\boldsymbol{H}=\boldsymbol{I}-2\boldsymbol{w}\boldsymbol{w}^{\mathrm{T}},$$

式中 $\boldsymbol{w}=\dfrac{\boldsymbol{x}-\sigma\boldsymbol{e}_1}{\|\boldsymbol{x}-\sigma\boldsymbol{e}_1\|_2}$. 这种形式的矩阵称为 **Householder 变换**. 例如，假设有 $\boldsymbol{x}=(2,2,1)^{\mathrm{T}}$，取 $\sigma=-\|\boldsymbol{x}\|_2=-3$，则

$$\boldsymbol{w}=\frac{\boldsymbol{x}-\sigma\boldsymbol{e}_1}{\|\boldsymbol{x}-\sigma\boldsymbol{e}_1\|_2}=\frac{1}{\sqrt{30}}\begin{pmatrix}5\\2\\1\end{pmatrix},$$

$$\boldsymbol{H}=\boldsymbol{I}-2\boldsymbol{w}\boldsymbol{w}^{\mathrm{T}}=\frac{1}{15}\begin{pmatrix}-10&-10&-5\\-10&11&-2\\-5&-2&14\end{pmatrix},$$

有 $\boldsymbol{H}\boldsymbol{x}=\begin{pmatrix}-3\\0\\0\end{pmatrix}$.

计算中 σ 取负数的原因：向量 $\boldsymbol{x}-\sigma\boldsymbol{e}_1$ 的第 1 个分量是 $x_1-\sigma=2-\sigma$，为了避免作减法运算，取 $\sigma=-3$. 这样会避免运算中出现“相近数相减”的情况.

利用引理 5 可以完成矩阵的 QR 分解. 下面定理中的 $\boldsymbol{e}_1$ 是适当阶数单位矩阵的第 1 列，定理证明过程是 QR 分解的依据.

定理 11 假设 $\boldsymbol{A}\in\mathbf{R}^{m\times n}(m\geqslant n)$ 列满秩，则存在正交阵 $\boldsymbol{Q}\in\mathbf{R}^{m\times m}$ 使得 $\boldsymbol{A}=\boldsymbol{Q}\begin{pmatrix}\boldsymbol{R}\\\boldsymbol{0}\end{pmatrix}$，其中 $\boldsymbol{R}\in\mathbf{R}^{n\times n}$ 是可逆上三角矩阵.

证明　记 $\boldsymbol{A}$ 第 1 列为 $\boldsymbol{x}$，由引理知存在 m 阶正交阵 $\boldsymbol{Q}_1$ 使得 $\boldsymbol{Q}_1\boldsymbol{x}=\sigma\boldsymbol{e}_1$，即

$$\boldsymbol{Q}_1\boldsymbol{A}=\begin{pmatrix}\sigma_1 & a_{12}^{(1)} & \cdots & a_{(1n)}^{(1)}\\ 0 & a_{22}^{(1)} & \cdots & a_{2n}^{(1)}\\ \vdots & \vdots & & \vdots\\ 0 & a_{m2}^{(1)} & \cdots & a_{mn}^{1}\end{pmatrix}=\begin{pmatrix}\sigma_1 & \boldsymbol{\xi}\\ \boldsymbol{0} & \boldsymbol{A}_2\end{pmatrix},$$

式中，$\boldsymbol{A}_2=\begin{pmatrix}a_{22}^{(1)} & \cdots & a_{2n}^{(1)}\\ \vdots & & \vdots\\ a_{m2}^{(1)} & \cdots & a_{mn}^{(1)}\end{pmatrix}$.

同理，对矩阵 $\boldsymbol{A}_2$ 存在 $m-1$ 阶正交矩阵 $\widetilde{\boldsymbol{Q}}_2$ 使得

$$\widetilde{\boldsymbol{Q}}_2\boldsymbol{A}_2=\widetilde{\boldsymbol{Q}}_2\begin{pmatrix}a_{22}^{(1)} & \cdots & a_{2n}^{(1)}\\ \vdots & & \vdots\\ a_{m2}^{(1)} & \cdots & a_{mn}^{(1)}\end{pmatrix}=\begin{pmatrix}\sigma_2 & a_{23}^{(2)} & \cdots & a_{2n}^{(2)}\\ 0 & a_{33}^{(2)} & \cdots & a_{3n}^{(2)}\\ \vdots & \vdots & & \vdots\\ 0 & a_{m3}^{(2)} & \cdots & a_{mn}^{(2)}\end{pmatrix}.$$

若记 $\boldsymbol{Q}_2=\begin{pmatrix}1 & \boldsymbol{0}\\ \boldsymbol{0} & \widetilde{\boldsymbol{Q}}_2\end{pmatrix}$，则有

$$\boldsymbol{Q}_2\ \boldsymbol{Q}_1\boldsymbol{A}=\begin{pmatrix}\sigma_1 & a_{12}^{(1)} & a_{23}^{(1)} & \cdots & a_{1n}^{(1)}\\ 0 & \sigma_2 & a_{23}^{(2)} & \cdots & a_{2n}^{(2)}\\ 0 & 0 & a_{33}^{(2)} & \cdots & a_{3n}^{(2)}\\ \vdots & \vdots & \vdots & & \vdots\\ 0 & 0 & a_{m3}^{(2)} & \cdots & a_{mn}^{(2)}\end{pmatrix}.$$

依此类推，存在正交矩阵 $\boldsymbol{Q}_n\cdots\boldsymbol{Q}_2\ \boldsymbol{Q}_1$ 使得

$$\boldsymbol{Q}_n\cdots\boldsymbol{Q}_2\ \boldsymbol{Q}_1\boldsymbol{A}=\begin{pmatrix}\sigma_1 & a_{12}^{(1)} & \cdots & a_{1n}^{(1)}\\ 0 & \sigma_2 & \cdots & a_{2n}^{(2)}\\ \vdots & \vdots & & \vdots\\ 0 & 0 & \cdots & \sigma_n\\ \hdashline 0 & 0 & \cdots & 0\\ \vdots & \vdots & & \vdots\\ 0 & 0 & \cdots & 0\end{pmatrix}=\begin{pmatrix}\boldsymbol{R}\\ \boldsymbol{0}\end{pmatrix}.$$

记 $\boldsymbol{Q}=(\boldsymbol{Q}_n\cdots\boldsymbol{Q}_2\ \boldsymbol{Q}_1)^{-1}=\boldsymbol{Q}_1^{\mathrm{T}}\ \boldsymbol{Q}_2^{\mathrm{T}}\cdots\boldsymbol{Q}_n^{\mathrm{T}}$，易知 $\boldsymbol{Q}$ 是正交矩阵，所以有

$$\boldsymbol{A}=\boldsymbol{Q}\begin{pmatrix}\boldsymbol{R}\\ \boldsymbol{0}\end{pmatrix},\tag{6.27}$$

且秩 $\mathrm{rank}(\boldsymbol{R})=n$.

称式(6.27)为矩阵 $\boldsymbol{A}$ 的 QR 分解.

特别地，如果 $\boldsymbol{A}\in\mathbf{R}^{n\times n}$ 非奇异，则 $\boldsymbol{A}=\boldsymbol{Q}\boldsymbol{R}$，其中$\boldsymbol{Q}$是正交矩阵，$\boldsymbol{R}$ 是上三角矩阵. 可以证明，如果限定 $\boldsymbol{R}$ 的对角元为正，则 QR 分解唯一.

从定理证明中看出，对 $\boldsymbol{A}$ 作 QR 分解，最多需要 n 次正交变换：$\boldsymbol{Q}_n\cdots\boldsymbol{Q}_2\boldsymbol{Q}_1$.

在实际计算时，如果仅仅是对 $\boldsymbol{A}$ 作 Householder 变换，则 Householder 变换 $\boldsymbol{H}$ 可以不必明确写出来，而是按照下列方式计算：

首先，记 $\boldsymbol{v}=\boldsymbol{x}-\sigma\boldsymbol{e}_1$，则 $\boldsymbol{H}=\boldsymbol{I}-2\boldsymbol{w}\boldsymbol{w}^{\mathrm{T}}=\boldsymbol{I}-\boldsymbol{\beta}\boldsymbol{v}\boldsymbol{v}^{\mathrm{T}}$，其中 $\boldsymbol{\beta}=\dfrac{2}{(\boldsymbol{v},\boldsymbol{v})}$；

其次，计算

$$\boldsymbol{H}\boldsymbol{A}=(\boldsymbol{I}-\boldsymbol{\beta}\boldsymbol{v}\boldsymbol{v}^{\mathrm{T}})\boldsymbol{A}=\boldsymbol{A}-\boldsymbol{\beta}\boldsymbol{v}(\boldsymbol{v}^{\mathrm{T}}\boldsymbol{A}).$$

上式右端 $\boldsymbol{v}^{\mathrm{T}}\boldsymbol{A}$ 加括号的意思是，先计算向量与矩阵的乘积 $\boldsymbol{v}^{\mathrm{T}}\boldsymbol{A}$，再计算向量乘积 $\boldsymbol{\beta}\boldsymbol{v}(\boldsymbol{v}^{\mathrm{T}}\boldsymbol{A})$，如此可知，矩阵 $\boldsymbol{H}$ 没有明确写出.

例 8 对矩阵 $\boldsymbol{A}=\begin{pmatrix}1&2\\2&5\\3&1\end{pmatrix}$ 作 QR 分解.

解 （MathCAD 双精度计算，显示小数点后 3 位.）因为 $n=2$，所以对 $\boldsymbol{A}$ 最多作两次正交变换.

① 第 1 次.

取 $\boldsymbol{x}=\begin{pmatrix}1\\2\\3\end{pmatrix}$，$\sigma=-\|\boldsymbol{x}\|_2=-\sqrt{14}$，$\boldsymbol{e}_1=\begin{pmatrix}1\\0\\0\end{pmatrix}$，计算

$$\boldsymbol{w}=\frac{\boldsymbol{x}-\sigma\boldsymbol{e}_1}{\|\boldsymbol{x}-\sigma\boldsymbol{e}_1\|_2}=\begin{pmatrix}0.796\\0.336\\0.504\end{pmatrix}.$$

构造 $\boldsymbol{Q}_1=\boldsymbol{I}-2\boldsymbol{w}\boldsymbol{w}^{\mathrm{T}}=\begin{pmatrix}-0.267&-0.535&-0.802\\-0.535&0.775&-0.338\\-0.802&-0.338&0.493\end{pmatrix}$，有

$$\boldsymbol{Q}_1\boldsymbol{A}=\begin{pmatrix}-3.742&-4.009\\0&2.465\\0&-2.802\end{pmatrix}.$$

② 第 2 次.

对$\boldsymbol{Q}_1\boldsymbol{A}$ 作正交变换.

取 $\boldsymbol{x}=\begin{pmatrix}2.465\\-2.802\end{pmatrix}$，$\sigma=-\|\boldsymbol{x}\|_2=-3.732$，$\boldsymbol{e}_1=\begin{pmatrix}1\\0\end{pmatrix}$，计算

$$\boldsymbol{w}=\frac{\boldsymbol{x}-\sigma\boldsymbol{e}_1}{\|\boldsymbol{x}-\sigma\boldsymbol{e}_1\|_2}=\begin{pmatrix}0.911\\-0.412\end{pmatrix}.$$

构造

$$\widetilde{\boldsymbol{Q}}_2=\boldsymbol{I}-2\boldsymbol{w}\boldsymbol{w}^{\mathrm{T}}=\begin{pmatrix}-0.661 & 0.751\\ 0.751 & 0.661\end{pmatrix},$$

构造

$$\boldsymbol{Q}_2=\begin{pmatrix}1 & 0 & 0\\ 0 & -0.661 & 0.751\\ 0 & 0.751 & 0.661\end{pmatrix},$$

有

$$\boldsymbol{Q}_2\boldsymbol{Q}_1\boldsymbol{A}=\begin{pmatrix}-3.742 & -4.009\\ 0 & -3.732\\ 0 & 0\end{pmatrix}=\begin{pmatrix}\boldsymbol{R}\\ \boldsymbol{0}\end{pmatrix}.$$

数据整理：

$$\boldsymbol{A}=\boldsymbol{Q}_1^{-1}\ \boldsymbol{Q}_2^{-1}\begin{pmatrix}\boldsymbol{R}\\ \boldsymbol{0}\end{pmatrix}=\boldsymbol{Q}_1^{\mathrm{T}}\ \boldsymbol{Q}_2^{\mathrm{T}}\begin{pmatrix}\boldsymbol{R}\\ \boldsymbol{0}\end{pmatrix}=\boldsymbol{Q}\begin{pmatrix}\boldsymbol{R}\\ \boldsymbol{0}\end{pmatrix},$$

式中，$\boldsymbol{Q}=\begin{pmatrix}-0.267 & -0.249 & -0.931\\ -0.535 & -0.766 & 0.358\\ -0.802 & 0.593 & 0.072\end{pmatrix}$.

思考　再作如何处理，可以使得 $\boldsymbol{R}$ 的对角元为正？

下面考察用矩阵的 QR 分解求解法方程组(6.25).

假设 $\boldsymbol{A}=\boldsymbol{Q}\begin{pmatrix}\boldsymbol{R}\\ \boldsymbol{0}\end{pmatrix}$，则 $\boldsymbol{A}^{\mathrm{T}}\boldsymbol{A}\boldsymbol{x}=\boldsymbol{A}^{\mathrm{T}}\boldsymbol{b}$ 成为 $(\boldsymbol{R}^{\mathrm{T}}\ \boldsymbol{0}^{\mathrm{T}})\boldsymbol{Q}^{\mathrm{T}}\ \boldsymbol{Q}\begin{pmatrix}\boldsymbol{R}\\ \boldsymbol{0}\end{pmatrix}\boldsymbol{x}=(\boldsymbol{R}^{\mathrm{T}}\ \boldsymbol{0}^{\mathrm{T}})\boldsymbol{Q}^{\mathrm{T}}\boldsymbol{b}$，分块向量 $\boldsymbol{Q}^{\mathrm{T}}\boldsymbol{b}=\begin{pmatrix}\boldsymbol{y}_1\\ \boldsymbol{y}_2\end{pmatrix}$，其中 $\boldsymbol{y}_1\in\mathbf{R}^n$，则 $\boldsymbol{R}^{\mathrm{T}}\boldsymbol{R}\boldsymbol{x}=\boldsymbol{R}^{\mathrm{T}}\boldsymbol{y}_1$. 因为 $\boldsymbol{R}$ 可逆，所以 $\boldsymbol{R}\boldsymbol{x}=\boldsymbol{y}_1$，因此最小二乘解很容易解得. 综合上述讨论，用 QR 分解求解最小二乘问题的基本步骤如下：

(1) 计算 $\boldsymbol{A}$ 的 QR 分解；

(2) 计算 $\boldsymbol{y}_1$；

(3) 求解上三角方程组 $\boldsymbol{R}\boldsymbol{x}=\boldsymbol{y}_1$.

例 9　求解超定方程组

$$\begin{pmatrix}1 & 2\\ 2 & 5\\ 3 & 1\end{pmatrix}\begin{pmatrix}x_1\\ x_2\end{pmatrix}=\begin{pmatrix}1\\ 1\\ 1\end{pmatrix}.$$

解　已求得

$$\boldsymbol{A}=\boldsymbol{Q}\begin{pmatrix}\boldsymbol{R}\\ \boldsymbol{0}\end{pmatrix}=\begin{pmatrix}-0.267 & -0.249 & -0.931\\ -0.535 & -0.766 & 0.358\\ -0.802 & 0.593 & 0.072\end{pmatrix}\begin{pmatrix}-3.742 & -4.009\\ 0 & -3.732\\ 0 & 0\end{pmatrix}.$$

再计算

$$\begin{pmatrix} \boldsymbol{y}_1 \\ \boldsymbol{y}_2 \end{pmatrix} = \boldsymbol{Q}^{\mathrm{T}}\boldsymbol{b} = \left(\begin{array}{cc|c} -0.267 & -0.249 & -0.931 \\ -0.535 & -0.766 & 0.358 \\ -0.802 & 0.593 & 0.072 \end{array}\right)^{\mathrm{T}} \begin{pmatrix} 1 \\ 1 \\ 1 \end{pmatrix},$$

式中，

$$\boldsymbol{y}_1 = \begin{pmatrix} -0.267 & -0.249 \\ -0.535 & -0.766 \\ -0.802 & 0.593 \end{pmatrix}^{\mathrm{T}} \begin{pmatrix} 1 \\ 1 \\ 1 \end{pmatrix} = \begin{pmatrix} -1.604 \\ -0.421 \end{pmatrix},$$

所以从 $\boldsymbol{Rx}=\boldsymbol{y}_1$，亦即

$$\begin{pmatrix} -3.742 & -4.009 \\ 0 & -3.732 \end{pmatrix} \boldsymbol{x} = \begin{pmatrix} -1.604 \\ -0.421 \end{pmatrix},$$

解得

$$\boldsymbol{x} = \begin{pmatrix} 0.308 \\ 0.113 \end{pmatrix}.$$

§6 SVD 分解求解最小二乘问题

第 2 章已经介绍矩阵的奇异值(SVD)分解定理.

设 $\boldsymbol{A}\in\mathbf{R}_r^{m\times n}(m\geqslant n)$，$r$ 表示矩阵 $\boldsymbol{A}$ 的秩. 如果 $\boldsymbol{A}$ 列满秩的话，则 $r=n$. 对于秩为 r 的任意矩阵 $\boldsymbol{A}_{m\times n}$，必有 m 阶正交矩阵 $\boldsymbol{U}$ 及 n 阶正交矩阵 $\boldsymbol{V}$ 使得

$$\boldsymbol{A}=\boldsymbol{U\Sigma V}^{\mathrm{T}}=\boldsymbol{U}\begin{pmatrix} \boldsymbol{D}_{r\times r} & \boldsymbol{0} \\ \boldsymbol{0} & \boldsymbol{0} \end{pmatrix}\boldsymbol{V}^{\mathrm{T}},$$

式中，$\boldsymbol{D}=\begin{pmatrix} \sigma_1 & & \\ & \ddots & \\ & & \sigma_r \end{pmatrix}$. 特别地，当 $\boldsymbol{A}$ 列满秩时，SVD 分解为

$$\boldsymbol{A}=\boldsymbol{U\Sigma V}^{\mathrm{T}}=\boldsymbol{U}\begin{pmatrix} \boldsymbol{D} \\ \boldsymbol{0} \end{pmatrix}\boldsymbol{V}^{\mathrm{T}}.$$

式中，$\boldsymbol{D}\in\mathbf{R}^{n\times n}$ 和 $\boldsymbol{0}\in\mathbf{R}^{(m-n)\times n}$ 分别是可逆的对角矩阵和零矩阵.

用 SVD 分解求解列满秩最小二乘问题.

首先 $\boldsymbol{U\Sigma}=(\boldsymbol{U}_1,\boldsymbol{U}_2)\begin{pmatrix} \boldsymbol{D} \\ \boldsymbol{0} \end{pmatrix}=\boldsymbol{U}_1\boldsymbol{D}$，其中子矩阵 $\boldsymbol{U}_1\in\mathbf{R}^{m\times n}$ 是 $\boldsymbol{U}$ 的前 n 列. 所以

$$\boldsymbol{A}^{\mathrm{T}}\boldsymbol{A}=\boldsymbol{VD}^{\mathrm{T}}\boldsymbol{U}_1^{\mathrm{T}}\boldsymbol{U}_1\boldsymbol{DV}^{\mathrm{T}}=\boldsymbol{VD}^2\boldsymbol{V}^{\mathrm{T}},$$

$$\boldsymbol{A}^{\mathrm{T}}\boldsymbol{b}=\boldsymbol{VDU}_1^{\mathrm{T}}\boldsymbol{b}.$$

法方程组等价于

$$VD^2V^{\mathrm{T}}x=VDU_1^{\mathrm{T}}b \text{ 或 } DV^{\mathrm{T}}x=U_1^{\mathrm{T}}b, \tag{6.28}$$

故解得最小二乘解

$$x=VD^{-1}U_1^{\mathrm{T}}b. \tag{6.29}$$

进一步,记 $U=(u_1,\cdots,u_n,\cdots,u_m)$,$V=(v_1,v_2,\cdots,v_n)$,则式(6.29)还可以写成

$$x=(v_1,v_2,\cdots,v_n)\begin{pmatrix}\sigma_1 & & & \\ & \sigma_2 & & \\ & & \ddots & \\ & & & \sigma_n\end{pmatrix}^{-1}\begin{pmatrix}u_1^{\mathrm{T}}b\\ u_2^{\mathrm{T}}b\\ \vdots\\ u_n^{\mathrm{T}}b\end{pmatrix}=\sum_{k=1}^{n}\frac{u_k^{\mathrm{T}}b}{\sigma_k}v_k. \tag{6.30}$$

注　根据矩阵广义逆理论,方程组(6.24)的最小二乘解可以表示为 $x=A^+b$,这里 A^+ 表示是 A 的 Moore-Penrose 逆.所谓矩阵的 Moore-Penrose 逆是指:设 $A\in\mathbf{R}^{m\times n}$,若矩阵 $X\in\mathbf{R}^{n\times m}$ 满足以下 4 个方程

$$AXA=A,\ XAX=X,\ (AX)^{\mathrm{H}}=AX,\ (XA)^{\mathrm{H}}=XA,$$

则称 X 为 A 的 Moore-Penrose 广义逆矩阵,记为 A^+.可以证明,A 的 Moore-Penrose逆存在且唯一.广义逆矩阵 A^+ 可以用 A 的奇异值分解计算:

$$A^+=V\Sigma^+U^{\mathrm{T}}=V\begin{pmatrix}D^{-1} & 0\\ 0 & 0\end{pmatrix}U^{\mathrm{T}}.$$

特别地,如果 A 是对角矩阵,即 $A=\mathrm{diag}(a_{11},a_{22},\cdots,a_{nn})$,定义符号:

$$\lambda^+=\begin{cases}\lambda^{-1}, & \lambda\neq 0,\\ 0, & \lambda=0,\end{cases}$$

式中,$\lambda\in\mathbf{R}$,则 $A^+=\mathrm{diag}(a_{11}^+,a_{22}^+,\cdots,a_{nn}^+)$.

Moore-Penrose 广义逆的最直接应用是:最小二乘问题 $Ax=b$ 的解可以表示为

$$x=A^+b.$$

因此当 $\mathrm{rank}(A)=r\leqslant n$ 时,方程组(6.24)的最小二乘解为

$$x=A^+b=V\begin{pmatrix}D_{r\times r} & 0\\ 0 & 0\end{pmatrix}^+U^{\mathrm{T}}$$

$$=V\begin{pmatrix}D_{r\times r}^{-1} & 0\\ 0 & 0\end{pmatrix}U^{\mathrm{T}}=\sum_{k=1}^{r}\frac{u_k^{\mathrm{T}}b}{\sigma_k}v_k,$$

注意上式右端项与式(6.30)右端项的区别.

例 10　求解超定方程组

$$\begin{pmatrix}1 & 2\\ 2 & 5\\ 3 & 1\end{pmatrix}\begin{pmatrix}x_1\\ x_2\end{pmatrix}=\begin{pmatrix}1\\ 1\\ 1\end{pmatrix}.$$

解 用 Matlab 计算 SVD 分解(显示小数点后 4 位)如下:

$$\boldsymbol{A}=\boldsymbol{U\Sigma V}^{\mathrm{T}}$$

$$=\begin{pmatrix}-0.3570 & -0.0767 & -0.9309\\ -0.8513 & -0.3835 & 0.3581\\ -0.3845 & 0.9204 & 0.0716\end{pmatrix}\begin{pmatrix}6.2450 & 0\\ 0 & 2.2361\\ 0 & 0\end{pmatrix}\begin{pmatrix}-0.5145 & 0.8575\\ -0.8575 & -0.5145\end{pmatrix}^{\mathrm{T}},$$

记

$$\boldsymbol{D}=\begin{pmatrix}6.2450 & 0\\ 0 & 2.2361\end{pmatrix},$$

$$\boldsymbol{V}=\begin{pmatrix}-0.5145 & 0.8575\\ -0.8575 & -0.5145\end{pmatrix},$$

$$\boldsymbol{U}^{\mathrm{T}}\boldsymbol{b}=\begin{pmatrix}-1.5928\\ 0.4602\\ -0.5013\end{pmatrix},$$

用公式(6.29)计算的最小二乘解为

$$\begin{aligned}\boldsymbol{x}&=\boldsymbol{VD}^{-1}\boldsymbol{U}_1^{\mathrm{T}}\boldsymbol{b}\\ &=\begin{pmatrix}-0.5145 & 0.8575\\ -0.8575 & -0.5145\end{pmatrix}\begin{pmatrix}6.2450 & 0\\ 0 & 2.2361\end{pmatrix}^{-1}\begin{pmatrix}-1.5928\\ 0.4602\end{pmatrix}\\ &=\begin{pmatrix}0.3077\\ 0.1128\end{pmatrix}.\end{aligned}$$

说明 矩阵 $\boldsymbol{U}=(\boldsymbol{U}_1,\boldsymbol{U}_2)$ 中 $\boldsymbol{U}_2=(-0.9309,0.3581,0.0716)^{\mathrm{T}}$ 没有参与计算. $\boldsymbol{x}$ 的计算顺序应为:先计算 $\boldsymbol{U}_1^{\mathrm{T}}\boldsymbol{b}$,再计算 $\boldsymbol{D}^{-1}\boldsymbol{U}_1^{\mathrm{T}}\boldsymbol{b}$,最后计算 $\boldsymbol{x}$,如同公式(6.30).

例 11 实验:病态超定方程组求解比较. 假设超定方程组 $\boldsymbol{Ax}=\boldsymbol{b}$,其中 $\boldsymbol{A}\in\mathbf{R}^{m\times n}$,$\boldsymbol{b}\in\mathbf{R}^m$,数据如下取得:

$$\boldsymbol{A}_{ij}=\mathrm{e}^{s_i\cdot\cos(t_j)},$$

式中,$s_i=\dfrac{i}{n}$,$t_j=\dfrac{j}{m}$,$i=0,1,\cdots,n$,$j=0,1,\cdots,m$. 取 $\boldsymbol{x}=(1,1,\cdots,1)^{\mathrm{T}}\in\mathbf{R}^n$,$\boldsymbol{b}=\boldsymbol{Ax}$,这样方程组 $\boldsymbol{Ax}=\boldsymbol{b}$ 就有准确解 $\boldsymbol{x}$,方便比较各方法求解 $\boldsymbol{Ax}=\boldsymbol{b}$ 的计算精度.

固定 $n=10$,取 $m=3,4,\cdots,8$,这样得到 6 个方程,分别用:

(1) $(\boldsymbol{A}^{\mathrm{T}}\boldsymbol{A})^{-1}\boldsymbol{A}^{\mathrm{T}}\boldsymbol{b}$;

(2) MathCAD 的指令 lsolve;

(3) QR 分解;

(4) SVD 分解$\left(若计算的\ \mathrm{rank}(\boldsymbol{A})=r<n,则用\ \boldsymbol{x}=\sum\limits_{k=1}^{r}\left(\dfrac{\boldsymbol{u}_k^{\mathrm{T}}\boldsymbol{b}}{\sigma_k}\right)v_k\ 计算\right)$,

求得解$\tilde{\boldsymbol{x}}$,各种情况下解的误差 $\|\boldsymbol{x}-\tilde{\boldsymbol{x}}\|_2$ 列于下表:

	$(A^TA)^{-1}A^Tb$	lsolve	QR 分解	SVD 分解
$m=3$	2.106×10^{-9}	1.892×10^{-9}	1.136×10^{-14}	1.552×10^{-13}
$m=4$	1.658×10^{-4}	2.945×10^{-6}	2.37×10^{-11}	8.532×10^{-13}
$m=5$	16.946	4.578	2.743×10^{-8}	8.985×10^{-8}
$m=6$	7.17	5.814	3.595×10^{-6}	2.01×10^{-8}
$m=7$	87.054	4.184	0.014	2.641×10^{-3}
$m=8$	844.044	30.246	1.305	3.913×10^{-3}

从表格数据可以看出各方法计算结果的优劣，SVD 分解的计算结果最为稳定. 最后列出 $m=7$ 时各种方法的解的情况.

	$(A^TA)^{-1}A^Tb$	lsolve	QR 分解	SVD 分解	准确解
解 $\tilde{x}$	53.942	1.061	0.994	1.001	1
	−64.952	1.912	1.010	0.998	1
	21.512	−1.554	0.993	1.001	1
	2.167	3.728	1.003	0.999	1
	−0.879	−0.570	0.999	1.000	1
	0.624	1.489	1.000	1.000	1
	1.214	0.935	1.000	1.000	1

可见当 $m=7$ 时，用 QR 分解和 SVD 分解计算的解与准确解非常接近，都可以接受，然而，进一步实验表明，随着 n,m 的增大，QR 分解的解的误差开始增大，但是用 SVD 分解计算的解依旧可以接受. 原因是 SVD 分解的数值稳定性非常优秀.

§7 最佳逼近的应用

本节给出最佳平方逼近以及超定方程组的应用.

考虑 Fredholm 第二类积分方程

$$\varphi(s)=f(s)+\int_a^b K(s,t)\varphi(t)\mathrm{d}t,\ a\leqslant s\leqslant b,$$

式中，$f(s)$，$K(s,t)$已知，$\varphi(s)$是待求的未知函数. 用配置法求解该方程的思路是：取基函数 $\varphi_0(s),\varphi_1(s),\cdots,\varphi_n(s)\in P_n$ 逼近未知函数 $\varphi(s)$，即

$$\varphi(s)\approx\sum_{j=0}^{n}a_j\varphi_j(s), \tag{6.31}$$

式中，$a_j\in\mathbf{R}$ 是待求系数. 将上式代入积分方程有

$$\sum_{j=0}^{n} a_j\varphi_j(s) = f(s) + \int_a^b K(s,t)\sum_{j=0}^{n} a_j\varphi_j(t)\,\mathrm{d}t,$$

整理得

$$\sum_{j=0}^{n}\left(\varphi_j(s) - \int_a^b K(s,t)\varphi_j(t)\,\mathrm{d}t\right)a_j = f(s).$$

为计算 a_j，取配置点 $s_i\in[a,b]$，$i=0,1,2,\cdots,m$ 代入上式，得

$$\sum_{j=0}^{n}\left(\varphi_j(s_i) - \int_a^b K(s_i,t)\varphi_j(t)\,\mathrm{d}t\right)a_j = f(s_i),\ i=0,1,2,\cdots,m.$$

写成矩阵形式：

$$\boldsymbol{A}\boldsymbol{x}=\boldsymbol{b}, \tag{6.32}$$

式中，

$$\boldsymbol{A}=\begin{pmatrix} \varphi_0(s_0)-\int_a^b K_0\varphi_0(t)\,\mathrm{d}t & \varphi_1(s_0)-\int_a^b K_0\varphi_1(t)\,\mathrm{d}t & \cdots & \varphi_n(s_0)-\int_a^b K_0\varphi_n(t)\,\mathrm{d}t \\ \varphi_0(s_1)-\int_a^b K_1\varphi_0(t)\,\mathrm{d}t & \varphi_1(s_1)-\int_a^b K_1\varphi_1(t)\,\mathrm{d}t & \cdots & \varphi_n(s_1)-\int_a^b K_1\varphi_n(t)\,\mathrm{d}t \\ \vdots & \vdots & & \vdots \\ \varphi_0(s_m)-\int_a^b K_m\varphi_0(t)\,\mathrm{d}t & \varphi_1(s_m)-\int_a^b K_m\varphi_1(t)\,\mathrm{d}t & \cdots & \varphi_n(s_m)-\int_a^b K_m\varphi_n(t)\,\mathrm{d}t \end{pmatrix},$$

$$\boldsymbol{x}=(a_0,a_1,\cdots,a_n)^{\mathrm{T}},$$

$$\boldsymbol{b}=(f(s_0),f(s_1),\cdots,f(s_m))^{\mathrm{T}}.$$

$\boldsymbol{A}$ 中元素 $K_i=K(s_i,t)$，$i=0,1,\cdots,m$；求解方程组(6.32)即得 $\varphi(s)$ 的近似表达式(6.31)。

下面用前 5 个勒让德多项式作基函数求解积分方程

$$\varphi(s) = (1-3\mathrm{e}^{\frac{1}{3}}+3\mathrm{e}^{-\frac{1}{3}})\mathrm{e}^{2s} + \int_{-1}^{1}\mathrm{e}^{2s-\frac{5}{3}t}\varphi(t)\,\mathrm{d}t.$$

方法如下：前 5 个勒让德多项式为

$$\varphi_0=1,\ \varphi_1=x,\ \varphi_2=\frac{3}{2}x^2-\frac{1}{2},\ \varphi_3=\frac{5}{2}x^3-\frac{3}{2}x,\ \varphi_4=\frac{35}{8}x^4-\frac{15}{4}x^2+\frac{3}{8}.$$

取 $m=4$，配置点为积分区间等分点 $s_i=-1+\frac{2}{m}$，$i=0,1,\cdots,m$，则

$$\boldsymbol{A}=\begin{pmatrix} 0.585 & -0.803 & 0.939 & -0.986 & 0.997 \\ -0.127 & 0.034 & -0.29 & 0.475 & -0.296 \\ -2.063 & 1.452 & -0.95 & 0.103 & 0.356 \\ -7.327 & 4.447 & -1.348 & -0.158 & -0.339 \\ -21.635 & 11.729 & -2.323 & 1.759 & 0.863 \end{pmatrix},\ \boldsymbol{b}=\begin{pmatrix} -0.14 \\ -0.382 \\ -1.037 \\ -2.82 \\ -7.664 \end{pmatrix}.$$

方程组(6.32)的系数矩阵为方阵，用高斯消去法解得

$$\boldsymbol{x}=(1.859,3.017,1.809,0.697,0.184)^{\mathrm{T}}.$$

所以积分方程的解为

$$\varphi(s) \approx \sum_{j=0}^{4} a_j\varphi_j(s)$$
$$= 1.859\varphi_0 + 3.017\varphi_1 + 1.809\varphi_2 + 0.697\varphi_3 + 0.184\varphi_4.$$

这个方程的精确解为 $\varphi(s) = e^{2s}$，逼近误差 $F(s) = e^{2s} - \sum_{j=0}^{4} a_j\varphi_j(s)$（见图 6-3）.

如果配置点多取一些，如 $m=10$，则方程组(6.32)为

$$\begin{pmatrix} 0.585 & -0.803 & 0.939 & -0.986 & 0.997 \\ 0.382 & -0.507 & 0.369 & -0.059 & -0.237 \\ 0.077 & -0.163 & -0.095 & 0.391 & -0.414 \\ -0.376 & 0.252 & -0.462 & 0.486 & -0.121 \\ -1.053 & 0.773 & -0.741 & 0.349 & 0.220 \\ -2.063 & 1.452 & -0.950 & 0.103 & 0.356 \\ -3.570 & 2.366 & -1.111 & -0.127 & 0.204 \\ -5.818 & 3.631 & -1.261 & -0.211 & -0.154 \\ -9.171 & 5.421 & -1.453 & -0.019 & -0.469 \\ -14.173 & 7.992 & -1.768 & 0.589 & -0.325 \\ -21.635 & 11.729 & -2.323 & 1.759 & 0.863 \end{pmatrix} \boldsymbol{x} = \begin{pmatrix} -0.140 \\ -0.209 \\ -0.312 \\ -0.466 \\ -0.695 \\ -1.037 \\ -1.547 \\ -2.308 \\ -3.444 \\ -5.137 \\ -7.664 \end{pmatrix}.$$

这是超定方程组，它的最小二乘解为

$$\boldsymbol{x} = (\mathbf{A}^{\mathrm{T}}\mathbf{A})^{-1}\mathbf{A}^{\mathrm{T}}\boldsymbol{b} = (1.829, 2.954, 1.776, 0.689, 0.187)^{\mathrm{T}},$$

所以积分方程的解为

$$\varphi(s) \approx \sum_{j=0}^{4} a_j\varphi_j(s) = 1.829\varphi_0 + 2.954\varphi_1 + 1.776\varphi_2 + 0.689\varphi_3 + 0.187\varphi_4,$$

其逼近误差如图 6-4 所示. 显然此时逼近误差要小于 $m=4$ 的情形. 可以预期，增加 n 也可以减小逼近误差.

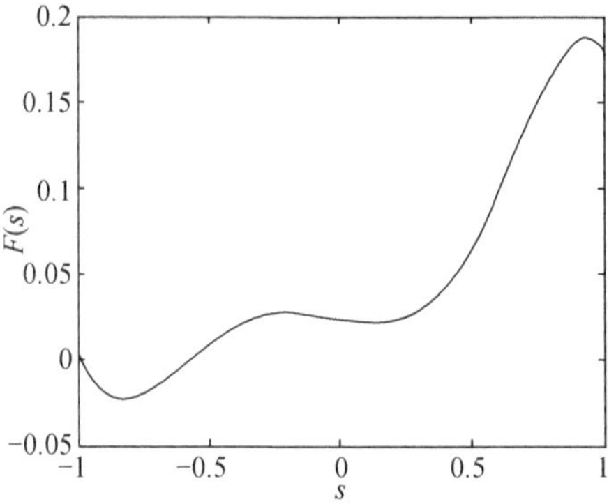

图 6-3　逼近误差

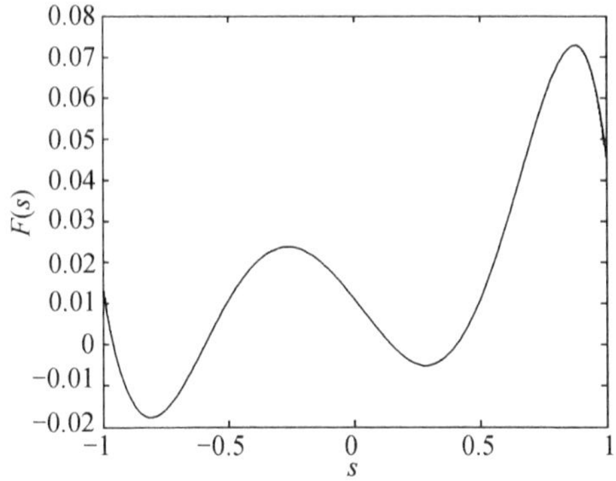

图 6-4　逼近误差

§8 曲线拟合

本节讨论最小二乘问题在曲线拟合方面的应用.

假设有 $y=f(x)$ 的一组实验数据：

x	x_0	x_1	$\cdots$	x_m
y	y_0	y_1	$\cdots$	y_m

(6.33)

其中节点 $x_i(i=0,1,\cdots,m)$ 互不相等. 希望通过这组数据构造一个函数 $\varphi(x)\in\Phi_n$ 逼近 $f(x)$，其中 $m\gg n$，$\Phi_n=\mathrm{span}\{\varphi_0(x),\varphi_1(x),\cdots,\varphi_n(x)\}$，且 $\varphi_0(x),\varphi_1(x),\cdots,\varphi_n(x)\in C[a,b]$ 是已知的函数. 考虑到数据可能含有误差，且 $m\gg n$，故这里并不要求 $\varphi(x)$ 像插值那样满足插值条件 $\varphi(x_i)=y_i$，而是让 $\varphi(x)$ 在这组数据附近通过，反映出数据变化趋势即可. 在这组数据附近通过的函数非常多，我们需要的是其中一个最优函数. 记

$$\varphi(x)=a_0\varphi_0(x)+a_1\varphi_1(x)+\cdots+a_n\varphi_n(x),$$

式中，$a_0,a_1,\cdots,a_n$ 是待定系数，$\varphi(x)$ 在 (x_i,y_i) 处的误差为

$$r_i=y_i-(a_0\varphi_0(x_i)+a_1\varphi_1(x_i)+\cdots+a_n\varphi_n(x_i)),\ i=0,1,\cdots,m.$$

这里的最优函数 $\varphi(x)$ 满足下列条件：

$$\sum_{i=0}^{m}r_i^2=\sum_{i=0}^{m}[y_i-(a_0\varphi_0(x_i)+a_1\varphi_1(x_i)+\cdots+a_n\varphi_n(x_i))]^2=\min, \tag{6.34}$$

也就是使得“误差平方和最小”. 这样的 $\varphi(x)$ 称为是 $f(x)$ 在离散节点上的最佳平方逼近，该方法也称为曲线拟合，下面给出 $\varphi(x)$ 的计算方法.

由于式(6.34)中系数 $a_0,a_1,\cdots,a_n$ 未知，对式(6.34)求最小，等价于对多元函数

$$I(a_0,a_1,\cdots,a_n)=\sum_{i=0}^{m}[y_i-(a_0\varphi_0(x_i)+a_1\varphi_1(x_i)+\cdots+a_n\varphi_n(x_i))]^2$$

求最小. 由多元函数取得极值的条件

$$\frac{\partial I}{\partial a_j}=0,\ j=0,1,\cdots,n$$

得

$$\sum_{i=0}^{m}2[y_i-(a_0\varphi_0(x_i)+\cdots+a_n\varphi_n(x_i))]\times\varphi_j(x_i)=0$$

或

$$a_0\sum_{i=0}^{m}\varphi_0(x_i)\varphi_j(x_i)+\cdots+a_n\sum_{i=0}^{m}\varphi_n(x_i)\varphi_j(x_i)=\sum_{i=0}^{m}y_i\varphi_j(x_i). \tag{6.35}$$

记

$$\tilde{\boldsymbol{x}}_j=\begin{pmatrix}\varphi_j(x_0)\\ \varphi_j(x_1)\\ \vdots\\ \varphi_j(x_m)\end{pmatrix},\ \boldsymbol{A}=(\tilde{\boldsymbol{x}}_0,\tilde{\boldsymbol{x}}_1,\cdots,\tilde{\boldsymbol{x}}_n),\ \tilde{\boldsymbol{y}}=\begin{pmatrix}y_0\\ y_1\\ \vdots\\ y_m\end{pmatrix}, \tag{6.36}$$

则式(6.35)为

$$a_0(\tilde{\boldsymbol{x}}_0,\tilde{\boldsymbol{x}}_j)+a_1(\tilde{\boldsymbol{x}}_1,\tilde{\boldsymbol{x}}_j)+\cdots+a_n(\tilde{\boldsymbol{x}}_n,\tilde{\boldsymbol{x}}_j)=(\tilde{\boldsymbol{x}}_j,\tilde{\boldsymbol{y}}),\ j=0,1,\cdots,n,$$

写成矩阵形式为

$$\begin{pmatrix}(\tilde{\boldsymbol{x}}_0,\tilde{\boldsymbol{x}}_0) & (\tilde{\boldsymbol{x}}_0,\tilde{\boldsymbol{x}}_1) & \cdots & (\tilde{\boldsymbol{x}}_0,\tilde{\boldsymbol{x}}_n)\\ (\tilde{\boldsymbol{x}}_1,\tilde{\boldsymbol{x}}_0) & (\tilde{\boldsymbol{x}}_1,\tilde{\boldsymbol{x}}_1) & \cdots & (\tilde{\boldsymbol{x}}_1,\tilde{\boldsymbol{x}}_n)\\ \vdots & \vdots & & \vdots\\ (\tilde{\boldsymbol{x}}_n,\tilde{\boldsymbol{x}}_0) & (\tilde{\boldsymbol{x}}_n,\tilde{\boldsymbol{x}}_1) & \cdots & (\tilde{\boldsymbol{x}}_n,\tilde{\boldsymbol{x}}_n)\end{pmatrix}\begin{pmatrix}a_0\\ a_1\\ \vdots\\ a_n\end{pmatrix}=\begin{pmatrix}(\tilde{\boldsymbol{x}}_0,\tilde{\boldsymbol{y}})\\ (\tilde{\boldsymbol{x}}_1,\tilde{\boldsymbol{y}})\\ \vdots\\ (\tilde{\boldsymbol{x}}_n,\tilde{\boldsymbol{y}})\end{pmatrix}. \tag{6.37}$$

上式称为法方程组或正规方程组，且$(\tilde{\boldsymbol{x}}_1,\tilde{\boldsymbol{x}}_0)$表示向量内积. 记式(6.37)的系数矩阵为$\boldsymbol{G}$，则$\boldsymbol{G}$显然是对称矩阵.

需注意的是，函数$\varphi_j(x)$，$j=0,1,\cdots,n$线性无关不足以保证$\boldsymbol{G}$可逆.

例如三角函数系$\{1,\cos x,\sin x,\cos 2x,\sin 2x,\cdots\}$是$[0,2\pi]$上的正交函数系，若取$\varphi_0(x)=\sin x$，$\varphi_1(x)=\sin 10x$，则$\varphi_0(x)$，$\varphi_1(x)$线性无关. 取节点$x_i=\dfrac{i\pi}{10}$，$i=0,1,\cdots,10$，则$\tilde{\boldsymbol{x}}_1$是零向量，$\boldsymbol{G}=\begin{pmatrix}5 & 0\\ 0 & 0\end{pmatrix}$. 故为保证$\boldsymbol{G}$可逆，函数$\varphi_j(x)$需满足如下条件：$\varphi_j(x)$的任意组合在节点$x_i(i=0,1,\cdots,m,m\geqslant n)$上最多只有$n$个不同的零点，这个条件称为Haar条件. 可以证明，在此条件下法方程组的系数矩阵$\boldsymbol{G}$非奇异，从而式(6.37)有唯一解，$f(x)$的最小二乘解$\varphi(x)$可求.

常用的单项式$\{1,x,x^2,\cdots,x^n\}$满足Haar条件，原因是它的线性组合是次数不超过n的多项式. 因此通常取$\varphi_j(x)=x^j$，用$p_n(x)=\sum\limits_{j=0}^{n}a_jx^j$拟合数据(6.33)，这里次数$n\ll m$，即次数远小于数据的个数$m$，如果$n=m$，下面会看到，多项式拟合即成为多项式插值.

以上是从函数极值角度计算$f(x)$的最小二乘解，下面从代数角度求解问题(6.34).

首先假设$p_n(x)=\sum\limits_{j=0}^{n}a_jx^j$，依次将式(6.33)中数据$x_i$代入$p_n(x)$并令$p_n(x_i)=y_i$，即

$$p_n(x_0)=a_0+a_1x_0+a_2x_0^2+\cdots+a_nx_0^n=y_0,$$
$$p_n(x_1)=a_0+a_1x_1+a_2x_1^2+\cdots+a_nx_1^n=y_1,$$

$$\cdots\cdots\cdots\cdots$$

$$p_n(x_m)=a_0+a_1x_m+a_2x_m^2+\cdots+a_nx_m^n=y_m,$$

其矩阵形式为

$$\begin{pmatrix}1 & x_0 & \cdots & x_0^n\\ 1 & x_1 & \cdots & x_1^n\\ \vdots & \vdots & & \vdots\\ 1 & x_m & \cdots & x_m^n\end{pmatrix}\begin{pmatrix}a_0\\ a_1\\ \vdots\\ a_n\end{pmatrix}=\begin{pmatrix}y_0\\ y_1\\ \vdots\\ y_m\end{pmatrix}\xRightarrow{\text{记为}}\boldsymbol{Ax}=\boldsymbol{b},\tag{6.38}$$

这里 $\mathbf{A}\in\mathbf{R}^{m+1,n+1}$，一般不能指望超定方程组(6.38)有解，故计算 $\boldsymbol{x}^*$ 满足

$$\|\boldsymbol{b}-\boldsymbol{Ax}^*\|_2=\min_{\boldsymbol{x}\in\mathbf{R}^{n+1}}\|\boldsymbol{b}-\boldsymbol{Ax}\|_2,$$

即 $\boldsymbol{x}^*$ 是方程组(6.38)的最小二乘解，即 $\boldsymbol{x}^*$ 满足

$$\boldsymbol{A}^{\mathrm{T}}\boldsymbol{Ax}^*=\boldsymbol{A}^{\mathrm{T}}\boldsymbol{b}.$$

下面考察 $\min\limits_{\boldsymbol{x}\in\mathbf{R}^{n+1}}\|\boldsymbol{b}-\boldsymbol{Ax}\|_2$ 的含义. 根据方程组(6.38)有

$$\begin{aligned}\|\boldsymbol{b}-\boldsymbol{Ax}\|_2^2&=\Big(\sum_{j=0}^{n}a_jx_0^j-y_0\Big)^2+\Big(\sum_{j=0}^{n}a_jx_1^j-y_1\Big)^2+\cdots+\Big(\sum_{j=0}^{n}a_jx_m^j-y_m\Big)^2\\&=\sum_{i=0}^{m}(p_n(x_i)-y_i)^2.\end{aligned}$$

可见 $\|\boldsymbol{b}-\boldsymbol{Ax}\|_2^2$ 是：函数 $p_n(x)$ 在每个节点 $x_i(i=0,1,\cdots,m)$ 处的值 $p_n(x_i)$ 与函数值 y_i 的误差的平方和，而 $\boldsymbol{r}=\boldsymbol{b}-\boldsymbol{Ax}$ 就是这些误差组成的向量.

如果 $m=n$，由于此时矩阵 $\boldsymbol{A}$ 是满秩方阵，法方程组等价于 $\boldsymbol{Ax}=\boldsymbol{b}$，最小二乘问题成为插值问题. 因此，在数据拟合中总是要求 $n\ll m$.

方程组(6.38)与方程组(6.37)的关系如下：当 $\varphi_j(x)=x^j$ 时，方程组(6.37)就是法方程组 $\boldsymbol{A}^{\mathrm{T}}\boldsymbol{Ax}=\boldsymbol{A}^{\mathrm{T}}\boldsymbol{b}$.

下面考察用低阶多项式作曲线拟合的问题.

考察 $n=1$ 时，线性拟合的计算.

如果数据 (x_i,y_i)，$i=0,1,\cdots,m$ 分布近似于一条直线，这时可选直线 $p_1(x)=a_0+a_1x$ 拟合数据，$p_1(x)$ 应使误差

$$\|\boldsymbol{r}\|_2^2=\sum_{i=0}^{m}(y_i-p_1(x_i))^2=\sum_{i=0}^{m}(y_i-a_0-a_1x_i)^2=\min.$$

根据方程组(6.38)易得线性拟合的法方程组为

$$\begin{pmatrix}m+1 & \sum\limits_{i=0}^{m}x_i\\ \sum\limits_{i=0}^{m}x_i & \sum\limits_{i=0}^{m}x_i^2\end{pmatrix}\begin{pmatrix}a_0\\ a_1\end{pmatrix}=\begin{pmatrix}\sum\limits_{i=0}^{m}y_i\\ \sum\limits_{i=0}^{m}x_iy_i\end{pmatrix},\tag{6.39}$$

上述法方程组也可以用多元函数求极值的方法计算. 记 $Q=\|\boldsymbol{r}\|_2^2$，则 Q 是以 a_0，

a_1 为变量的二元连续函数，令 $\frac{\partial Q}{\partial a_0}=\frac{\partial Q}{\partial a_1}=0$，得法方程组

$$\begin{cases} a_0(m+1)+a_1\sum_{i=0}^{m}x_i=\sum_{i=0}^{m}y_i, \\ a_0\sum_{i=0}^{m}x_i+a_1\sum_{i=0}^{m}x_i^2=\sum_{i=0}^{m}x_iy_i. \end{cases} \tag{6.40}$$

可以验证，式(6.40)等于式(6.39)，也是式(6.38)中 $n=1$ 时产生的法方程组.

当 $x_i(i=0,1,\cdots,m)$ 互不相等时，式(6.40)的系数矩阵对称正定，从而有唯一解，并且 a_0,a_1 使得 Q 达到最小.

例 12　用直线拟合下列数据：

x	1.000	2.000	3.000	4.000	5.000	6.000
y	1.000	2.200	2.900	4.100	4.900	5.800

解　节点 (x_i,y_i)，$i=0,1,\cdots,5$ 分布如图 6-5 所示.

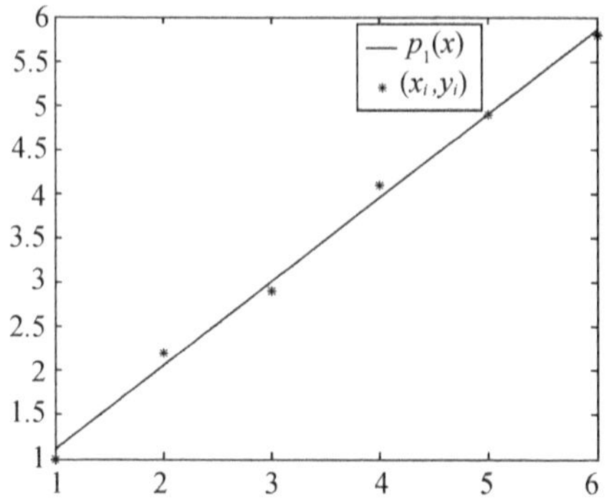

图 6-5　节点分布图

由于节点 (x_i,y_i) 近似分布成一条直线，故用直线 $p_1(x)=a_0+a_1x$ 拟合. 将数据代入方程组(6.38)有

$$\begin{pmatrix} 1 & 1 \\ 1 & 2 \\ 1 & 3 \\ 1 & 4 \\ 1 & 5 \\ 1 & 6 \end{pmatrix}\begin{pmatrix} a_0 \\ a_1 \end{pmatrix}=\begin{pmatrix} 1.00 \\ 2.20 \\ 2.9 \\ 4.1 \\ 4.9 \\ 5.8 \end{pmatrix}，记为 \boldsymbol{Ax}=\boldsymbol{b}.$$

解法方程组 $\boldsymbol{A}^{\mathrm{T}}\boldsymbol{Ax}=\boldsymbol{A}^{\mathrm{T}}\boldsymbol{b}$：

$$\begin{pmatrix} 6 & 21 \\ 21 & 91 \end{pmatrix}\begin{pmatrix} a_0 \\ a_1 \end{pmatrix}=\begin{pmatrix} 20.9 \\ 89.8 \end{pmatrix}$$

得$(a_0,a_1)^{\mathrm{T}}=(0.153,0.951)^{\mathrm{T}}$，所以

$$p_1(x)=0.153+0.951x.$$

$p_1(x)$如图中实线所示，它是所有直线中与数据误差的平方和最小的一条直线.

对于 $n=2$ 的情况时，我们以一个实例说明.

例 13 已知有一组实验数据：

x	0.132	0.322	0.511	0.701	0.809	1.081
y	0.1	0.258	0.403	0.471	0.506	0.6
x	1.27	1.46	1.65	1.839	2.029	2.219
y	0.602	0.569	0.483	0.398	0.32	0.191

在节点的分布如图 6-6 所示.

图 6-6 中“$*$”表示节点(x_i,y_i)，$i=0,2,\cdots,11$ 的分布，节点分布大约呈二次曲线，因此用 $p_2(x)=a_0+a_1x+a_2x^2$ 拟合. 经式(6.38)计算，法方程组为

$$\begin{pmatrix} 12 & 14.023 & 21.586 \\ 14.023 & 21.586 & 37.458 \\ 21.586 & 37.458 & 69.303 \end{pmatrix}\begin{pmatrix} a_0 \\ a_1 \\ a_2 \end{pmatrix}=\begin{pmatrix} 4.901 \\ 5.888 \\ 8.5 \end{pmatrix},$$

解得拟合曲线为

$$p_2(x)=-0.016\,546+0.993\,606x-0.409\,229x^2.$$

图 6-6 中实线即为 $p_2(x)$，它给出了点的分布趋势.

作为对比，11 次拉格朗日插值多项式 $L_{11}(x)$图形如图 6-7 所示. 可以看出图 6-7右侧 $L_{11}(x)$没有反映出右侧数据下降的趋势，并出现龙格现象.

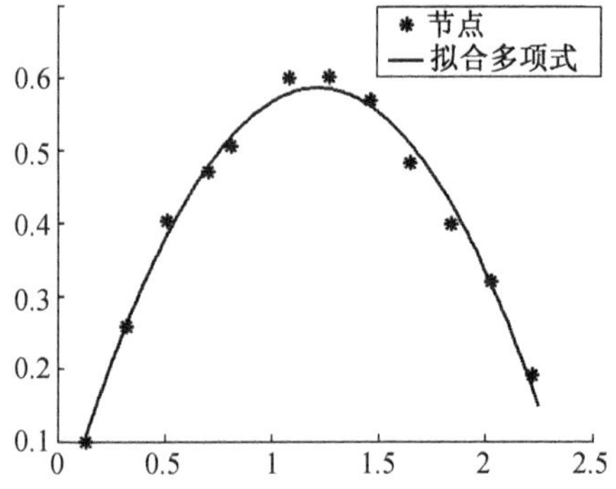

图 6-6 拟合效果图

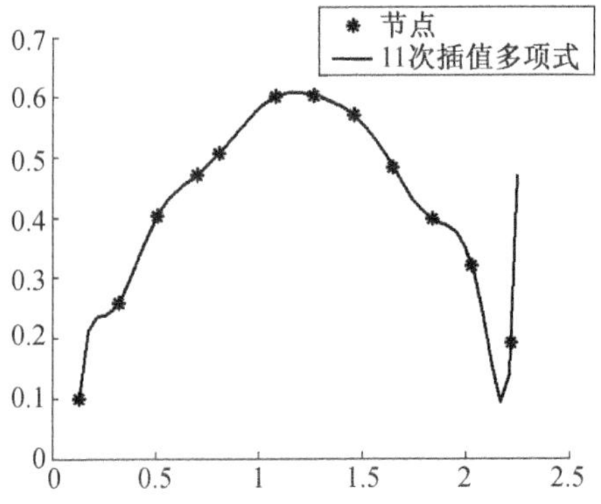

图 6-7 拟合效果图

下面给出高次曲线拟合的例子.

例 14 在区间$[-5,5]$拟合函数 $f(x)=(1+x^2)^{-1}$.

解　取 $m=50$，在$[-5,5]$中取节点及函数值

$$x_i=-5+i\frac{10}{m},\ y_i=f(x_i),\ i=0,1,\cdots,m,$$

分别作 $n=10$ 和 $n=15$ 次拟合多项式函数 $f(x)$.

记 $p_{10}(x)=\sum\limits_{j=0}^{10}a_jx^j$，代入节点$(x_i,\ y_i)$，$i=0,2,\cdots,m$ 并利用式(6.38)得超定方程组 $\boldsymbol{Ax}=\boldsymbol{b}$. 通过求解法方程组 $\boldsymbol{A}^{\mathrm{T}}\boldsymbol{Ax}=\boldsymbol{A}^{\mathrm{T}}\boldsymbol{b}$ 得

$$\begin{aligned}p_{10}(x)=&0.897-1.880\times10^{-12}x-0.389x^2+1.044\times10^{-12}x^3+\\&0.072x^4-1.552\times10^{-13}x^5-6.040\times10^{-3}x^6+8.494\times10^{-15}x^7+\\&2.323\times10^{-4}x^8-0.000x^9-3.309\times10^{-6}x^{10}.\end{aligned}$$

同理计算 $n=15$ 的拟合多项式为

$$\begin{aligned}p_{15}(x)=&0.9540-1.0313\times10^{-8}x-0.5891x^2+1.5398\times10^{-8}x^3+\\&0.1870x^4-6.6913\times10^{-9}x^5-0.0312x^6+1.2858\times10^{-9}x^7+\\&2.8551\times10^{-3}x^8-1.2698\times10^{-10}x^9-1.4452\times10^{-4}x^{10}+\\&6.7174x^{11}+3.7853\times10^{-6}x^{12}-1.8090\times10^{-13}x^{13}-\\&4.0004\times10^{-8}x^{14}-1.9474\times10^{-15}x^{15}.\end{aligned}$$

它们的逼近效果如图 6-8 所示.

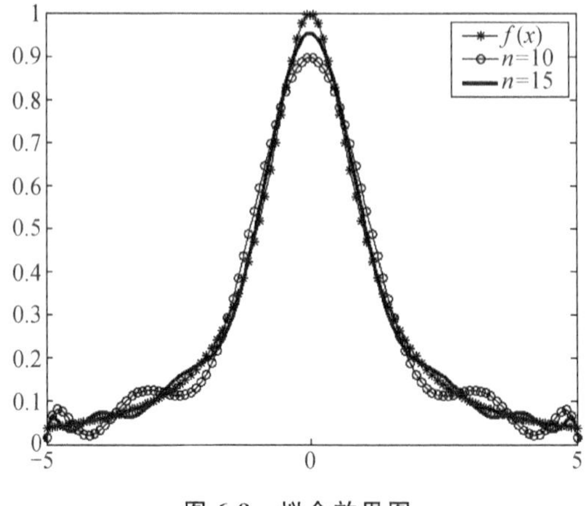

图 6-8　拟合效果图

显然这个逼近效果要比同阶拉格朗日插值效果好许多. 当 $n=20$ 时，逼近效果更好，这里就不再计算了.

例 15　在 Abel 逆变换的应用中，会遇到根据数据$(y_i,I(y_i))$计算 $\varepsilon(r)$在节点 r_i 处的值 $\varepsilon(r_i)$的问题$(i=0,1,\cdots,n)$. 此处

$$\varepsilon(r_i)=-\frac{1}{\pi}\int_{r_i}^{1}\frac{I'(y)\mathrm{d}y}{\sqrt{y^2-r_i^2}},\ 0\leqslant r_i\leqslant1. \tag{6.41}$$

这首先是个奇异积分的问题，其次是导函数 $I'(y)$ 如何计算的问题.

对于第 1 个问题，可采用下列方法处理：方法 1 是将式(6.41)的积分下限修改为 $r_i+\eta$，其中 η 是充分小的正数；方法 2 是变量代换，例如令 $y=\dfrac{r_i}{\cos\theta}$ 等.

对于第 2 个问题，可用逼近方法计算 $I(y)$ 的近似表达式，进而得到 $I'(y)$. 例如用 m 次多项式 $p_m(y)$ 拟合函数 $I(y)$，这样积分(6.41)成为

$$\varepsilon(r_i)\approx-\frac{1}{\pi}\int_{r_i+\eta}^{1}\frac{p'_m(y)\mathrm{d}y}{\sqrt{y^2-r_i^2}}. \tag{6.42}$$

于是 $\varepsilon(r_i)(i=0,1,\cdots,n)$ 即可计算. 为方便起见 $r_i=y_i$. 计算过程总结如下.

算法 6.1 （Abel 逆变换的数值算法，拟合方法）

1. 给定数据 $(y_i, I(y_i))$，$i=0,1,\cdots,n$；及 η.
2. 计算 m 次拟合多项式 $p_m(y)$.
3. 令 $i=0,1,\cdots,n$，计算积分 $\varepsilon_i=\displaystyle\int_{r_i+\eta}^{1}\frac{p'_m(y)}{\sqrt{y^2-r_i^2}}\mathrm{d}y$.

数值模拟过程如下：

假设节点 $y_i=0.1i$，函数值 $I(y_i)(i=0,1,\cdots,10)$ 的数据为

0.187 500	0.183 769	0.172 800	0.155 269	0.132 300	0.105 469
0.076 800	0.048 769	0.024 300	0.006 705	0.000 000	

取基函数 x^i，$i=0,1,2,3,4,5$ 构造 5 次拟合多项式

$$p_5(x)=a_0+a_1x+a_2x^2+a_3x^3+a_4x^4+a_5x^5,$$

则法方程组为

$$\begin{pmatrix} 11 & 5.5 & 3.85 & 3.025 & 2.533 & 2.208 \\ & 3.85 & 3.025 & 2.533 & 2.208 & 1.978 \\ & & 2.533 & 2.208 & 1.978 & 1.808 \\ & \text{对} & & 1.978 & 1.808 & 1.677 \\ & & \text{称} & & 1.677 & 1.574 \\ & & & & & 1.491 \end{pmatrix}\begin{pmatrix} a_0 \\ a_1 \\ a_2 \\ a_3 \\ a_4 \\ a_5 \end{pmatrix}=\begin{pmatrix} 1.094 \\ 0.311 \\ 0.143 \\ 0.078 \\ 0.048 \\ 0.031 \end{pmatrix},$$

解得

$$p_5(x)=0.187+3.645\times10^{-4}x-0.379x^2+0.011x^3+0.173x^4+6.174\times10^{-3}x^5.$$

取 $\eta=10\times10^{-9}$ 代入积分(6.42)即可计算 $\varepsilon_i(i=0,1,\cdots,10)$ 的值为

节点 r_i	ε_i 的计算值	ε_i 的准确值
0.000	0.157 2	0.159 2
0.100	0.156 8	0.156 8
0.200	0.149 7	0.149 7
0.300	0.138 1	0.138 2
0.400	0.122 5	0.122 5
0.500	0.103 4	0.103 4
0.600	0.081 5	0.081 5
0.700	0.058 0	0.058 0
0.800	0.034 4	0.034 4
0.900	0.013 1	0.013 2
1.000	1.1763×10^{-8}	0.000 0

可见 ε_i 的计算值与准确值差异较小，误差

$$\| \varepsilon_i \text{ 的准确值} - \varepsilon_i \text{ 的计算值} \|_2 = 1.935\times10^{-3}.$$

§9　用正交多项式作曲线拟合

上一节介绍了用单项式$\{1,x,x^2,\cdots,x^n\}$作曲线拟合，法方程组(6.37)有可能病态.类似于用正交多项式对 $f(x)$ 作最佳平方逼近，对给定节点(x_i,y_i)，$i=0,1,\cdots,m$，可构造关于该组节点的正交多项式作曲线拟合.这组正交多项式可以通过下列公式计算：

记 $p_{-1}(x)=0$，$p_0(x)=1$，$\beta_0=0$，令 $k=0,1,2,\cdots$，计算

$$\alpha_{k+1}=\frac{(xp_k,p_k)}{(p_k,p_k)},\ \beta_k=\frac{(p_k,p_k)}{(p_{k-1},p_{k-1})};$$

$$p_{k+1}(x)=(x-\alpha_{k+1})p_k(x)-\beta_k p_{k-1}(x). \tag{6.43}$$

记 $p_k(x)$在节点 $x_i(i=0,1,\cdots,m)$处的值构成列向量

$$\tilde{\boldsymbol{x}}_k=(p_k(x_0),p_k(x_1),\cdots,p_k(x_m))^{\mathrm{T}},$$

这个向量$\tilde{\boldsymbol{x}}_k$ 与式(6.36)中的列向量$\tilde{\boldsymbol{x}}_j$ 含义相同，则公式中符号

$$(p_k,p_k)=\tilde{\boldsymbol{x}}_k^{\mathrm{T}}\,\tilde{\boldsymbol{x}}_k,$$

$$(xp_k,p_k)=(x_0p_k(x_0),x_1p_k(x_1),\cdots,x_mp_k(x_m))^{\mathrm{T}}\,\tilde{\boldsymbol{x}}_k.$$

当关于节点 $x_i(i=0,1,\cdots,m)$的正交多项式 $p_k(x)(k=0,1,2,\cdots,n\ll m)$构造

完成之后，记

$$\varphi(x)=a_0p_0(x)+a_1p_1(x)+\cdots+a_np_n(x)\approx f(x),$$

式中，系数 $a_0,a_1,\cdots,a_n$ 为下列方程的解：

$$a_0p_0(x_i)+a_1p_1(x_i)+\cdots+a_np_n(x_i)=f(x_i)=y_i,\ i=0,1,\cdots,m.$$

将上述方程写成矩阵形式如下：

$$\begin{pmatrix} p_0(x_0) & p_1(x_0) & \cdots & p_n(x_0) \\ p_0(x_1) & p_1(x_1) & \cdots & p_n(x_1) \\ \vdots & \vdots & & \vdots \\ p_0(x_m) & p_1(x_m) & \cdots & p_n(x_m) \end{pmatrix}\begin{pmatrix} a_0 \\ a_1 \\ \vdots \\ a_n \end{pmatrix}=\begin{pmatrix} y_0 \\ y_1 \\ \cdots \\ y_m \end{pmatrix},$$

记成

$$\boldsymbol{Aa}=\boldsymbol{y},$$

式中，

$$\boldsymbol{A}=(\tilde{\boldsymbol{x}}_0,\tilde{\boldsymbol{x}}_1,\cdots,\tilde{\boldsymbol{x}}_n),\ \boldsymbol{a}=(a_0,a_1,\cdots,a_n)^{\mathrm{T}},\ \boldsymbol{y}=(y_0,y_1,\cdots,y_m)^{\mathrm{T}}.$$

当 $n\ll m$ 时，用最小二乘法解上述超定方程组. 由于 $\boldsymbol{A}$ 的列向量正交，故

$$\boldsymbol{A}^{\mathrm{T}}\boldsymbol{A}=\mathrm{diag}(\tilde{\boldsymbol{x}}_0^{\mathrm{T}}\tilde{\boldsymbol{x}}_0,\tilde{\boldsymbol{x}}_1^{\mathrm{T}}\tilde{\boldsymbol{x}}_1,\cdots,\tilde{\boldsymbol{x}}_n^{\mathrm{T}}\tilde{\boldsymbol{x}}_n)=\mathrm{diag}((p_0,p_0),(p_1,p_1),\cdots,(p_n,p_n))$$

是对角矩阵，因此法方程 $\boldsymbol{A}^{\mathrm{T}}\boldsymbol{Aa}=\boldsymbol{A}^{\mathrm{T}}\boldsymbol{y}$ 的解容易求得

$$a_i=\frac{\tilde{\boldsymbol{x}}_i^{\mathrm{T}}\boldsymbol{y}}{\tilde{\boldsymbol{x}}_i^{\mathrm{T}}\tilde{\boldsymbol{x}}_i^{\mathrm{T}}},\ i=0,1,\cdots,n.$$

所以拟合多项式为

$$\varphi(x)=\sum_{k=0}^{n}a_kp_k(x)=\sum_{k=0}^{n}\frac{\tilde{\boldsymbol{x}}_k^{\mathrm{T}}\boldsymbol{y}}{\tilde{\boldsymbol{x}}_k^{\mathrm{T}}\tilde{\boldsymbol{x}}_k}p_k(x).$$

例 16 用三次正交多项式拟合下列数据：

x	0.000	0.100	0.200	0.300	0.400	0.500	0.600	0.700	0.800	0.900	1.000
y	0.050	0.144	0.162	0.135	0.211	0.250	0.458	0.562	0.708	0.898	1.017

解 首先按照式(6.43)构造正交多项式. 取 $p_0(x)=1,\beta_0=0$.

$k=0$：

$$\alpha_1=\frac{(xp_0,p_0)}{(p_0,p_0)}=\frac{1}{2},\ \beta_0=0,$$

$$p_1(x)=(x-\alpha_1)p_0(x)=x-0.5;$$

$k=1$：

$$\alpha_2=\frac{(xp_1,p_1)}{(p_1,p_1)}=\frac{1}{2},\ \beta_1=\frac{(xp_1,p_1)}{(p_0,p_0)}=0.1,$$

$$p_2(x)=(x-\alpha_2)p_1(x)-\beta_1p_0(x)=0.15-x+x^2;$$

$k=2$：

$$\alpha_3=\frac{(xp_2,p_2)}{(p_2,p_2)}=\frac{1}{2},\ \beta_2=\frac{(xp_2,p_2)}{(p_1,p_1)}=0.078,$$

$$p_3(x)=(x-\alpha_3)p_2(x)-\beta_2 p_1(x)=-0.036+0.572x-1.5x^2+x^3.$$

所以拟合多项式为

$$\varphi(x)=\sum_{k=0}^{3}a_k p_k(x)=0.093\,811-0.138\,838x+1.246\,678x^2-0.156\,371x^3.$$

拟合曲线 $\varphi(x)$ 和节点 (x_i,y_i)，$i=0,1,\cdots,10$ 的示意图如图 6-9 所示。

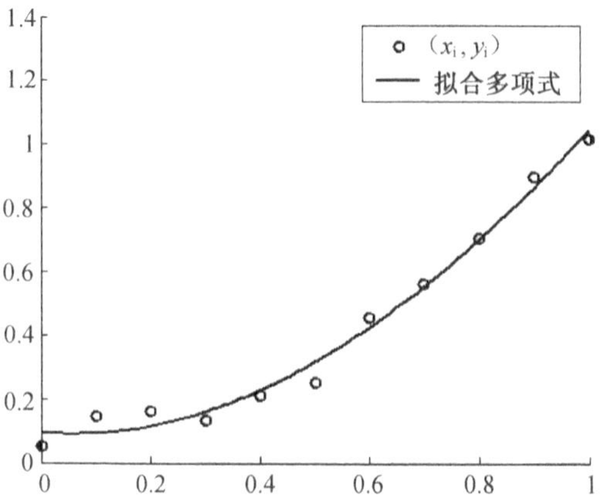

图 6-9　用正交多项式拟合数据

注 1　下面验证用式(6.43)产生的法方程组计算 $\varphi(x)$. 经计算有

$$\boldsymbol{A}=(\tilde{\boldsymbol{x}}_0,\tilde{\boldsymbol{x}}_1,\tilde{\boldsymbol{x}}_2,\tilde{\boldsymbol{x}}_3)=\begin{pmatrix}1 & -0.5 & 0.15 & -0.0360\\ 1 & -0.4 & 0.06 & 0.0072\\ 1 & -0.3 & -0.01 & 0.0264\\ 1 & -0.2 & -0.06 & 0.0276\\ 1 & -0.1 & -0.09 & 0.0168\\ 1 & 0 & -0.10 & 0\\ 1 & 0.1 & -0.09 & -0.0168\\ 1 & 0.2 & -0.06 & -0.0276\\ 1 & 0.3 & -0.01 & -0.0264\\ 1 & 0.4 & 0.06 & -0.0072\\ 1 & 0.5 & 0.15 & 0.0360\end{pmatrix},\ \boldsymbol{y}=\begin{pmatrix}0.05\\ 0.144\\ 0.162\\ 0.135\\ 0.211\\ 0.250\\ 0.458\\ 0.562\\ 0.708\\ 0.898\\ 1.017\end{pmatrix}.$$

法方程组 $\boldsymbol{A}^{\mathrm{T}}\boldsymbol{A}\boldsymbol{a}=\boldsymbol{A}^{\mathrm{T}}\boldsymbol{y}$ 和解 $\boldsymbol{a}$ 分别为

$$\begin{pmatrix} 11 & 0 & 0 & 0 \\ 0 & 1.1 & 0 & 0 \\ 0 & 0 & 0.0858 & 0 \\ 0 & 0 & 0 & 0.0061776 \end{pmatrix}\begin{pmatrix} a_0 \\ a_1 \\ a_2 \\ a_3 \end{pmatrix}=\begin{pmatrix} 4.595 \\ 1.059 \\ 0.08684 \\ -0.000966 \end{pmatrix}\Rightarrow\begin{pmatrix} a_0 \\ a_1 \\ a_2 \\ a_3 \end{pmatrix}=\begin{pmatrix} 0.4177273 \\ 0.9627273 \\ 1.0121212 \\ -0.1563714 \end{pmatrix},$$

所以拟合多项式为

$$\begin{aligned}\varphi(x)&=a_0p_0(x)+a_1p_1(x)+a_2p_2(x)+a_3p_3(x)\\&=0.0938112-0.138838x+1.246678x^2-0.156371x^3.\end{aligned}$$

这里直接验证了矩阵 $\boldsymbol{A}$ 的列向量确实是正交的.

注 2 如果用三次多项式 $p_3(x)=a_0+a_1x+a_2x^2+a_3x^3$ 拟合数据,则法方程组 $\boldsymbol{A}^{\mathrm{T}}\boldsymbol{A}\boldsymbol{a}=\boldsymbol{A}^{\mathrm{T}}\boldsymbol{y}$ 和解 $\boldsymbol{a}$ 分别为

$$\begin{pmatrix} 11 & 5.5 & 3.85 & 3.025 \\ 5.5 & 3.85 & 3.025 & 2.5333 \\ 3.85 & 3.025 & 2.5333 & 2.20825 \\ 3.025 & 2.5333 & 2.20825 & 1.978405 \end{pmatrix}\begin{pmatrix} a_0 \\ a_1 \\ a_2 \\ a_3 \end{pmatrix}=\begin{pmatrix} 4.595 \\ 3.3565 \\ 2.75409 \\ 2.375671 \end{pmatrix}\Rightarrow\begin{pmatrix} a_0 \\ a_1 \\ a_2 \\ a_3 \end{pmatrix}=\begin{pmatrix} 0.0938112 \\ 0.138838 \\ 1.246678 \\ -0.156371 \end{pmatrix},$$

这与用正交多项式计算的结果一致.

习 题

1. 计算下列函数 $f(x)$ 的范数 $\|f\|_\infty$, $\|f\|_2$:

   (1) $f(x)=x^2, x\in[0,1]$;

   (2) $f(x)=\sin x, x\in[0,\pi]$.

2. (1) 证明函数 $1,x,\cdots,x^n$ 线性无关;

   (2) 证明 $[a,b]$ 上关于权 $\rho(x)$ 正交的非零函数系 $\varphi_i(x)$, $i=0,1,2,\cdots$ 线性无关.

3. 求 $f(x)$ 在区间 $[a,b]$ 上对于 $\Phi=\mathrm{span}\{1,x,x^2\}$ 的最佳平方逼近多项式,以及误差:

   (1) $f(x)=\sin x, [a,b]=[1,3]$;

   (2) $f(x)=\mathrm{e}^{-x}, [a,b]=[0,1]$.

4. 试确定系数 a,b 的值,使 $\int_0^1[(ax+b)-\mathrm{e}^x]^2\mathrm{d}x$ 达到最小.

5. 求 $f(x)=\sin x$ 在 $[-1,1]$ 上按勒让德多项式展开的 4 次最佳平方逼近多项式,以及误差.

6. 已知函数 $f(x)=\sqrt{1-x^2}$,试在 $[-1,1]$ 上按第二类切比雪夫多项式构造 4 次最佳平方逼近多项式.

7. 在 $[-1,1]$ 上对 $f(x)=\sin x$ 作二次切比雪夫插值,并估计误差.

8. 求超定方程组 $\begin{pmatrix} 1 & 2 \\ 3 & 4 \\ 5 & 6 \\ 7 & 8 \end{pmatrix}\boldsymbol{x}=\begin{pmatrix} 1 \\ 1 \\ 0 \\ 1 \end{pmatrix}$ 的解.

9. 已知氮、氧的相对原子质量分别约为 14,16,试用下表中 4 个氮氧化合物的相对原子质量计算氮、氧的相对原子质量.

NO	N_2O	NO_2	N_2O_3
30.006	44.013	46.006	76.012

10. 若 $\boldsymbol{A}\in\mathbf{R}^{n\times n}$ 非奇异,则 $\boldsymbol{A}=\boldsymbol{QR}$,其中 $\boldsymbol{Q}$ 是正交矩阵,$\boldsymbol{R}$ 是上三角矩阵. 证明:如果限定 $\boldsymbol{R}$ 的对角元为正,则 $\boldsymbol{A}$ 的 QR 分解唯一.

11. 假设 $\boldsymbol{w}\in\mathbf{R}^n$ 满足 $\|\boldsymbol{w}\|_2=1$,称 $\boldsymbol{H}=\boldsymbol{I}-2\boldsymbol{w}\boldsymbol{w}^{\mathrm{T}}$ 为 Householder 变换. 证明:如果 $\boldsymbol{H}$ 是 Householder 变换,则 $\boldsymbol{H}$ 满足:

(1) 对称性 $\boldsymbol{H}^{\mathrm{T}}=\boldsymbol{H}$;

(2) 正交性 $\boldsymbol{H}^{\mathrm{T}}\boldsymbol{H}=\boldsymbol{I}$;

(3) 对合性 $\boldsymbol{H}^2=\boldsymbol{I}$.

12. 假设有超定方程组 $\boldsymbol{Ax}=\boldsymbol{b}$,其中 $\boldsymbol{b}=(1,1,1)^{\mathrm{T}}$,$\boldsymbol{A}$ 的 QR 分解为

$$\boldsymbol{A}=\begin{pmatrix}\sqrt{2} & \dfrac{3\sqrt{2}+2\sqrt{3}}{6}\\ \sqrt{2} & \dfrac{3\sqrt{2}-2\sqrt{3}}{6}\\ 0 & \dfrac{\sqrt{3}}{3}\end{pmatrix}=\begin{pmatrix}\dfrac{1}{\sqrt{2}} & \dfrac{1}{\sqrt{3}} & \dfrac{-1}{\sqrt{6}}\\ \dfrac{1}{\sqrt{2}} & \dfrac{-1}{\sqrt{3}} & \dfrac{1}{\sqrt{6}}\\ 0 & \dfrac{1}{\sqrt{3}} & \dfrac{2}{\sqrt{6}}\end{pmatrix}\begin{pmatrix}2 & 1\\ 0 & 1\\ 0 & 0\end{pmatrix},$$

试求方程的最小二乘解.

13. 假设有超定方程组 $\boldsymbol{Ax}=\boldsymbol{b}$,其中 $\boldsymbol{b}=(1,1,1)^{\mathrm{T}}$,$\boldsymbol{A}$ 的 SVD 分解为

$$\boldsymbol{A}=\begin{pmatrix}1-\dfrac{\sqrt{6}}{6} & 1+\dfrac{\sqrt{6}}{6}\\ 1+\dfrac{\sqrt{6}}{6} & 1-\dfrac{\sqrt{6}}{6}\\ -\dfrac{\sqrt{6}}{6} & \dfrac{\sqrt{6}}{6}\end{pmatrix}=\begin{pmatrix}\dfrac{1}{\sqrt{2}} & \dfrac{1}{\sqrt{3}} & \dfrac{-1}{\sqrt{6}}\\ \dfrac{1}{\sqrt{2}} & \dfrac{-1}{\sqrt{3}} & \dfrac{1}{\sqrt{6}}\\ 0 & \dfrac{1}{\sqrt{3}} & \dfrac{2}{\sqrt{6}}\end{pmatrix}\begin{pmatrix}2 & 0\\ 0 & 1\\ 0 & 0\end{pmatrix}\begin{pmatrix}\dfrac{1}{\sqrt{2}} & \dfrac{-1}{\sqrt{2}}\\ \dfrac{1}{\sqrt{2}} & \dfrac{1}{\sqrt{2}}\end{pmatrix}.$$

(1) 计算 $\boldsymbol{A}^{+}$;

(2) 试求方程的最小二乘解 $\boldsymbol{A}^{+}\boldsymbol{b}$.

14. 假设有超定方程组 $\boldsymbol{Ax}=\boldsymbol{b}$,其中 $\boldsymbol{b}=(1,2,3,4)^{\mathrm{T}}$,$\boldsymbol{A}$ 的 SVD 分解为

$$\boldsymbol{A}=\begin{pmatrix}1 & \dfrac{1+\sqrt{2}}{2} & \dfrac{\sqrt{2}-1}{2}\\ -1 & \dfrac{\sqrt{2}}{2} & \dfrac{\sqrt{2}}{2}\\ -1 & \dfrac{1-\sqrt{2}}{2} & \dfrac{-\sqrt{2}-1}{2}\\ 1 & -\dfrac{\sqrt{2}}{2} & -\dfrac{\sqrt{2}}{2}\end{pmatrix}=\begin{pmatrix}\dfrac{1}{2} & \dfrac{1}{2} & \dfrac{1}{\sqrt{2}} & 0\\ \dfrac{-1}{2} & \dfrac{1}{2} & 0 & \dfrac{1}{\sqrt{2}}\\ \dfrac{-1}{2} & \dfrac{-1}{2} & \dfrac{1}{\sqrt{2}} & 0\\ \dfrac{1}{2} & \dfrac{-1}{2} & 0 & \dfrac{1}{\sqrt{2}}\end{pmatrix}\begin{pmatrix}2 & 0 & 0\\ 0 & 2 & 0\\ 0 & 0 & 1\\ 0 & 0 & 0\end{pmatrix}\begin{pmatrix}1 & 0 & 0\\ 0 & \dfrac{1}{\sqrt{2}} & \dfrac{1}{\sqrt{2}}\\ 0 & \dfrac{1}{\sqrt{2}} & \dfrac{-1}{\sqrt{2}}\end{pmatrix}.$$

试求方程的最小二乘解.

15. 已知一组试验数据如下：

x_i	0	1	2	3	4	5
$f(x_i)$	-0.9	1.4	4.1	7.5	11.9	16.4

试用二次多项式拟合上述数据，并求平方误差.

16. 给定一组数据如下：

x_i	0.0	0.1	0.2	0.3	0.4	0.5	0.6	0.7	0.8	0.9	1.0
y_i	0.882	0.847	0.751	0.614	0.463	0.321	0.205	0.119	0.062	0.027	0.011

试用三次多项式拟合上述数据，并求平方误差.

17. 已知数据：

x_i	1	2	3	4	5
$f(x_i)$	2	3	5	4	6

(1) 在 $\Phi=\mathrm{span}\{1,x,x^2\}$ 中寻求最佳平方逼近多项式.

(2) 在 $\Phi=\mathrm{span}\{1,x,x^2\}$ 中用首项系数为 1 的正交多项式构造最佳平方逼近多项式.

(3) 比较(1)和(2)的计算结果.

18. 给出数据：

x_i	1	2	3	4	5
$f(x_i)$	5	5.1	4.2	3	3.1

拟合函数 $f(x)=a\sin x+b\mathrm{e}^{0.1x}$，试确定 a,b.

第 7 章

函数方程求根

考察非线性方程

$$f(x)=0, \tag{7.1}$$

式中，$f(x)\in C[a,b]$. 函数方程求根是指求 x^*，使得 $f(x^*)=0$，则称 x^* 是方程(7.1)的根，或是函数 $f(x)=0$ 的零点.

在很多情况下，方程(7.1)的根并不能直接计算出，数值方法就成为计算方程根的首选方法. 它是通过构造一个数列来逼近方程(7.1)的根.

这些方法通常有二分法、不动点迭代法、牛顿法、弦截法等. 如果式(7.1)是非线性方程组，也有相应的数值方法求解. 本章先介绍求解形如方程(7.1)的根的方法，然后再介绍求解非线性方程组的牛顿类方法.

§1　二分法

二分法是计算方程根 x^* 的常用方法. 只要能确定出 x^* 所在区间，就一定能够计算出 x^*，其理论基础如下：

若连续函数 $f(x)$ 在 $[a,b]$ 上满足 $f(a)\cdot f(b)<0$，则至少存在一点 $x^*\in[a,b]$，使得 $f(x^*)=0$. 显然这里 x^* 就是方程(7.1)的根.

二分法是将上述区间 $[a,b]$ 反复等分，得到一组由区间中点构成的数列. 可以证明，该数列收敛到方程的根 x^*.

过程描述如下：

(1) 将区间 $[a,b]$ 记成 $[a_1,b_1]$. 取 $[a_1,b_1]$ 中点 x_1，得区间 $[a,x_1]$ 和 $[x_1,b]$.

(2) 若 $f(x_1)=0$，则 x_1 是方程的根，停止计算.

(3) 若 $f(x_1)\neq 0$，则进一步计算 $f(a)f(x_1)$，若小于零，表示 $[a,x_1]$ 包含方程的根，将该区间记为 $[a_2,b_2]$；否则将 $[x_1,b]$ 记为 $[a_2,b_2]$.

该过程称为“**二分**”.

反复进行上述二分过程，可以得到一系列区间 $[a_k,b_k]$ 及其中点 $x_k(k=1,$

2,…)组成的数列.从二分过程可以确定,方程的根 $x^* \in [a_k, b_k]$,而$[a_k, b_k]$的长度为$\frac{b-a}{2^{k-1}}$.

定理 1 假设 x_k 是由二分法产生的区间中点,则$\lim\limits_{k\to\infty} x_k = x^*$.

证明 因根 x^* 与中点 x_k 均属于区间$[a_k, b_k]$,从而有

$$|x^* - x_k| \leqslant \frac{1}{2}(b_k - a_k). \tag{7.2}$$

对式(7.2)取极限,因为$\lim\limits_{k\to\infty}(b_k - a_k) = \lim\limits_{k\to\infty}\frac{b-a}{2^{k-1}} = 0$,所以$\lim\limits_{k\to\infty} x_k = x^*$.

由证明可知,当$\frac{b_k - a_k}{2} < \varepsilon$,就有$|x^* - x_k| < \varepsilon$.这时将 x_k 作为根 x^* 的近似值,其误差不超过 ε.进一步可知,误差还满足

$$|x^* - x_k| \leqslant \frac{1}{2^k}(b-a).$$

由此可确定根 x^* 达到给定精度 ε 时所需的二分次数 k.

算法 7.1 (二分法)

1. 输入 a, b,误差 ε.
2. 计算 $c = 0.5(a+b)$,若 $c - a < \varepsilon$,则将 c 作为方程根输出,停止计算.
3. 若 $f(a)f(c) < 0$,则令 $b = c$;否则令 $a = c$,转 2.

例 1 用二分法计算 Leonardo 方程 $f(x) = x^3 + 2x^2 + 10x - 20 = 0$ 的根.问:将区间二分多少次,才有$|x^* - x_k| < 10^{-7}$?

解 因为 $f(1)f(2) = -112 < 0$,所以 $f(x)$在$[1,2]$中有一个零点.欲使 x_k 满足要求,只要

$$|x^* - x_k| \leqslant \frac{1}{2^k}(b-a) = \frac{1}{2^k} < 10^{-7}$$

即可.由此解出 $k > 23.3$,所以将区间等分 24 次即可满足精度要求.计算结果如下:

二分次数 k	二分后的区间	区间中点
1	[1.000 000 00,2.000 000 00]	1.500 000 00
2	[1.000 000 00,1.500 000 00]	1.250 000 00
3	[1.250 000 00,1.500 000 00]	1.375 000 00
⋮	⋮	⋮

续表

二分次数 k	二分后的区间	区间中点
22	[1.368 808 03,1.368 808 27]	1.368 808 15
23	[1.368 808 03,1.368 808 15]	1.368 808 09
24	[1.368 808 09,1.368 808 15]	1.368 808 12
25	[1.368 808 09,1.368 808 12]	1.368 808 11

计算结果表明，x_{24}作为方程近似根，满足精度要求.

二分法算法简单，收敛性总能够得到保证，但与收敛速度为二次的方法相比，收敛速度显得比较慢.

§2　不动点迭代法

不动点迭代法是求解方程(7.1)的最基本方法. 类似于建立线性方程组迭代法那样，将方程(7.1)改写成等价的方程 $x=\varphi(x)$，建立逐次迭代公式

$$x_{k+1}=\varphi(x_k),\ k=0,1,2,\cdots. \tag{7.3}$$

若给定一个初值 x_0，则由式(7.3)可以计算出一个数列

$$\{x_k\},\ k=0,1,2,\cdots.$$

可以证明，当 $\varphi(x)$连续时，如果数列$\{x_k\}_{k=0}^{\infty}$收敛，则其极限就是方程(7.1)的根. 事实上，若 $x_k\to x^*$，则对式(7.3)取极限，有

$$x^*=\lim_{k\to\infty}x_{k+1}=\lim_{k\to\infty}\varphi(x_k)=\varphi(x^*), \tag{7.4}$$

即 $x^*=\varphi(x^*)$，亦即 $f(x^*)=0$，表明 x^* 确实是方程 $f(x)=0$ 的根.

对于迭代公式(7.3)，满足 $x^*=\varphi(x^*)$的数 x^* 称为函数 $\varphi(x)$的不动点，式(7.3)称为**不动点迭代法**，$\varphi(x)$称为**迭代函数**. 因此求解方程的根，等价于计算 $\varphi(x)$的不动点，而不动点可以通过不动点迭代法计算得到.

需要注意的是，方程改写成式(7.3)的形式不唯一，例如 $\varphi(x)=x+cf(x)$(常数 c 非零)，因此并不能期望所有的数列$\{x_k\}_{k=0}^{\infty}$都有极限.

例 2　Leonardo 方程 $f(x)=x^3+2x^2+10x-20=0$ 在[1,2]中有一个根，分别建立迭代公式：

(1) $x_{k+1}=\varphi_1(x_k)=\dfrac{-2x_k^2-10x_k+20}{x_k^2}$；

(2) $x_{k+1}=\varphi_2(x_k)=\dfrac{20-x_k^3-2x_k^2}{10}$；

(3) $x_{k+1}=\varphi_3(x_k)=\dfrac{20}{x_k^2+2x_k+10}$.

取初值 $x_0=1$,迭代计算结果(显示小数点后 7 位)如下:

迭代次数 k	迭代公式(1)	迭代公式(2)	迭代公式(3)
0	1.000 000 0	1.000 000 0	1.000 000 0
1	8.000 000 0	1.700 000 0	1.538 461 5
2	−2.937 500 0	0.930 700 0	1.295 019 2
3	3.722 046 2	1.746 142 0	1.401 825 3
⋮	⋮	⋮	⋮
70	−3.162 277 7	0.548 946 5	1.368 808 1
71	3.162 277 7	1.923 189 5	1.368 808 1
72	−3.162 277 7	0.548 946 5	1.368 808 1
73	3.162 277 7	1.923 189 5	1.368 808 1

计算结果表明,迭代公式(1)和(2)计算的数列发散.迭代公式(3)收敛,迭代 21 次得值 1.368 808 1,函数值 $f(x_{21})=3.102\times10^{-7}$,继续迭代到 44 次时,$x_{44}=1.368\,808\,107\,821\,370$,此时 $f(x_{44})=0$,即 x_{44} 为方程的根.

从例 2 可以看出,可以将方程改写为不同的迭代公式(7.3),但式(7.3)需满足一定的条件,数列 $\{x_k\}_{k=0}^{\infty}$ 才会收敛.下面的定理给出了式(7.3)收敛的条件和结论.

定理 2 设 $\varphi'(x)$ 在 $[a,b]$ 上连续,且 $a\leqslant\varphi(x)\leqslant b$,$\max\limits_{x\in[a,b]}|\varphi'(x)|=L<1$,则

(1) $\varphi(x)$ 在 $[a,b]$ 中有唯一不动点 x^*;

(2) 对任意 $x_0\in[a,b]$,由公式(7.3)计算的数列 $\{x_k\}_{k=0}^{\infty}$ 收敛到 x^*.

证明 (1) 令 $F(x)=x-\varphi(x)$,易验证 $F(a)F(b)\leqslant0$,所以存在不动点 x^* 满足 $\varphi(x^*)=x^*$.再假设 a_1,a_2 是 $\varphi(x)$ 的两个不同的不动点,则

$$a_1-a_2=\varphi(a_1)-\varphi(a_2)=\varphi'(\xi)(a_1-a_2).$$

取绝对值有

$$|a_1-a_2|=|\varphi'(\xi)|\,|a_1-a_2|\leqslant L|a_1-a_2|<|a_1-a_2|,$$

矛盾.所以不动点唯一.

(2) 因为

$$x^*-x_{k+1}=\varphi(x^*)-\varphi(x_k)=\varphi'(\xi)(x^*-x_k),$$

所以

$$|x^*-x_{k+1}|=|\varphi'(\xi)(x^*-x_k)|\leqslant L|x^*-x_k|\leqslant L^2|x^*-x_{k-1}| \tag{7.5}$$

$$\leqslant \cdots \leqslant L^{k+1}|x^*-x_0|. \tag{7.6}$$

因为 $0\leqslant L<1$，所以有 $\lim\limits_{k\to\infty} x_k = x^*$.

在定理 2 中，要求 $\varphi'(x)\in C[a,b]$，且常数 $L<1$. 从式(7.6)看出，L 越小，L^{k+1} 收敛到零的速度就越快，从而 $\{x_k\}_{k=0}^{\infty}$ 收敛到 x^* 越快. 而 x^* 是 $\varphi(x)$ 的不动点，也是对应方程 $f(x)=0$ 的根.

在迭代法中，通常称数 x_k 为方程 $f(x)=0$ 的第 k 个近似根.

对定理 2 中 $\varphi(x)$ 的要求可以进一步减弱，即将 $\max\limits_{x\in[a,b]}|\varphi'(x)|=L<1$ 替换为：对任意 $x_1,x_2\in[a,b]$ 有

$$|\varphi(x_1)-\varphi(x_2)|\leqslant L|x_1-x_2|, \tag{7.7}$$

这里 $0\leqslant L<1$，不动点迭代法也收敛. 不等式(7.7)称为函数 $\varphi(x)$ 满足李普希兹(Lipschitz)条件. 满足 Lipschitz 条件的函数是连续的，但未必可导，因此常数 L 计算困难. 但是若 $\varphi'(x)\in C[a,b]$，则根据拉格朗日中值定理，式(7.7)中常数 L 可以取为 $\max\limits_{x\in[a,b]}|\varphi'(x)|$.

下面考察 x_k 作为方程 $f(x)=0$ 的第 k 个近似根，它的误差是多少.

定理 3　在定理 2 的条件下，设 x_k 为式(7.3)计算的数值，则有

(1) $|x^*-x_k|\leqslant \dfrac{1}{1-L}|x_{k+1}-x_k|$；　(7.8)

(2) $|x^*-x_k|\leqslant \dfrac{L^k}{1-L}|x_1-x_0|$.　(7.9)

证明　(1) 因为

$$|x_{k+1}-x_k|=|x_{k+1}-x^*+x^*-x_k|\geqslant|x^*-x_k|-|x_{k+1}-x^*|,$$

根据式(7.5)中 $|x_{k+1}-x^*|\leqslant L|x_k-x^*|$，有

$$|x_{k+1}-x_k|\geqslant|x^*-x_k|-L|x_k-x^*|=(1-L)|x_k-x^*|,$$

故式(7.8)成立.

(2) 因为

$$|x_{k+1}-x_k|=|\varphi(x_k)-\varphi(x_{k-1})|=|\varphi'(\xi)|\cdot|x_k-x_{k-1}|\leqslant L|x_k-x_{k-1}|,$$

所以

$$|x^*-x_k|\leqslant\frac{1}{1-L}|x_{k+1}-x_k|\leqslant\frac{L}{1-L}|x_k-x_{k-1}|$$

$$\leqslant\cdots\leqslant\frac{L^k}{1-L}|x_1-x_0|.$$

通常不等式(7.8)称为**事后误差估计**，这是因为需要计算 x_k，x_{k+1} 才能估计误差 $|x^*-x_k|$. 同时当 L 不接近于 1 时，若 $|x_{k+1}-x_k|$ 充分小，则可以认为 x_k 或 x_{k+1} 充分接近 x^*，因此 $|x_{k+1}-x_k|$ 常用来控制迭代次数.

不等式(7.9)称为**事前误差估计**，因为它仅需要计算 x_1 就能估计误差.

例 3 考察例 2 中的迭代公式 3,讨论其收敛性.

解 因为迭代函数 $\varphi_3(x)=\dfrac{20}{x^2+2x+10}$和$|\varphi'_3(x)|$在区间[1,2]中单调下降,所以有

$$\max_{x\in[1,2]}\varphi_3(x)=\varphi_3(1)=1.538\leqslant 2,$$
$$\min_{x\in[1,2]}\varphi_3(x)=\varphi_3(2)=1.111\geqslant 1,$$
$$\max_{x\in[1,2]}|\varphi'_3(x)|=|\varphi'_3(1)|=0.473=L\leqslant 1.$$

根据定理 2 知 $x_{k+1}=\varphi_3(x_k),k=0,1,\cdots$,收敛.

计算格式如下.

算法 7.2 (不动点迭代法)

1. 输入 x_1,误差 ε,最大迭代次数 m.
2. 对于 $k=0,1,\cdots,m$,
   (1) 计算 $x_2=\varphi_3(x_1)$;
   (2) 若$|x_2-x_1|<\varepsilon$,输出 x_2 作为方程近似根,停止计算;
   (3) 否则 $x_1=x_2$,转(1).

算法 7.2 中设置最大迭代次数 m,是为防止条件$|x_2-x_1|<\varepsilon$得不到满足.

若取精度 $\varepsilon=10^{-7}$ 和初值 $x_1=1$,则按照算法 7.2,直至

$$|x_{21}-x_{20}|=4.784\times 10^{-8}<\varepsilon,$$

精度满足,故 $x_{21}=1.368\,808\,12$ 为满足精度要求的根.

如果只是预估迭代次数 k 取多少时才有$|x^*-x_k|<\varepsilon$,则可不用算法 7.2 而用事前误差估计(7.9)确定 k.此时,取 $x_0=1$,并计算 $L=0.473$ 和 $x_1=1.538\,461\,54$,从

$$|x^*-x_k|\leqslant\frac{L^k}{1-L}|x_1-x_0|<10^{-7}$$

解出 $k>21.558$,所以迭代 22 次即可.这个数几乎与用算法 7.2 的计算次数一致.

定理 2 是在区间$[a,b]$上判断迭代法是否收敛,该定理的两个条件可能难以确定.如果将$[a,b]$取为是不动点 x^* 的某个小邻域,则仅根据$|\varphi'(x^*)|$的大小也能判断不动点迭代是否收敛,这种收敛称为**局部收敛**,即

存在方程根 x^* 的邻域 δ:$|x-x^*|<\delta$,对任意 $x_0\in\delta$,不动点迭代 $x_{k+1}=\varphi(x_k)$均收敛.

定理 4(Ostrowski) 假设 $\varphi(x)$有不动点 x^*,且在 x^* 的某邻域 δ 内一阶导数连续,若$|\varphi'(x^*)|<1$,则对任意初值 $x_0\in\delta$,式(7.3)收敛到 x^*.

证明 由于$|\varphi'(x^*)|<1$,根据$|\varphi'(x)|$连续性知,对任意 $\varepsilon>0$,存在邻域 δ:

$|x-x^*|<\delta$,使得 $\| \varphi'(x)|-|\varphi'(x^*)\|<\varepsilon$,亦即

$$|\varphi'(x^*)|-\varepsilon<|\varphi'(x)|<|\varphi'(x^*)|+\varepsilon.$$

取充分小的 ε,使得

$$|\varphi'(x)|<|\varphi'(x^*)|+\varepsilon=L<1.$$

又因为

$$|\varphi(x)-x^*|=|\varphi(x)-\varphi(x^*)|\leqslant L|x-x^*|\leqslant|x-x^*|\leqslant\delta,$$

所以 $\varphi(x)\in\delta$,定理 2 条件满足,所以迭代公式收敛.

如果迭代函数满足 $|\varphi'(x^*)|=1$,则不动点迭代法是否收敛,要看问题本身.例如,一个很简单的函数 $f(x)=x^2$,有根 $x^*=0$. 建立不动点迭代

$$x_{k+1}=\varphi(x_k)=x_k+cf(x_k)=x_k+cx_k^2, \tag{7.10}$$

显然有 $|\varphi'(x^*)|=|\varphi'(0)|=1$. 取初值 $x_0=1$,则当 $c=0.5$ 时,式(7.10)发散;当 $c=-0.5$ 时,式(7.10)缓慢收敛到不动点 $x^*=0$.

当 $|\varphi'(x^*)|>1$ 时,则几乎能够断定迭代发散,这需要引用本章定理 5 的结论(7.11),表明当 $|\varphi'(x^*)|>1$ 且 k 足够大时,$\left|\dfrac{x_{k+1}-x^*}{x_k-x^*}\right|\approx|\varphi'(x^*)|>1$,即

$$|x_{k+1}-x^*|>|\varphi'(x^*)|\ |x_k-x^*|>|x_k-x^*|,$$

表明误差随迭代次数 k 的增加而增大,即发散.

判断迭代法是否局部收敛,有时不方便,原因是根 x^* 未知,但它在判断迭代法的收敛阶时有重要应用. 收敛阶可以用来判断不动点迭代法收敛的快慢.

§3　收敛速度

由定理 3 知,迭代公式的收敛速度由最大值 $L=\max\limits_{x\in[a,b]}|\varphi'(x)|$ 的大小所决定. L 越小,收敛速度越快. 但是不同的迭代函数,最大值 L 通常不一样,难以用一个统一标准说明其收敛的快慢.

下面用误差减小的幅度表示迭代法收敛的快慢. 记 $e_k=x_k-x^*$ 为第 k 步迭代的误差.

定义 1　设数列 $\{x_k\}_{k=0}^{\infty}$ 由迭代公式 $x_{k+1}=\varphi(x_k)$ 产生,极限是 x^*,若

$$\lim_{k\to\infty}\frac{|e_{k+1}|}{|e_k^p|}=c\neq0,$$

称该公式具有 **p 阶收敛速度**.

按此定义,对任意给定的 $\varepsilon>0$,存在 N,当 $k>N$ 时,有 $\left|\dfrac{|e_{k+1}|}{|e_k^p|}-c<\varepsilon\right|$,因此当 k 较大且 ε 很小时,有 $|e_{k+1}|\approx c|e_k|^p$,表明当第 k 步的误差 $|e_k|<1$ 时,指数 p

越大，第 $k+1$ 步的误差 $|e_{k+1}|$ 就减小得越快，即收敛越快. 故收敛阶 p 的大小是衡量迭代公式快慢的标准.

特别地，当 $p=1$ 时，称迭代法为**线性收敛**，或收敛阶为 1，此时要求 $c<1$；当 $p=2$ 时，迭代法为**平方收敛**，收敛阶为 2.

应当注意的是，迭代法具有 p 阶收敛速度，是指迭代到一定次数之后，误差才以指数为 p 开始减小.

对于收敛阶为 1 的不动点迭代法，根据中值定理有

$$\lim_{k\to\infty}\frac{x_{k+1}-x^*}{x_k-x^*}=\lim_{k\to\infty}\frac{\varphi(x_k)-\varphi(x^*)}{x_k-x^*}=\lim_{k\to\infty}\varphi'(\xi)=\varphi'(x^*),\tag{7.11}$$

所以当 $\varphi'(x^*)\neq 0$ 时，不动点迭代法仅仅是线性收敛. 如果 $\varphi'(x^*)=0$，则需要进一步按照定义 1 检验，比较复杂，原因是收敛阶 p 不一定是正整数. 例如下面将要介绍的弦截法，其收敛阶为 $0.5(1+\sqrt{5})\approx 1.618$，称之为超线性收敛.

下列定理给出收敛阶是正整数的判别方法，同时也给出了定义 1 中常数 c 的取值.

定理 5 设 $\varphi(x)$ 在 $x=\varphi(x)$ 的根 x^* 邻近有 p 阶连续导数，且

$$\varphi'(x^*)=\varphi''(x^*)=\cdots=\varphi^{(p-1)}(x^*)=0,\ \varphi^{(p)}(x^*)\neq 0,$$

则迭代公式 $x_{k+1}=\varphi(x_k)$ 具有 p 阶收敛速度.

证明 $\varphi'(x^*)=0$ 表示不动点迭代收敛. 记误差

$$e_{k+1}=x_{k+1}-x^*=\varphi(x_k)-\varphi(x^*),$$

将 $\varphi(x_k)$ 在 x^* 处泰勒展开得

$$\begin{aligned}\varphi(x_k)&=\varphi(x^*)+\frac{\varphi'(x^*)}{1!}(x_k-x^*)+\cdots+\frac{\varphi^{(p-1)}(x^*)}{(p-1)!}(x_k-x^*)^{p-1}+\frac{\varphi^{(p)}(\xi)}{p!}(x_k-x^*)^p\\&=\varphi(x^*)+\frac{\varphi^{(p)}(\xi)}{p!}(x_k-x^*)^p,\ \xi\text{ 介于 }x_k,x^*\text{ 之间}.\end{aligned}$$

所以

$$\lim_{k\to\infty}\frac{x_{k+1}-x^*}{(x_k-x^*)^p}=\lim_{k\to\infty}\frac{\varphi(x_k)-\varphi(x^*)}{(x_k-x^*)^p}=\lim_{k\to\infty}\frac{\varphi^{(p)}(\xi)}{p!}=\frac{\varphi^{(p)}(\lim\limits_{k\to\infty}\xi)}{p!},$$

而 ξ 介于 x_k,x^* 之间，因此上式极限等于 $\dfrac{\varphi^{(p)}(x^*)}{p!}\neq 0$，故迭代公式 $x_{k+1}=\varphi(x_k)$ 具有 p 阶收敛速度.

定理 5 表明，收敛阶可用迭代函数在 x^* 处的导数值判断. 对于特定的迭代法，根 x^* 等于多少并不重要，只要能判断导数值 $\varphi^{(p)}(x^*)$ 非零即可.

例 4 对于解 Leonardo 方程 $f(x)=x^3+2x^2+10x-20=0$ 的迭代公式

$$x_{k+1}=\varphi_3(x_k)=\frac{20}{x_k^2+2x_k+10},$$

由于

$$\varphi_3'(x)=\left(\frac{20}{x^2+2x+10}\right)'=\frac{-40(x+1)}{(x^2+2x+10)^2},$$

且 -1 不是 $f(x)$ 的零点 x^*，所以

$$\varphi_3'(x^*)=\frac{-40(x^*+1)}{(x^{*2}+2x^*+10)^2}\neq 0,$$

因此这个迭代公式仅仅线性收敛.

§4　迭代过程的加速

当不动点迭代法收敛缓慢时，可对它进行埃特金(Aitken)加速. 该方法是将二次不动点迭代的值组成一个新迭代公式，具有二阶收敛速度，构造方法如下：

设 x_k 是 x^* 的近似根，先计算 $a=\varphi(x_k)$，$b=\varphi(a)$，则 a，b 的误差分别为

$$x^*-a=\varphi(x^*)-\varphi(x_k)=\varphi'(\xi_1)(x^*-x_k),$$

$$x^*-b=\varphi(x^*)-\varphi(a)=\varphi'(\xi_2)(x^*-a).$$

假设 $\varphi'(x)$ 变化不大，即 $\varphi'(\xi_1)\approx\varphi'(\xi_2)$，两式相除得

$$\frac{x^*-a}{x^*-b}\approx\frac{x^*-x_k}{x^*-a},$$

解得

$$x^*\approx x_k-\frac{(a-x_k)^2}{b-2a+x_k}.$$

上式右端值可以看成是 x^* 的新近似值，记为

$$x_{k+1}=x_k-\frac{(a-x_k)^2}{b-2a+x_k}. \tag{7.12}$$

公式(7.12)称为**埃特金(Aitken)加速公式.**

算法 7.3　(埃特金加速公式)

1. 输入 x_1，误差 ε，最大迭代次数 m.
2. 对于 $k=0,1,\cdots,m$，

　(1) 计算 $a=\varphi(x_1)$，$b=\varphi(a)$；

　(2) $x_2=x_1-\dfrac{(a-x_1)^2}{b-2a+x_1}$；

　(3) 若 $|x_2-x_1|<\varepsilon$，输出 x_2 作为方程近似根，停止计算；

　(4) 否则 $x_1=x_2$，转(1).

根据式(7.12),埃特金加速公式的迭代函数是

$$g(x)=x-\frac{(\varphi(x)-x)^2}{\varphi(\varphi(x))-2\varphi(x)+x}=\frac{x\varphi(\varphi(x))-\varphi^2(x)}{\varphi(\varphi(x))-2\varphi(x)+x}. \tag{7.13}$$

下面计算 $g(x^*)$. 因为 x^* 是 $\varphi(x)$ 的不动点,有 $\varphi(\varphi(x^*))=\varphi(x^*)=x^*$,式(7.13)的分子分母均等于零,所以应用洛必达法则计算得

$$\begin{aligned}g(x^*)&=\left.\frac{\varphi(\varphi(x))+x\varphi'(\varphi(x))\varphi'(x)-2\varphi(x)\varphi'(x)}{\varphi'(\varphi(x))\varphi'(x)-2\varphi'(x)+1}\right|_{x=x^*}\\&=\frac{\varphi(\varphi(x^*))+x^*\varphi'(\varphi(x^*))\varphi'(x^*)-2\varphi(x^*)\varphi'(x^*)}{\varphi'(\varphi(x^*))\varphi'(x^*)-2\varphi'(x^*)+1}\\&=\frac{x^*+x^*\varphi'(x^*)\varphi'(x^*)-2x^*\varphi'(x^*)}{\varphi'(x^*)\varphi'(x^*)-2\varphi'(x^*)+1}\\&=x^*\frac{1+\varphi'(x^*)\varphi'(x^*)-2\varphi'(x^*)}{\varphi'(x^*)\varphi'(x^*)-2\varphi'(x^*)+1}\\&=x^*.\end{aligned}$$

表明 x^* 也是 $g(x)$ 的不动点,式(7.12)的极限是方程的根.

同样可以验证,$g'(x^*)=0$,表示式(7.12)局部收敛,且收敛阶至少为 2.

埃特金加速公式的其他性质,总结如下:

若 x^* 是方程 $f(x)=0$ 的单根,对应的不动点迭代法 $x_{k+1}=\varphi(x_k)$,$k=0,1,2,\cdots$ 具有 p 阶收敛速度,则

(1) 如果 $p=1$,则埃特金加速公式(7.12)的收敛阶为 2;

(2) 如果 $p=1$,且不动点迭代法发散,则式(7.12)仍然收敛;

(3) 如果 $p=1$,且 x^* 是方程重根,则式(7.12)仍然是线性收敛;

(4) 如果 $p\geqslant 2$,则式(7.12)的收敛阶为 $2p-1$.

例 5 对 Leonardo 方程建立不动点迭代公式

$$x_{k+1}=\varphi_3(x_k)=\frac{20}{x_k^2+2x_k+10},\ k=0,1,2,\cdots. \tag{7.14}$$

初值取 $x_0=1$,精度 $\varepsilon=10^{-7}$,前已计算,应用式(7.14)需计算 21 次才得到满足精度要求的根 $x_{21}=1.368\ 808\ 12$. 下面用埃特金加速公式计算,结果如下:

k	埃特金方法计算值	相邻值的偏差 $\lvert x_{k+1}-x_k\rvert$
0	1.000 000 000 00	0.370 813 882 69
1	1.370 813 882 69	$2.005\ 712\ 742\ 42\times10^{-3}$
2	1.368 808 169 94	$6.212\ 343\ 861\ 56\times10^{-8}$
3	1.368 808 107 82	

可见,迭代 3 步后 x_3 满足精度要求. 较例 2 中不动点迭代法(3),埃特金方法虽然在每一步迭代中计算量有所增加,但由于收敛速度提高明显,因此总体上看计算

量还是减少的，可见埃特金加速的效果是显著的.

§5 牛顿法

牛顿法是常用的方程求根公式. 它对方程的单根而言，具有平方收敛. 它要求 $f(x)$ 可微. 下面用泰勒展开式推导牛顿法.

设 x_k 是方程 $f(x)=0$ 的一个近似根，将 $f(x)$ 在 x_k 处泰勒展开：

$$f(x)=f(x_k)+f'(x_k)(x-x_k)+o(x-x_k)^2, \tag{7.15}$$

取式(7.15)线性部分的零点

$$x_k-\frac{f(x_k)}{f'(x_k)}$$

作为方程新的近似根 x_{k+1}：

$$x_{k+1}=x_k-\frac{f(x_k)}{f'(x_k)},\ k=0,1,2,\cdots. \tag{7.16}$$

这就是解方程的牛顿迭代公式，简称为**牛顿法**.

图 7-1 展示了牛顿法的几何意义. 容易看出，式(7.15)的线性部分 $f(x_k)+f'(x_k)(x-x_k)$ 正好是 $f(x)$ 在点 $(x_k,f(x_k))$ 的切线，该切线与 x 轴交点的横坐标等于 x_{k+1}，故牛顿法也称为**切线法**.

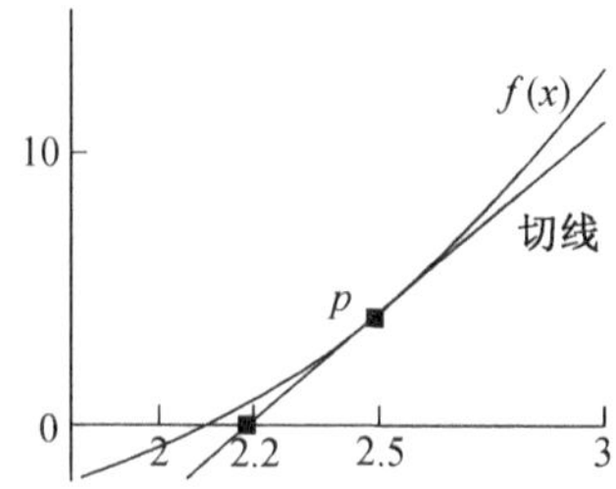

图 7-1　点 $p(x_k,f(x_k))$ 处的切线与 x 坐标轴交点为 x_{k+1}

下面讨论牛顿法的收敛速度.

牛顿法的迭代函数为 $\varphi(x)=x-\dfrac{f(x)}{f'(x)}$，经计算有

$$\varphi'(x^*)=\frac{f(x^*)f''(x^*)}{(f'(x^*))^2},$$

$$\varphi''(x^*)=\frac{f''(x^*)}{f'(x^*)}.$$

因此当 x^* 是 $f(x)$ 的单根，即 $f(x^*)=0$，$f'(x^*)\neq 0$ 时，有 $|\varphi'(x^*)|=0<1$，牛顿法局部收敛. 再由定理 5 证明过程知，

$$\lim_{k\to\infty}\frac{x_{k+1}-x^*}{(x_k-x^*)^2}=\frac{\varphi''(x^*)}{2!}=\frac{f''(x^*)}{2f'(x^*)}.$$

根据定义 1，此时牛顿法二阶收敛.

对于重根而言，牛顿公式仅仅线性收敛. 如果 x^* 是 $f(x)=0$ 的 m 重根，则可以证明，修正牛顿法：

$$x_{k+1}=x_k-m\frac{f(x_k)}{f'(x_k)},\ k=0,1,2,\cdots$$

局部且平方收敛到根 x^*.

因为牛顿法局部收敛,所以迭代初值 x_0 通常取在根的附近.

例 6 用牛顿法求 Leonardo 方程 $f(x)=x^3+2x^2+10x-20=0$ 的根,初值 $x_0=1$,精度 $\varepsilon=10^{-7}$.

解 建立牛顿迭代公式

$$x_{k+1}=x_k-\frac{f(x_k)}{f'(x_k)}$$
$$=x_k-\frac{x_k^3+2x_k^2+10x_k-20}{3x_k^2+4x_k+10},\quad k=0,1,2,\cdots.$$

计算结果如下:

k	牛顿法的计算值	相邻值的偏差 $\lvert x_{k+1}-x_k\rvert$
0	1.000 000 000 00	0.411 764 7
1	1.411 764 705 88	0.042 428 2
2	1.369 336 470 59	$5.282\ 819\ 7\times10^{-4}$
3	1.368 808 188 62	$8.079\ 615\ 8\times10^{-8}$
4	1.368 808 107 82	

由于

$$\lvert x_4-x_3\rvert=8.079\ 615\ 8\times10^{-8}<\varepsilon=10^{-7},$$

所以取 x_4 作为方程的近似根.相比于不动点迭代法,牛顿法仅迭代 4 次即得满足要求的根.

注 题中初值 $x_0=1$ 通常可以借助于函数图形获取.Leonardo 方程图如图 7-2所示.

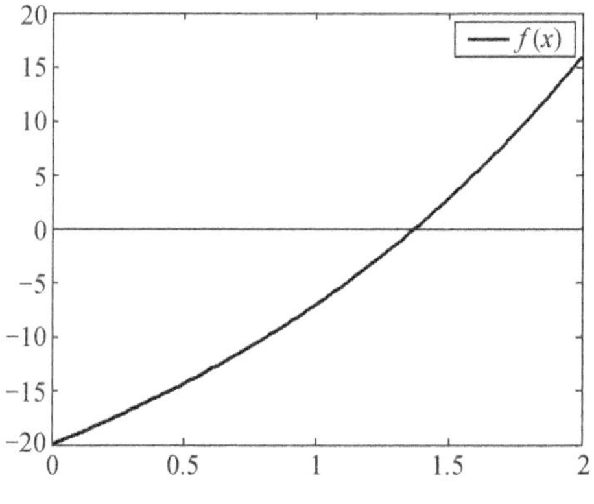

图 7-2 Leonardo 方程图形

可以看出 $f(x)$ 与 x 轴交点位于 1.5 左侧,因此取初值为 1.当然也可取初值为 1.5 或 1.4 等计算.

对有些方程,如果初值选取不当,将得不出方程的根.

例 7　取初值 $x_0=1$,用牛顿法解方程 $f(x)=x^4-8x^2-17=0$,观察计算结果.

解　建立牛顿迭代公式

$$x_{k+1}=x_k-\frac{f(x_k)}{f'(x_k)}=\frac{3x_k^4-8x_k^2+17}{4x_k^3-16x_k},\ k=0,1,2,\cdots,$$

则对于初值 $x_0=1$ 有

$$x_1=\frac{3x_0^4-8x_0^2+17}{4x_0^3-16x_0}=-1,$$

$$x_2=\frac{3x_1^4-8x_1^2+17}{4x_1^3-16x_1}=1.$$

可见 x_2 的值等于 x_0,因此可以预计牛顿法计算的数列 $\{x_k\}_{k=0}^{\infty}$ 为 $(-1)^k$,$k=0,1,2,\cdots$ 不收敛.原因分析参见图 7-3.

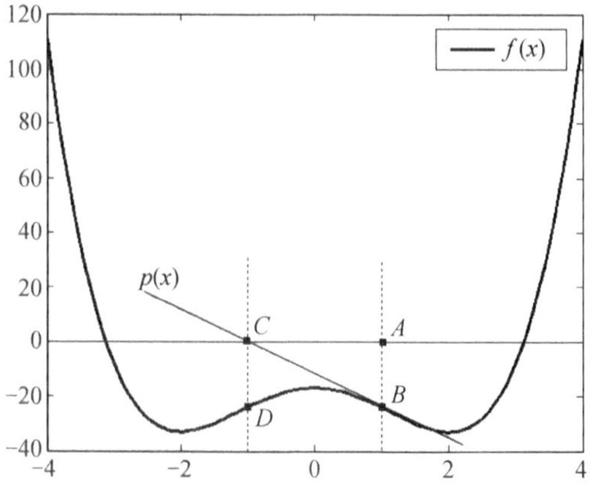

图 7-3　函数 $f(x)$ 在[−4,4]中的图形

图 7-3 中,点 A,C 位于 x 轴上.点 A 的横坐标为 $x_0=1$,过点 A 作垂线与 $f(x)$ 交于点 B,过点 B 的切线 $p(x)$ 与 x 轴交点为 C,根据牛顿法的几何意义,点 C 的横坐标为 $x_1=-1$.同样过点 D 的切线(图中没有画出)与 x 轴交点为 A,如此往复,牛顿法永远不收敛.

在牛顿迭代公式(7.16)中,每一步需要计算导数 $f'(x_k)$,计算有点复杂.特别是当牛顿法应用于 n 个方程 n 个未知量的非线性方程组时,$f'(x_k)$ 将是一个 n 阶矩阵,式(7.16)的分母应改写为矩阵的逆 $f'(x_k)^{-1}$,此时计算量更大,因此有必要对 $f'(x_k)$ 作适当简化,也就是将导数用近似公式计算.常见的有简化牛顿法和弦截法.

首先考察**简化牛顿法**:

$$x_{k+1}=x_k-\frac{f(x_k)}{f'(x_0)},\ k=0,1,2,\cdots.$$

与牛顿法相比，简化牛顿法是将 $f'(x_k)$替换为 $f'(x_0)$. 虽然计算量得到减少，但付出的代价是收敛阶下降. 可以证明，简化牛顿法的收敛速度仅仅为一阶.

其次考察**弦截法**.

假设已经计算了 x_{k-1}, x_k，用向后差商公式(参见第 8 章)

$$f'(x_k)\approx\frac{f(x_k)-f(x_{k-1})}{x_k-x_{k-1}}$$

计算 $f'(x_k)$，则牛顿法成为

$$x_{k+1}=x_k-\frac{f(x_k)}{f(x_k)-f(x_{k-1})}(x_k-x_{k-1}),\ k=1,2,\cdots.$$

上式即为弦截法，它需要根附近的两个数 x_0, x_1 作为初值.

弦截法的几何意义是：x_{k+1}是曲线 $y=f(x)$上经过两点$(x_k, f(x_k))$和$(x_{k-1}, f(x_{k-1}))$的连线与 x 轴交点的横坐标.

弦截法优点是不用计算导数，单根条件下收敛阶约为 1.618，称之为**超线性收敛**，也就是说它的收敛阶位于线性和平方之间，几乎和牛顿法一样快.

例 8 用简化牛顿法和弦截法解 Leonardo 方程，初值取 $x_0=1$，精度 $\varepsilon=10^{-7}$，结果如下：

k	简化牛顿法	$\lvert x_{k+1}-x_k\rvert$	k	弦截法	$\lvert x_{k+1}-x_k\rvert$
0	1	0.411 764 7	1	取 $x_1=1.1$	0.299 771 6
⋮	⋮	⋮	⋮	⋮	⋮
10	1.368 807 984 32	$1.532\,626\times10^{-7}$	4	1.368 785 974 94	$2.214\,876\,8\times10^{-5}$
11	1.368 808 137 58	$3.692\,852\,3\times10^{-8}$	5	1.368 808 123 70	$1.588\,287\,3\times10^{-8}$
12	1.368 808 100 65		6	1.368 808 107 82	

简化牛顿法迭代 11 次、弦截法迭代 5 次，即达到精度要求. 对于此例而言，弦截法的收敛速度比牛顿法稍微慢了一点.

§6 非线性方程组的数值解法

考察如下非线性方程组

$$\begin{cases}f_1(x_1,\ x_2,\cdots,\ x_n)=0,\\ f_2(x_1,\ x_2,\cdots,\ x_n)=0,\\ \cdots\cdots\cdots\cdots\\ f_n(x_1,\ x_2,\cdots,\ x_n)=0,\end{cases}\tag{7.17}$$

式中，f_i 是 $\mathbf{R}^n$ 上关于变量 $x_i(i=1,2,\cdots,n)$ 的 n 元连续可微函数. 如果记

$$\boldsymbol{x}=(x_1,x_2,\cdots,x_n)^{\mathrm{T}},$$

$$\boldsymbol{F}(\boldsymbol{x})=(f_1(\boldsymbol{x}),f_2(\boldsymbol{x}),\cdots,f_n(\boldsymbol{x}))^{\mathrm{T}},$$

则方程组(7.17)可以记成

$$\boldsymbol{F}(\boldsymbol{x})=\boldsymbol{0}. \tag{7.18}$$

这里 $\boldsymbol{F}(\boldsymbol{x})$ 是一个向量，其元素为多元函数 f_i. $\boldsymbol{F}(\boldsymbol{x})$ 也称为向量值函数. 与线性方程组类似，非线性方程组(7.18)可以无解，可以有有限个解，也可以有无限个解，但也没有一个一般的方法来判断其解到底有多少.

类似于前面的内容，解方程组(7.18)的数值方法有不动点迭代法、牛顿法、最速下降法和共轭梯度法等方法. 牛顿法和拟牛顿法是各类数值方法中的代表，它们的算法和理论因有相当的研究而日趋成熟，因而被广泛用于求解非线性方程组(7.17).

为方便阅读，给出**梯度和 Jacobian 矩阵**的概念. 分别称

$$\nabla f_1(\boldsymbol{x})=\begin{pmatrix}\dfrac{\partial f_1(x_1,x_2,\cdots,x_n)}{\partial x_1}\\ \dfrac{\partial f_1(x_1,x_2,\cdots,x_n)}{\partial x_2}\\ \vdots\\ \dfrac{\partial f_1(x_1,x_2,\cdots,x_n)}{\partial x_n}\end{pmatrix},\quad \boldsymbol{F}_J(\boldsymbol{x})=\begin{pmatrix}\dfrac{\partial f_1(\boldsymbol{x})}{\partial x_1} & \dfrac{\partial f_1(\boldsymbol{x})}{\partial x_2} & \cdots & \dfrac{\partial f_1(\boldsymbol{x})}{\partial x_n}\\ \dfrac{\partial f_2(\boldsymbol{x})}{\partial x_1} & \dfrac{\partial f_2(\boldsymbol{x})}{\partial x_2} & \cdots & \dfrac{\partial f_2(\boldsymbol{x})}{\partial x_n}\\ \vdots & \vdots & & \vdots\\ \dfrac{\partial f_n(\boldsymbol{x})}{\partial x_1} & \dfrac{\partial f_n(\boldsymbol{x})}{\partial x_2} & \cdots & \dfrac{\partial f_n(\boldsymbol{x})}{\partial x_n}\end{pmatrix}$$

为多元函数 $f_1(\boldsymbol{x})$ 在点 $\boldsymbol{x}$ 的**梯度**和 $\boldsymbol{F}(\boldsymbol{x})$ 在点 $\boldsymbol{x}$ 的 **Jacobian 矩阵**.

1. *不动点迭代法*

与一元函数不动点迭代一样，将方程(7.18)改写成等价的方程组 $\boldsymbol{x}=\boldsymbol{G}(\boldsymbol{x})$，其中

$$\boldsymbol{G}(\boldsymbol{x})=(g_1(\boldsymbol{x}),g_2(\boldsymbol{x}),\cdots,g_n(\boldsymbol{x}))^{\mathrm{T}},\ \boldsymbol{x}\in\Omega\subset\mathbf{R}^n,$$

这里 $\boldsymbol{G}(\boldsymbol{x})$ 是 n 维向量值函数，其分量为 n 元函数. 记 $\boldsymbol{x}^{(k)}=(x_1^{(k)},x_2^{(k)},\cdots,x_n^{(k)})^{\mathrm{T}}$，建立不动点迭代法如下：

$$\boldsymbol{x}^{(k+1)}=\boldsymbol{G}(\boldsymbol{x}^{(k)}),\ k=0,1,2,\cdots, \tag{7.19}$$

称 $\boldsymbol{G}(\boldsymbol{x})$ 为**迭代函数**. 给出初始向量 $\boldsymbol{x}^{(0)}$，则式(7.19)可以计算出一向量序列 $\{\boldsymbol{x}^{(k)}\}_{k=0}^{\infty}$. 建立式(7.19)的目的在于，通过迭代方法得到原方程组 $\boldsymbol{F}(\boldsymbol{x})=\boldsymbol{0}$ 的解.

例如，给出方程组

$$\begin{cases}5t^2+u^2-4=0,\\ t+4u-3=0.\end{cases}$$

将它改写为

$$t=\sqrt{\frac{4-u^2}{5}},\ u=\frac{3-t}{4}.$$

记 $\boldsymbol{x}=(t,u)^{\mathrm{T}}$,将上面两个方程写成向量形式

$$\begin{pmatrix} t \\ u \end{pmatrix}=\begin{pmatrix} \sqrt{\dfrac{4-u^2}{5}} \\ \dfrac{3-t}{4} \end{pmatrix}=\begin{pmatrix} g_1(t,u) \\ g_2(t,u) \end{pmatrix},\text{简记为 } \boldsymbol{x}=\boldsymbol{G}(\boldsymbol{x}).$$

迭代公式(7.19)为

$$\boldsymbol{x}^{(k+1)}=\begin{pmatrix} t^{(k+1)} \\ u^{(k+1)} \end{pmatrix}=\begin{pmatrix} g_1(t^{(k)},u^{(k)}) \\ g_2(t^{(k)},u^{(k)}) \end{pmatrix}=\begin{pmatrix} \sqrt{\dfrac{4-(u^{(k)})^2}{5}} \\ \dfrac{3-t^{(k)}}{4} \end{pmatrix}=\boldsymbol{G}(\boldsymbol{x}^{(k)}).$$

取一组初值$(t^{(0)},u^{(0)})^{\mathrm{T}}$代入上式,即可计算出一个向量序列$\{\boldsymbol{x}^{(k)}\}_{k=0}^{\infty}$.这个序列是否收敛,取决于迭代函数$\boldsymbol{G}(\boldsymbol{x})$的性质.

多元函数不动点迭代法的收敛条件,与一元函数不动点迭代法的收敛条件非常相似.下面给出迭代函数$\boldsymbol{G}(\boldsymbol{x})$的不动点定义:若存在$\boldsymbol{x}^*\in\mathbf{R}$满足$\boldsymbol{x}^*=\boldsymbol{G}(\boldsymbol{x}^*)$,则称$\boldsymbol{x}^*$为$\boldsymbol{G}(\boldsymbol{x})$的不动点.如同一元函数不动点理论,求$\boldsymbol{F}(\boldsymbol{x})=\boldsymbol{0}$的解,等价于求$\boldsymbol{G}(\boldsymbol{x})$的不动点.

定理 6 如果迭代函数$\boldsymbol{G}(\boldsymbol{x})$在闭区域$\Omega$满足条件:

(1) 任意$\boldsymbol{x},\boldsymbol{y}\in\Omega$,以及常数$0<L<1$,有$\|\boldsymbol{G}(\boldsymbol{x})-\boldsymbol{G}(\boldsymbol{y})\|\leqslant L\|\boldsymbol{x}-\boldsymbol{y}\|$;

(2) 任意$\boldsymbol{x}\in\Omega$,有$\boldsymbol{G}(\boldsymbol{x})\in\Omega$,

则$\boldsymbol{G}(\boldsymbol{x})$存在唯一不动点,且式(7.19)收敛.

证明 先证明不动点存在.首先有

$$\begin{aligned}\|\boldsymbol{x}^{(k+1)}-\boldsymbol{x}^{(k)}\|&=\|\varphi(\boldsymbol{x}^{(k)})-\varphi(\boldsymbol{x}^{(k-1)})\|\\&\leqslant L\|\boldsymbol{x}^{(k)}-\boldsymbol{x}^{(k-1)}\|\leqslant L^k\|\boldsymbol{x}^{(1)}-\boldsymbol{x}^{(0)}\|,\end{aligned}$$

其次对于任意$p\geqslant 1$,

$$\begin{aligned}\|\boldsymbol{x}^{(k+p)}-\boldsymbol{x}^{(k)}\|&=\|\boldsymbol{x}^{k+p}-\boldsymbol{x}^{(k+p-1)}+\boldsymbol{x}^{(k+p-1)}-\cdots-\boldsymbol{x}^{(k+1)}+\boldsymbol{x}^{(k+1)}-x^{(k)}\|\\&\leqslant\|\boldsymbol{x}^{(k+p)}-\boldsymbol{x}^{(k+p-1)}\|+\cdots+\|\boldsymbol{x}^{(k+2)}-\boldsymbol{x}^{(k+1)}\|+\|\boldsymbol{x}^{(k+1)}-\boldsymbol{x}^{(k)}\|\\&\leqslant(1+L+\cdots+L^{p-2}+L^{p-1})\|\boldsymbol{x}^{(k+1)}-\boldsymbol{x}^{(k)}\| \qquad (7.20)\\&=\frac{L^k}{1-L}\|\boldsymbol{x}^{(1)}-\boldsymbol{x}^{(0)}\|. \qquad (7.21)\end{aligned}$$

因为$0\leqslant L<1$,所以$\{\boldsymbol{x}^{(k)}\}_{k=0}^{\infty}$是 Cauchy 数列,存在极限,不妨记为$\boldsymbol{x}^*$,因此对式(7.19)取极限即有$\boldsymbol{x}^*=\boldsymbol{G}(\boldsymbol{x}^*)$,所以$\boldsymbol{G}(\boldsymbol{x})$存在不动点,就是$\boldsymbol{x}^*$.

下面再证明不动点唯一性.假设$\boldsymbol{a}_1,\boldsymbol{a}_2$是两个不动点,则

$$\|\boldsymbol{a}_1-\boldsymbol{a}_2\|=\|\boldsymbol{G}(\boldsymbol{a}_1)-\boldsymbol{G}(\boldsymbol{a}_2)\|\leqslant L\|\boldsymbol{a}_1-\boldsymbol{a}_2\|<\|\boldsymbol{a}_1-\boldsymbol{a}_2\|,$$

矛盾.所以不动点唯一.

称满足定理条件的$\boldsymbol{G}(\boldsymbol{x})$是闭区域$\Omega$上关于范数$\|\cdot\|$的**压缩映射**,它由$\mathbf{R}^1$推广到$\mathbf{R}^n$.$\boldsymbol{G}(\boldsymbol{x})$是否压缩与范数有关.定理 6 仅仅是充分条件,换句话说,不满足

定理 6 的 $\boldsymbol{G}(\boldsymbol{x})$，也可能存在不动点.

利用定理 6 的证明过程，可以得到不动点迭代的误差定理. 记 $\boldsymbol{x}^{(k)}$ 为式(7.19)的计算值，通常称之为 $\boldsymbol{F}(\boldsymbol{x})=\boldsymbol{0}$ 的第 k 个近似解. 下面估计误差 $\|\boldsymbol{x}^{(k)}-\boldsymbol{x}^*\|$.

让不等式(7.20)和(7.21)中正整数 $p\to\infty$，分别有

$$\left\|\boldsymbol{x}^*-\boldsymbol{x}^{(k)}\right\|\leqslant\frac{1}{1-L}\left\|\boldsymbol{x}^{(k+1)}-\boldsymbol{x}^{(k)}\right\|,$$

$$\left\|\boldsymbol{x}^*-\boldsymbol{x}^{(k)}\right\|\leqslant\frac{L^k}{1-L}\left\|\boldsymbol{x}^{(1)}-\boldsymbol{x}^{(0)}\right\|.$$

定理 6 中的常数 L 也称为 Lipschitz 常数. 与一元函数的情况一样，如果 $\boldsymbol{G}(\boldsymbol{x})$ 连续可微，则常数 L 可由 $\boldsymbol{G}(\boldsymbol{x})$ 的 Jacobian 矩阵

$$\boldsymbol{G}_J(\boldsymbol{x})=\begin{pmatrix}\dfrac{\partial g_1(\boldsymbol{x})}{\partial x_1} & \dfrac{\partial g_1(\boldsymbol{x})}{\partial x_2} & \cdots & \dfrac{\partial g_1(\boldsymbol{x})}{\partial x_n}\\ \dfrac{\partial g_2(\boldsymbol{x})}{\partial x_1} & \dfrac{\partial g_2(\boldsymbol{x})}{\partial x_2} & \cdots & \dfrac{\partial g_2(\boldsymbol{x})}{\partial x_n}\\ \vdots & \vdots & & \vdots\\ \dfrac{\partial g_n(\boldsymbol{x})}{\partial x_1} & \dfrac{\partial g_n(\boldsymbol{x})}{\partial x_2} & \cdots & \dfrac{\partial g_n(\boldsymbol{x})}{\partial x_n}\end{pmatrix}$$

估算. 假设 $g_i(\boldsymbol{x})$，$i=1,2,\cdots,n$ 具有连续偏导数，取任意两点

$$\boldsymbol{x}=(x_1,x_2,\cdots,x_n)^{\mathrm{T}},\ \boldsymbol{y}=(y_1,y_2,\cdots,y_n)^{\mathrm{T}}\in\Omega.$$

对 $g_i(\boldsymbol{x})$ 作泰勒展开：

$$g_i(\boldsymbol{x})=g_i(\boldsymbol{y})+\left[\frac{\partial g_i(\boldsymbol{\xi})}{\partial x_1}(x_1-y_1)+\frac{\partial g_i(\boldsymbol{\xi})}{\partial x_2}(x_2-y_2)+\cdots+\frac{\partial g_i(\boldsymbol{\xi})}{\partial x_n}(x_n-y_n)\right],\tag{7.22}$$

其中 $\boldsymbol{\xi}\in\mathbf{R}^n$ 介于 $\boldsymbol{x}$ 与 $\boldsymbol{y}$ 之间的直线段上. 如果 Ω 是凸集(即 Ω 中任意两点的连线也属于 Ω)，则 $\boldsymbol{\xi}\in\Omega\in\mathbf{R}^n$. 记

$$g_{ij}=\max_{x\in\Omega}\left|\frac{\partial g_i(\boldsymbol{x})}{\partial x_j}\right|,\tag{7.23}$$

根据式(7.22)有

$$\begin{aligned}|g_i(\boldsymbol{x})-g_i(\boldsymbol{y})|&=\left|\frac{\partial g_i(\boldsymbol{\xi})}{\partial x_1}(x_1-y_1)+\frac{\partial g_i(\boldsymbol{\xi})}{\partial x_2}(x_2-y_2)+\cdots+\frac{\partial g_i(\boldsymbol{\xi})}{\partial x_n}(x_n-y_n)\right|\\&\leqslant|g_{i1}(x_1-y_1)|+|g_{i2}(x_2-y_2)|+\cdots+|g_{in}(x_n-y_n)|,\end{aligned}$$

即

$$\begin{pmatrix}|g_1(\boldsymbol{x})-g_1(\boldsymbol{y})|\\|g_2(\boldsymbol{x})-g_2(\boldsymbol{y})|\\\vdots\\|g_n(\boldsymbol{x})-g_n(\boldsymbol{y})|\end{pmatrix}\leqslant\begin{pmatrix}g_{11} & g_{12} & \cdots & g_{1n}\\ g_{21} & g_{22} & \cdots & g_{2n}\\ \vdots & \vdots & & \vdots\\ g_{n1} & g_{12} & \cdots & g_{nn}\end{pmatrix}\begin{pmatrix}|x_1-y_1|\\|x_2-y_2|\\\vdots\\|x_n-y_n|\end{pmatrix}.$$

记矩阵$\tilde{\boldsymbol{G}}=(g_{ij})_{nn}$，于是对一切范数有

$$\|\boldsymbol{g}(\boldsymbol{x})-\boldsymbol{g}(\boldsymbol{y})\|_p\leqslant\|\tilde{\boldsymbol{G}}\|_p\|\boldsymbol{x}-\boldsymbol{y}\|_p,$$

因此 Lipschitz 常数可以取为$L=\|\tilde{\boldsymbol{G}}\|_p$. 显然矩阵$\tilde{\boldsymbol{G}}$是由 Jacobian 矩阵的各元素绝对值的最大值 g_{ij} 构成的.

利用 Jacobian 矩阵的谱半径，可以得到式(7.19)收敛的一个充分条件.

定理 7 假设$\boldsymbol{G}(\boldsymbol{x})$在$\Omega$中存在不动点$\boldsymbol{x}^*$，且在$\boldsymbol{x}^*$的某邻域内连续可微. 若

$$\rho(\boldsymbol{G}_J(\boldsymbol{x}^*))<1, \tag{7.24}$$

则以该邻域内的任意点作为初值，式(7.19)收敛.

利用谱半径与范数之间的关系，若$\|\boldsymbol{G}_J(\boldsymbol{x}^*)\|_p<1$，则迭代法也收敛. 由于该定理在$\boldsymbol{x}^*$的邻域内成立，所以式(7.19)收敛是指局部收敛.

例 9 用不动点迭代法求解方程

$$\boldsymbol{F}(\boldsymbol{x})=\begin{pmatrix}f_1(t,u)\\f_2(t,u)\end{pmatrix}=\begin{pmatrix}5t^2+u^2-4\\t+4u-3\end{pmatrix}=\boldsymbol{0},\ \boldsymbol{x}=\begin{pmatrix}t\\u\end{pmatrix}.$$

解 记$\boldsymbol{x}=(t,u)^{\mathrm{T}}$，建立等价方程$\boldsymbol{x}=\boldsymbol{G}(\boldsymbol{x})$，以及 Jacobian 矩阵$\boldsymbol{G}_J(\boldsymbol{x})$分别为

$$\begin{pmatrix}t\\u\end{pmatrix}=\begin{pmatrix}g_1(t,u)\\g_2(t,u)\end{pmatrix}=\begin{pmatrix}\sqrt{\dfrac{4-u^2}{5}}\\\dfrac{3-t}{4}\end{pmatrix},\ \boldsymbol{G}_J(\boldsymbol{x})=\begin{pmatrix}0&\dfrac{-u}{\sqrt{20-5u^2}}\\-0.25&0\end{pmatrix}.$$

在区域$t,u\in[0,1]$中

$$\tilde{\boldsymbol{G}}=\begin{pmatrix}0&0.258\\0.25&0\end{pmatrix},$$

因此$\|\tilde{\boldsymbol{G}}\|_\infty=0.258=L<1$. 又

$$0.775\leqslant g_1(t,u)=\sqrt{\frac{4-u^2}{5}}\leqslant 0.894,$$

$$0.5\leqslant g_2(t,u)=\frac{3-t}{4}\leqslant 0.75,$$

所以不动点迭代收敛. 取初始向量$\boldsymbol{x}^{(0)}=(1,1)^{\mathrm{T}}$，不动点迭代

$$\boldsymbol{x}^{(k+1)}=\begin{pmatrix}t^{(k+1)}\\u^{(k+1)}\end{pmatrix}=\begin{pmatrix}g_1(t^{(k)},u^{(k)})\\g_2(t^{(k)},u^{(k)})\end{pmatrix}=\begin{pmatrix}\sqrt{\dfrac{4-(u^{(k)})^2}{5}}\\\dfrac{3-t^{(k)}}{4}\end{pmatrix}$$

的计算结果如下：

k	0	1		10	11	12
t	1.000 000 0	0.774 596 7	…	0.861 891 0	0.861 891 0	0.861 891 0
u	1.000 000 0	0.500 000 0	…	0.534 527 3	0.534 527 2	0.534 527 2

迭代 12 次，将 $\boldsymbol{x}^{(12)}=(0.8618910,0.5345272)^{\mathrm{T}}$ 作为方程近似解，已有小数点后 7 位一致，并且有

$$\boldsymbol{F}(\boldsymbol{x}^{(12)})=\begin{pmatrix}1.705\times10^{-9}\\2.678\times10^{-9}\end{pmatrix}\approx\boldsymbol{0}.$$

关于不动点迭代(7.19)的收敛速度，有如下相关的结论.

定义 2　假设 $\mathbf{R}^n$ 中序列 $\{\boldsymbol{x}^{(k)}\}_{k=0}^{\infty}$ 收敛到 $\boldsymbol{x}^*$，则收敛速度定义如下：

(1) 线性收敛. 存在 $0<c<1$，对足够大的 k，有

$$\|\boldsymbol{x}^{(k+1)}-\boldsymbol{x}^*\|\leqslant c\|\boldsymbol{x}^{(k)}-\boldsymbol{x}^*\|.$$

(2) $p(p>1)$阶收敛. 存在 $c>0$，对足够大的 k，有

$$\|\boldsymbol{x}^{(k+1)}-\boldsymbol{x}^*\|\leqslant c\|\boldsymbol{x}^{(k)}-\boldsymbol{x}^*\|^p.$$

类似于定理 5，收敛速度还可以用 $\boldsymbol{G}(\boldsymbol{x})$ 的各元素在不动点 $\boldsymbol{x}^*$ 处的偏导数值判断.

定理 8　假设 $\boldsymbol{G}(\boldsymbol{x})$ 迭代函数具有 p 阶连续的导数，$\boldsymbol{x}^*$ 是 $\boldsymbol{G}(\boldsymbol{x})$ 的不动点，若

(1) 对所有 $1\leqslant k\leqslant p-1, 1\leqslant i,i_1,i_2,\cdots,i_k\leqslant n$，有

$$\frac{\partial^k g_i(\boldsymbol{x}^*)}{\partial x_{i_1}\partial x_{i_2}\cdots\partial x_{i_k}}=0;$$

(2) 对 $i,i_1,i_2,\cdots,i_p$ 中至少一个值，有

$$\frac{\partial^p g_i(\boldsymbol{x}^*)}{\partial x_{i_1}\partial x_{i_2}\cdots\partial x_{i_p}}\neq0,$$

则式(7.19)具有 p 阶收敛速度.

下对定理 8 进一步讨论.

当 $p=1$ 时，不动点迭代(7.19)具有一阶收敛速度，又称为线性收敛. 此时由于 $1\leqslant k\leqslant 1-1$，故定理 8 条件(1)不用考虑；条件(2)表明，存在一个偏导数 $\frac{\partial g_i(\boldsymbol{x}^*)}{\partial x_k}\neq0$.

当 $p=2, 1\leqslant k\leqslant p-1$ 时，条件(1)对所有 $\frac{\partial g_i(\boldsymbol{x}^*)}{\partial x_k}=0$，表明 Jacobian 矩阵 $\boldsymbol{G}_J(\boldsymbol{x}^*)=\boldsymbol{0}$，这时不管条件(2)是否满足，不动点迭代至少二阶收敛，即平方收敛.

2. 牛顿法

牛顿方法是求解(7.18)的常用方法，在一定条件下有局部平方收敛的特点. 基本原理和步骤如下.

假设 $\boldsymbol{x}^{(k)}=(x_1^{(k)},x_2^{(k)},\cdots,x_n^{(k)})^{\mathrm{T}}$ 是 $\boldsymbol{F}(\boldsymbol{x})=\boldsymbol{0}$ 的第 k 个近似解，将 $f_i(\boldsymbol{x})$ 在 $\boldsymbol{x}^{(k)}$ 处作泰勒展开：

$$f_i(\boldsymbol{x})=f_i(\boldsymbol{x}^{(k)})+\sum_{j=1}^{n}\frac{\partial f_i(\boldsymbol{x}^{(k)})}{\partial x_j}(x_j-x_j^{(k)})+\cdots,\ i=1,2,\cdots,n.$$

取线性项并令之为零：

$$f_i(\boldsymbol{x}^{(k)})+\sum_{j=1}^{n}\frac{\partial f_i(\boldsymbol{x}^{(k)})}{\partial x_j}(\boldsymbol{x}_j-\boldsymbol{x}_j^{(k)})=0,\ i=1,2,\cdots,n.$$

将上述方程组的解 $\boldsymbol{x}_j$ 记为 $\boldsymbol{x}_j^{(k+1)}$，并写成矩阵形式：

$$\begin{pmatrix} f_1(\boldsymbol{x}^{(k)}) \\ f_2(\boldsymbol{x}^{(k)}) \\ \vdots \\ f_n(\boldsymbol{x}^{(k)}) \end{pmatrix}+\begin{pmatrix} \frac{\partial f_1(\boldsymbol{x}^{(k)})}{\partial x_1} & \frac{\partial f_1(\boldsymbol{x}^{(k)})}{\partial x_2} & \cdots & \frac{\partial f_1(\boldsymbol{x}^{(k)})}{\partial x_n} \\ \frac{\partial f_2(\boldsymbol{x}^{(k)})}{\partial x_1} & \frac{\partial f_2(\boldsymbol{x}^{(k)})}{\partial x_2} & \cdots & \frac{\partial f_2(\boldsymbol{x}^{(k)})}{\partial x_n} \\ \vdots & \vdots & & \vdots \\ \frac{\partial f_n(\boldsymbol{x}^{(k)})}{\partial x_1} & \frac{\partial f_n(\boldsymbol{x}^{(k)})}{\partial x_2} & \cdots & \frac{\partial f_n(\boldsymbol{x}^{(k)})}{\partial x_n} \end{pmatrix}\begin{pmatrix} x_1^{(k+1)}-x_1^{(k)} \\ x_2^{(k+1)}-x_2^{(k)} \\ \vdots \\ x_n^{(k+1)}-x_n^{(k)} \end{pmatrix}=\boldsymbol{0}$$

或

$$\begin{pmatrix} x_1^{(k+1)} \\ x_2^{(k+1)} \\ \vdots \\ x_n^{(k+1)} \end{pmatrix}=\begin{pmatrix} x_1^{(k)} \\ x_2^{(k)} \\ \vdots \\ x_n^{(k)} \end{pmatrix}-\boldsymbol{F}_J^{-1}(\boldsymbol{x}^{(k)})\begin{pmatrix} f_1(\boldsymbol{x}^{(k)}) \\ f_2(\boldsymbol{x}^{(k)}) \\ \vdots \\ f_n(\boldsymbol{x}^{(k)}) \end{pmatrix},\tag{7.25}$$

其中 $\boldsymbol{F}_J(\boldsymbol{x})$是 $\boldsymbol{F}(\boldsymbol{x})$的 Jacobian 矩阵. 将式(7.25)简记为

$$\boldsymbol{x}^{(k+1)}=\boldsymbol{x}^{(k)}-\boldsymbol{F}_J^{-1}(\boldsymbol{x}^{(k)})\boldsymbol{F}(\boldsymbol{x}^{(k)}),\ k=0,1,2,\cdots,\tag{7.26}$$

即得求解非线性方程组 $\boldsymbol{F}(\boldsymbol{x})=\boldsymbol{0}$ 的**牛顿法**.

牛顿法是特殊的不动点迭代法，每一步迭代中要求矩阵 $\boldsymbol{F}_J(\boldsymbol{x}^{(k)})$可逆. 通常将式(7.26)写成

$$\begin{cases} \boldsymbol{F}_J(\boldsymbol{x}^{(k)})\boldsymbol{d}^{(k)}=-\boldsymbol{F}(\boldsymbol{x}^{(k)}), \\ \boldsymbol{x}^{(k+1)}=\boldsymbol{x}^{(k)}+\boldsymbol{d}^{(k)}, \end{cases}$$

即通过求解线性方程组方式得到 $\boldsymbol{d}^{(k)}$，进而得到 $\boldsymbol{x}^{(k+1)}$. 这个技巧在反幂法中也曾用过. 为确保收敛性，牛顿法需要初值 $\boldsymbol{x}^{(0)}$ 充分接近方程解.

牛顿法的迭代终止条件可取为 $\|\boldsymbol{d}^{(k)}\|<\varepsilon$.

算法 7.4 （牛顿法）

输入最大迭代次数 M，迭代初值 $\boldsymbol{x}^{(0)}$，$k=0$.

(1) 假设已迭代 k 次，并计算 $\boldsymbol{x}^{(k)}$；

(2) 计算矩阵 $\boldsymbol{F}_J(\boldsymbol{x}^{(k)})$；

(3) 解方程组：$\boldsymbol{F}_J(\boldsymbol{x}^{(k)})\boldsymbol{d}=-\boldsymbol{F}(\boldsymbol{x}^{(k)})$；

(4) 计算 $\boldsymbol{x}^{(k+1)}=\boldsymbol{x}^{(k)}+\boldsymbol{d}$；

(5) 若 $\|\boldsymbol{d}\|$ 充分小，则 $\boldsymbol{x}^{(k+1)}$ 作为近似解输出，停止计算；

(6) 若 $k<M$，则 $k=k+1$，转(2).

下面验证牛顿法二阶收敛. 牛顿法迭代函数为

$$\boldsymbol{\varphi}(\boldsymbol{x})=\boldsymbol{x}-\boldsymbol{F}_J^{-1}(\boldsymbol{x})\boldsymbol{F}(\boldsymbol{x}),\ \boldsymbol{x}\in\mathbf{R}^n.$$

记 $\boldsymbol{\varphi}(\boldsymbol{x})$的不动点为 $\boldsymbol{\alpha}$. 假设 $\boldsymbol{F}_J(\boldsymbol{x})$在 $\boldsymbol{\alpha}$ 的某邻域内可逆,则

$$\boldsymbol{F}_J(\boldsymbol{x})\boldsymbol{\varphi}(\boldsymbol{x})=\boldsymbol{F}_J(\boldsymbol{x})\boldsymbol{x}-\boldsymbol{F}(\boldsymbol{x}). \tag{7.27}$$

下面对 $\boldsymbol{x}$ 求导. 由于 $\boldsymbol{\varphi},\boldsymbol{F}(\boldsymbol{x})$是向量值函数,$\boldsymbol{F}_J(\boldsymbol{x})$是矩阵值函数,导数计算公式为

$$\boldsymbol{F}'(\boldsymbol{x})=\frac{\mathrm{d}\boldsymbol{F}}{\mathrm{d}\boldsymbol{x}}=\boldsymbol{F}_J(\boldsymbol{x}).$$

对(7.27)求导数,有

$$\boldsymbol{F}_J(\boldsymbol{x})\boldsymbol{\varphi}'(\boldsymbol{x})+\boldsymbol{\varphi}(\boldsymbol{x})\boldsymbol{F}_J'(\boldsymbol{x})=\boldsymbol{F}_J(\boldsymbol{x})+\boldsymbol{x}\boldsymbol{F}_J'(\boldsymbol{x})-\boldsymbol{F}'(\boldsymbol{x}),$$

代入不动点 $\boldsymbol{\alpha}$. 注意到 $\boldsymbol{\varphi}(\boldsymbol{\alpha})=\boldsymbol{\alpha}$ 及 $\boldsymbol{F}'(\boldsymbol{x})$是 Jacobian 矩阵 $\boldsymbol{F}_J(\boldsymbol{x})$,有

$$\boldsymbol{F}_J(\boldsymbol{\alpha})\boldsymbol{\varphi}'(\boldsymbol{\alpha})=\mathbf{0},$$

因此在 $\boldsymbol{F}_J(\boldsymbol{\alpha})$可逆的假设下 $\boldsymbol{\varphi}'(\boldsymbol{\alpha})=\mathbf{0}$,牛顿法局部收敛,并且至少平方收敛.

关于牛顿法的收敛性和收敛阶,还有更细致的结论.

定理 9 假设 $\boldsymbol{F}(\boldsymbol{x})$在开凸集 Ω 连续可微,且存在 $\boldsymbol{x}^*\in\Omega$ 使得 $\boldsymbol{F}(\boldsymbol{x}^*)=\mathbf{0}$,以及 $\boldsymbol{F}_J(\boldsymbol{x}^*)$非奇异,则存在包含 $\boldsymbol{x}^*$ 的开集 $D\subset\Omega$,使得对任意 $\boldsymbol{x}^{(0)}\in D$,牛顿法(7.26)计算的序列$\{\boldsymbol{x}^{(k)}\}_{k=0}^{\infty}\in D$,并且收敛到 $\boldsymbol{x}^*$. 进一步,存在收敛到零的数列 α_k 使得

$$\|\boldsymbol{x}^*-\boldsymbol{x}^{(k+1)}\|\leqslant\alpha_k\|\boldsymbol{x}^*-\boldsymbol{x}^{(k)}\|. \tag{7.28}$$

如果 $\boldsymbol{F}_J(\boldsymbol{x})$在 $\boldsymbol{x}^*$ 满足 Lipschitz 条件:

$$\|\boldsymbol{F}_J(\boldsymbol{x})-\boldsymbol{F}_J(\boldsymbol{x}^*)\|\leqslant\kappa\|\boldsymbol{x}-\boldsymbol{x}^*\|,\ \kappa\text{ 是常数},$$

则存在常数 β 使得

$$\|\boldsymbol{x}^*-\boldsymbol{x}^{(k+1)}\|\leqslant\beta\|\boldsymbol{x}^*-\boldsymbol{x}^{(k)}\|^2. \tag{7.29}$$

证明略.

定理 9 首先假设解 $\boldsymbol{x}^*$ 是存在的,然后得出牛顿法是收敛的结论. 由于事先假设解的存在,故这个收敛是局部的,要求 $\boldsymbol{x}^{(0)}$ 接近 $\boldsymbol{x}^*$. 式(7.28)和式(7.29)分别显示牛顿法是超线性收敛和二次收敛.

定理 9 依赖于 $\boldsymbol{x}^*$,而 $\boldsymbol{x}^*$ 恰恰是待计算的方程的解. 下面的康托洛维奇(Kantorovich)定理不依赖于解 $\boldsymbol{x}^*$,而是在初值 $\boldsymbol{x}^{(0)}$ 的邻域内证明牛顿法收敛,并且给出了误差界.

定理 10(康托洛维奇定理) 设对于函数方程 $\boldsymbol{F}(\boldsymbol{x})=\mathbf{0}$,如果取定初始近似 $\boldsymbol{x}^{(0)}$,满足下列条件:

(1) $\boldsymbol{F}_J^{-1}(\boldsymbol{x}^{(0)})$存在,并且有实数 B, η,使得

$$\|\boldsymbol{F}_J^{-1}(\boldsymbol{x}^{(0)})\|\leqslant B,\quad \|\boldsymbol{F}_J^{-1}(\boldsymbol{x}^{(0)})\boldsymbol{F}(\boldsymbol{x}^{(0)})\|\leqslant\eta;$$

(2) 在圆 $S(\boldsymbol{x}^{(0)},\omega)$中 $\boldsymbol{F}_J(\boldsymbol{x})$满足 Lipschitz 条件:

$$\|\boldsymbol{F}_J(\boldsymbol{x})-\boldsymbol{F}_J(\boldsymbol{y})\|\leqslant K\|\boldsymbol{x}-\boldsymbol{y}\|,\ \boldsymbol{x},\boldsymbol{y}\in S;$$

(3) $h=KB\eta\leqslant 0.5$，$\omega\geqslant\frac{1-\sqrt{1-2h}}{h}\eta$，

则方程在圆 $S(\boldsymbol{x}^{(0)},\omega)$ 中有一个根 $\boldsymbol{x}^*$ 存在，且由牛顿法产生的序列 $\{\boldsymbol{x}^{(k)}\}_{k=0}^{\infty}$ 收敛于 $\boldsymbol{x}^*$，并有估计

$$\|\boldsymbol{x}^*-\boldsymbol{x}^{(k+1)}\|\leqslant\frac{m^{2^{k+1}}}{m\prod_{j=1}^{k}(1+m^{2^j})}\eta,\ m=\frac{1-\sqrt{1-2h}}{1+\sqrt{1-2h}}.$$

例 10 解非线性方程组

$$\begin{cases}f_1(x_1,x_2)=x_1+2x_2-3=0,\\ f_2(x_1,x_2)=2x_1^2+x_2^2-5=0.\end{cases}$$

解 记 $\boldsymbol{x}=\begin{pmatrix}x_1\\x_2\end{pmatrix}$，初值 $\boldsymbol{x}^{(0)}=\begin{pmatrix}x_1^{(0)}\\x_2^{(0)}\end{pmatrix}=\begin{pmatrix}1.5\\1.0\end{pmatrix}$，以及 $\boldsymbol{F}(\boldsymbol{x})=\begin{pmatrix}f_1(\boldsymbol{x})\\f_2(\boldsymbol{x})\end{pmatrix}$ 的Jacobian 矩阵

$$\boldsymbol{F}_J(\boldsymbol{x})=\begin{pmatrix}\frac{\partial f_1}{\partial x_1}&\frac{\partial f_1}{\partial x_2}\\\frac{\partial f_2}{\partial x_1}&\frac{\partial f_2}{\partial x_2}\end{pmatrix}=\begin{pmatrix}1&2\\4x_1&2x_2\end{pmatrix},$$

$$\boldsymbol{F}_J^{-1}(\boldsymbol{x})=\begin{pmatrix}1&2\\4x_1&2x_2\end{pmatrix}^{-1}=\frac{1}{-2x_2+8x_1}\begin{pmatrix}-2x_2&2\\4x_1&-1\end{pmatrix}.$$

由牛顿法可以得到

$$\begin{pmatrix}x_1^{(k+1)}\\x_2^{(k+1)}\end{pmatrix}=\begin{pmatrix}x_1^{(k)}\\x_2^{(k)}\end{pmatrix}-\frac{1}{-2x_2^{(k)}+8x_1^{(k)}}\begin{pmatrix}-2x_2^{(k)}&2\\4x_1^{(k)}&-1\end{pmatrix}\begin{pmatrix}x_1^{(k)}+2x_2^{(k)}-3\\2(x_1^{(k)})^2+(x_2^{(k)})^2-5\end{pmatrix}.$$

根据已有初值计算得：

$$\boldsymbol{x}^{(1)}=(x_1^{(1)},x_2^{(1)})^{\mathrm{T}}=(1.5,0.75)^{\mathrm{T}},$$
$$\boldsymbol{x}^{(2)}=(x_1^{(2)},x_2^{(2)})^{\mathrm{T}}=(1.488\,095,0.755\,952)^{\mathrm{T}},$$
$$\boldsymbol{x}^{(3)}=(x_1^{(3)},x_2^{(3)})^{\mathrm{T}}=(1.488\,034,0.755\,983)^{\mathrm{T}},$$

经过 3 次迭代，误差就已经小于 10^{-4}，可见收敛很快.

类似于一元函数，简化牛顿法是将牛顿法中的 Jacobian 矩阵 $\boldsymbol{F}_J(\boldsymbol{x}^{(k)})$ 用 $\boldsymbol{F}_J(\boldsymbol{x}^{(0)})$ 代替，得**简化牛顿法**：

$$\boldsymbol{x}^{(k+1)}=\boldsymbol{x}^{(k)}-\boldsymbol{F}_J^{-1}(\boldsymbol{x}^{(0)})\boldsymbol{F}(\boldsymbol{x}^{(k)}),\ k=0,1,2,\cdots.$$

这样在每一步迭代中，Jacobian 矩阵 $\boldsymbol{F}_J(\boldsymbol{x}^{(0)})$ 都是一样的，从而减少了计算量，代价是收敛变慢了.

3. 拟牛顿法

牛顿法在计算过程中，可能会出现 Jacobian 矩阵 $\boldsymbol{F}_J(\boldsymbol{x}^{(k)})$ 病态或奇异的情形，导致求解线性方程组

$$\boldsymbol{F}_J(\boldsymbol{x}^{(k)})\boldsymbol{d}^{(k)}=-\boldsymbol{F}(\boldsymbol{x}^{(k)}) \tag{7.30}$$

时出现数值不稳定或计算不能进行. 此外对高阶方程组，矩阵 $\boldsymbol{F}_J(\boldsymbol{x}^{(k)})$ 的计算量也十分可观. 拟牛顿法和 Levenberg-Marquardt 等方法，很好地解决了此类问题.

拟牛顿法的发展始于20世纪60年代，它克服了牛顿法的上述局限，同时也具有快速收敛的特点. 基本思路是，用非奇异矩阵 $\boldsymbol{B}_k$ 近似代替 $\boldsymbol{F}_J(\boldsymbol{x}^{(k)})$，并要求 $\boldsymbol{B}_k^{-1}$ 比 $\boldsymbol{F}_J^{-1}(\boldsymbol{x}^{(k)})$ 更容易计算，于是牛顿法成为

$$\begin{cases}\boldsymbol{d}^{(k)}=-\boldsymbol{B}_k^{-1}\boldsymbol{F}(\boldsymbol{x}^{(k)}),\\ \boldsymbol{x}^{(k+1)}=\boldsymbol{x}^{(k)}+\boldsymbol{d}^{(k)}.\end{cases}$$

在下一步迭代中，矩阵 $\boldsymbol{B}_{k+1}$ 满足

$$\boldsymbol{B}_{k+1}(\boldsymbol{x}^{(k+1)}-\boldsymbol{x}^{(k)})=\boldsymbol{F}(\boldsymbol{x}^{(k+1)})-\boldsymbol{F}(\boldsymbol{x}^{(k)}). \tag{7.31}$$

使得 $\boldsymbol{B}_{k+1}$ 满足方程(7.31)的原因是，将 $\boldsymbol{F}(\boldsymbol{x}^{(k)})$ 在 $\boldsymbol{x}^{(k+1)}$ 泰勒展开到线性项，有

$$\boldsymbol{F}(\boldsymbol{x}^{(k)})\approx\boldsymbol{F}(\boldsymbol{x}^{(k+1)})+\boldsymbol{F}_J(\boldsymbol{x}^{(k+1)})(\boldsymbol{x}^{(k)}-\boldsymbol{x}^{(k+1)}),$$

故取 $\boldsymbol{B}_{k+1}\approx\boldsymbol{F}_J(\boldsymbol{x}^{(k+1)})$ 就是式(7.31)，即相当于用有限差分公式逼近 Jacobian 矩阵.

由于 $\boldsymbol{B}_{k+1}$ 是矩阵，故从式(7.31)解出 $\boldsymbol{B}_{k+1}$ 并不容易，而且还不唯一，这是因为矩阵 $\boldsymbol{B}_{k+1}$ 有 n^2 个元素需要计算，而式(7.31)仅仅有 n 个的方程. 为此将 $\boldsymbol{B}_{k+1}$ 作一些简化，假设

$$\boldsymbol{B}_{k+1}=\boldsymbol{B}_k+\boldsymbol{u}\,\boldsymbol{v}^{\mathrm{T}}, \tag{7.32}$$

式中，$\boldsymbol{u}$，$\boldsymbol{v}$是两个 n 维非零向量. 式(7.32)表明，$\boldsymbol{B}_{k+1}$ 的计算具有递推结构，并且当 $\boldsymbol{B}_k$ 已知时，只需要计算 $2n$ 个未知量. 从下面的推导中可以发现，实际上只要计算 n 个未知量即可.

下面计算向量 $\boldsymbol{u}$，$\boldsymbol{v}$. 为方便起见，记

$$\boldsymbol{s}=\boldsymbol{x}^{(k+1)}-\boldsymbol{x}^{(k)},\ \boldsymbol{t}=\boldsymbol{F}(\boldsymbol{x}^{(k+1)})-\boldsymbol{F}(\boldsymbol{x}^{(k)}).$$

将式(7.32)代入式(7.31)有

$$(\boldsymbol{B}_k+\boldsymbol{u}\,\boldsymbol{v}^{\mathrm{T}})\boldsymbol{s}=\boldsymbol{t}.$$

如果取$\boldsymbol{v}=\boldsymbol{s}$，则可解出

$$\boldsymbol{u}=\frac{\boldsymbol{t}-\boldsymbol{B}_k\boldsymbol{s}}{\boldsymbol{v}^{\mathrm{T}}\boldsymbol{s}},\qquad //\text{注意这里}\boldsymbol{v}^{\mathrm{T}}\boldsymbol{s}\text{是数}.$$

代入到式(7.32)有

$$\boldsymbol{B}_{k+1}=\boldsymbol{B}_k+\frac{\boldsymbol{t}-\boldsymbol{B}_k\boldsymbol{s}}{\boldsymbol{v}^{\mathrm{T}}\boldsymbol{s}}\boldsymbol{v}^{\mathrm{T}}=\boldsymbol{B}_k+\frac{\boldsymbol{t}-\boldsymbol{B}_k\boldsymbol{s}}{\boldsymbol{s}^{\mathrm{T}}\boldsymbol{s}}\boldsymbol{s}^{\mathrm{T}}. \tag{7.33}$$

称式(7.33)为 **Broyden 非对称秩 1 公式.**

如果取$\boldsymbol{v}=\boldsymbol{t}-\boldsymbol{B}_k\boldsymbol{s}$，代入式(7.32)则有

$$\boldsymbol{B}_{k+1}=\boldsymbol{B}_k+\frac{\boldsymbol{t}-\boldsymbol{B}_k\boldsymbol{s}}{(\boldsymbol{t}-\boldsymbol{B}_k\boldsymbol{s})^{\mathrm{T}}\boldsymbol{s}}(\boldsymbol{t}-\boldsymbol{B}_k\boldsymbol{s})^{\mathrm{T}}, \tag{7.34}$$

称式(7.34)为 **Broyden 对称秩 1 公式.**

将上面的过程总结为算法如下.

算法 7.5 (Broyden 秩 1 方法)

输入最大迭代次数 M,迭代初值 $\boldsymbol{x}^{(0)}$ 及 $\boldsymbol{B}_0$,$k=0$.

(1) 计算 $\boldsymbol{d}=-\boldsymbol{B}_k^{-1}\boldsymbol{F}(\boldsymbol{x}^{(k)})$;

(2) 计算 $\boldsymbol{x}^{(k+1)}=\boldsymbol{x}^{(k)}+\boldsymbol{d}$;

若 $\|\boldsymbol{F}(\boldsymbol{x}^{(k+1)})\|$ 或 $\|\boldsymbol{d}\|$ 充分小,则 $\boldsymbol{x}^{(k+1)}$ 作为近似解,停止计算;

(3) 计算 $\boldsymbol{s}=\boldsymbol{x}^{(k+1)}-\boldsymbol{x}^{(k)}$,$\boldsymbol{t}=\boldsymbol{F}(x^{(k+1)})-\boldsymbol{F}(\boldsymbol{x}^{(k)})$;

(4) 按照式(7.33)或式(7.34)计算 $\boldsymbol{B}_{k+1}$;

(5) 若 $k<M$,则 $k=k+1$,转(1).

在算法 7.5 中,矩阵 $\boldsymbol{B}_0$ 可取为 $\boldsymbol{F}_J(\boldsymbol{x}^{(0)})$或单位矩阵 $\boldsymbol{I}$. 逆矩阵 $\boldsymbol{B}_k^{-1}$可以用公式

$$(\boldsymbol{A}+\boldsymbol{u}\boldsymbol{v}^{\mathrm{T}})^{-1}=\boldsymbol{A}^{-1}-\frac{\boldsymbol{A}^{-1}\boldsymbol{u}\boldsymbol{v}^{\mathrm{T}}\boldsymbol{A}^{-1}}{1+\boldsymbol{v}^{\mathrm{T}}\boldsymbol{A}^{-1}\boldsymbol{u}}$$

计算,即

$$\boldsymbol{B}_k^{-1}=(\boldsymbol{B}_{k-1}+\boldsymbol{u}\,\boldsymbol{v}^{\mathrm{T}})^{-1}=\boldsymbol{B}_{k-1}^{-1}-\frac{\boldsymbol{B}_{k-1}^{-1}\boldsymbol{u}\boldsymbol{v}^{\mathrm{T}}\boldsymbol{B}_{k-1}^{-1}}{1+\boldsymbol{v}^{\mathrm{T}}\boldsymbol{B}_{k-1}^{-1}\boldsymbol{u}}.$$

这样当 $\boldsymbol{B}_0^{-1}$ 已知时,$\boldsymbol{B}_k^{-1}(k=1,2,\cdots)$可以用上式递推获得,避免了算法 7.5 每一步迭代中的逆矩阵计算,从而计算量从 $o(n^3)$降到 $o(n^2)$.

算法 7.5 称为 **Broyden 秩 1 方法**,是因为在式(7.32)中,n 阶矩阵 $\boldsymbol{u}\boldsymbol{v}^{\mathrm{T}}$ 的秩为 1,$\boldsymbol{B}_k+\boldsymbol{u}\boldsymbol{v}^{\mathrm{T}}$ 相当于对矩阵 $\boldsymbol{B}_k$ 用秩等于 1 的矩阵 $\boldsymbol{u}\boldsymbol{v}^{\mathrm{T}}$ 进行校正.

除了用秩 1 方法计算 $\boldsymbol{B}_{k+1}$ 外,也可以令 $\boldsymbol{B}_{k+1}=\boldsymbol{B}_k+\Delta\boldsymbol{B}$,矩阵 $\Delta\boldsymbol{B}=\boldsymbol{\alpha}\boldsymbol{u}\boldsymbol{u}^{\mathrm{T}}+\boldsymbol{\beta}\,\boldsymbol{v}\boldsymbol{v}^{\mathrm{T}}$,此时拟牛顿法称为**秩 2 方法**. 明显地,若以对称正定矩阵作为 $\boldsymbol{B}_0$,例如 $\boldsymbol{B}_0$ 取为单位矩阵等,则用秩 2 方法计算的 $\boldsymbol{B}_k$ 也对称. 在这一类算法中,**BFGS 方法**是其中的代表,其 $\boldsymbol{B}_{k+1}$ 由下式决定:

$$\boldsymbol{B}_{k+1}=\boldsymbol{B}_k-\frac{\boldsymbol{B}_k\boldsymbol{s}\boldsymbol{s}^{\mathrm{T}}\boldsymbol{B}_k}{\boldsymbol{s}^{\mathrm{T}}\boldsymbol{B}_k\boldsymbol{s}}+\frac{\boldsymbol{t}\boldsymbol{t}^{\mathrm{T}}}{\boldsymbol{t}^{\mathrm{T}}\boldsymbol{s}}. \tag{7.35}$$

公式(7.35)的推导如下. 由式(7.31)有

$$(\boldsymbol{B}_k+\boldsymbol{\alpha}\boldsymbol{u}\boldsymbol{u}^{\mathrm{T}}+\boldsymbol{\beta}\,\boldsymbol{v}\boldsymbol{v}^{\mathrm{T}})\boldsymbol{s}=\boldsymbol{t}.$$

取

$$\boldsymbol{u}=\boldsymbol{t},\ \boldsymbol{v}=\boldsymbol{B}_k\boldsymbol{s},$$

则

$$\boldsymbol{B}_k\boldsymbol{s}+(\boldsymbol{\alpha}\boldsymbol{t}^{\mathrm{T}}\boldsymbol{s})\boldsymbol{t}+(\boldsymbol{\beta}\boldsymbol{s}^{\mathrm{T}}\boldsymbol{B}_k\boldsymbol{s})\boldsymbol{B}_k\boldsymbol{s}=\boldsymbol{t}.$$

上式中括号内的量是数，所以若取

$$\alpha t^{\mathrm{T}} s=1,\ \beta s^{\mathrm{T}} B_k s=-1,$$

则可得 BFGS 校正公式(7.35). 对应的拟牛顿法称为 **BFGS 方法.**

BFGS 方法是 Broyden, Fletcher, Goldfarb, Shanno 等在 1970 年几乎同时提出的，被认为是最好的拟牛顿算法.

此外，还有 Powell 对称 Broyden 方法、DFP (Davidon-Fletcher-Powell) 方法等.

例 11　用 Broyden 非对称秩 1 方法解方程组

$$\begin{cases} f_1(x_1,\ x_2)=x_1+2x_2-3=0, \\ f_2(x_1,\ x_2)=2x_1^2+x_2^2-5=0. \end{cases}$$

解　记 $\boldsymbol{x}=\begin{pmatrix} x_1 \\ x_2 \end{pmatrix}$，初值 $\boldsymbol{x}^{(0)}=\begin{pmatrix} x_1^{(0)} \\ x_2^{(0)} \end{pmatrix}=\begin{pmatrix} 1 \\ 2 \end{pmatrix}$，矩阵

$$\boldsymbol{B}_0=\boldsymbol{F}_J(\boldsymbol{x}^{(0)})=\begin{pmatrix} \dfrac{\partial f_1(\boldsymbol{x}^{(0)})}{\partial x_1} & \dfrac{\partial f(\boldsymbol{x}^{(0)})_1}{\partial x_2} \\ \dfrac{\partial f_2(\boldsymbol{x}^{(0)})}{\partial x_1} & \dfrac{\partial f_2(\boldsymbol{x}^{(0)})}{\partial x_2} \end{pmatrix}=\begin{pmatrix} 1 & 2 \\ 4 & 4 \end{pmatrix}.$$

第 1 步迭代，$k=0$：

$$\boldsymbol{d}=-\boldsymbol{B}_0^{-1}\boldsymbol{F}(\boldsymbol{x}^{(0)})=\begin{pmatrix} 1.5 \\ -1.75 \end{pmatrix},$$

$$\boldsymbol{x}^{(1)}=\boldsymbol{x}^{(0)}+\boldsymbol{d}=\begin{pmatrix} 2.5 \\ 0.25 \end{pmatrix},$$

$$\boldsymbol{s}=\boldsymbol{d},\boldsymbol{t}=\boldsymbol{F}(\boldsymbol{x}^{(1)})-\boldsymbol{F}(\boldsymbol{x}^{(0)})=\begin{pmatrix} -2 \\ 6.563 \end{pmatrix},$$

$$\boldsymbol{B}_1=\boldsymbol{B}_0+\frac{\boldsymbol{t}-\boldsymbol{B}_0\boldsymbol{s}}{\boldsymbol{s}^{\mathrm{T}}\boldsymbol{s}}\boldsymbol{s}^{\mathrm{T}}=\begin{pmatrix} 1 & 2 \\ 6.135 & 1.509 \end{pmatrix}.$$

第 2 步迭代，$k=1$：

$$\boldsymbol{d}=-\boldsymbol{B}_1^{-1}\boldsymbol{F}(\boldsymbol{x}^{(1)})=\begin{pmatrix} -1.405 \\ 0.703 \end{pmatrix},$$

$$\boldsymbol{x}^{(2)}=\boldsymbol{x}^{(1)}+\boldsymbol{d}=\begin{pmatrix} 1.095 \\ 0.953 \end{pmatrix},$$

$$\boldsymbol{s}=\boldsymbol{d},\boldsymbol{t}=\boldsymbol{F}(\boldsymbol{x}^{(2)})-\boldsymbol{F}(\boldsymbol{x}^{(1)})=\begin{pmatrix} 0 \\ -9.259 \end{pmatrix},$$

$$\boldsymbol{B}_2=\boldsymbol{B}_1+\frac{\boldsymbol{t}-\boldsymbol{B}_1\boldsymbol{s}}{\boldsymbol{s}^{\mathrm{T}}\boldsymbol{s}}\boldsymbol{s}^{\mathrm{T}}=\begin{pmatrix} 1 & 2 \\ 7.101 & 1.026 \end{pmatrix}.$$

如此经过 9 次迭代，得

$$\boldsymbol{x}^{(9)}=(\boldsymbol{x}_1^{(9)},\ \boldsymbol{x}_2^{(9)})^{\mathrm{T}}=(1.488\,033\,871\,712\,585,\ 0.755\,983\,064\,143\,708)^{\mathrm{T}},$$

经验证，

$$\boldsymbol{F}(\boldsymbol{x}^{(9)})=\begin{pmatrix} f_1(x_1^{(9)},\ x_2^{(9)}) \\ f_2(x_1^{(9)},\ x_2^{(9)}) \end{pmatrix}=\begin{pmatrix} 0 \\ 0 \end{pmatrix},$$

即 $\boldsymbol{x}^{(9)}$ 满足方程.

4. Levenberg-Marquardt 方法

如果 $\boldsymbol{F}_J(\boldsymbol{x}^{(k)})$ 病态或奇异，可以采用阻尼牛顿法计算，即将牛顿法中的方程

$$\boldsymbol{F}_J(\boldsymbol{x}^{(k)})\boldsymbol{d}=-\boldsymbol{F}(\boldsymbol{x}^{(k)})$$

替换为

$$(\boldsymbol{F}_J(\boldsymbol{x}^{(k)})+\mu_k\boldsymbol{I})\boldsymbol{d}=-\boldsymbol{F}(\boldsymbol{x}^{(k)}), \tag{7.36}$$

式中，参数 μ_k 称为阻尼因子. 加入阻尼项的目的是使得方程组(7.36)的系数矩阵非奇异，或者良态. 不过此时收敛速度通常是线性的.

Levenberg-Marquardt 方法运用最小二乘方式求解方程组(7.30)，即求解

$$\min_{\boldsymbol{d}\in\mathbf{R}^n}\|\boldsymbol{F}_J(\boldsymbol{x}^{(k)})\boldsymbol{d}+\boldsymbol{F}(\boldsymbol{x}^{(k)})\|_2.$$

上式的解 $\boldsymbol{d}$ 是下列法方程组

$$\boldsymbol{F}_J^{\mathrm{T}}(\boldsymbol{x}^{(k)})\boldsymbol{F}_J(\boldsymbol{x}^{(k)})\boldsymbol{d}=-\boldsymbol{F}_J^{\mathrm{T}}(\boldsymbol{x}^{(k)})\boldsymbol{F}(\boldsymbol{x}^{(k)}) \tag{7.37}$$

的解.

为消除 $\boldsymbol{F}_J(\boldsymbol{x}^{(k)})$ 病态或奇异对解的影响，Levenberg(1944)和 Marquardt(1963)通过引入一个非负参数 μ_k 对式(7.37)作修正：

$$(\boldsymbol{F}_J^{\mathrm{T}}(\boldsymbol{x}^{(k)})\boldsymbol{F}_J(\boldsymbol{x}^{(k)})+\mu_k\boldsymbol{I})\boldsymbol{d}^{(k)}=-\boldsymbol{F}_J^{\mathrm{T}}(\boldsymbol{x}^{(k)})\boldsymbol{F}(\boldsymbol{x}^{(k)}), \tag{7.38}$$

式中，$\boldsymbol{I}$ 是单位矩阵. 这个修正相当于对式(7.30)使用 Tikhonov 正则化方法. 这样牛顿法成为

$$\begin{cases}(\boldsymbol{F}_J^{\mathrm{T}}(\boldsymbol{x}^{(k)})\boldsymbol{F}_J(\boldsymbol{x}^{(k)})+\mu_k\boldsymbol{I})\boldsymbol{d}^{(k)}=-\boldsymbol{F}_J^{\mathrm{T}}(\boldsymbol{x}^{(k)})\boldsymbol{F}(\boldsymbol{x}^{(k)}), \\ \boldsymbol{x}^{(k+1)}=\boldsymbol{x}^{(k)}+\boldsymbol{d}^{(k)},\ k=0,1,2,\cdots.\end{cases}$$

可以证明，在一定条件下，若取 $\mu_k=\|\boldsymbol{F}(\boldsymbol{x}^{(k)})\|^{\delta}$，$\delta\in[1,2]$，且 $\boldsymbol{x}^{(0)}$ 充分接近 $\boldsymbol{x}^*$ 时，则 Levenberg-Marquardt 方法计算的序列 $\{\boldsymbol{x}^{(k)}\}_{k=0}^{\infty}$ 平方收敛于 $\boldsymbol{x}^*$. 在此条件下，参数可以选择为

$$\mu_k=\|\boldsymbol{F}(\boldsymbol{x}^{(k)})\|^2,$$
$$\mu_k=\|\boldsymbol{F}(\boldsymbol{x}^{(k)})\|,$$
$$\mu_k=\theta\|\boldsymbol{F}(\boldsymbol{x}^{(k)})\|+(1-\theta)\|\boldsymbol{F}_J^{\mathrm{T}}(\boldsymbol{x}^{(k)})\boldsymbol{F}(\boldsymbol{x}^{(k)})\|,\ 0\leqslant\theta\leqslant 1$$

等. 将 Levenberg-Marquardt 方法总结如下：

算法 7.6　（Levenberg-Marquardt 方法）

输入最大迭代次数 M，迭代初值 $\boldsymbol{x}^{(0)}$，$k=0$；

（1）假设已迭代 k 次，并计算 $\boldsymbol{x}^{(k)}$；

（2）若 $\|\boldsymbol{F}_J(\boldsymbol{x}^{(k)})\boldsymbol{F}(\boldsymbol{x}^{(k)})\|$ 充分小，则 $\boldsymbol{x}^{(k)}$ 作为近似解输出，停止计算；

（3）选取 μ_k，解方程组：$(\boldsymbol{F}_J^{\mathrm{T}}(\boldsymbol{x}^{(k)})\boldsymbol{F}_J(\boldsymbol{x}^{(k)})+\mu_k\boldsymbol{I})\boldsymbol{d}=-\boldsymbol{F}_J^{\mathrm{T}}(\boldsymbol{x}^{(k)})\boldsymbol{F}(\boldsymbol{x}^{(k)})$；

（4）求 $\boldsymbol{x}^{(k+1)}=\boldsymbol{x}^{(k)}+\boldsymbol{d}$；若 $k<M$，则 $k=k+1$，转(2).

从法方程组(7.37)可以预见，矩阵 $\boldsymbol{F}_J(\boldsymbol{x}^{(k)})$ 可以不必局限于方阵，也就是说，方程组可以是超定的. 例如，形如

$$\begin{cases} f_1(x_1,\ x_2,\cdots,\ x_n)=0, \\ f_2(x_1,\ x_2,\cdots,\ x_n)=0, \\ \cdots\cdots\cdots\cdots \\ f_m(x_1,\ x_2,\cdots,\ x_n)=0 \end{cases} \tag{7.39}$$

的非线性方程组，其中 $m>n$. 记 $\boldsymbol{F}(\boldsymbol{x})=(f_1(\boldsymbol{x}),f_2(\boldsymbol{x}),\cdots,f_m(\boldsymbol{x}))^{\mathrm{T}}$，则 $\boldsymbol{F}(\boldsymbol{x})$ 的 Jacobian 矩阵是

$$\boldsymbol{F}_J(\boldsymbol{x})=\begin{pmatrix} \dfrac{\partial f_1(\boldsymbol{x})}{\partial x_1} & \dfrac{\partial f_1(\boldsymbol{x})}{\partial x_2} & \cdots & \dfrac{\partial f_1(\boldsymbol{x})}{\partial x_n} \\ \dfrac{\partial f_2(\boldsymbol{x})}{\partial x_1} & \dfrac{\partial f_2(\boldsymbol{x})}{\partial x_2} & \cdots & \dfrac{\partial f_2(\boldsymbol{x})}{\partial x_n} \\ \vdots & \vdots & & \vdots \\ \dfrac{\partial f_m(\boldsymbol{x})}{\partial x_1} & \dfrac{\partial f_m(\boldsymbol{x})}{\partial x_2} & \cdots & \dfrac{\partial f_m(\boldsymbol{x})}{\partial x_n} \end{pmatrix}_{m\times n}.$$

牛顿法

$$\begin{cases} \boldsymbol{F}_J(\boldsymbol{x}^{(k)})\boldsymbol{d}^{(k)}=-\boldsymbol{F}(\boldsymbol{x}^{(k)}), \\ \boldsymbol{x}^{(k+1)}=\boldsymbol{x}^{(k)}+\boldsymbol{d}^{(k)} \end{cases}$$

中的方程组 $\boldsymbol{F}_J(\boldsymbol{x}^{(k)})\boldsymbol{d}^{(k)}=-\boldsymbol{F}(\boldsymbol{x}^{(k)})$ 是超定方程组. 若矩阵 $\boldsymbol{F}_J(\boldsymbol{x}^{(k)})$ 良态，可用式(7.37)求解；若矩阵 $\boldsymbol{F}_J(\boldsymbol{x}^{(k)})$ 病态，可用式(7.38) Levenberg-Marquardt 方法或第 6 章 SVD 分解方法求解. 这是 Levenberg-Marquardt 方法广泛应用的原因.

例 12　用 Levenberg-Marquardt 方法解方程组

$$\begin{cases} f_1(x_1,\ x_2)=x_1+2x_2-3=0, \\ f_2(x_1,\ x_2)=2x_1^2+x_2^2-5=0. \end{cases}$$

解　取 $\mu_k=\|\boldsymbol{F}(\boldsymbol{x}^{(k)})\|_2$，记

$$\boldsymbol{x}^{(0)}=\begin{pmatrix}1\\2\end{pmatrix},\ \boldsymbol{F}(\boldsymbol{x})=\begin{pmatrix}f_1(\boldsymbol{x})\\f_2(\boldsymbol{x})\end{pmatrix},$$

$$\boldsymbol{F}_J(\boldsymbol{x})=\begin{pmatrix}\dfrac{\partial f_1}{\partial x_1} & \dfrac{\partial f_1}{\partial x_2}\\ \dfrac{\partial f_2}{\partial x_1} & \dfrac{\partial f_2}{\partial x_2}\end{pmatrix}=\begin{pmatrix}1 & 2\\ 4x_1 & 2x_2\end{pmatrix}.$$

第 1 步迭代, $k=0$:

$$\mu_0=\|\boldsymbol{F}(\boldsymbol{x}^{(0)})\|_2=2.236,$$

$$\boldsymbol{d}=-(\boldsymbol{F}_J^{\mathrm{T}}(\boldsymbol{x}^{(0)})\boldsymbol{F}_J(\boldsymbol{x}^{(0)})+\mu_0\boldsymbol{I})^{-1}\boldsymbol{F}_J^{\mathrm{T}}(\boldsymbol{x}^{(0)})\boldsymbol{F}(\boldsymbol{x}^{(0)})=\begin{pmatrix}0.102\\-0.442\end{pmatrix},$$

$$\boldsymbol{x}^{(1)}=\boldsymbol{x}^{(0)}+\boldsymbol{d}=\begin{pmatrix}1.102\\1.558\end{pmatrix}.$$

第 2 步迭代, $k=1$:

$$\mu_1=\|\boldsymbol{F}(\boldsymbol{x}^{(1)})\|_2=1.226,$$

$$\boldsymbol{d}=-(\boldsymbol{F}_J^{\mathrm{T}}(\boldsymbol{x}^{(1)})\boldsymbol{F}_J(\boldsymbol{x}^{(1)})+\mu_1\boldsymbol{I})^{-1}\boldsymbol{F}_J^{\mathrm{T}}(x^{(1)})\boldsymbol{F}(\boldsymbol{x}^{(1)})=\begin{pmatrix}0.297\\-0.446\end{pmatrix},$$

$$\boldsymbol{x}^{(2)}=\boldsymbol{x}^{(1)}+\boldsymbol{d}=\begin{pmatrix}1.399\\1.111\end{pmatrix}.$$

如此经过 7 次迭代,得

$$\boldsymbol{x}^{(7)}=(\boldsymbol{x}_1^{(7)},\ \boldsymbol{x}_2^{(7)})^{\mathrm{T}}=(1.488\,033\,871\,712\,585,\ 0.755\,983\,064\,143\,708)^{\mathrm{T}}.$$

经验证,

$$\boldsymbol{F}(\boldsymbol{x}^{(7)})=\begin{pmatrix}f_1(x_1^{(7)},\ x_2^{(7)})\\ f_2(x_1^{(7)},\ x_2^{(7)})\end{pmatrix}=\begin{pmatrix}0\\0\end{pmatrix},$$

表明 $\boldsymbol{x}^{(7)}$ 满足方程.

习 题

1. 用二分法解 $f(x)=\mathrm{e}^x-3x=0$ 在区间[0,1]中的根,要求误差不超过 10^{-7}.

2. 将方程 $x^3-x^2-1=0$ 分别改写成:

(1) $x=1+\dfrac{1}{x^2}$;

(2) $x=\sqrt[3]{1+x^2}$;

(3) $x=\sqrt{\dfrac{1}{x-1}}$;

(4) $x=\dfrac{x^2(2x-1)+1}{x(3x-2)}$.

取 $x_0=1.5$ 计算出方程的根,并比较收敛速度的快慢.

3. 用下列方法解方程 $x=1.6+\cos x$.

(1) $x_{k+1}=1.6+\cos x_k$, $x_0=0.5\pi$;

(2) Aitken 加速.

4. 试用多种方法解下列方程：

(1) $12=13(e^{2x}-1)+x$；

(2) $e^x-2x=0$；

(3) $x^3-2\sin x=0$ 在$[0.5,2]$中的根；

(4) $9x^4+18x^3+38x^2-57x+14=0$ 在$[0,1]$中的根；

(5) $3x+\sin x-e^x=0$.

5. 试用多种方法解方程$\frac{9\cos(\pi-123-x)}{\sin^2(\pi-123-x)}-\frac{7\cos x}{\sin^2 x}=0$，其中 $x\in[0,60]$.

6. 计算曲线 $y=x^3-2x+1$ 与 $y=x^2$ 的交点坐标.

7. 对于迭代函数 $\varphi(x)=x+c(x^2-3)$，试讨论：

(1) c 取何值时，$x_{k+1}=\varphi(x_k)$产生的序列$\{x_k\}$收敛于$\sqrt{3}$？

(2) c 取何值时，收敛达到平方阶？

8. 在区间$[1.3,1.6]$上求 $x^3-x^2-1=0$ 的根的迭代公式为 $x_{k+1}=1+\frac{1}{x_k^2}$，$k=0,1,2,\cdots$.

(1) 判断迭代公式的收敛性；

(2) 收敛阶是多少？

(3) 取 $x_0=1.4$，要使得近似根 x_k 的误差不超过 1×10^{-7}，问 k 至少多少？

9. 证明：求$\sqrt{a}(a>0)$的牛顿迭代法为 $x_{k+1}=\frac{1}{2}\left(x_k+\frac{a}{x_k}\right)$，且对任意的迭代初值 $x_0>0$，该迭代法收敛.

10. 用牛顿法解方程 $x^2=\sqrt{a}$，$a>0$ 并以此计算$\sqrt{2}$的值.

11. 利用牛顿法导出下列各式的迭代程序：

(1) $\frac{1}{a}$，不使用除法运算；

(2) $\frac{1}{\sqrt{a}}(a>0)$，不使用开方和除法运算.

12. 用牛顿法及弦截法解方程：

(1) $x^3-x+1=0$，初值 $x_0=0$；

(2) $e^{-x}-\cos x=0$ 在 0.5π 附近的根.

13. 已知 $x^3+4x^2-10=0$ 在$[1,2]$上有一个根，建立迭代公式 $x_{k+1}=\sqrt{\frac{10}{4+x_k}}$，$k=0,1,2,\cdots$.

(1) 证明迭代公式收敛；

(2) 取 $x_0=1.5$ 计算 x_3，并计算 x_3 作为近似解时的误差；

(3) 证明迭代公式线性收敛；

(4) 如何将收敛速度提高到二阶？

(5) 取 $x_0=1.5$，用牛顿法计算，并讨论误差.

14. 以 $x_0=1$ 为初值，用牛顿法计算 $x^2-4x+4=0$ 的二重根 2.

(1) 计算 $x_0, x_1, x_2, \cdots$,观察它是线性收敛还是平方收敛?

(2) 用 $x_{n+1}=x_n-\dfrac{2f(x_n)}{f'(x_n)}$ 计算根,并证明它是平方收敛.

(3) 假设 a 是方程 $f(x)=0$ 的 m 重根,则 $x_{n+1}=x_n-\dfrac{mf(x_n)}{f'(x_n)}$ 是平方收敛.

15. 用弦截法求方程 $x^3+2x^2+10x-20=0$ 的根,取 $x_0=1$, $x_1=1.5$,精确到 10^{-7}.

16. 用适当方法解方程 $x^4(2-x)^3=1-x+(1-x)^6$ 在 $(0,1)$ 内的根.

17. 假设有方程组

$$\begin{cases} x_1=\dfrac{1}{12}(\sin x_2+\sin x_3-1), \\ x_2=\dfrac{1}{3}(x_1-\sin x_2+\sin x_3), \\ x_3=\dfrac{1}{12}(1-\sin x_1+x_2). \end{cases}$$

当 $-1\leqslant x_1, x_2, x_3\leqslant 1$ 时,试按照式(7.23)计算 $\|\tilde{\boldsymbol{G}}\|_1$,并取初值 $\boldsymbol{x}^{(0)}=(0.2, 0.2, 0.2)^{\mathrm{T}}$,用不动点迭代法计算方程组的解.

18. 用牛顿法、Broyden 秩 1 方法、Levenberg-Marquardt 方法解下列方程组:

(1) $\begin{cases} x^2-10x+y^2+8=0, \\ xy^2+x-10y+8=0, \end{cases}$ 准确解为 $\begin{pmatrix} 1 \\ 1 \end{pmatrix}$;

(2) $\begin{cases} x^2+y^2-2=0, \\ \mathrm{e}^{x-1}+y^3-2=0, \end{cases}$ 准确解为 $\begin{pmatrix} 1 \\ 1 \end{pmatrix}$;

(3) $\begin{cases} \mathrm{e}^{x_1}\cos x_2-x_1=0, \\ \mathrm{e}^{x_1}\sin x_2-x_2=0, \end{cases}$ 初值为 $\begin{pmatrix} 0.2 \\ 1.1 \end{pmatrix}$;

(4) $\begin{cases} x_2x_3+x_4(x_2+x_3)=0, \\ x_1x_3+x_4(x_1+x_3)=0, \\ x_1x_2+x_4(x_1+x_2)=0, \\ x_1x_2+x_1x_3+x_2x_3=1, \end{cases}$ 初值为 $\begin{pmatrix} 0.5 \\ 0.5 \\ 0.5 \\ 0.2 \end{pmatrix}$;

(5) $\begin{cases} \mathrm{e}^{x_1}\mathrm{e}^{x_2}+x_1\cos x_2=0, \\ x_1+x_2-2=0, \end{cases}$ 初值为 $\begin{pmatrix} -4 \\ 5 \end{pmatrix}$.

第 8 章

数值积分与导数

在定积分 $I=\int_a^b f(x)\mathrm{d}x$ 计算中，若 $f(x)$ 的原函数不能用初等函数表示，或原函数存在，但计算复杂，前者如 $f(x)=\sin x^2$，后者如 $f(x)=\dfrac{1}{1-x^{10}}$ 等，这时可考虑使用数值方法计算积分. 这类方法的特点是：将积分表示为节点 $x_k\in[a,b]$ 上函数值 $f(x_k)$ 的线性组合，即

$$I=\int_a^b f(x)\mathrm{d}x\approx\sum_{k=0}^{n}C_k f(x_k),\tag{8.1}$$

式中，常数 C_k 称为**求积系数**，要求与积分区间 $[a,b]$ 和被积函数 $f(x)$ 无关；$x_k\in[a,b]$ 称为**求积节点**. 从式(8.1)可以看出，计算积分 I 并不需要原函数；并且，若仅知道 $f(x)$ 在节点 x_k 处的函数值，也能计算出 $f(x)$ 的积分值.

形如(8.1)的公式称为**数值积分公式**. 通常按照节点 x_k 的分类，如果 x_k 是积分区间的等分点，则有牛顿-科特斯(Newton-Cotes)积分公式；如果 x_k 是正交多项式的零点，则有高斯积分公式等.

数值积分的思想，还可以用于计算函数的导数值. 这些计算包括函数导数的近似计算，或关于离散节点的导数值计算，这些公式在微积分方程求解、优化等问题中有一定的应用，是数值计算的重要工具之一.

本章将介绍这两类积分公式和数值求导公式.

§1　牛顿-柯特斯公式

牛顿-柯特斯公式是利用插值多项式建立起来的一组积分计算公式. 构造方法如下：

将积分区间 $[a,b]$ n 等分，记 $h=\dfrac{b-a}{n}$ 为步长，等分节点为 $x_k=a+kh$，$k=0$，

$1,\cdots,n$，则关于节点$(x_k, f(x_k))$的 n 次拉格朗日插值多项式 $p_n(x)=\sum_{k=0}^{n} l_k(x)f(x_k)$ 逼近 $f(x)$如下：

$$f(x)=p_n(x)+R(x)=p_n(x)+\frac{f^{(n+1)}(\xi)}{(n+1)!}\prod_{k=0}^{n}(x-x_k),$$

式中，$R(x)$为插值余项. 此时积分

$$\begin{aligned} I=\int_a^b f(x)\mathrm{d}x &= \int_a^b (p_n(x)+R(x))\mathrm{d}x \\ &= \sum_{k=0}^{n} A_k f(x_k)+\int_a^b R(x)\mathrm{d}x, \end{aligned} \tag{8.2}$$

式中，$A_k=\int_a^b l_k(x)\mathrm{d}x$ 与 $f(x)$无关. 这样有

$$I=\int_a^b f(x)\mathrm{d}x \approx \sum_{k=0}^{n} A_k f(x_k). \tag{8.3}$$

公式(8.3)称为**插值型求积公式**，它显然与原函数无关，降低了积分计算的难度. 积分误差为

$$I-\sum_{k=0}^{n} A_k f(x_k)=\int_a^b R(x)\mathrm{d}x=\int_a^b \frac{f^{(n+1)}(\xi)}{(n+1)!}\prod_{k=0}^{n}(x-x_k)\mathrm{d}x,$$

式中，$\xi\in(a,b)$. 积分的误差有两种概念描述，分别是代数精度和用 h 表示的误差界.

定义 1　若求积公式(8.3)对次数$\leqslant m$ 的多项式准确成立，对 $m+1$ 次的多项式不准确成立，则称该公式具有 m 次代数精度.

显然，插值型积分公式(8.3)至少有 n 次代数精度. 这是因为，对次数不超过 n 的多项式，有 $f^{(n+1)}(x)=0$，从而 $I=\sum_{k=0}^{n} A_k f(x_k)$.

还可以证明，如果式(8.3)有 n 次代数精度，则系数 $A_k=\int_a^b l_k(x)\mathrm{d}x$，也就是说，公式(8.3)一定可以从插值多项式计算而来. 证明如下：

由于式(8.3)有 n 次代数精度，取 $f(x)=l_k(x)$，这里 $l_k(x)$为拉格朗日插值基函数，则有

$$\int_a^b l_k(x)\mathrm{d}x=\int_a^b f(x)\mathrm{d}x=\sum_{i=0}^{n} A_i f(x_i)=\sum_{i=0}^{n} A_i l_k(x_i)=A_k.$$

这个结论说明，如果某个积分公式有 n 次代数精度，则它一定是插值型求积公式. 反之亦然.

下面讨论求积公式(8.3)中系数 A_k 的取值情况. 注意到 A_k 与 a,b 有关，为使式(8.3)更具一般性，将式(8.3)改写成

$$I \approx \sum_{k=0}^{n} A_k f(x_k) = (b-a)\sum_{k=0}^{n} C_k f(x_k),$$

式中，

$$C_k = \frac{1}{b-a}A_k = \frac{1}{b-a}\int_a^b l_k(x)\mathrm{d}x.$$

这样做的目的，是使 C_k 仅仅和等分数 n(也是插值多项式 $p_n(x)$ 的次数 n)有关，与被积函数 $f(x)$ 及区间端点 a,b 无关.事实上，作变量代换 $x=a+th$，则

$$C_k = \frac{1}{b-a}\int_0^n \prod_{j=0,j\neq k}^{n} \frac{t-j}{k-j}\mathrm{d}x = \frac{(-1)^{n-k}}{n\cdot k!\cdot(n-k)!}\int_0^n \prod_{j=0,j\neq k}^{n}(t-j)\mathrm{d}t.$$

可见，C_k 的确仅与 n 有关.

特别地，当 n 分别取 1,2,3,4 时，系数 C_k 的值如下：

n	C_0	C_1	C_2	C_3	C_4
1	$\frac{1}{2}$	$\frac{1}{2}$			
2	$\frac{1}{6}$	$\frac{2}{3}$	$\frac{1}{6}$		
3	$\frac{1}{8}$	$\frac{3}{8}$	$\frac{3}{8}$	$\frac{1}{8}$	
4	$\frac{7}{90}$	$\frac{16}{45}$	$\frac{2}{15}$	$\frac{16}{45}$	$\frac{7}{90}$

根据 C_k 的取值，可以导出一组积分计算公式.

1. 梯形公式

取 $n=1$，则 $h=b-a$，等分点 $x_k=a+kh,k=0,1$，积分为

$$\int_a^b f(x)\mathrm{d}x \approx (b-a)\sum_{k=0}^{1} C_k f(x_k) = \frac{b-a}{2}(f(a)+f(b)),$$

该公式称为**梯形公式**，用符号 T 表示.

梯形公式是用直线($n=1$)逼近 $f(x)$. 容易验证，梯形公式具有一次代数精度.这是因为，若 $f(x)$ 是一次多项式，则积分误差

$$\int_a^b R(x)\mathrm{d}x = \int_a^b \frac{f''(\xi)}{2!}(x-a)(x-b)\mathrm{d}x = 0,$$

而当 $f(x)$ 是二次多项式时，积分误差通常非零.

2. Simpson 公式

取 $n=2$，则 $h=0.5(a+b)$，等分点 $x_k=a+kh,k=0,1,2$，此时积分为

$$\int_a^b f(x)\mathrm{d}x \approx (b-a)\sum_{k=0}^{2} C_k f(x_k) = \frac{b-a}{6}\left(f(a)+4f\left(\frac{a+b}{2}\right)+f(b)\right).$$

该公式称为 Simpson 公式，用符号 S 表示，即

$$S=\frac{b-a}{6}\left(f(a)+4f\left(\frac{a+b}{2}\right)+f(b)\right).$$

Simpson 公式采用二次插值多项式($n=2$)逼近 $f(x)$. 可以验证 Simpson 公式具有三次代数精度. 事实上,由于任何一个三次多项式均可以由 $1,x,x^2,x^3$ 表示,所以只要证明

$$\int_a^b x^i \mathrm{d}x = S,\ i=0,1,2,3,$$

$$\int_a^b x^4 \mathrm{d}x \neq S$$

即可,而这是容易验证的.

需指出的是,取 $n=3$ 构造的积分公式也具有三次代数精度,但它较Simpson 公式多计算一个函数值,因此不及 Simpson 公式常用.

3. Cotes 公式

取 $n=4$,则 $h=\dfrac{b-a}{4}$,$x_k=a+kh$,$k=0,1,\cdots,4$,得具有 5 次代数精度的 Cotes 积分公式:

$$\int_a^b f(x)\mathrm{d}x \approx \frac{b-a}{90}(7f(x_0)+32f(x_1)+12f(x_2)+32f(x_3)+7f(x_4)),$$

用符号 C 表示.

这些积分公式统称为 Newton-Cotes 公式.

例 1 分别用梯形公式、Simpson 公式、Cotes 公式计算积分 $\dfrac{2}{\sqrt{\pi}}\displaystyle\int_0^{0.475} \mathrm{e}^{-x^2}\mathrm{d}x$ 的值.

解 取 $b=0.475$,$a=0$,步长 $h=\dfrac{b-a}{4}$,节点 $x_k=a+kh$,$k=0,1,\cdots,4$,则

$$T=\frac{b-a}{2}(f(a)+f(b))=0.481\,850\,8,$$

$$S=\frac{b-a}{6}\left(f(a)+4f\left(\frac{a+b}{2}\right)+f(b)\right)=0.498\,339\,8,$$

$$C=\frac{b-a}{90}(7f(x_0)+32f(x_1)+12f(x_2)+32f(x_3)+7f(x_4))=0.498\,257\,8,$$

与积分准确值 $I=0.498\,258\,1\cdots$ 相比,T,S,C 的计算精度依次提高.

§2 牛顿-柯特斯公式的误差

根据式(8.2),Newton-Cotes 积分公式的误差是 $\int_a^b R(x)\mathrm{d}x$. 下面分别讨论 T,S,C 的误差,这些误差也称为余项. 在下面讨论中将多次使用积分中值定理:

若 $f(x)$，$g(x)$在$[a,b]$上连续，且 $g(x)$不变号，则

$$\int_a^b f(x)g(x)\mathrm{d}x = f(\xi)\int_a^b g(x)\mathrm{d}x,$$

式中，$\xi\in(a,b)$.

首先考察 $n=1$ 时梯形公式的余项.

定理 1　设 $f''(x)$在$[a,b]$上连续，则梯形公式的余项为

$$I-T=-\frac{1}{12}(b-a)^3 f''(\xi),\ \xi\in(a,b).$$

证明　在误差公式

$$I-T=\int_a^b \frac{f''(\eta)}{2!}(x-a)(x-b)\mathrm{d}x$$

中，由于$(x-a)(x-b)$在积分区间恒为负，而 $f''(\eta)$关于 x 连续，根据积分中值定理有

$$\begin{aligned} I-T &= \int_a^b \frac{f''(\eta)}{2!}(x-a)(x-b)\mathrm{d}x \\ &= \frac{f''(\xi)}{2!}\int_a^b (x-a)(x-b)\mathrm{d}x = -\frac{(b-a)^3}{12}f''(\xi). \end{aligned}$$

证毕.

关于 Simpson 公式的余项，有下列定理.

定理 2　设 $f^{(4)}(x)$在$[a,b]$上连续，则 Simpson 公式的余项

$$I-S=-\frac{1}{2\,880}(b-a)^5 f^{(4)}(\xi),\ \xi\in(a,b).$$

证明　因为 Simpson 公式具有三次代数精度，对三次多项式精确成立. 构造满足条件：

a	$c=0.5(a+b)$	b
$f(a)$	$f(c)$	$f(b)$
	$f'(c)$	

三次 Hermite 插值多项式 $H(x)$，则 Simpson 公式

$$\begin{aligned} S &= \frac{b-a}{6}\left(f(a)+4f\left(\frac{a+b}{2}\right)+f(b)\right)=\frac{b-a}{6}\left(H(a)+4H\left(\frac{a+b}{2}\right)+H(b)\right) \\ &= \int_a^b H(x)\mathrm{d}x, \end{aligned}$$

而插值余项为

$$f(x)-H(x)=\frac{1}{4!}f^{(4)}(\eta)(x-a)(x-c)^2(x-b),$$

所以根据积分中值定理，

$$\begin{aligned}I-S&=\int_a^b f(x)\mathrm{d}x-\int_a^b H(x)\mathrm{d}x\\&=\int_a^b\frac{f^{(4)}(\eta)}{4!}(x-a)(x-c)^2(x-b)\mathrm{d}x\\&=\frac{f^{(4)}(\xi)}{4!}\int_a^b(x-a)(x-c)^2(x-b)\mathrm{d}x\\&=-\frac{(b-a)^5}{2\,880}f^{(4)}(\xi).\end{aligned}$$

同理可以证明,如果 $f^{(6)}(x)$在$[a,b]$上连续,则 Cotes 公式的余项为

$$I-C=-\frac{(b-a)^7}{1\,935\,360}f^{(6)}(\xi),\ \xi\in(a,b).$$

例 2 讨论用 Simpson 公式计算积分 $\frac{2}{\sqrt{\pi}}\int_0^{0.475}\mathrm{e}^{-x^2}\mathrm{d}x$ 时产生的误差.

解 误差

$$|I-S|=\left|-\frac{(b-a)^5}{2\,880}f^{(4)}(\zeta)\right|\leqslant\frac{(b-a)^5}{2\,880}\max_{0\leqslant x\leqslant 0.475}|f^{(4)}(x)|.$$

因为$|f^{(4)}(x)|$在$[0,0.475]$的最大值等于 13.541,所以误差

$$|I-S|\leqslant 1.137\times 10^{-4}.$$

§3 复化求积公式

积分公式 T,S,C 的误差不仅与被积函数 $f(x)$有关,还与积分区间的长度有关. 以梯形公式误差 $I-T=-\frac{1}{12}(b-a)^3f''(\xi)$为例,误差由$(b-a)^3$ 和 $f''(\xi)$两项组成. 当$[a,b]$较大(如区间为$[0,100]$)时,余项含有大的因子$(b-a)^3$,从而导致积分误差的增大.

复化求积可以解决大区间上的积分问题. 其思想是,将$[a,b]$作 n 等分,步长 $h=\frac{b-a}{n}$,各等分节点 $x_k=a+kh,k=0,1,\cdots,n$. 于是$[a,b]$被分割为 n 个区间$[x_k,x_{k+1}]$,积分成为

$$\int_a^b f(x)\mathrm{d}x=\sum_{k=0}^{n-1}\int_{x_k}^{x_{k+1}}f(x)\mathrm{d}x.$$

对上式区间$[x_k,x_{k+1}]$上的积分分别使用 T,S,C 公式,就得到不同的复化求积公式.

1. 复化梯形公式

使用梯形公式有

$$\int_a^b f(x)\mathrm{d}x = \sum_{k=0}^{n-1}\int_{x_k}^{x_{k+1}} f(x)\mathrm{d}x \approx \sum_{k=0}^{n-1} \frac{h}{2}(f(x_k)+f(x_{k+1}))$$
$$= \frac{h}{2}\left[f(a)+2\sum_{k=1}^{n-1}f(x_k)+f(b)\right],$$

即得区间 n 等分的复化梯形公式

$$T_n = \frac{h}{2}\left[f(a)+2\sum_{k=1}^{n-1}f(x_k)+f(b)\right].$$

下面的定理给出了复化梯形公式的误差.

定理 3　设 $f''(x)$ 在 $[a,b]$ 上连续,则

$$I-T_n=-\frac{b-a}{12}h^2 f''(\xi),\ a<\xi<b.$$

证明　误差

$$I-T_n = \sum_{k=0}^{n-1}\left[\int_{x_k}^{x_{k+1}} f(x)\mathrm{d}x - \frac{h}{2}(f(x_k)+f(x_{k+1}))\right]$$
$$= \sum_{k=0}^{n-1} -\frac{h^3}{12}f''(\xi_k),\ \xi_k\in(x_k,x_{k+1}),$$

假设在 $[a,b]$ 上 $m\leqslant f''(x)\leqslant M$,则

$$n\cdot m\leqslant f''(\xi_0)+f''(\xi_1)+\cdots+f''(\xi_{n-1})\leqslant n\cdot M,$$

所以

$$m\leqslant\frac{f''(\xi_0)+f''(\xi_1)+\cdots+f''(\xi_{n-1})}{n}\leqslant M.$$

根据 $f''(x)$ 的连续性知,存在 $\xi\in[a,b]$,使得

$$f''(\xi)=\frac{f''(\xi_0)+f''(\xi_1)+\cdots+f''(\xi_{n-1})}{n},$$

所以

$$I-T_n=-\frac{b-a}{12}h^2 f''(\xi),\ a\leqslant\xi\leqslant b.$$

从定理 3 可知,$I-T_n=o(h^2)$. 因此当 $h\to 0$ 时,$T_n\to I$. 因此可用减小 h 的方法提高积分计算精度,但由于误差界仅为 $o(h^2)$,要求 T_n 达到较高精度时所需的计算量也比较大.

注　误差 $I-T_n$ 也可以按如下近似计算:当 h 充分小时有

$$I-T_n = -\frac{h^2}{12}\sum_{k=0}^{n-1}hf''(\xi_k)\approx\frac{h^2}{12}\sum_{k=0}^{n-1}\int_{x_k}^{x_{k+1}}f''(x)\mathrm{d}x=-\frac{h^2}{12}\int_a^b f''(x)\mathrm{d}x$$
$$=-\frac{h^2}{12}(f'(b)-f'(a)).$$

这个估计式要较 $-\frac{1}{12}(b-a)h^2 f''(\xi)$ 容易计算. 上面的推导用到了矩形积分公式

$$\int_a^b f(x)\mathrm{d}x \approx f(\xi)(b-a),\ \xi \in [a,b].$$

几何意义如图 8-1 所示.

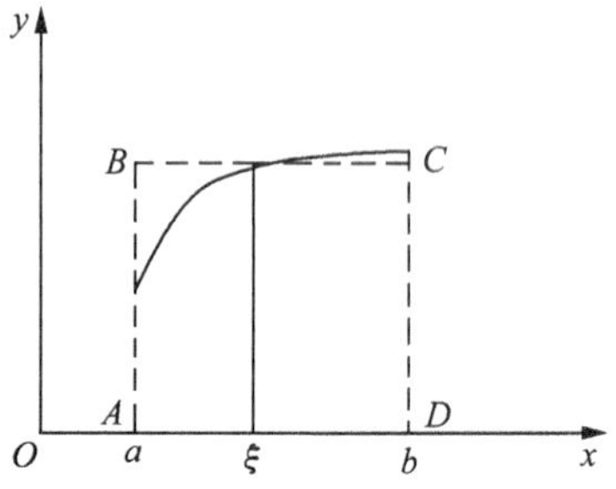

图 8-1　矩形积分公式的几何意义

矩形公式是用矩形 $ABCD$ 的面积近似替代曲边梯形(积分)的面积.

当 $\xi=a$ 时,相应的公式称为左矩形公式;

当 $\xi=0.5(a+b)$ 时,相应的公式称为中矩形公式;

当 $\xi=b$ 时,相应的公式称为右矩形公式.

2. 复化 Simpson 公式

在区间$[x_k,x_{k+1}]$上使用 Simpson 公式有

$$\begin{aligned}\int_a^b f(x)\mathrm{d}x &= \sum_{k=0}^{n-1}\int_{x_k}^{x_{k+1}} f(x)\mathrm{d}x \\ &\approx \sum_{k=0}^{n-1} \frac{h}{6}\left(f(x_k)+4f\left(\frac{x_{k+1}+x_k}{2}\right)+f(x_{k+1})\right) \\ &= \frac{h}{6}\left(f(a)+2\sum_{k=1}^{n-1} f(x_k)+4\sum_{k=0}^{n-1} f\left(\frac{x_{k+1}+x_k}{2}\right)+f(b)\right),\end{aligned}$$

得区间 n 等分的复化 Simpson 公式

$$S_n = \frac{h}{6}\left(f(a)+2\sum_{k=1}^{n-1} f(x_k)+4\sum_{k=0}^{n-1} f\left(\frac{x_{k+1}+x_k}{2}\right)+f(b)\right).$$

关于复化 Simpson 公式的误差有如下定理.

定理 4　设 $f^{(4)}(x)$在$[a,b]$上连续,则

$$I-S_n=-\frac{b-a}{2\,880}h^4 f^{(4)}(\xi),\ \xi\in(a,b).$$

证明略.

如同误差 $I-T_n$ 的近似计算一样,$I-S_n$ 的近似计算公式为

$$I-S_n\approx-\frac{h^4}{2\,880}(f'''(b)-f'''(a)).$$

例 3　用复化 Simpson 公式计算积分 $\frac{2}{\sqrt{\pi}}\int_0^{0.475} e^{-x^2}dx$，要求误差不超过 10^{-7}.

解　欲使误差不超过 10^{-7}，只要

$$|I-S_n|=\left|-\frac{(b-a)^4h}{2\ 880}f^{(4)}(\xi)\right|\leqslant\frac{(b-a)h^4}{2\ 880}\max_{0\leqslant x\leqslant 0.475}|f^{(4)}(x)|\leqslant 10^{-7}.$$

经计算 $\max\limits_{0\leqslant x\leqslant 0.475}|f^{(4)}(x)|\approx 13.541$，所以

$$h^4\leqslant 4.478\times 10^{-5},$$

从而 $n=\frac{b-a}{h}\geqslant 5.8$，即区间应 6 等分. 由于 6 是扩大上界计算而得，因此等分数 6 可能会偏多，但误差一定会满足要求.

如果用 $I-S_n\approx-\frac{h^4}{2\ 880}(f'''(b)-f'''(a))$ 计算，则 $n\geqslant 2.4$，即区间应 3 等分. 由于这个等分数是近似计算的，有可能会偏低.

计算结果如下：

$$S_6=0.498\ 258\ 11,$$
$$S_3=0.498\ 259\ 04.$$

积分准确值 $I=0.498\ 258\ 053\ 7\cdots$.

3. 复化 Cotes 公式

用类似的方法还可以推导出 n 等分的复化 Cotes 公式

$$C_n=\frac{h}{90}\Big(7f(a)+\sum_{k=0}^{n-1}(32f(x_{k+\frac{1}{4}})+12f(x_{k+\frac{1}{2}})+32f(x_{k+\frac{3}{4}}))+ 14\sum_{k=1}^{n-1}f(x_k)+7f(b)\Big),$$

式中，$x_{k+m}=a+(k+m)h$，$m=\frac{1}{4},\frac{1}{2},\frac{3}{4}$.

误差为

$$I-C_n=-\frac{(b-a)h^6}{1\ 935\ 360}f^{(6)}(\xi),\ \xi\in(a,b).$$

总结：n 等分的复化 T_n,S_n,C_n 的误差阶分别是 $o(h^2),o(h^4),o(h^6)$，分别称为 2,4,6 阶收敛. 并且在下面的讨论中将会看出，S_n,C_n 可以从 T_n 计算.

§4　变步长复化梯形公式

假设用 T_n 计算积分 $\int_a^b f(x)dx$ 时，希望误差小于事先给定的精度 ε，那么等分

数 n 应该取多少呢？假设 $|f''(x)|$ 在 $[a,b]$ 上的最大值 M 已知，令

$$|I-T_n|=\left|\frac{(b-a)h^2}{12}f''(\zeta)\right|\leqslant\frac{(b-a)h^2}{12}M<\varepsilon,$$

从中解出 $h<\sqrt{\dfrac{12\varepsilon}{(b-a)M}}$，再根据 $h=\dfrac{b-a}{n}$ 即可计算出 n. 这种方法的缺点是，M 常常难以计算.

下面建立根据 T_n 计算 T_{2n} 的递推公式，据此可估计积分的误差，且该递推公式是 Romberg 公式的基础. 记 I,T_n,T_{2n} 分别表示积分精确值，对区间 $[a,b]$ n 等分、$2n$ 等分计算的值.

由于 T_n 取 $h=\dfrac{b-a}{n}=x_{k+1}-x_k$ 计算，因此 T_{2n} 是步长为 0.5h 的复化梯形公式. 在

$$\int_a^b f(x)\mathrm{d}x=\sum_{k=0}^{n-1}\int_{x_k}^{x_{k+1}}f(x)\mathrm{d}x$$

中，将积分 $\int_{x_k}^{x_{k+1}}f(x)\mathrm{d}x$ 改写为

$$\int_{x_k}^{x_{k+\frac{1}{2}}}f(x)\mathrm{d}x+\int_{x_{k+\frac{1}{2}}}^{x_{k+1}}f(x)\mathrm{d}x,$$

对这两个积分均用梯形公式计算即可得 T_{2n}，即

$$\begin{aligned}T_{2n}&=\sum_{k=0}^{n-1}\left(\frac{h}{2}\cdot\frac{f(x_k)+f(x_{k+\frac{1}{2}})}{2}+\frac{h}{2}\cdot\frac{f(x_{k+\frac{1}{2}})+f(x_{k+1})}{2}\right)\\&=\frac{h}{4}\sum_{k=0}^{n-1}(f(x_k)+2f(x_{k+\frac{1}{2}})+f(x_{k+1}))\\&=\frac{1}{2}T_n+\frac{h}{2}\sum_{k=0}^{n-1}f(x_{k+\frac{1}{2}}).\end{aligned}$$

称

$$T_{2n}=\frac{1}{2}T_n+\frac{h}{2}\sum_{k=0}^{n-1}f\left(\frac{x_{k+1}+x_k}{2}\right)\tag{8.4}$$

为**变步长复化梯形公式**. 下标 n 的变化范围是 $n=2^k,k=0,1,2,\cdots$，公式(8.4)的初值为

$$T_1=0.5(b-a)(f(a)+f(b)).$$

使用式(8.4)时应注意等号右边的 $h=\dfrac{b-a}{n}$. 用式(8.4)计算 T_{2n} 的计算量，约为直接使用 $2n$ 等分的复化梯形公式的计算量的一半.

下面讨论如何通过 T_n,T_{2n} 来控制计算精度. 我们知道，T_n,T_{2n} 的误差分别为

$$I-T_n=-\frac{1}{12}(b-a)h^2f''(\zeta_1),\ a<\zeta_1<b,$$

$$I-T_{2n}=-\frac{1}{12}(b-a)\left(\frac{h}{2}\right)^2 f''(\zeta_2),\ a<\zeta_2<b.$$

假设 $f''(x)$ 在 $[a,b]$ 上变化不大，即 $f''(\zeta_1)\approx f''(\zeta_2)$，则有

$$\frac{I-T_n}{I-T_{2n}}\approx 4,$$

解出

$$I-T_{2n}\approx\frac{1}{3}(T_{2n}-T_n).$$

此式表明，只要计算值满足 $|T_{2n}-T_n|<\varepsilon$，就有

$$|I-T_{2n}|\approx\frac{\varepsilon}{3}<\varepsilon.$$

例 4 用变步长复化梯形求积公式计算

$$\frac{2}{\sqrt{\pi}}\int_0^{0.475} e^{-x^2}\,dx,$$

要求事后误差估计 $\varepsilon=10^{-7}$.

解 用 T_1，T_2 表示 T_n，T_{2n}，计算精度为 ε. 方法如下：

(1) 取 $n=1$，$a=0$，$b=0.475$，$h=\dfrac{b-a}{n}$，精度 ε，初值

$$T_1=0.5h(f(a)+f(b)).$$

(2) $T_2=\dfrac{1}{2}T_1+\dfrac{h}{2}\sum\limits_{k=0}^{n-1}f(x_k+0.5h)$.

(3) 如果 $|T_2-T_1|<\varepsilon$，将 T_2 作为积分近似值输出，停止计算；否则 $h=0.5h$，$n=2n$，$T_1=T_2$，转(2).

计算结果：

	$T_1=0.481\,850\,75$	
等分 2 份	$T_2=0.494\,217\,54$	$\lvert T_2-T_1\rvert=0.012\,366\,79$
等分 4 份	$T_2=0.497\,251\,59$	$\lvert T_2-T_1\rvert=0.003\,034\,05$
等分 8 份	$T_2=0.498\,006\,66$	$\lvert T_2-T_1\rvert=0.000\,755\,07$
等分 16 份	$T_2=0.498\,195\,22$	$\lvert T_2-T_1\rvert=0.000\,188\,56$
等分 32 份	$T_2=0.498\,242\,35$	$\lvert T_2-T_1\rvert=4.712\,581\,76\times10^{-5}$
等分 64 份	$T_2=0.498\,254\,13$	$\lvert T_2-T_1\rvert=1.178\,062\,72\times10^{-5}$
等分 128 份	$T_2=0.498\,257\,07$	$\lvert T_2-T_1\rvert=2.945\,105\,12\times10^{-6}$
等分 256 份	$T_2=0.498\,257\,81$	$\lvert T_2-T_1\rvert=7.362\,730\,51\times10^{-7}$
等分 512 份	$T_2=0.498\,257\,99$	$\lvert T_2-T_1\rvert=1.840\,680\,60\times10^{-7}$
等分 1 024 份	$T_2=0.498\,258\,04$	$\lvert T_2-T_1\rvert=4.601\,700\,26\times10^{-8}$

注 精确值为 0.498 258 053 7….

与例 3 相比，为达到计算精度 $\varepsilon=10^{-7}$，等分数 $n=1\,024$ 大多了. 从极限角度看就是数列 $\{T_n\}$，$n=2^k$，$k=0,1,2,\cdots$ 收敛速度太慢，从而导致计算量增大. 因此需要对数列 $\{T_n\}$ 作技术处理，以提高收敛速度.

§5 Romberg 公式

当计算好 $\{T_n\}$，$n=2^k$，$k=0,1,2,\cdots$ 后，再利用关系式

$$I-T_{2n}\approx\frac{1}{3}(T_{2n}-T_n)$$

得到积分 I 的一个新的近似值

$$I\approx T_{2n}+\frac{1}{3}(T_{2n}-T_n).$$

可以验证，$T_{2n}+\frac{1}{3}(T_{2n}-T_n)$ 正好是 n 等分的复化 Simpson 公式，即

$$S_n=T_{2n}+\frac{1}{3}(T_{2n}-T_n)=\frac{4T_{2n}-T_n}{4-1}. \tag{8.5}$$

当 n 变化时，就得到一个复化 Simpson 值的数列

$$\{S_n\},n=2^k,k=0,1,2,\cdots.$$

同样，利用该数列可推出复化 Cotes 公式数列 $\{C_n\}$，$n=2^k$，$k=0,1,2,\cdots$. 为此考察误差

$$I-S_n=-\frac{1}{2\,880}(b-a)h^4f^{(4)}(\zeta_1),\ a<\zeta_1<b,$$

$$I-S_{2n}=-\frac{1}{2\,880}(b-a)\left(\frac{1}{2}h\right)^4f^{(4)}(\zeta_2),\ a<\zeta_2<b.$$

假设 $f^{(4)}(x)$ 在 $[a,b]$ 上变化不大，即 $f^{(4)}(\zeta_1)\approx f^{(4)}(\zeta_2)$，两式相除，有

$$I-S_n\approx16(I-S_{2n}),$$

解出

$$I-S_{2n}\approx\frac{1}{15}(S_{2n}-S_n).$$

可以验证，$S_{2n}+\frac{1}{15}(S_{2n}-S_n)$ 正好是 n 等分的复化 Cotes 公式，即

$$C_n=S_{2n}+\frac{1}{15}(S_{2n}-S_n)=\frac{4^2S_{2n}-S_n}{4^2-1}. \tag{8.6}$$

同理，用数列 $\{C_n\}$，$n=2^k$，$k=0,1,2,\cdots$ 构造逼近积分值 I 的新数列

$$\frac{4^3C_{2n}-C_n}{4^3-1},$$

将其记为

$$R_n^{(1)}=\frac{4^3C_{2n}-C_n}{4^3-1}. \tag{8.7}$$

依据 S_n,C_n 和 $R_n^{(1)}$ 的规律,可依次构造公式

$$R_n^{(2)}=\frac{4^4R_n^{(1)}-R_n^{(1)}}{4^4-1}, \tag{8.8}$$

$$R_n^{(3)}=\frac{4^5R_n^{(2)}-R_n^{(2)}}{4^5-1}, \tag{8.9}$$

…………

式(8.7)计算的 $R_n^{(1)}$ 及 $R_n^{(2)}$,$R_n^{(3)}$,…均可作为积分 I 的近似值,称为计算积分的**龙贝格(Romberg)公式**.

定理 5　若 $f(x)$可积,则根据 Romberg 公式计算的数列$\{R_n^{(1)}\}$收敛于积分值 I,其误差为 $o(h^8)$.

证明　经过较为复杂的演算有

$$R_n^{(1)}=\frac{4\,096}{2\,835}T_{8n}-\frac{64}{135}T_{4n}+\frac{4}{135}T_{2n}-\frac{1}{2\,835}T_n.$$

对上式取极限,并利用$\lim\limits_{n\to\infty}T_n=I$ 即得

$$\lim_{n\to\infty}R_n=I.$$

误差证明略.

定理表明,当步长 h 足够小时,$R_n^{(1)}$ 的精度就已经足够高.类似地可以证明,数列$\{R_n^{(2)}\}$,$\{R_n^{(3)}\}$等均收敛到积分 I.

用 Romberg 公式计算积分,可根据下表逐行计算:

第 1 列	第 2 列	第 3 列	第 4 列	第 5 列	第 6 列	第 7 列
T_1						
T_2	S_1					
T_4	S_2	C_1				
T_8	S_4	C_2	$R_1^{(1)}$			
T_{16}	S_8	C_4	$R_2^{(1)}$	$R_1^{(2)}$		
T_{32}	S_{16}	C_8	$R_4^{(1)}$	$R_2^{(2)}$	$R_1^{(3)}$	
⋮	⋮	⋮	⋮	⋮	⋮	⋱

其中第 1 列$\{T_{2^k}\}$用变步长复化梯形公式(8.4)计算;第 2～6 列分别用式(8.5)～(8.9)计算.当某一列前后两个数值差的绝对值充分小时,可以将后面一个数值作为积分的近似值输出.

下面将 Romberg 公式用一组递推公式表示. 首先将上表用下三角矩阵表示：

$$\boldsymbol{A}=(A_{ij})=\begin{pmatrix} T_1 & & & & & \\ T_2 & S_1 & & & & \\ T_4 & S_2 & C_1 & & & \\ T_8 & S_4 & C_2 & R_1^{(1)} & & \\ T_{16} & S_8 & C_4 & R_2^{(1)} & R_1^{(2)} & \\ \vdots & \vdots & \vdots & \vdots & \vdots & \vdots \end{pmatrix},\ i,j\geqslant 1.$$

在上述矩阵 $\boldsymbol{A}$ 中，第 1 列是复化梯形值. 依据 S_n，C_n 和 $R_n^{(1)}$，$R_n^{(2)}$ 等计算规律可以知道，从第 $j(j\geqslant 2)$ 列开始，

$$A_{i,j}=\frac{4^{j-1}A_{i,j-1}-A_{i-1,j-1}}{4^{j-1}-1},\ i\geqslant 2.$$

据该公式，可以方便地计算出上表中的各个数值.

若只计算前 4 列，则一旦条件 $|R_{2^k}^{(1)}-R_{2^{k-1}}^{(1)}|<\varepsilon$ 满足，将 $R_{2^k}^{(1)}$ 作为 I 近似值，停止计算.

例 5 按照表格前 4 列的 Romberg 公式计算积分

$$\frac{2}{\sqrt{\pi}}\int_0^{0.475}\mathrm{e}^{-x^2}\,\mathrm{d}x.$$

解 Romberg 算法计算过程如下：

(1) 取 $n=1$，$a=0$，$b=0.475$，$h=\dfrac{b-a}{n}$，精度 ε.

(2) 计算初值 $T_1=0.5h[f(a)+f(b)]$；

计算 T_2，T_4，T_8.

计算 $R_1=\dfrac{4\,096}{2\,835}T_8-\dfrac{64}{135}T_4+\dfrac{4}{135}T_2-\dfrac{1}{2\,835}T_1$.

取 $n=8$.

(3) $T_1=T_2$，$T_2=T_4$，$T_4=T_8$，并按照当前 n 值计算复化梯形值，并赋值给 T_8.

(4) 计算 $R_2=\dfrac{4\,096}{2\,835}T_8-\dfrac{64}{135}T_4+\dfrac{4}{135}T_2-\dfrac{1}{2\,835}T_1$.

(5) 如果 $|R_2-R_1|<\varepsilon$，将 R_2 作为积分近似值输出；

否则 $n=2n$，$R_1=R2$，转(3).

计算结果：输出积分值为 0.498 258 053 7，与积分准确值 $I=0.498\,258\,053\,711\,7\cdots$ 比较，计算精度较高. 实际上 Romberg 公式仅计算了 $R_1=0.498\,258\,054\,0$，$R_2=0.498\,258\,053\,7$ 两项. 复化梯形值计算了以下项：

$$T_1=0.481\,851,$$

$$T_2=0.494\,218,$$

$$T_4 = 0.497\,252,$$
$$T_8 = 0.498\,007,$$
$$T_{16} = 0.498\,195,$$

其中 T_{16} 作为积分的近似值，仅小数点后 3 位准确，但经过 Romberg 公式校正后精度大为提高.

§6　Gauss 型求积公式

前面指出，插值型求积公式

$$I = \int_a^b f(x)\mathrm{d}x \approx \sum_{k=0}^{n} A_k f(x_k) \tag{8.10}$$

至少有 n 次代数精度. 可以证明，当节点 x_k 为区间 $[a,b]$ 等分点时，对应的牛顿-柯特斯公式最多有 $n+1$ 次代数精度(此时 n 为偶数). 如果将式(8.10)中的 A_k，x_k 都看成是待求的参数，这些参数共有 $2n+2$ 个，因此有可能适当选取 A_k，x_k 的值，使得式(8.10)对于 $2n+1$ 次多项式精确成立，从而式(8.10)达到 $2n+1$ 次代数精度. 这样的求积公式称为 Gauss 型求积公式.

由于正交多项式与权函数 $\rho(x)$ 有关，因此下面讨论积分

$$I = \int_a^b \rho(x) f(x)\mathrm{d}x \approx \sum_{k=0}^{n} A_k f(x_k), \tag{8.11}$$

式中，系数 $A_k = \int_a^b \rho(x) l_k(x)\mathrm{d}x$. 积分 $\int_a^b \rho(x) f(x)\mathrm{d}x$ 称为带权函数 $\rho(x)$ 的积分，本节以下的积分均为带权积分. 显然当 $\rho(x) \equiv 1$ 时，式(8.11)就是式(8.10).

下面不加证明地引用一些正交多项式的性质.

性质 1　设 $\varphi_0(x)$，$\varphi_1(x)$，…，$\varphi_n(x)$ 是 $[a,b]$ 带权 $\rho(x)$ 的正交多项式，其中 $\varphi_i(x)$ 是首项系数为 1 的 i 次多项式，则：

(1) $\varphi_0(x)$，$\varphi_1(x)$，…，$\varphi_n(x)$ 在 $[a,b]$ 中线性无关；

(2) 设 $p_n(x)$ 为次数不超过 n 的多项式，则

$$p_n(x) = \sum_{i=0}^{n} c_i \varphi_i(x),\ c_i = \frac{(p_n, \varphi_i)}{(\varphi_i, \varphi_i)},\ i = 0,1,\cdots,n;$$

(3) $\varphi_n(x)$ 与所有次数 $<n$ 的多项式 $p(x)$ 正交，即

$$\int_a^b \rho(x) \varphi_n(x) p(x)\mathrm{d}x = 0;$$

(4) $\varphi_n(x)$ 在 (a,b) 内有 n 个不同的实根；

(5) $\varphi_i(x)$，$i=1,2,\cdots,n-1$ 满足三项递推

$$\begin{cases}\varphi_0(x)=1,\\ \varphi_1(x)=x-\alpha_1,\\ \varphi_{i+1}(x)=(x-\alpha_{i+1})\varphi_i(x)-\beta_{i+1}\varphi_{i-1}(x),\ i=1,2,\cdots,n-1,\end{cases}$$

式中

$$\alpha_{i+1}=\frac{(x\varphi_i,\varphi_i)}{(\varphi_i,\varphi_i)},\ \beta_{i+1}=\frac{(\varphi_i,\varphi_i)}{(\varphi_{i-1},\varphi_{i-1})}.$$

式(8.11)具有 $2n+1$ 次的代数精度需达到如下条件.

根据插值余项定理,式(8.11)的误差为

$$I-\sum_{k=0}^{n}A_k f(x_k)=\int_a^b\rho(x)\,\frac{f^{(n+1)}(\xi)}{(n+1)!}\prod_{k=0}^{n}(x-x_k)\mathrm{d}x. \tag{8.12}$$

注意 ξ 与 x 有关.

性质 2 若 $f(x)$是次数不超过 $2n+1$ 的多项式,则式(8.12)中的 $f^{(n+1)}(\xi)$是次数不超过 n 的多项式.

证明 关于节点 $x_k(k=0,1,\cdots,n)$的插值误差为

$$f(x)-p_n(x)=\frac{f^{(n+1)}(\xi)}{(n+1)!}\prod_{k=0}^{n}(x-x_k).$$

易见 $f^{(n+1)}(\xi)$是关于 x 的次数不超过 n 的多项式.

因此如果要求式(8.11)具有 $2n+1$ 次的代数精度,则对任意 $2n+1$ 次多项式 $f(x)$,误差(8.12)必须等于零.根据正交多项式的性质(3),只要取 $\prod\limits_{k=0}^{n}(x-x_k)$ 为 $[a,b]$上关于权 $\rho(x)$的 $n+1$ 次正交多项式即可,从而 $x_k(k=0,1,\cdots,n)$是该正交多项式的零点.从性质 1 知,零点 $x_k(k=0,1,\cdots,n)$是实数,且互异.

定义 2 取 $n+1$ 次正交多项式零点为节点,且具有代数精度为 $2n+1$ 次的积分公式(8.11),称为 **Gauss 型求积公式**,节点为 **Gauss 型节点**.

可以看到,式(8.11)中的节点 x_k 可取为区间$[a,b]$上的 $n+1$ 次正交多项式的零点.由于这些零点不包含端点 a,b,故由式(8.11)可以计算 $f(x)$在 a,b 奇异的积分.

例 6 构造下列 Gauss 型求积公式的系数和节点:

$$\int_0^1\sqrt{x}f(x)\mathrm{d}x\approx A_1f(x_1)+A_2f(x_2).$$

解法 1 因为公式有两个节点,故代数精度最高是 3,分别取 $f(x)=1,x,x^2,x^3$,有

$$\begin{cases} A_1 + A_2 = \int_0^1 \sqrt{x}\mathrm{d}x = \dfrac{2}{3}, \\ A_1 x_1 + A_2 x_2 = \int_0^1 x\sqrt{x}\mathrm{d}x = \dfrac{2}{5}, \\ A_1 x_1^2 + A_2 x_2^2 = \int_0^1 x^2\sqrt{x}\mathrm{d}x = \dfrac{2}{7}, \\ A_1 x_1^3 + A_2 x_2^3 = \int_0^1 x^3\sqrt{x}\mathrm{d}x = \dfrac{2}{9}. \end{cases} \tag{8.13}$$

求解上述非线性方程组，需要一定技巧，这里借助于软件 MathCAD 符号求解，得

$$A_1 = \frac{1}{3} + \frac{\sqrt{70}}{150},\ A_2 = \frac{1}{3} - \frac{\sqrt{70}}{150},$$

$$x_1 = \frac{5}{9} + \frac{2\sqrt{70}}{63},\ x_2 = \frac{5}{9} - \frac{2\sqrt{70}}{63}.$$

解法 2　思路：(1) 用三项递推公式构造正交多项式；

(2) 计算二次正交多项式的零点；

(3) 利用代数精度计算 A_1, A_2.

(1) 将$\sqrt{x}$视为权函数，取 $\varphi_0(x)=1$，则

$$\varphi_1(x) = x - \alpha_1 = x - \frac{(x\varphi_0, \varphi_0)}{(\varphi_0, \varphi_0)} = x - \frac{\int_0^1 x\sqrt{x}\mathrm{d}x}{\int_0^1 \sqrt{x}\mathrm{d}x} = x - \frac{3}{5},$$

$$\varphi_2(x) = (x - \alpha_2)\varphi_1(x) - \beta_2\varphi_0(x) = \left(x - \frac{(x\varphi_1, \varphi_1)}{(\varphi_1, \varphi_1)}\right)\varphi_1(x) - \frac{(x\varphi_1, \varphi_1)}{(\varphi_0, \varphi_0)}\varphi_0(x)$$

$$= x^2 - \frac{10}{9}x + \frac{5}{21}.$$

(2) $\varphi_2(x)$的零点：

$$x_1 = \frac{5}{9} + \frac{2\sqrt{70}}{63},\ x_2 = \frac{5}{9} - \frac{2\sqrt{70}}{63}.$$

(3) 取 $f(x)=1, x$，有

$$\begin{cases} A_1 + A_2 = \dfrac{2}{3}, \\ A_1 x_1 + A_2 x_2 = \dfrac{2}{5}, \end{cases} \tag{8.14}$$

解得

$$A_1 = \frac{1}{3} + \frac{\sqrt{70}}{150},\ A_2 = \frac{1}{3} - \frac{\sqrt{70}}{150}.$$

结果与解法 1 完全一致.

从解法 2 看出，如果能够事先知道正交多项式及其零点，则仅仅需要解一个

线性方程组(8.14)即可,否则需要求解一个非线性方程组(8.13).

§7 Gauss 型求积公式的性质

本节讨论高斯型求积公式的性质,内容包括:误差、稳定性和收敛性.

首先讨论误差. 我们知道,关于 $n+1$ 个零点 $x_k(k=0,1,\cdots,n)$ 的 Gauss 型求积公式具有 $2n+1$ 次代数精度. 此外,还可用插值余项给出 Gauss 型求积公式的误差.

根据 $n+1$ 个互异零点构造 $2n+1$ 次插值多项式 $H_{2n+1}(x)$ 是可以的,这只要让 $H_{2n+1}(x)$ 满足

$$H_{2n+1}(x_k)=f(x_k),\ H'_{2n+1}(x_k)=f'(x_k),\ k=0,1,\cdots,n$$

即可,并且插值误差为

$$f(x)-H_{2n+1}(x)=\frac{f^{(2n+2)}(\xi)}{(2n+2)!}(x-x_0)^2\cdots(x-x_n)^2.$$

又由积分中值定理,可得积分(8.11)的误差为

$$\begin{aligned}
I-\sum_{k=0}^{n}A_kf(x_k) &= I-\sum_{k=0}^{n}A_kH_{2n+1}(x_k) && \text{// 插值条件}\\
&=\int_a^b\rho(x)f(x)\mathrm{d}x-\int_a^b\rho(x)H_{2n+1}(x)\mathrm{d}x && \text{// 代数精度}\\
&=\int_a^b\rho(x)\frac{f^{(2n+2)}(\xi)}{(2n+2)!}(x-x_0)^2\cdots(x-x_n)^2\mathrm{d}x && \text{// 插值误差}\\
&=\frac{f^{(2n+2)}(\eta)}{(2n+2)!}\int_a^b\rho(x)(x-x_0)^2\cdots(x-x_n)^2\mathrm{d}x. && (8.15)
\end{aligned}$$

其次讨论稳定性.

给定节点 $x_k(k=0,1,\cdots,n)$,记 $\tilde{f}(x_k)$ 是 $f(x_k)$ 的计算值,则 $\tilde{f}(x_k)$ 与 $f(x_k)$ 之间存在误差,因此利用公式(8.11)计算积分 $I=\int_a^b\rho(x)f(x)\mathrm{d}x$. 实际上计算的结果是

$$\sum_{k=0}^{n}A_k\tilde{f}(x_k),$$

如果误差

$$\left|\sum_{k=0}^{n}A_kf(x_k)-\sum_{k=0}^{n}A_k\tilde{f}(x_k)\right| \tag{8.16}$$

的大小可控制,则称公式(8.11)是稳定的.

性质 3 Gauss 型求积公式(8.11)中的 A_k 满足

$$\sum_{k=0}^{n} A_k = \delta,$$

式中，$\delta = \int_a^b \rho(x)\mathrm{d}x$.

证明　因为代数精度为 $2n+1$，所以对 $f(x)=1$ 公式(8.11)应精确成立，即

$$\int_a^b \rho(x)f(x)\mathrm{d}x = \sum_{k=0}^{n} A_k f(x_k) = \sum_{k=0}^{n} A_k.$$

上式左边积分等于 δ.

性质 4　Gauss 型求积公式(8.11)中的 $A_j>0$，$j=0,1,2,\cdots,n$.

证明　取关于节点 $x_k(k=0,1,\cdots,n)$ 的拉格朗日插值基函数

$$l_j(x) = \prod_{k=0,k\neq j}^{n} \frac{x-x_k}{x_j-x_k},$$

它是 n 次多项式，则 $l_j^2(x)$ 是 $2n$ 次多项式，Gauss 型求积公式(8.11)对 $f(x)=l_j^2(x)$ 精确成立，即

$$I = \int_a^b \rho(x)l_j^2(x)\mathrm{d}x = \sum_{k=0}^{n} A_k l_j^2(x_k) = A_j,$$

所以 $A_j>0$. 当 $j=0,1,2,\cdots,n$ 时，公式(8.11)中的所有 $A_j>0$.

下面转向误差(8.16)的估计. 由于

$$\begin{aligned}\left|\sum_{k=0}^{n} A_k f(x_k) - \sum_{k=0}^{n} A_k \tilde{f}(x_k)\right| &= \left|\sum_{k=0}^{n} A_k (f(x_k) - \tilde{f}(x_k))\right| \\ &\leqslant \sum_{k=0}^{n} A_k \mid f(x_k) - \tilde{f}(x_k) \mid \\ &\leqslant \delta \cdot \max_{k=0,1,\cdots,n} \mid f(x_k) - \tilde{f}(x_k) \mid, \qquad (8.17)\end{aligned}$$

因此误差的大小可控制，积分稳定.

注　对于牛顿-科特斯公式，权函数 $\rho(x)\equiv 1$，当 $n\geqslant 8$ 时系数 A_k 有正有负，式(8.17)右边只能是

$$\max_{k=0,1,\cdots,n} \mid f(x_k) - \tilde{f}(x_k) \mid \cdot \sum_{k=0}^{n} \mid A_k \mid.$$

可以证明

$$\lim_{n\to\infty} \sum_{k=0}^{n} \mid A_k \mid = \infty.$$

因而 $n\geqslant 8$ 时牛顿-科特斯公式不稳定.

最后考察收敛性，即

$$\lim_{n\to\infty} \sum_{k=0}^{n} A_k f(x_k) = I = \int_a^b \rho(x)f(x)\mathrm{d}x.$$

为方便起见，记 $I_n(f)=\sum_{k=0}^{n}A_kf(x_k)$. 为了证明这一点，需要借助于如下逼近定理.

定理 6(Weierstrass) 对于任意给定函数 $f(x)\in C[a,b]$ 和任意正数 ε，存在多项式 $p(x)$ 满足

$$\|f(x)-p(x)\|_\infty=\max_{a\leqslant x\leqslant b}|f(x)-p(x)|<\varepsilon.$$

根据定理 6，对任意给定 $\varepsilon>0$，存在 m 次多项式 $p(x)$ 满足

$$|f(x)-p(x)|<\frac{\varepsilon}{2\delta}.$$

考察误差

$$\begin{aligned}|I-I_n(f)|&=\left|I-\int_a^b\rho(x)p(x)\mathrm{d}x+\int_a^b\rho(x)p(x)\mathrm{d}x-I_n(p)+I_n(p)-I_n(f)\right|\\&\leqslant\left|I-\int_a^b\rho(x)p(x)\mathrm{d}x\right|+\left|\int_a^b\rho(x)p(x)\mathrm{d}x-I_n(p)\right|+|I_n(p)-I_n(f)|.\end{aligned}$$

上式右端第 1 个绝对值：

$$\left|I-\int_a^b\rho(x)p(x)\mathrm{d}x\right|=\left|\int_a^b\rho(x)f(x)\mathrm{d}x-\int_a^b\rho(x)p(x)\mathrm{d}x\right|\leqslant\frac{\varepsilon}{2},$$

其中 δ 参见性质 3.

上式右端第 2 个绝对值：由于 $n\to\infty$，所以能够有 $m\leqslant 2n+1$，因此据代数精度定义有

$$\int_a^b\rho(x)p(x)\mathrm{d}x=I_n(p(x)),$$

所以右端第 2 个绝对值等于零.

右端第 3 个绝对值：

$$\begin{aligned}|I_n(p(x))-I_n(f)|&=\left|\sum_{k=0}^{n}A_kp(x_k)-\sum_{k=0}^{n}A_kf(x_k)\right|\\&=\left|\sum_{k=0}^{n}A_k(p(x_k)-f(x_k))\right|\leqslant\frac{\varepsilon}{2\delta}\sum_{k=0}^{n}|A_k|=\frac{\varepsilon}{2}.\end{aligned}$$

因此有

$$|I-I_n(f)|\leqslant\varepsilon,$$

即

$$\lim_{n\to\infty}I_n(f)=I.$$

§8　常用的 Gauss 型求积公式

Gauss 型求积公式具有最高代数精度的优点，但是对一般的区间和权函数，Gauss 型节点不易求得. 此时可借助特定的正交多项式计算积分.

我们知道常用的正交多项式有：

(1) 勒让德正交多项式，区间 $[-1,1]$，权函数 $\rho(x)\equiv 1$；

(2) 第一类切比雪夫正交多项式，区间 $[-1,1]$，权函数 $\rho(x)\equiv\dfrac{1}{\sqrt{1-x^2}}$；

(3) 第二类切比雪夫正交多项式，区间 $[-1,1]$，权函数 $\rho(x)\equiv\sqrt{1-x^2}$；

(4) Laguerre 多项式(拉盖尔多项式)，区间 $[0,+\infty)$，权函数 $\rho(x)\equiv e^{-x}$；

(5) Hermite 多项式(埃尔米特多项式)，区间 $(-\infty,+\infty)$，权函数 $\rho(x)\equiv e^{-x^2}$.

这样可依据积分特点(如积分区间、权函数等)构造相应的 Gauss 型求积公式.

下面考察几种常用的 Gauss 型求积公式.

1. 高斯-勒让德积分公式

形如 $I=\int_{-1}^{1}f(x)\mathrm{d}x$ 的积分，可视权函数 $\rho(x)\equiv 1$. 选用勒让德正交多项式

$$L_n(x)=\frac{1}{2^n n!}\frac{\mathrm{d}^n}{\mathrm{d}x^n}(x^2-1)^n,\ n=0,1,2,\cdots$$

的零点计算积分，几个低阶勒让德正交多项式表达式为

$$L_0(x)=1,\ L_1(x)=x,\ L_2(x)=\frac{3}{2}x^2-\frac{1}{2},\ L_3(x)=\frac{5}{2}x^3-\frac{3}{2}x,$$

$$L_4(x)=\frac{35}{8}x^4-\frac{15}{4}x^2+\frac{3}{8}.$$

它们的零点可以方便地算出. 用此零点构造的 Gauss 型求积公式

$$I\approx\sum_{k=0}^{n}A_k f(x_k) \tag{8.18}$$

称为**高斯-勒让德积分公式**. $n\leqslant 4$ 时，零点 x_k 和系数 A_k 的具体取值如下：

n	零　点	系　数
$n=0$	$x_0=0$	$A_0=2$
$n=1$	$x_0=0.577\,350\,269\,189\,626$	$A_0=1$
	$x_1=-0.577\,350\,269\,189\,626$	$A_1=1$

续表

n	零　点	系　数
$n=2$	$x_0=0$	$A_0=0.888\ 888\ 888\ 888\ 889$
	$x_1=0.774\ 596\ 669\ 241\ 483$	$A_1=0.555\ 555\ 555\ 555\ 555$
	$x_2=-0.774\ 596\ 669\ 241\ 483$	$A_2=A_1$
$n=3$	$x_0=0.861\ 136\ 311\ 594\ 052$	$A_0=0.347\ 854\ 845\ 137\ 454$
	$x_1=-x_0$	$A_1=A_0$
	$x_2=0.339\ 981\ 043\ 584\ 856$	$A_2=0.652\ 145\ 154\ 862\ 546$
	$x_3=-x_2$	$A_3=A_2$
$n=4$	$x_0=0.906\ 179\ 845\ 938\ 664$	$A_0=0.236\ 926\ 885\ 056\ 189$
	$x_1=-x_0$	$A_1=A_0$
	$x_2=0.538\ 469\ 310\ 105\ 683$	$A_2=0.478\ 628\ 670\ 499\ 367$
	$x_3=-x_2$	$A_3=A_2$
	$x_4=0$	$A_4=0.568\ 888\ 888\ 888\ 889$

根据表格数据，一点 Gauss 型求积公式为

$$I=\int_{-1}^{1} f(x)\mathrm{d}x \approx A_0 f(x_0)=2f(0),$$

也就是中矩形公式，代数精度是 1.

两点高斯-勒让德积分公式为

$$\int_{-1}^{1} f(x)\mathrm{d}x \approx f(0.577\ 350\ 269\ 189\ 626)+f(-0.577\ 350\ 269\ 189\ 626),$$

代数精度等于 3.

对于一般有限区间$[a,b]$，可以作变换 $x=\frac{a+b}{2}+\frac{b-a}{2}t$，有

$$\int_a^b f(x)\mathrm{d}x=\frac{b-a}{2}\int_{-1}^{1} f\left(\frac{a+b}{2}+\frac{b-a}{2}t\right)\mathrm{d}t.$$

例 7　用三点高斯-勒让德积分公式计算

$$I=\int_0^1 \cos x^2\mathrm{d}x.$$

解　将区间变换到$[-1,1]$：$x=\frac{0+1}{2}+\frac{1-0}{2}t=0.5+0.5t$，则

$$\begin{aligned}\int_0^1 \cos x^2\mathrm{d}x &= 0.5\int_{-1}^{1}\cos(0.5+0.5t)^2\mathrm{d}t\\ &\approx 0.5\sum_{k=0}^{2}A_k f(x_k)=0.904\ 428\ 1.\end{aligned}$$

附　Simpson 公式计算结果：

$$\int_0^1 \cos x^2 \mathrm{d}x \approx \frac{b-a}{6}\left(f(a)+4f\left(\frac{a+b}{2}\right)+f(b)\right)=0.9026587.$$

与有 7 位有效数字的 $I\approx 0.9045242$ 比较，三点 Gauss 型求积公式计算精度较高.

由式(8.15)可得高斯-勒让德积分公式(8.18)的误差为

$$I-\sum_{k=0}^{n} A_k f(x_k)=\frac{2^{2n+3}[(n+1)!]^4}{(2n+3)[(2n+2)!]^3} f^{(2n+2)}(\xi),\ \xi\in(-1,1).$$

特别地，当 $n=1$ 时，积分误差为

$$I-\sum_{k=0}^{1} A_k f(x_k)=\frac{1}{135} f^{(4)}(\xi). \tag{8.19}$$

与 $[-1,1]$ 上的 Simpson 公式的余项

$$I-S=-\frac{2^5}{2880} f^{(4)}(\xi)=-\frac{1}{90} f^{(4)}(\xi)$$

相比，式(8.19)的系数 $\frac{1}{135}$ 更小，且 $n=1$ 的高斯-勒让德积分公式仅仅用到两个函数值.

当 $n=2$ 时，式(8.18)的积分误差为

$$I-\sum_{k=0}^{2} A_k f(x_k)=\frac{1}{15750} f^{(6)}(\xi). \tag{8.20}$$

与 $[-1,1]$ 上的 Cotes 公式的余项

$$I-C=-\frac{2^7}{1935360} f^{(6)}(\xi)=-\frac{1}{15120} f^{(6)}(\xi)$$

相比，系数几乎相等，但 $n=2$ 的高斯-勒让德积分公式仅用到 3 个函数值.

其他类型的 Gauss 型求积公式列举如下.

2. 高斯-切比雪夫积分公式

区间 $[-1,1]$，关于权函数 $\rho(x)\equiv\frac{1}{\sqrt{1-x^2}}$ 的高斯-切比雪夫求积公式为

$$\int_{-1}^{1} \frac{f(x)}{\sqrt{1-x^2}} \mathrm{d}x \approx \frac{\pi}{n} \sum_{k=1}^{n} f\left(\cos \frac{2k-1}{2n} \pi\right),$$

积分误差为

$$\frac{2\pi}{2^{2n}(2n)!} f^{(2n)}(\xi),\ \xi\in(-1,1).$$

区间 $[-1,1]$，关于权函数 $\rho(x)=\sqrt{1-x^2}$ 的高斯-切比雪夫求积公式为

$$\int_{-1}^{1} \sqrt{1-x^2} f(x) \mathrm{d}x \approx \sum_{k=1}^{n} \frac{\pi}{n+1} \sin^2\left(\frac{k\pi}{n+1}\right) f\left(\cos \frac{k\pi}{n+1}\right),$$

积分误差为

$$\frac{\pi}{2^{2n+1}(2n)!}f^{(2n)}(\xi),\ \xi\in(-1,1).$$

3. 高斯-拉盖尔积分公式

区间$[0,+\infty)$，关于权函数$\rho(x)\equiv e^{-x}$的高斯-拉盖尔正交多项式为

$$L_n(x)=e^x\frac{d^n}{dx^n}(x^n e^{-x}),\ n=0,1,2,\cdots,$$

则高斯-拉盖尔积分公式为

$$\int_0^{\infty}e^{-x}f(x)dx\approx\sum_{k=0}^{n}A_kf(x_k),$$

式中，x_k为$n+1$次拉盖尔正交多项式$L_{n+1}(x)$的零点，求积系数为

$$A_k=\frac{[(n+1)!]^2}{(L_{n+2}(x_k))^2}x_k,$$

$n\leqslant4$时，零点x_k和系数A_k的具体取值如下：

n	零　点	系　数
$n=0$	$x_0=1$	$A_0=1$
$n=1$	$x_0=3.414\ 213\ 562\ 373\ 09$	$A_0=0.146\ 446\ 609\ 468\ 016$
	$x_1=0.585\ 786\ 437\ 626\ 905$	$A_1=0.853\ 553\ 390\ 233\ 810$
$n=2$	$x_0=6.289\ 945\ 082\ 937\ 48$	$A_0=0.010\ 389\ 256\ 497\ 426$
	$x_1=0.415\ 774\ 556\ 783\ 479$	$A_1=0.711\ 093\ 009\ 556\ 852$
	$x_2=2.294\ 280\ 360\ 279\ 04$	$A_2=0.278\ 517\ 733\ 647\ 549$
$n=3$	$x_0=0.322\ 547\ 688\ 627\ 706$	$A_0=0.603\ 154\ 077\ 738\ 595$
	$x_1=1.745\ 760\ 937\ 333\ 8$	$A_1=0.357\ 418\ 712\ 798\ 245$
	$x_2=4.536\ 620\ 556\ 703\ 92$	$A_2=0.038\ 887\ 915\ 453\ 92$
	$x_3=9.395\ 070\ 817\ 334\ 58$	$A_3=0.000\ 539\ 293\ 711\ 066$
$n=4$	$x_0=0.263\ 560\ 317\ 199\ 723$	$A_0=0.521\ 755\ 608\ 971\ 077$
	$x_1=1.413\ 403\ 064\ 204\ 43$	$A_1=0.398\ 666\ 813\ 655\ 163$
	$x_2=3.596\ 425\ 767\ 491\ 5$	$A_2=0.075\ 942\ 448\ 146\ 777$
	$x_3=7.085\ 810\ 006\ 945\ 29$	$A_3=0.003\ 611\ 758\ 975\ 054$
	$x_4=12.640\ 800\ 844\ 159\ 1$	$A_4=0.000\ 023\ 369\ 953\ 754$

积分误差为

$$\frac{[(n+1)!]^2}{[2(n+1)]!}f^{(2n+2)}(\xi),\ \xi\in[0,\infty).$$

4. 高斯-埃尔米特积分公式

在区间$(-\infty,+\infty)$上，关于权函数$\rho(x)\equiv e^{-x^2}$的高斯-埃尔米特求积公式为

$$\int_{-\infty}^{+\infty} e^{-x^2} f(x)\,dx \approx \sum_{k=0}^{n} A_k f(x_k),$$

式中，x_k为$n+1$次埃尔米特正交多项式$H_{n+1}(x)$的零点，求积系数为

$$A_k=\frac{\sqrt{\pi}2^{n+1}(n+1)!}{(H'_{n+1}(x_k))^2}.$$

$n\leqslant 4$时，零点x_k和系数A_k的取值如下：

n	零　点	系　数
$n=0$	$x_0=0$	$A_0=1.772\,453\,850\,906\,74$
$n=1$	$x_0=0.707\,106\,781\,186\,547$	$A_0=0.886\,226\,925\,453\,369$
	$x_1=-x_0$	$A_1=A_0$
$n=2$	$x_0=1.224\,744\,871\,391\,59$	$A_0=0.295\,408\,975\,158\,694$
	$x_1=0$	$A_1=1.181\,635\,900\,589\,349$
	$x_2=-x_0$	$A_2=A_0$
$n=3$	$x_0=0.524\,647\,623\,275\,29$	$A_0=0.804\,914\,090\,001\,431$
	$x_1=-x_0$	$A_1=A_0$
	$x_2=1.650\,680\,123\,885\,78$	$A_2=0.081\,312\,835\,451\,938$
	$x_3=-x_2$	$A_3=A_2$
$n=4$	$x_0=2.020\,182\,870\,456\,09$	$A_0=0.019\,953\,242\,062\,411$
	$x_1=-x_0$	$A_1=A_0$
	$x_2=0.958\,572\,464\,613\,819$	$A_2=0.393\,619\,323\,149\,987$
	$x_3=-x_2$	$A_3=A_2$
	$x_4=0$	$A_4=0.945\,308\,720\,481\,941$

高斯-埃尔米特积分公式的误差为

$$\frac{\sqrt{\pi}(n+1)!}{2^{n+1}(2n+2)!}f^{(2n+2)}(\xi),\ \xi\in(-\infty,+\infty).$$

§9　数值微分的中点公式

下面讨论函数的导数计算方法.

假设函数$f(x)$在点$x=a$可导，通常可用导函数$f'(x)$计算$f'(a)$. 只是当

$f(x)$比较复杂，或者 $f(x)$未知但知道 $f(x)$在一些节点上的值时，可考虑用数值方法计算其导数值，或高阶的导数值. 这些数值方法也是求解微分方程的基础. 泰勒展开或函数逼近是数值求导的常用方法.

1. 泰勒展开方法

假设需要计算节点 $x=a$ 处的各阶导数值，$f(x)$足够光滑. 记 h 为步长，k 为正整数，则 $f(a\pm kh)$在 $x=a$ 处的泰勒展开分别为

$$f(a+kh)=f(a)+khf'(a)+\frac{(kh)^2}{2}f''(a)+\frac{(kh)^3}{3!}f'''(a)+\frac{(kh)^4}{4!}f^{(4)}(a)+\cdots, \tag{8.21}$$

$$f(a-kh)=f(a)-khf'(a)+\frac{(kh)^2}{2}f''(a)-\frac{(kh)^3}{3!}f'''(a)+\frac{(kh)^4}{4!}f^{(4)}(a)-\cdots, \tag{8.22}$$

考察一阶导数计算公式. 取 $k=1$，则由式(8.21)得到求导数的向前差商公式：

$$f'(a)\approx\frac{f(a+h)-f(a)}{h},$$

误差界为 $o(h)$. 同样根据式(8.22)可以得到向后差商公式

$$f'(a)\approx\frac{f(a)-f(a-h)}{h},$$

误差界为 $o(h)$. 将式(8.21)和式(8.22)相减：

$$f(a+h)-f(a-h)=2hf'(a)+\frac{2h^3}{3!}f'''(a)+\cdots, \tag{8.23}$$

略去高阶项 $o(h^3)$得中心差商公式

$$f'(a)\approx\frac{f(a+h)-f(a-h)}{2h},$$

误差界为 $o(h^2)$. 这些公式的共同点是：计算 $f'(a)$时并未使用导函数 $f'(x)$.

例 8 取 $h=0.01$，计算函数 $f(x)=\sqrt{x}$ 在 $a=2$ 处的导数值 $f'(2)$.

解 利用 3 个计算公式计算的结果如下.

利用向前差商公式计算：

$$f'(2)\approx\frac{\sqrt{2+h}-\sqrt{2}}{h}=0.353\,112\,6,$$

误差约为 4.408×10^{-4}.

利用向后差商公式计算：

$$f'(2)\approx\frac{\sqrt{2}-\sqrt{2-h}}{h}=0.353\,996\,4,$$

误差约为 -4.431×10^{-4}.

利用中心差商公式计算：

$$f'(2)\approx\frac{\sqrt{2+h}-\sqrt{2-h}}{2h}=0.353\,554\,5,$$

误差约为-1.105×10^{-6}.

与准确值 $f'(2)=0.353\,553\,39\cdots$ 比较,中心差商公式计算的值精度高一些,原因是它的误差界为 $o(h^2)$.

理论上,h 越小 $f'(a)$ 越精确,但从舍入误差角度看却并非如此.这是由于 $f(x)$ 连续,当 h 很小时,函数值 $f(a+h)$、$f(a-h)$ 与 $f(a)$ 非常接近,相减时会损失有效数字,因此导数的数值计算是病态问题,通常也视为不适定问题.下面的例题说明了这一点.

例 9　已知 $f(x)=\sqrt{x}$,计算 $f'(2)$.

解　理论上 $f'(x)=(2\sqrt{x})^{-1}$,所以

$$f'(2)=(2\sqrt{2})^{-1}\approx0.353\,553\,390\,6.$$

而对不同的 h 用中心差商公式计算结果为

$$h=1\times10^{-5},\ f'(2)\approx0.353\,553\,390\,597\,394,$$
$$h=1\times10^{-10},\ f'(2)\approx0.353\,553\,852\,860\,955,$$
$$h=1\times10^{-15},\ f'(2)\approx0.333\,066\,907\,387\,547,$$
$$h=1\times10^{-20},\ f'(2)\approx0.$$

可见,$f'(2)$的值并非随 h 的减小而更加精确.实际计算时 h 不能取值太小.

尽管数值求导是病态问题,但是这些差商公式在求解微分方程等问题中有重要应用.根据式(8.21)和式(8.22),精度更高的导数公式也能构造出来.考察形如

$$f'(a)\approx Af(a+2h)+Bf(a+h)+Cf(a)+Df(a-h)+Ef(a-2h)\qquad(8.24)$$

的导数计算公式,其中 $A\sim E$ 是待定系数.

在展开式(8.21)、(8.22)中取 $k=1,2$ 并代入式(8.24)右端有

$$\begin{aligned}&Af(a+2h)+Bf(a+h)+Cf(a)+Df(a-h)+Ef(a-2h)\\&=Af(a)+2hAf'(a)+\frac{4h^2}{2}Af''(a)+\frac{8h^3}{3!}Af'''(a)+\cdots+\\&\quad Bf(a)+hBf'(a)+\frac{h^2}{2}Bf''(a)+\frac{h^3}{3!}Bf'''(a)+\cdots+\\&\quad Cf(a)+Df(a)-hDf'(a)+\frac{h^2}{2}Df''(a)-\frac{h^3}{3!}Df'''(a)+\cdots+\\&\quad Ef(a)-2hEf'(a)+\frac{4h^2}{2}Ef''(a)-\frac{8h^3}{3!}Ef'''(a)+\cdots.\end{aligned}\qquad(8.25)$$

令

$$\begin{cases}A+B+C+D+E=0,\\2A+B-D-2E=h^{-1},\end{cases}$$

取上述方程的一组解为

$$A=\frac{-1}{12h},\ B=\frac{8}{12h},\ C=0,\ D=\frac{-8}{12h},\ E=\frac{1}{12h},$$

所以式(8.25)成为

$$Af(a+2h)+Bf(a+h)+Cf(a)+Df(a-h)+Ef(a-2h)$$
$$=f'(a)-\frac{h^4}{30}f^{(5)}(a)+\cdots.$$

于是有

$$f'(a)=\frac{8[f(a+h)-f(a-h)]-[f(a+2h)-f(a-2h)]}{12h}+\frac{h^4}{30}f^{(5)}(a)-\cdots. \tag{8.26}$$

所以式(8.24)成为

$$f'(a)\approx\frac{8[f(a+h)-f(a-h)]-[f(a+2h)-f(a-2h)]}{12h}, \tag{8.27}$$

误差界为 $o(h^4)$. 用式(8.27)计算例 8,结果为

$$f'(2)\approx 0.353\,553\,390\,545,$$

误差约为 -4.835×10^{-11},

可见式(8.27)的精度比较高. 类似地有

$$f'(a)\approx\frac{[f(a+3h)-f(a-3h)]-9[f(a+2h)-f(a-2h)]+45[f(a+h)-f(a-h)]}{60h},$$

误差界为 $o(h^6)$. 用上式计算例 8,结果如下:

$$f'(2)\approx 0.353\,553\,390\,593\,27,$$

误差约为 $-3.608\,2\times10^{-15}$.

下面考察二阶导数的计算.

取 $k=1$,将式(8.21)和式(8.22)相加,略去高阶项 $o(h^2)$ 有

$$f''(a)\approx\frac{f(a+h)-2f(a)+f(a-h)}{h^2}, \tag{8.28}$$

误差界为 $o(h^2)$. 式(8.28)也可以按照下列方法得到. 令

$$f''(a)\approx Af(a+h)+Bf(a)+Cf(a-h),$$

取 $k=1$,将式(8.21)和式(8.22)代入上式有

$$\begin{aligned}Af(a+h)+Bf(a)+Cf(a-h)=&(A+B+C)f(a)+(A-C)hf'(a)+\\&\frac{h^2}{2}(A+C)f''(a)+\frac{h^3}{6}(A-C)f'''(a)+\\&\frac{h^4}{24}(A+C)f^{(4)}(a)+\cdots.\end{aligned}$$

令

$$\begin{cases} A+B+C=0, \\ A-C=0, \\ A+C=2h^{-2}, \end{cases}$$

解出

$$A=C=h^{-2},\ B=-2h^{-2},$$

即得式(8.28),误差界为 $o(h^2)$.下面给出精度更高的二阶导数计算公式.取

$$f''(a)\approx Af(a+2h)+Bf(a+h)+Cf(a)+Df(a-h)+Ef(a-2h),$$

在式(8.25)的右端表达式中,令

$$\begin{cases} A+B+C+D+E=0, \\ 2A+B-D-2E=0, \\ 4A+B+D+4E=2h^{-2}, \end{cases}$$

方程组的解为

$$A=E=-\frac{1}{12h^2},\ B=D=\frac{16}{12h^2},\ C=-\frac{30}{12h^2},$$

故

$$f''(a)\approx\frac{16[f(a+h)+f(a-h)]-[f(a+2h)+f(a-2h)]-30f(a)}{12h^2}, \tag{8.29}$$

误差界为 $o(h^4)$.用式(8.28)和式(8.29)计算例 8 中的函数,结果为

公式(8.28):$f''(2)\approx-0.088\,389\,038\,193\,082$,误差:$-6.905\,4\times10^{-7}$;

公式(8.29):$f''(2)\approx-0.088\,388\,347\,609\,936$,误差:$3.838\,3\times10^{-11}$.

利用这些公式的推导思想,采用不同的节点,还可得到更高阶的导数公式,这里就不一一列举.下面考察用插值法计算导数.

2. 插值型求导公式

取节点 $x_i(i=0,1,\cdots,n)$构造 $f(x)$的 n 次插值多项式

$$f(x)=p_n(x)+R(x)\approx\sum_{j=0}^{n}y_jl_j(x),$$

式中,$R(x)$为插值余项.则 $f(x)$在 $x=a$ 处的 m 阶导数值

$$f^m(a)\approx p_n^{(m)}(a)=\sum_{j=0}^{n}y_jl_j^{(m)}(a),$$

该公式称为**插值型求导公式**.通常让 a 等于某一个节点 x_i,这是考虑到误差(以 $m=1$为例)

$$f'(x)-p_n'(x)=R'(x)=\left(\frac{\mathrm{d}}{\mathrm{d}x}\frac{f^{(n+1)}(\xi)}{(n+1)!}\right)\omega(x)+\frac{f^{(n+1)}(\xi)}{(n+1)!}\frac{\mathrm{d}}{\mathrm{d}x}\omega(x)$$

的右端很复杂,难以计算.若 a 是某个插值节点,例如 $a=x_i$ 时,这时右端可简化为

$$\frac{f^{(n+1)}(\xi)}{(n+1)!}(a-x_0)\cdots(a-x_{i-1})(a-x_{i+1})\cdots(a-x_n).$$

这时误差要容易估计一些.下面给出常用的低阶导数计算公式,为方便起见,节点 x_i 取为等距节点.

(1) 2 个节点 (x_0,y_0),(x_1,y_1) 的导数计算公式.

线性插值为:

$$p_1(x)=y_0\frac{x-x_1}{x_0-x_1}+y_1\frac{x-x_0}{x_1-x_0},$$

则

$$f'(x)\approx p_1'(x)=\frac{y_1-y_0}{x_1-x_0},$$

所以,对于 x_0,$f'(x_0)$是向前差商公式;对于 x_1,$f'(x_1)$是向后差商公式.

(2) 3 个节点 (x_i,y_i),$i=0,1,2$ 的导数计算公式.

构造二次插值多项式 $p_2(x)$逼近 $f(x)$,于是有 $f'(x_i)\approx p_2'(x_i)$,经过简单推导有

$$f'(x_0)\approx p_2'(x_0)=\frac{1}{2h}(-3f(x_0)+4f(x_1)-f(x_2)),$$

$$f'(x_1)\approx p_2'(x_1)=\frac{1}{2h}(-f(x_0)+f(x_2)),$$

$$f'(x_2)\approx P_2'(x_2)=\frac{1}{2h}(f(x_0)-4f(x_1)+3f(x_2)).$$

对于等距节点,上面 $f'(x_1)$的计算公式就是中心差商公式.

(3) 5 个节点 (x_i,y_i),$(i=0,1,\cdots,4)$的导数计算公式.

取 $f'(x_i)\approx p_4'(x_i)$,经过简单推导有(用矩阵表示)

$$\begin{pmatrix} f'(x_0)\\ f'(x_1)\\ f'(x_2)\\ f'(x_3)\\ f'(x_4)\end{pmatrix}\approx\frac{1}{12h}\begin{pmatrix} -25 & 48 & -36 & 16 & -3\\ -3 & -10 & 18 & -6 & 1\\ 1 & -8 & 0 & 8 & -1\\ -1 & 6 & -18 & 10 & 3\\ 3 & -16 & 36 & -48 & 25\end{pmatrix}\begin{pmatrix} f(x_0)\\ f(x_1)\\ f(x_2)\\ f(x_3)\\ f(x_4)\end{pmatrix},\text{误差为}\begin{pmatrix} o(h^4)\\ o(h^4)\\ o(h^4)\\ o(h^4)\\ o(h^4)\end{pmatrix}.$$

注 如果取 $a+ih(i=-2,-1,0,1,2)$为 $x_0,x_1,\cdots,x_4$,则上式中 $f'(x_2)$等同于公式(8.27).

例 10 用 5 点公式计算例 8,节点取为 $x_i=a+ih$,$i=0,1,\cdots,4$,则 5 点公式中 $f'(x_0)$等于 $f'(a)$,所以

$$\begin{aligned} f'(2)&\approx\frac{-25f(x_0)+48f(x_1)-36f(x_2)+16f(x_3)-3f(x_4)}{12h}\\ &=0.353\ 553\ 390\ 313\ 821,\end{aligned}$$

误差为 2.794×10^{-10}.

根据 $p_4(x)$ 还可以构造出 $f(x)$ 的高阶导数公式,如 $f^{(m)}(x_i)\approx p_4^{(m)}(x_i)$,$m=2,3,4$,分别列举如下,方便阅读使用.

$$\begin{pmatrix} f''(x_0) \\ f''(x_1) \\ f''(x_2) \\ f''(x_3) \\ f''(x_4) \end{pmatrix} \approx \frac{1}{12h^2}\begin{pmatrix} 35 & -104 & 114 & -56 & 11 \\ 11 & -20 & 6 & 4 & -1 \\ -1 & 16 & -30 & 16 & -1 \\ -1 & 4 & 6 & -20 & 11 \\ 11 & -56 & 114 & -104 & 35 \end{pmatrix}\begin{pmatrix} f(x_0) \\ f(x_1) \\ f(x_2) \\ f(x_3) \\ f(x_4) \end{pmatrix}, \text{误差为} \begin{pmatrix} o(h^3) \\ o(h^3) \\ o(h^4) \\ o(h^3) \\ o(h^3) \end{pmatrix}.$$

注 上式中 $f''(x_2)$ 的计算公式为式(8.29).

$$\begin{pmatrix} f'''(x_0) \\ f'''(x_1) \\ f'''(x_2) \\ f'''(x_3) \\ f'''(x_4) \end{pmatrix} \approx \frac{1}{2h^3}\begin{pmatrix} -5 & 18 & -24 & 14 & -3 \\ -3 & 10 & -12 & 6 & -1 \\ -1 & 2 & 0 & -2 & 1 \\ 1 & -6 & 12 & -10 & 3 \\ 3 & -14 & 24 & -18 & 5 \end{pmatrix}\begin{pmatrix} f(x_0) \\ f(x_1) \\ f(x_2) \\ f(x_3) \\ f(x_4) \end{pmatrix}, \text{误差为} \begin{pmatrix} o(h^2) \\ o(h^2) \\ o(h^2) \\ o(h^2) \\ o(h^2) \end{pmatrix}.$$

关于 4 阶导数,由于 $p_4(x)$ 的 4 阶导数已经是常数,因此给出中间点 x_2 处的计算公式如下:

$$f^{(4)}(x_2)=\frac{f(x_0)-4f(x_1)+6f(x_2)-4f(x_3)+f(x_4)}{h^4},$$

误差为 $o(h^2)$.

§10 用外推方法计算导数

给定步长 h 后,取步长 $\tilde{h}=2^{-k}h\,(k=0,1,2,\cdots)$,用中心差商公式计算导数值

$$f'(a)\approx\frac{f(a+2^{-k}h)-f(a-2^{-k}h)}{2\cdot2^{-k}h},\ k=0,1,2,\cdots,$$

将上式右端记为 T_{2^k},这样当 $k=0,1,2,\cdots$ 即得如下数列

$$T_1,T_2,T_4,T_8,T_{16},\cdots,T_n,T_{2n},\cdots, \tag{8.30}$$

这组数值是 $f'(a)$ 的一系列近似值. 显然 T_{2^k} 与 $f'(a)$ 的误差阶为 $o(\tilde{h}^2)$.

下面对数列(8.30)作**理查逊外推**,即将(8.30)中相邻两个数值作线性组合,使之具有 $o(\tilde{h}^4)$ 的精度. 为方便起见,记 $T_n=T_{2^k}$,$T_{2n}=T_{2^{k+1}}$,即 T_n,T_{2n} 分别用 $\tilde{h}$,$0.5\tilde{h}$ 计算的值. 由式(8.23)得

$$f'(a)=T_n-\frac{\tilde{h}^2}{3!}f'''(a)-\frac{\tilde{h}^4}{5!}f^{(5)}(a)-\frac{\tilde{h}^6}{7!}f^{(7)}(a)-\frac{\tilde{h}^8}{9!}f^{(9)}(a)-\cdots,$$

将上式记为

$$T_n = f'(a) + a_2\tilde{h}^2 + a_4\tilde{h}^4 + a_6\tilde{h}^6 + a_8\tilde{h}^8 + \cdots, \tag{8.31}$$

式中,常数 $a_2, a_4, a_6, a_8, \cdots$ 与 $\tilde{h}$ 无关.同样,

$$T_{2n} = f'(a) + a_2(0.5\tilde{h})^2 + a_4(0.5\tilde{h})^4 + a_6(0.5\tilde{h})^6 + a_8(0.5\tilde{h})^8 + \cdots,$$

若 a_2 非零,则消去 T_n, T_{2n} 两式中的 $\tilde{h}^2$ 项有

$$\frac{4}{3}T_{2n} - \frac{1}{3}T_n = f'(a) - \frac{1}{4}a_4\tilde{h}^4 - \frac{5}{16}a_6\tilde{h}^6 - \frac{21}{64}a_8\tilde{h}^8 - \cdots, \tag{8.32}$$

记 $S_n = \frac{4T_{2n} - T_n}{3}$,则

$$S_n = f'(a) + b_4\tilde{h}^4 + b_6\tilde{h}^6 + b_8\tilde{h}^8 + \cdots, \tag{8.33}$$

式中,$b_4, b_6, b_8, \cdots$ 与 $\tilde{h}$ 无关.S_n 近似 $f'(a)$ 的误差阶为 $o(\tilde{h}^4)$.

再将 S_{2n} 表示如下:

$$S_{2n} = f'(a) + b_4(0.5\tilde{h})^4 + b_6(0.5\tilde{h})^6 + b_8(0.5\tilde{h})^8 + \cdots,$$

若 b_4 非零,消去 S_n, S_{2n} 中的 $\tilde{h}^4$ 项,有

$$\frac{16}{15}S_{2n} - \frac{1}{15}S_n = f'(a) + d_6\tilde{h}^6 + d_8\tilde{h}^8 + \cdots,$$

式中,$d_6, d_8, \cdots$,与 $\tilde{h}$ 无关.记

$$C_n = \frac{16}{15}S_{2n} - \frac{1}{15}S_n,$$

则 C_n 与 $f'(a)$ 的误差是 $o(\tilde{h}^6)$.同理若 d_6 非零,再对 C_n, C_{2n} 作类似处理有

$$\frac{64}{63}C_{2n} - \frac{1}{63}C_n = f'(a) + e_8\tilde{h}^8 + \cdots,$$

式中,$e_8, \cdots$,与 $\tilde{h}$ 无关.记

$$R_n = \frac{64}{63}C_{2n} - \frac{1}{63}C_n,$$

它与 $f'(a)$ 的误差阶达到 $o(\tilde{h}^8)$.这个过程可以继续进行下去,构造出更高阶的导数计算公式.下面模仿积分的 Romberg 公式(实际上两者数学原理一致),将外推方法的过程列出如下:

步长	中心差商公式	第 1 次外推	第 2 次外推	第 3 次外推
h	T_1			
$2^{-1}h$	T_2	$S_1 = \frac{4T_2 - T_1}{3}$		
$2^{-2}h$	T_4	$S_2 = \frac{4T_4 - T_2}{3}$	$C_1 = \frac{16S_2 - S_1}{15}$	
$2^{-3}h$	T_8	$S_4 = \frac{4T_8 - T_4}{3}$	$C_2 = \frac{16S_4 - S_2}{15}$	$R_1 = \frac{64C_2 - C_1}{63}$

续表

步长	中心差商公式	第 1 次外推	第 2 次外推	第 3 次外推
$2^{-4}h$	T_{16}	$S_8=\dfrac{4T_{16}-T_8}{3}$	$C_4=\dfrac{16S_8-S_4}{15}$	$R_2=\dfrac{64C_4-C_2}{63}$
⋮	⋮	⋮	⋮	⋮

这里 $f'(a)$ 与 T,S,C,R 的误差界分别为 $o(\tilde{h}^2),o(\tilde{h}^4),o(\tilde{h}^6),o(\tilde{h}^8)$.

注　表中用外推方法计算导数值的公式，与 Romberg 公式形式上一致.

例 11　用理查逊外推计算 $f'(2)$，这里 $f(x)=\sqrt{x}$.

解　取 $h=0.1$，逐行计算

$T_1=0.353\,663\,997$			
$T_2=0.353\,581\,02$	$S_1=0.353\,553\,36$		
$T_4=0.353\,555\,117$	$S_2=0.353\,546\,483$	$C_1=0.353\,546\,024$	
$T_8=0.353\,553\,418$	$S_4=0.353\,552\,851$	$C_2=0.353\,553\,276$	$R_1=0.353\,553\,391$

与准确值 $f'(2)\approx 0.353\,553\,391$ 比较，外推到 R_1 就足够准确了.

在计算中，$T_1\sim T_8$ 是分别取步长

$$\tilde{h}=2^{-k}h\,(k=0,1,2,3)$$

用中心差商公式计算，有 6 位有效数字，经过数次外推后有 9 位有效数字，可见外推法的有效性.

注 1　之所以可以对中心差商公式进行理查逊外推，是因为

$$T_n=f'(a)+a_2\tilde{h}^2+a_4\tilde{h}^4+a_6\tilde{h}^6+\cdots,$$

即 T_n 可以表示为 $\tilde{h}^2$ 的级数形式.

对于 Romberg 公式，首先需要用复化梯形公式计算

$$\{T_n\},\ n=2^k,k=0,1,2,\cdots.$$

可以证明，以步长 h 计算的 T_n 也有渐近展开形式

$$T_n=\int_a^b f(x)\mathrm{d}x+a_1h^2+a_2h^4+a_3h^6+\cdots, \tag{8.34}$$

故对式(8.34)使用理查逊外推，即 Romberg 公式，定理 5 中的误差阶也由此可以证得. 定理 5 中的公式也可以用来计算例 11. 根据例 11 数据有

$$R_1=\frac{4\,096}{2\,835}T_8-\frac{64}{135}T_4+\frac{4}{135}T_2-\frac{1}{2\,835}T_1=0.353\,553\,391.$$

注 2　外推时要注意待消去项的系数不能等于零，例如式(8.33)中的 b_4 要求非零，否则外推精度会降低.

注 3　考察特殊情况，取节点 $x_i=a+ih\,(i=-2,-1,0,1,2)$，先对 $a-2h,a,$

$a+2h$ 使用中心差商公式，得

$$f'(a)\approx\frac{f(a+2h)-f(a-2h)}{4h}=T_1,$$

再取节点 $a-h,a,a+h$(相当于步长减半)，得

$$f'(a)\approx\frac{f(a+h)-f(a-h)}{2h}=T_2,$$

对 T_1,T_2 作一次外推，得

$$\begin{aligned}S_1&=\frac{4}{3}T_2-\frac{1}{3}T_1\\&=\frac{4}{3}\frac{f(a+h)-f(a-h)}{2h}-\frac{1}{3}\frac{f(a+2h)-f(a-2h)}{4h}\\&=\frac{8[f(a+h)-f(a-h)]-[f(a+2h)-f(a-2h)]}{12h},\end{aligned}$$

显然 S_1 就是计算一阶导数的公式(8.27).

因此应用外推公式，也可以得到一系列包括高阶导数的积分近似公式.

§11 数值微分的应用

首先考察边值问题

$$y''+y^3=0,\ y(0)=0,\ y(1)=1 \tag{8.35}$$

的求解，这里 $y=y(t)$ 是待求的未知函数. 用数值方法求解式(8.35)，不是计算 $y(t)$ 的解析表达式，而是计算 $y(t)$ 在定义区间[0,1]内若干个节点上的值.

为此对区间[0,1]分割：$h=\frac{1}{n}$，$t_i=ih(i=0,1,\cdots,n)$，则当 $t=t_i$ 时，式(8.35)成为

$$y''(t_i)+y(t_i)^3=0,\ i=0,1,\cdots,n. \tag{8.36}$$

对于上式中的 $y''(t_i)$，用中心差商公式

$$y''(t_i)\approx\frac{y(t_{i+1})-2y(t_i)+y(t_{i-1})}{h^2},\ i=1,2,\cdots,n-1$$

计算，于是式(8.36)成为

$$y(t_{i+1})-2y(t_i)+y(t_{i-1})+h^2y(t_i)^3=0,\ i=1,2,\cdots,n-1.$$

记 $y_i=y(t_i)(i=0,1,\cdots,n)$，其中 $y_0=y(t_0)=0$，$y_n=y(t_n)=1$，得方程组

$$\begin{cases}y_0=0,\\y_{i+1}-2y_i+y_{i-1}+h^2y_i^3=0,\ i=1,2,\cdots,n-1,\\y_n=1,\end{cases} \tag{8.37}$$

求解(8.37)即得 $y(t_i)$的近似值 y_i.

求解(8.35)的思想是用有限差分法解微分方程的基础.

下面再考察数值求导在 Abel 积分计算的应用. 此例取自第 6 章. 在 Abel 逆变换

$$\varepsilon(r_i)=-\frac{1}{\pi}\int_{r_i}^{1}\frac{I'(y)\mathrm{d}y}{\sqrt{y^2-r_i^2}},\ 0\leqslant r_i\leqslant 1 \tag{8.38}$$

中,若已知函数值 $I(y_i)$, 则可根据导数计算公式计算 $I'(y_i)$, $i=0,1,\cdots,n$,并以此构造多项式逼近 $I'(y)$,则 $\varepsilon(r_i)$可计算.

假设在节点 $y_i=0.1i$, $i=0,1,\cdots,10$ 处的值 $I(y_i)$如下:

$I(y_0)=0.187\,500$	$I(y_1)=0.183\,769$	$I(y_2)=0.172\,800$	$I(y_3)=0.155\,269$
$I(y_4)=0.132\,300$	$I(y_5)=0.105\,469$	$I(y_6)=0.076\,800$	$I(y_7)=0.048\,769$
$I(y_8)=0.024\,300$	$I(y_9)=0.006\,705$	$I(y_{10})=0.000\,000$	

用 5 点差商公式计算导数值 $I'(y_i)$如下:

$I'(y_0)=3.846\times10^{-8}$	$I'(y_1)=-0.074$	$I'(y_2)=-0.144$	$I'(y_3)=-0.205$
$I'(y_4)=-0.252$	$I'(y_5)=-0.281$	$I'(y_6)=-0.288$	$I'(y_7)=-0.268$
$I'(y_8)=-0.216$	$I'(y_9)=-0.129$	$I'(y_{10})=2.568\times10^{-3}$	

取基函数 x^i,$i=0,1,2,3,4,5$ 构造 5 次拟合多项式

$$p_5(x)=-6.02\times10^{-5}-0.741x-0.088x^2+1.048x^3-0.401x^4+0.185x^5,$$

取 $\eta=10\times10^{-9}$即可计算 $\varepsilon(r_i)$,$i=0,1,\cdots,10$ 的值如下:

节点 r_i	ε_i 的计算值	ε_i 的准确值
0.000	0.159 1	0.159 2
0.100	0.156 7	0.156 8
0.200	0.149 7	0.149 7
0.300	0.138 2	0.138 2
0.400	0.122 5	0.122 5
0.500	0.103 3	0.103 4
0.600	0.081 5	0.081 5
0.700	0.058 0	0.058 0
0.800	0.034 4	0.034 4
0.900	0.013 1	0.013 2
1.000	$3.499\,8\times10^{-8}$	0.000 0

误差为

$$\|\varepsilon_i \text{ 的准确值} - \varepsilon_i \text{ 的计算值}\|_2 = 1.116 \times 10^{-4}.$$

习　题

1. 分别用梯形、Simpson 公式和 Cotes 公式计算下列积分：

(1) $I_1 = \int_0^{\frac{1}{4}\pi} \sin x \cdot \ln(\cos x) \mathrm{d}x$，与精确值 $\frac{1}{2}\sqrt{2} - 1 + \frac{\sqrt{2}}{4}\ln 2$ 比较；

(2) $I_2 = \int_0^3 \frac{x\ln(x + \sqrt{x^2 + 16})}{\sqrt{x^2 + 16}} \mathrm{d}x$，与精确值 $7\ln 2 - 3$ 比较；

(3) $I_3 = \int_0^{\pi} \frac{1}{1 + \sin^2 x} \mathrm{d}x$，与精确值 $\frac{\sqrt{2}\pi}{2(\sqrt{2}+1)(\sqrt{2}-1)}$ 比较；

(4) $I_4 = \int_0^{0.5} (x^2 + 2x)\mathrm{e}^{2x} \mathrm{d}x$，与精确值 $\frac{1}{8}\mathrm{e} + \frac{1}{4}$ 比较.

2. 贝塞尔函数 $J_n(x) = \frac{1}{\pi}\int_0^{\pi} \cos(x\sin\theta - n\theta)\mathrm{d}\theta$.

(1) 证明 $|J_n(x)| < 1$；

(2) 证明 $J_{n+1}(x) = 2nx^{-1}J_n(x) - J_{n-1}(x)$；

(3) 已知 $J_0(1) = 0.7651976865$，$J_1(1) = 0.44005505857$，计算 $J_{20}(1)$；

(4) 说明 $|J_{20}(x)| < 1$ 不满足的原因；

(5) 分别用 Simpson 公式和 Cotes 公式计算 $J_{20}(x)$.

3. 利用梯形公式和 Simpson 公式求积分 $\int_1^2 \sin \mathrm{e}^x \mathrm{d}x$ 的近似值，并估计积分误差.

4. 用复化梯形公式和复化 Simpson 公式分别计算 ln 2 和圆周率 π 的值：

$$\ln 2 = \int_1^2 x^{-1}\mathrm{d}x,\quad \pi = 4\int_0^1 (1 + x^2)^{-1}\mathrm{d}x.$$

要求：误差小于 0.5×10^{-7}.

5. 用复化 Simpson 公式计算 $\int_0^{\pi} \sin 50x \mathrm{d}x$. 问步长为多少时，误差小于 0.5×10^{-7}？

6. 试确定下列求积公式中的待定参数，使之代数精度尽可能高，并指出其代数精度：

(1) $\int_{-1}^1 f(x)\mathrm{d}x \approx \frac{1}{3}(f(-1) + 2f(x_1) + 3f(x_2))$；

(2) $\int_0^1 f(x)\mathrm{d}x \approx C_0 f(0) + C_1 f(x_1)$.

7. 用积分余项定理证明：梯形、Simpson 和 Cotes 公式的代数精度分别等于 1,3,5.

8. 求积分公式 $\int_{-1}^1 f(x)\mathrm{d}x \approx \frac{1}{2}(f(-1) + 2f(0) + f(1))$ 的代数精度.

9. 已知求积公式为 $\int_0^1 f(x)\mathrm{d}x \approx \frac{1}{2}(f(0) + Af(0.5) + 2f(a))$，试确定求积系数 A 和积分点 a，使其代数精度尽可能高，并指出代数精度是多少.

10. 推导矩形求积公式：

$$\int_a^b f(x)\mathrm{d}x=(b-a)f\left(\frac{a+b}{2}\right)+\frac{f''(\eta)}{24}(b-a)^3,$$

并指出 $\int_a^b f(x)\mathrm{d}x\approx(b-a)f\left(\frac{a+b}{2}\right)$ 代数精度是多少.

11. 求积公式 $\int_{-1}^2 f(x)\mathrm{d}x\approx\frac{3}{2}f(1)+\frac{3}{2}f(0)$ 是否为插值型求积公式？为什么？其代数精度是多少？

12. 试用 Romberg 公式计算下列积分的近似值，且要求误差小于 0.5×10^{-7}.

(1) $I_1=\int_1^2\sin^2 x\mathrm{d}x$;

(2) $I_2=\int_1^2 \mathrm{e}^{-x^2}\mathrm{d}x$.

13. 试构造 Gauss 型求积公式：$\int_0^1\frac{1}{\sqrt{x}}f(x)\mathrm{d}x\approx A_0f(x_0)+A_1f(x_1)$. 要求：

(1) 在[0,1]上构造带权 $\frac{1}{\sqrt{x}}$ 的 2 次正交多项式；

(2) 用所构造的正交多项式导出求积公式.

14. 设积分 $\int_0^1(1-x^2)f(x)\mathrm{d}x$，构造两点 Gauss 求积公式，要求：

(1) 在[0,1]上构造带权 $1-x^2$ 的二次正交多项式；

(2) 用所构造的正交多项式导出求积公式.

15. 选择系数 A_1,A_2 和节点 x_1,x_2，构造 Gauss 型求积公式

$$I=\int_0^{+\infty}\mathrm{e}^{-x}f(x)\mathrm{d}x\approx A_1f(x_1)+A_2f(x_2).$$

16. 用 3 点高斯-勒让德积分公式计算题 1 中的 4 个积分.

17. 用高斯积分公式计算下列积分：

(1) $I_1=\int_{-1}^1\frac{x^2}{1+x^4}\frac{1}{\sqrt{1-x^4}}\mathrm{d}x$;

(2) $I_2=\int_0^1\sqrt{1-x^2}\sin x\mathrm{d}x$;

(3) $I_3=\int_0^1\frac{\sin x}{\sqrt{1-x^2}}\mathrm{d}x$;

(4) $I_4=\int_0^\infty \mathrm{e}^{-q^2x^2}\mathrm{d}x,\ q=4$;

(5) $I_5=\int_{-\infty}^\infty \mathrm{e}^{-\alpha x^2}\sin\beta x\mathrm{d}x,\ \alpha=4,\beta=2$.

18. 已知数据如下：

x	1.0	1.1	1.2	1.3	1.4
$f(x)$	0.841	0.891	0.932	0.964	0.985

(1) 分别用 3 点和 5 点公式计算 $f'(1.2)$.

(2) 如何构造 3 次样条函数计算 $f'(1.2)$ 和 $f''(1.2)$？

第 9 章 常微分方程数值解法

一阶常微分方程是指由函数 $y(x)$ 及其一阶导数 $y'(x)$ 组成的方程

$$y'=f(x,y),\ x\in[a,b],$$

若 $y(x)\in C^1[a,b]$ 满足上式时，则 $y(x)$ 为该微分方程的解.

例如，$y(x)=(x+c)\mathrm{e}^x$ 是微分方程 $y'=y+\mathrm{e}^x$，$x\in[0,1]$ 的解，这里 c 是任意常数，可见方程的解不唯一. 但只要附加一个条件，如 $y(0)=1$，则解可以唯一确定. 该条件称为初始条件，对应到方程 $y'=y+\mathrm{e}^x$，满足初始条件 $y(0)=1$ 的解就是 $y(x)=(x+1)\mathrm{e}^x$.

然而对许多常微分方程，它的解很难或不能用初等公式表示. 为获取它的解，可用数值方法计算其近似解，即 $y(x)$ 在离散节点 $x_n\in[a,b]$ $(n=0,1,2,\cdots)$ 上的近似值.

本章主要讨论初值问题

$$\begin{cases} y'(x)=f(x,y),\ x\in[a,b], \\ y(a)=y_0. \end{cases} \tag{9.1}$$

这里 y_0 是给定的值. 根据常微分方程理论，若 $f(x,y)$ 在区域 $a\leqslant x\leqslant b$，$|y|<\infty$ 上连续，且对任意 $x\in[a,b]$ 及任意的 y_1，y_2，存在常数 L 使得不等式

$$|f(x,y_1)-f(x,y_2)|\leqslant L|y_1-y_2| \tag{9.2}$$

成立，则(9.1)的解存在且唯一.

式(9.2)称为 $f(x,y)$ 关于 y 满足 Lipschitz 条件，L 为 Lipschitz 常数. 在下面的讨论中，我们总假定 $f(x,y)$ 满足上面的两个条件.

用数值方法解方程(9.1)的思想方法是：给出 $[a,b]$ 中的节点 x_n $(n=0,1,2,\cdots)$，计算 $y(x_n)$ 在 x_n 处的近似值 y_n，这个值称为 $y(x)$ 在节点 x_n 处的数值解. 下面为表述方便，取 x_n 为等距节点，即相邻两点的步长 $h=x_{n+1}-x_n$ 相等，节点为 $x_n=x_0+nh$. 在实际计算时，x_n 可能不是等距节点.

求解方程(9.1)的数值方法大致分单步法和多步法两类. 单步法是指从 y_0 开始，逐步计算 y_n $(n=1,2,\cdots)$，并且 y_{n+1} 的计算仅仅依赖于 y_n；而多步法计算 y_{n+1} 时，不仅需要 y_n 的值，而且需要 y_{n-k} $(k=1,2,\cdots,p)$ 的数值，这里 p 是某个正

整数.

下面介绍几种常见的数值方法.

§1　泰勒级数方法

首先考察基于泰勒展开公式的数值方法.

将区间$[a,b]$$N$等分,取步长$h=\frac{b-a}{N}$得等分节点$x_n=x_0+nh(n=0,1,\cdots,N)$.假设方程的解$y(x)$足够光滑,则将$y(x_{n+1})=y(x_n+h)$在节点$x_n$处泰勒展开为

$$y(x_{n+1})=y(x_n)+hy'(x_n)+\frac{h^2}{2!}y''(x_n)+\cdots+\frac{h^p}{p!}y^{(p)}(x_n)+o(h^{p+1}),$$

当h较小时,舍弃高阶项$o(h^{p+1})$得

$$y(x_{n+1})\approx y(x_n)+hy'(x_n)+\frac{h^2}{2!}y''(x_n)+\cdots+\frac{h^p}{p!}y^{(p)}(x_n),$$

上式中将$y(x_{n+1})$和$y^{(k)}(x_n)$分别用符号y_{n+1}和$y_n^{(k)}(k=1,\cdots,p)$表示,即得求解初值问题(9.1)的p阶泰勒级数方法:

$$\begin{cases}y_{n+1}=y_n+hy'_n+\frac{h^2}{2!}y''_n+\cdots+\frac{h^p}{p!}y_n^{(p)},\ n=0,1,\cdots,N-1,\\ y_0=y(x_0).\end{cases}$$

若$y(x)$足够光滑,则当p增加时,误差$|y(x_n)-y_n|$会减小,从而计算精度提高.p阶泰勒方法是显式单步法,这里“显式”是指计算y_{n+1}时不需要解方程,“单步”是指计算y_{n+1}仅仅用到了节点x_n处的信息.泰勒方法的计算量主要在于各阶导数$y^{(k)}(x)$的计算.

例 1　用泰勒方法计算下列方程的数值解,取$h=0.1$.

$$\begin{cases}y'=x^2+x+y,\ 0\leqslant x\leqslant 1,\\ y(0)=1.\end{cases}$$

并与该方程的精确解$y(x)=-x^2-3x-3+4e^x$比较.

解　取$h=0.1$,用$p=4$阶泰勒方法计算$y(x)$在点$x_n=nh(n=0,1,\cdots,10)$上的数值解.$y(x)$的各阶导数为

$$y'=x^2+x+y,\ y''=2x+1+y',\ y'''=2+y'',\ y^{(4)}=y''',$$

代入到 4 阶泰勒方法,得计算公式如下.

算法 9.1 (泰勒级数方法)

1. 取步长 $h=0.1$，节点 $x_n=nh$ 及初值 $y_0=1$；
2. 对于 $n=0,1,\cdots,9$，计算：

   (1) $C_1=x_n^2+x_n+y_n$，$C_2=2x_n+1+C_1$，$C_3=2+C_2$，$C_4=C_3$；

   (2) $y_{n+1}=y_n+hC_1+\dfrac{h^2}{2}C_2+\dfrac{h^3}{6}C_3+\dfrac{h^4}{24}C_4$.

这样当 n 从 0 变化到 9 时，即得 $y(x_n)$ 的近似值 y_n. 计算结果如下：

节点 x_n	近似值 y_n	准确值 $y(x_n)$
0.0	1.000 000	1.000 000
0.1	1.110 683	1.110 684
0.2	1.245 610	1.245 611
0.3	1.409 434	1.409 435
0.4	1.607 297	1.607 299
0.5	1.844 883	1.844 885
0.6	2.128 472	2.128 475
0.7	2.465 007	2.465 011
0.8	2.862 158	2.862 164
0.9	3.328 406	3.328 412
1.0	3.873 119	3.873 127

从计算结果发现，泰勒级数方法的计算精度比较高. 这是因为在推导过程中，p 阶的泰勒级数方法的局部截断误差为 $o(h^{p+1})$. 当 $y(x)$ 的光滑性好且 h 比较小时，$o(h^{p+1})$ 是个小量.

§2 欧拉方法

欧拉(Euler)方法是求解方程(9.1)的最简单的数值方法. 在泰勒级数方法中，如果取 $p=1$，即得欧拉方法：

$$y_{n+1}=y_n+hf(x_n,y_n),\quad n=0,1,2,\cdots,\tag{9.3}$$

具体说来，欧拉方法的使用方式是：已知初值问题(9.1)，将区间 $[a,b]$ N 等分，则

步长 $h=\dfrac{b-a}{N}$，等分点 $x_n=a+nh(n=0,1,\cdots,N)$，算法如下.

算法 9.2 （欧拉方法）

1. 取 $y_0=y(a)$.
2. 对于 $n=0,1,\cdots,N-1$，计算 $y_{n+1}=y_n+hf(x_n,y_n)$.

这样当 n 从 0 变化到 $N-1$ 时，$y(x_n)$ 的近似值 y_n 即可计算.

欧拉方法分析：首先欧拉方法是显式的单步法. 其次考察几何意义：由方程(9.1)知 $y(x)$ 在点 (x,y) 处的切线斜率等于 $f(x,y)$. 因此欧拉方法计算的近似值 y_{n+1} 表示 y_n 加上斜率方向 $f(x_n,y_n)$ 与水平位移 h 的乘积. 平面上两个点 (x_n,y_n) 与 (x_{n+1},y_{n+1}) 的关系是

$$\frac{y_{n+1}-y_n}{x_{n+1}-x_n}=f(x_n,y_n),$$

而左侧表达式是向前差商公式，即

$$f(x_n,y_n)=\frac{y_{n+1}-y_n}{x_{n+1}-x_n}\approx y'(x_n)=f(x_n,y(x_n)),$$

由于向前差商公式的精度为 $o(h)$，故可以预计欧拉方法的计算精度不会太高. 从下面对欧拉方法的误差分析看，欲使得误差 $|y(x_n)-y_n|$ 小，步长 h 必须非常小.

例 2 用欧拉方法计算

$$\begin{cases} y'=x^2+x+y,\ 0\leqslant x\leqslant 1, \\ y(0)=1. \end{cases}$$

并与该方程的精确解 $y(x)=-x^2-3x-3+4\mathrm{e}^x$ 比较.

解 分别取 $h=0.1$ 和 $h=0.001$ 计算. 计算公式如下：

取 $y_0=1$；

对 $n=0,1,\cdots,N-1$ 计算 $y_{n+1}=y_n+h(x_n^2+x_n+y_n)$.

对 $h=0.1$ 的计算过程如下：

$n=0$：$y_1=y_0+h(x_0^2+x_0+y_0)=1.100\,00\approx y(x_1)=y(0.1)$；

$n=1$：$y_2=y_1+h(x_1^2+x_1+y_1)=1.221\,00\approx y(x_2)=y(0.2)$；

…………

$n=9$：$y_{10}=y_9+h(x_9^2+x_9+y_9)=3.534\,34\approx y(x_{10})=y(1)$；

完整的计算结果如下：

节点 x_n	$h=0.1$ 时的 y_n(10 等分)	$h=0.001$ 时的 y_n(1 000 等分)	准确值 $y(x_n)$
0.000	1.000 00	1.000 00	1.000 000
0.100	1.100 00	1.110 57	1.110 684
0.200	1.221 00	1.245 34	1.245 611
0.300	1.367 10	1.408 98	1.409 435
0.400	1.542 81	1.606 60	1.607 299
0.500	1.753 09	1.843 89	1.844 885
0.600	2.003 40	2.127 11	2.128 475
0.700	2.299 74	2.463 21	2.465 011
0.800	2.648 71	2.859 83	2.862 164
0.900	3.057 59	3.325 45	3.328 412
1.000	3.534 34	3.869 41	3.873 127

计算结果表明，当 $h=0.1$ 时欧拉方法精度很低，只有 1～2 位有效数字. 要达到 2～3 位有效数字，需要将区间 1 000 等分，导致计算量巨大.

欧拉方法的还有其他的推导方法，这些方法也可用来建立其他数值方法.

方法 1 在方程 $y'(x_n)=f(x_n,y(x_n))$ 中，用向前差商公式 $\dfrac{y(x_{n+1})-y(x_n)}{h}$ 计算 $y'(x_n)$ 可得

$$y(x_{n+1})\approx y(x_n)+hf(x_n,y(x_n)),$$

将 $y(x_n),y(x_{n+1})$ 用近似值 y_n,y_{n+1} 表示，即得欧拉方法.

方法 2 欧拉方法也可以用积分方法得到. 在 $[x_n,x_{n+1}]$ 上对方程 $y'(x)=f(x,y)$ 积分得

$$\int_{x_n}^{x_{n+1}} y'(x)\mathrm{d}x=\int_{x_n}^{x_{n+1}} f(x,y)\mathrm{d}x, \tag{9.4}$$

对右边积分采用左矩形公式得

$$y(x_{n+1})-y(x_n)\approx hf(x_n,y(x_n)),$$

将 $y(x_n),y(x_{n+1})$ 用 y_n,y_{n+1} 表示即得欧拉方法.

欧拉方法是显式公式，如果对式(9.4)采用右矩形公式，则有

$$y(x_{n+1})-y(x_n)\approx hf(x_{n+1},y(x_{n+1})),$$

将 $y(x_n),y(x_{n+1})$ 用 y_n,y_{n+1} 表示可得**后退的欧拉方法**：

$$y_{n+1}=y_n+hf(x_{n+1},y_{n+1}). \tag{9.5}$$

后退的欧拉方法与欧拉方法有本质区别，它是**隐式方程**，需要解方程(9.5)得到 y_{n+1}. 例如用后退的欧拉方法解例 2，应用式(9.5)得

$$y_{n+1}=y_n+h(x_{n+1}^2+x_{n+1}+y_{n+1}),$$

进一步化简后有

$$y_{n+1}=\frac{1}{1-h}y_n+\frac{h}{1-h}(x_{n+1}^2+x_{n+1}),\ n=0,1,2,\cdots.$$

故对例 2 来说，y_{n+1} 容易求解. 但对方程 $y'=e^{yx^2}$，经推导后有

$$y_{n+1}=y_n+he^{y_{n+1}x_{n+1}^2}.$$

从这个方程中解出 y_{n+1} 并非易事. 可用不动点迭代法求解，即有如下算法.

算法 9.3 （上标 k 表示不动点迭代法的迭代次数）

1. 给定迭代初值 $y_{n+1}^{(0)}$.
2. 对于 $k=0,1,2,\cdots$，计算 $y_{n+1}^{(k+1)}=y_n+hf(x_{n+1},y_{n+1}^{(k)})$，直至收敛.

上述不动点迭代收敛的条件推导如下：

$$\begin{aligned}|y_{n+1}-y_{n+1}^{(k+1)}|&=h|f(x_{n+1},y_{n+1})-f(x_{n+1},y_{n+1}^{(k)})|\\&\leqslant hL|y_{n+1}-y_{n+1}^{(k)}| \qquad //f\text{ 关于 }y\text{ 满足 Lipschitz 条件}\\&\leqslant (hL)^{k+1}|y_{n+1}-y_{n+1}^{(0)}|,\end{aligned}$$

式中，L 为 Lipschitz 常数. 当 $hL<1$ 即 h 比较小时，$y_{n+1}^{(k)}$ 收敛.

后退的欧拉方法也可用向后差商公式获得. 由

$$f(x_{n+1},y(x_{n+1}))=y'(x_{n+1})\approx\frac{y_{n+1}-y_n}{x_{n+1}-x_n}=\frac{y_{n+1}-y_n}{h}$$

可得公式(9.5). 同样将 $y(x_n)$ 泰勒展开：

$$y(x_n)=y(x_{n+1})-hf(x_{n+1},y(x_{n+1}))+o(h^2),$$

略去高阶项，也可得公式(9.5).

§3 欧拉方法的误差

从例 2 可知，随着 h 的减小，欧拉方法的误差 $\varepsilon_n=y(x_n)-y_n$ 在减小，因此 ε_n 与 h 大小有关.

在欧拉方法中通常 $y(x_n)\neq y_n$，为简化讨论，下面在条件 $y_n=y(x_n)$ 下讨论误差 $y(x_{n+1})-y_{n+1}$，该误差称为局部误差. 欧拉方法的局部误差可由泰勒展开式得到：

$$y(x_{n+1})=y(x_n)+y'(x_n)h+\frac{1}{2}y''(\xi)h^2.$$

而在条件 $y_n = y(x_n)$ 下欧拉方法为

$$y_{n+1} = y_n + hf(x_n, y_n) = y(x_n) + hf(x_n, y(x_n)),$$

两式相减得

$$y(x_{n+1}) - y_{n+1} = \frac{1}{2}y''(\xi)h^2,$$

因此，欧拉方法的局部误差为 $o(h^2)$.

因为条件 $y_n = y(x_n)$ 一般不成立，因此局部误差并不是 $y(x_{n+1})$ 与 y_{n+1} 之间的真实误差. 可以证明（见收敛性一节），如果局部误差是 $o(h^{p+1})$，则它的实际误差（通常称为**整体误差**）为 $o(h^p)$，这时称该方法具有 **p 阶精度**，或该方法是 **p** 阶的. 由于局部误差计算相对简单，故通常用局部误差判断方法的阶.

由于欧拉方法局部误差为 $o(h^2)$，因此具有一阶精度，即

$$y(x_{n+1}) - y_{n+1} = o(h) = ch,$$

式中，c 是常数. 当步长缩小 s 倍时，欧拉方法的实际误差为

$$o\left(\frac{h}{s}\right) = \frac{ch}{s} = \frac{o(h)}{s},$$

表明误差也缩小 s 倍. 但是用减少步长 h 的方法来提高精度，将会导致计算量大幅度提高，例 2 可以说明这一点.

显然，p 阶的泰勒公式的局部截断误差为 $o(h^{p+1})$，它具有 p 阶精度.

对于后退的欧拉方法，考察其局部误差

$$y(x_{n+1}) - y_{n+1} = y(x_{n+1}) - (y_n + hf(x_{n+1}, y_{n+1})).$$

在上述等式的右边，需要假设 $y(x_{n+1}) = y_{n+1}$，$y(x_n) = y_n$，则上式等于

$$\begin{aligned}y(x_{n+1}) - y_{n+1} &= y(x_{n+1}) - (y_n + hy'(x_{n+1})) \\ &= y(x_n) + hy'(x_n) + \frac{h^2}{2}y''(x_n) + o(h^3) - (y(x_n) + h(y'(x_n) + \\ &\quad hy''(x_n) + o(h^2))) \\ &= -\frac{h^2}{2}y''(x_n) + o(h^3),\end{aligned}$$

所以后退的欧拉方法具有一阶精度.

由于实际误差被局部误差控制，所以为提高精度，应从提高局部误差阶入手.

§4 改进的欧拉方法

在区间 $[x_n, x_{n+1}]$ 上对 $y' = f(x, y)$ 进行积分，有

$$y(x_{n+1}) - y(x_n) = \int_{x_n}^{x_{n+1}} f(x, y)\mathrm{d}x,$$

如果用梯形方法计算右边的积分，得

$$y(x_{n+1})-y(x_n)=\frac{h}{2}(f(x_n,y(x_n))+f(x_{n+1},y(x_{n+1})))-\frac{h^3}{12}y'''(\xi).$$

略去高阶 h^3 项并将 y_n，y_{n+1} 替换 $y(x_n)$，$y(x_{n+1})$ 得梯形方法：

$$y_{n+1}=y_n+\frac{h}{2}(f(x_n,y_n)+f(x_{n+1},y_{n+1})),$$

它的局部误差为 $o(h^3)$，证明参见二阶 RK 公式.

梯形方法是隐式公式，当 y_{n+1} 无法方便解得时，可用不动点迭代法计算 y_{n+1}.

算法 9.4 （上标 k 表示不动点迭代法的迭代次数）

1. 用欧拉方法计算 y_{n+1} 的初值：$y_{n+1}^{(0)}=y_n+hf(x_n,y_n)$.
2. 对于 $k=0,1,2,\cdots$，计算 $y_{n+1}^{(k+1)}=y_n+\frac{h}{2}(f(x_n,y_n)+f(x_{n+1},y_{n+1}^{(k)}))$.

在一定条件下算法 9.4 是收敛的. 事实上，

$$\begin{aligned}|y_{n+1}-y_{n+1}^{(k+1)}|&=\frac{h}{2}|f(x_{n+1},y_{n+1})-f(x_{n+1},y_{n+1}^{(k)})|\\&\leqslant\frac{hL}{2}|y_{n+1}-y_{n+1}^{(k)}| \qquad //\text{应用 Lipschitz 条件}\\&\leqslant\left(\frac{hL}{2}\right)^{k+1}|y_{n+1}-y_{n+1}^{(0)}|.\end{aligned}$$

当 $\frac{1}{2}hL<1$（即步长 h 比较小）时，上式右端随 $k\to\infty$ 时收敛到零. 这里 L 为 Lipschitz 常数.

很显然，若使用算法 9.4 计算 y_{n+1}，计算量太大. 简化方法是将算法 9.4 仅计算一次，即有如下算法.

算法 9.5 （改进的欧拉方法）

1. 对于初值问题，将区间 $[a,b]$ N 等分，$h=\frac{b-a}{N}$，点 $x_n=a+nh$，$n=0,1,\cdots,N$.
2. 对于 $n=0,1,\cdots,N-1$，计算：
   (1) $s=y_n+hf(x_n,y_n)$；
   (2) $y_{n+1}=y_n+\frac{h}{2}(f(x_n,y_n)+f(x_{n+1},s))$.

这个方法称为**改进的欧拉方法**.

在改进的欧拉方法中，尽管 s 只有一阶精度，但可证明由此计算的 y_{n+1} 能达到二阶精度，证明如下.

准确值

$$y(x_{n+1})=y(x_n)+\frac{h}{2}(f(x_n,y(x_n))+f(x_{n+1},y(x_{n+1})))-\frac{h^3}{12}y'''(\xi),$$

改进的欧拉方法

$$\tilde{y}_{n+1}=y_n+\frac{h}{2}(f(x_n,y_n)+f(x_{n+1},s)).$$

假设 $y(x_n)=y_n$，则局部误差

$$\begin{aligned}|y(x_{n+1})-\tilde{y}_{n+1}|&=\left|\frac{h}{2}f(x_{n+1},y(x_{n+1}))-\frac{h}{2}f(x_{n+1},s)-\frac{h^3}{12}y'''(\xi)\right|\\&\leqslant\frac{h}{2}|f(x_{n+1},y(x_{n+1}))-f(x_{n+1},s)|+o(h^3)\\&\leqslant\frac{h}{2}L|y(x_{n+1})-s|+o(h^3).\end{aligned}$$

由于 s 是欧拉方法的计算值，故局部误差 $|y(x_{n+1})-s|=o(h^2)$，所以

$$|\tilde{y}_{n+1}-y(x_{n+1})|=o(h^3),$$

因此改进的欧拉方法具有二阶精度.

改进的欧拉方法还可以写成下列二阶龙格-库塔公式的形式：

$$\begin{cases}y_{n+1}=y_n+\dfrac{h}{2}\{K_1+K_2\},\\K_1=f(x_n,y_n),\\K_2=f(x_n+h,y_n+hK_1).\end{cases}\tag{9.6}$$

由于公式中 $0.5\{K_1+K_2\}$ 是两个斜率值 K_1,K_2 的加权平均，得出 y_{n+1} 具有二阶精度，而一阶精度的欧拉方法只用到了一个斜率值，因此可以设想若用 p 个斜率值计算 y_{n+1}，则可以希望 y_{n+1} 具有 p 阶精度. 下面用这个思想方法构造龙格-库塔公式.

§5　4 阶龙格-库塔公式

4 阶龙格-库塔(Runge-Kutta)公式是求解方程(9.1)的高阶数值方法，具有精度高、数值稳定好的特点. 该公式推导思想：设想构造近似公式

$$y_{n+1}=y_n+h\{c_1K_1+c_2K_2+c_3K_3+c_4K_4\},$$

式中，$K_1=f(x_n,y_n)$；$K_i=f(x_n+a_ih,h\sum\limits_{j=1}^{i-1}b_{ij}K_j)$，$i=2,3,4$；$a_i,c_i,b_{ij}$ 是待定的

参数.将二元函数 K_i 在 (x_n,y_n) 处泰勒展开,并按照 h 合并同类项,记为

$$y_{n+1}=y_n+d_1h+d_2h^2+d_3h^3+d_4h^4+\cdots, \tag{9.7}$$

再将 $y(x_{n+1})=y(x_n+h)$ 在 x_n 处泰勒展开,得

$$y(x_{n+1})=y(x_n)+y'(x_n)h+\frac{h^2}{2}y''(x_n)+\frac{h^3}{3!}y'''(x_n)+\frac{h^4}{4!}y^{(4)}(x_n)+\cdots. \tag{9.8}$$

令式(9.7)和式(9.8)中 h,h^2,h^3,h^4 的系数相等,解出参数 a_i,c_i,b_{ij},可得**4 阶龙格-库塔公式**,简写为**4 阶 RK 公式**,局部误差为 $o(h^5)$.

此外还有二阶、三阶以及更高阶的等龙格-库塔公式.

下面以二阶龙格-库塔公式

$$\begin{cases}y_{n+1}=y_n+h\{c_1K_1+c_2K_2\},\\K_1=f(x_n,y_n),\\K_2=f(x_n+a_2h,y_n+b_{21}hK_1)\end{cases}$$

为例,构造局部误差为 $o(h^3)$ 的二阶龙格-库塔公式.为此假设 $y_n=y(x_n)$.

首先将 K_1,K_2 在 $(x_n,y(x_n))=(x_n,y_n)$ 处泰勒展开,得

$$\begin{aligned}K_1&=f(x_n,y_n)=f(x_n,\ y(x_n))=y'(x_n),\\K_2&=f(x_n+a_2h,y_n+b_{21}hK_1\\&=f(x_n,\ y_n)+\{f_x\cdot a_2h+f_y\cdot b_{21}hK_1\}+o(h^2),\end{aligned}$$

式中,$f_x=f_x(x_n,\ y_n)$,$f_y=f_y(x_n,\ y_n)$.于是

$$y_{n+1}=y_n+(c_1+c_2)hy'(x_n)+c_2a_2h^2\left(f_x+\frac{b_{21}}{a_2}f_y\cdot f\right)+o(h^3). \tag{9.9}$$

其次将 $y(x_{n+1})=y(x_n+h)$ 在 x_n 处泰勒展开,得

$$y(x_{n+1})=y(x_n)+y'(x_n)h+\frac{h^2}{2!}y''(x_n)+\frac{h^3}{3!}y'''(x_n)+\cdots, \tag{9.10}$$

因为

$$y''(x_n)=f'(x_n,y(x_n))=f_x+f_y\cdot y'(x_n),$$

将上式代入式(9.10)得

$$y(x_{n+1})=y(x_n)+y'(x_n)h+\frac{h^2}{2}\{f_x+f_y\cdot y'(x_n)\}+o(h^3), \tag{9.11}$$

比较式(9.9)和式(9.11)可知,当取

$$c_1+c_2=1,\ c_2a_2=0.5,\ \frac{b_{21}}{a_2}=1 \tag{9.12}$$

时局部误差为

$$y(x_{n+1})-y_{n+1}=o(h^3),$$

满足式(9.12)的公式不唯一,统称为**二阶龙格-库塔公式.**

特别地,取 $c_1=c_2=0.5$,则 $a_2=1$, $b_{21}=1$,这时二阶 RK 公式就是改进的欧拉方法(9.6),因此改进的欧拉方法的局部误差为 $o(h^3)$,精度为 2.

注 如果将 K_2 多展开一项，则无论 4 个参数如何取，局部误差都不能达到 $o(h^4)$，所以在仅计算 K_1, K_2 情况下，局部误差的最高阶为 $o(h^3)$.

下面给出 4 阶 RK 公式.

4 阶 RK 公式就是将式(9.7)、式(9.8)都展开到 h^5 项，并令 h, h^2, h^3, h^4 的系数相等，得 4 阶 RK 公式公式

$$\begin{cases} y_{n+1} = y_n + \dfrac{h}{6}\{K_1 + 2K_2 + 2K_3 + K_4\}, \\ K_1 = f(x_n,\ y_n), \\ K_2 = f(x_n + 0.5h, y_n + 0.5hK_1), \\ K_3 = f(x_n + 0.5h, y_n + 0.5hK_2), \\ K_4 = f(x_n + h, y_n + hK_3). \end{cases}$$

它的局部误差为 $o(h^5)$. 由于 4 阶 RK 公式是根据泰勒展开式推导的，所以要求 $y(x)$ 具有较好的光滑性.

例 3 取 $h=0.1$，用改进的欧拉法和 4 阶 RK 公式求解下列初值问题.

$$\begin{cases} y' = x^2 + x + y,\ 0 \leqslant x \leqslant 1, \\ y(0) = 1. \end{cases}$$

并与该方程的精确解 $y(x) = -x^2 - 3x - 3 + 4e^x$ 比较.

解 由 $h=0.1$ 知 $N=10$，节点 $x_n = nh (n=0,1,\cdots,N)$.

改进的欧拉方法	4 阶 RK 公式
对于 $n=0,1,\cdots,N-1$，计算：	对于 $n=0,1,\cdots,N-1$，计算：
(1) $s = y_n + hf(x_n, y_n)$	(1) K_1, K_2, K_3, K_4；
(2) $y_{n+1} = y_n + \dfrac{h}{2}\{f(x_n, y_n) + f(x_{n+1}, s)\}$	(2) $y_{n+1} = y_n + \dfrac{h}{6}\{K_1 + 2K_2 + 2K_3 + K_4\}$.

改进欧拉法的计算过程如下.

$n=0$：$s = y_0 + h(y_0 + e^{x_0}) = 1.1$,

$$y_1 = y_0 + \frac{h}{2}\{f(x_0, y_0) + f(x_1, s)\} = 1.110\ 500;$$

$n=1$：$s = y_1 + h(y_1 + e^{x_1}) = 1.232\ 55$,

$$y_2 = y_1 + \frac{h}{2}\{f(x_1, y_1) + f(x_2, s)\} = 1.245\ 153;$$

…………

$n=9$：$s = y_9 + h(y_9 + e^{x_9}) = 3.824\ 827$,

$$y_{10} = y_9 + \frac{h}{2}\{f(x_9, y_9) + f(x_{10}, s)\} = 3.864\ 486.$$

4 阶 RK 公式计算过程如下(K 保留 3 位小数)：

n	K_1	K_2	K_3	K_4	y_{n+1}
0	1	1.103	1.108	1.221	1.110 684
1	1.221	1.344	1.35	1.486	1.245 611
⋮	⋮	⋮	⋮	⋮	⋮
9	5.038	5.433	5.453	5.874	3.873 122

完整的计算结果如下：

节点	改进的欧拉方法	4 阶 RK 公式	4 阶泰勒公式	准确值
0.000	1.000 000	1.000 000	1.000 000	1.000 000
0.100	1.110 500	1.110 684	1.110 683	1.110 684
0.200	1.245 153	1.245 611	1.245 610	1.245 611
0.300	1.408 594	1.409 435	1.409 434	1.409 435
0.400	1.605 946	1.607 298	1.607 297	1.607 299
0.500	1.842 870	1.844 884	1.844 883	1.844 885
0.600	2.125 622	2.128 473	2.128 472	2.128 475
0.700	2.461 112	2.465 009	2.465 007	2.465 011
0.800	2.856 979	2.862 161	2.862 158	2.862 164
0.900	3.321 661	3.328 409	3.328 406	3.328 412
1.000	3.864 486	3.873 122	3.873 119	3.873 127

计算结果表明，4 阶 RK 公式精度明显高于改进的欧拉法，与 4 阶泰勒公式方法相当.

§6 单步法的收敛性与稳定性

求解初值问题(9.1)的欧拉方法、改进的欧拉方法、4 阶 RK 公式可统一表示为

$$y_{n+1}=y_n+h\varphi(x_n,y_n,h), \tag{9.13}$$

这里 $\varphi(x,y,h)$称为**增量函数**. 由于式(9.13)仅用第 n 步的数据 x_n，y_n 计算 y_{n+1}，因此这些方法又称为**单步法**. 用单步法解初值问题的一般过程是：

给定节点 $x_n(n=0,1,\cdots,N)$和步长 h，对 $n=0,1,\cdots,N-1$ 依次计算

$$y_1=y_0+h\varphi(x_0,y_0,h),$$
$$y_2=y_1+h\varphi(x_1,y_1,h),$$
$$\cdots\cdots\cdots\cdots$$
$$y_{n+1}=y_n+h\varphi(x_n,y_n,h).$$

由于计算中误差不可避免，因此按上述过程计算的数值记为 $\tilde{y}_1,\tilde{y}_2,\cdots,\tilde{y}_N$，计算误差是 $y(x_n)-\tilde{y}_n$，可表示为

$$y(x_n)-\tilde{y}_n=(y(x_n)-y_n)+(y_n-\tilde{y}_n),$$

上式右边第 1 项应理解为：初值问题精确解 $y(x_n)$ 与单步法精确解 y_n 的误差，希望有 $h\to 0$ 时 $y_n\to y(x_n)$，称为单步法的收敛性问题；右边第 2 项应理解为：单步法精确解 y_n 和计算解 $\tilde{y}_n$ 的误差，该误差对后续计算的准确性是否有大的影响，称为单步法的稳定性问题. 对于初值问题，要求单步法既收敛又稳定.

如果单步法的增量函数满足 $\varphi(x,y,0)=f(x,y)$，则称该单步法与初值问题是**相容**的.

例如，欧拉方法为 $y_{n+1}=y_n+hf(x_n,y_n)$，它的增量函数是 $f(x,y)$，显然是相容的. 对于改进的欧拉方法(算法 9.5)

$$\begin{cases}s=y_n+hf(x_n,y_n),\\ y_{n+1}=y_n+\dfrac{h}{2}\{f(x_n,y_n)+f(x_{n+1},s)\}.\end{cases}$$

它的增量函数为

$$\varphi(x,y,h)=\frac{1}{2}\{f(x,y)+f(x+h,y+hf(x,y))\},\tag{9.14}$$

显然也是相容的.

记 y_{n+1} 为单步法(9.13)的计算值，称 $\varepsilon_{n+1}=y(x_{n+1})-y_{n+1}$ 为单步法的**整体误差**.

假设单步法(9.13)的第 n 步计算值 y_n 没有误差，即 $y(x_n)=y_n$，称在此条件下计算的误差 $y(x_{n+1})-y_{n+1}$ 为**局部误差**.

下面讨论单步法的收敛性.

定义 1 设 y_n 是用单步法(9.13)计算的 $y(x_n)$ 的近似解，若 $\lim\limits_{h\to 0}y_n=y(x_n)$，则称单步法收敛.

注 定义中节点 x_n 应看成是固定的一个点 c，这样 $h\to 0$ 是指对 $[a,c]$ 作划分后，步长 $h=\dfrac{c-a}{N}$ 趋向于零，或者等分数 N 趋向于无穷大. 也就是说，对 $[a,b]$ 任意一个点 x_n，取不同步长 h 计算 y_n 有 $y_n\to y(x_n)$. 关于单步法的收敛性，有下列定理.

定理 对于局部误差为 $o(h^{p+1})$ 的单步法，若增量函数 $\varphi(x,y,h)$ 关于 y 满足 Lipschitz 条件：

$$|\varphi(x,y_1,h)-\varphi(x,y_2,h)|\leqslant L|y_2-y_1|,$$

且初值是准确的,即 $y(x_0)=y_0$,则单步法整体误差为

$$|y(x_n)-y_n|=o(h^p).$$

证明 假设 $\tilde{y}_{n+1}$ 是在 $y(x_n)=y_n$ 条件下用式(9.13)计算的值,则局部误差为

$$|y(x_{n+1})-\tilde{y}_{n+1}|=o(h^{p+1})=ch^{p+1}. \tag{9.15}$$

下面讨论整体误差:

$$\begin{aligned}|y(x_{n+1})-y_{n+1}|&=|y(x_{n+1})-\tilde{y}_{n+1}+\tilde{y}_{n+1}-y_{n+1}|\\&\leqslant|y(x_{n+1})-\tilde{y}_{n+1}|+|y_{n+1}-\tilde{y}_{n+1}|.\end{aligned}$$

上述不等式右边第 1 项为局部误差(9.15),第 2 项

$$\begin{aligned}|y_{n+1}-\tilde{y}_{n+1}|&=|y_n+h\varphi(x_n,y_n,h)-y(x_n)-h\varphi(x_n,y(x_n),h)|\\&\leqslant|y_n-y(x_n)|+h|\varphi(x_n,y_n,h)-\varphi(x_n,y(x_n),h)|\\&\leqslant|y(x_n)-y_n|+hL|y(x_n)-y_n|,\end{aligned}$$

因此有

$$|y(x_{n+1})-y_{n+1}|\leqslant(1+hL)|y(x_n)-y_n|+ch^{p+1}.$$

记 $\varepsilon_k=y(x_k)-y_k,k=0,1,2,\cdots$,即有

$$\begin{aligned}|\varepsilon_n|&\leqslant(1+hL)|\varepsilon_{n-1}|+ch^{p+1}\\&\leqslant\cdots\leqslant(1+hL)^n|\varepsilon_0|+\{1+(1+hL)+\cdots+(1+hL)^{n-1}\}ch^{p+1}\\&=(1+hL)^n|\varepsilon_0|+\frac{(1+hL)^n-1}{hL}ch^{p+1}.\end{aligned}$$

当 $x\geqslant-1$ 时有

$$0\leqslant(1+x)^n\leqslant e^{nx}$$

则 $(1+hL)^n\leqslant e^{nhL}\leqslant e^{(b-a)L}$. 所以,

$$|\varepsilon_n|\leqslant e^{L(b-a)}|\varepsilon_0|+\frac{c}{L}[e^{L(b-a)}-1]h^p.$$

注意到 $\varepsilon_0=0$,即有 $|y(x_n)-y_n|=|\varepsilon_n|=o(h^p)$,得证.

由此可知,若单步法局部误差为 $o(h^{p+1})$,且初值准确(即 $\varepsilon_0=0$),则整体(实际)误差满足

$$|y(x_{n+1})-y_{n+1}|=ch^p, \tag{9.16}$$

式(9.16)还表明当 $h\to0$ 时,$\varepsilon_{n+1}=y(x_{n+1})-y_{n+1}=o(h^p)$收敛到零.

称整体误差满足式(9.16)的数值方法是 p 阶的,或具有 p 阶精度.

可以验证,欧拉方法、改进的欧拉方法、RK 公式的增量函数 φ 都满足 Lipschitz 条件,且局部误差分别为 $o(h^2)$,$o(h^3)$,$o(h^5)$,从而分别是 1,2,4 阶的数值方法.

例如,对于改进的欧拉方法

$$\begin{cases} s = y_n + hf(x_n, y_n), \\ y_{n+1} = y_n + \dfrac{h}{2}\{f(x_n, y_n) + f(x_{n+1}, s)\}, \end{cases}$$

它的增量函数为

$$\varphi(x, y, h) = \frac{1}{2}\{f(x, y) + f(x+h, y+hf(x, y))\}. \tag{9.17}$$

对于任意 y_1, y_2 有

$$\varphi(x, y_1, h) - \varphi(x, y_2, h) = \frac{1}{2}[f(x, y_1) + f(x+h, y_1+hf(x, y_1))] - \frac{1}{2}[f(x, y_2) + f(x+h, y_2+hf(x, y_2))],$$

假设 $f(x,y)$关于 y 满足 Lipschitz 条件,$\tilde{L}$ 为对应 Lipschitz 常数,则

$$\begin{aligned} |\varphi(x, y_1, h) - \varphi(x, y_2, h)| &\leqslant \frac{\tilde{L}}{2}|y_1 - y_2| + \frac{\tilde{L}}{2}|y_1 + hf(x, y_1) - y_2 - hf(x, y_2)| \\ &\leqslant \tilde{L}|y_1 - y_2| + \frac{h\tilde{L}^2}{2}|y_1 - y_2| \\ &= \left(\tilde{L} + \frac{H\tilde{L}^2}{2}\right)|y_1 - y_2|, \end{aligned}$$

记 $L = \tilde{L} + 0.5h\tilde{L}^2$,则 $\varphi(x, y, h)$关于 y 满足 Lipschitz 条件,所以改进的欧拉方法是收敛的.

下面考察单步法的数值稳定性问题.

单步法中由于 y_{n+1}是根据 y_n 计算的,y_n 的误差必然会影响到 y_{n+1},因此需要了解这个误差在计算过程中是逐步变大还是逐步变小.

定义 2 如果值 y_n 有误差 δ_n,单步法根据 y_n 计算的值 $y_m(m>n)$的误差均不超过 δ_n,即$|y(x_m) - y_m| \leqslant |\delta_n|$,则称该方法是稳定的.

对于一个好的单步法,不仅需要它是收敛的,还要求稳定性好,也就是说,每一步计算产生的误差 δ_n,在后续的计算中能够被控制,甚至减小.

由于初值问题中函数 $f(x,y)$的多样性和复杂性,常仅仅针对模型问题 $y' = \lambda y$(λ 可以是复数,实部小于零,即 $\text{Re}(\lambda) < 0$)来讨论单步法的稳定性.

(1) 欧拉方法的稳定性.

求解模型 $y' = \lambda y$ 的欧拉方法是

$$y_{n+1} = y_n + h\lambda y_n = (1 + h\lambda)y_n,$$

假设 y_n 有误差 δ_n,则欧拉方法实际计算的数值为

$$\tilde{y}_{n+1} = (y_n + \delta_n) + h\lambda(y_n + \delta_n) = (1 + h\lambda)y_n + (1 + h\lambda)\delta_n,$$

所以第 $n+1$ 步的误差为

$$\delta_{n+1} = \tilde{y}_{n+1} - y_{n+1} = (1 + h\lambda)\delta_n,$$

欲使欧拉方法稳定,即要求误差不增长,则 λ 和步长 h 应满足

$$|1+h\lambda|\leqslant 1 \tag{9.18}$$

即可.若$|1+h\lambda|<1$则表示误差在减小.虽然式(9.18)有两个变量λ,h,但由于仅出现乘积$h\lambda$,因此将它视为复变量,所以在以$h\lambda$的实部为实轴,虚部为虚轴的复平面$h\lambda$上,式(9.18)表示以$(-1,0)$为圆心的单位圆.只有当$h\lambda$属于该单位圆时,误差才不增长.

用单步法解模型问题,若误差满足$|\delta_{n+1}|\leqslant|\delta_n|$,称该单步法关于步长$h$和$\lambda$绝对稳定,此时$h\lambda$在复平面围起来的区域称为绝对稳定区域.

对欧拉方法而言,绝对稳定区域是以$(-1,0)$为圆心的单位圆内.若λ是实数,则h应满足$-2<\lambda h<0$.

因此为保证单步法的绝对稳定性,需要对λ和步长h有一定的约束.绝对稳定区域越大,则它对步长h的要求就越小,也就是绝对稳定越好.

(2) 后退的欧拉方法的稳定性.

求解模型$y'=\lambda y$的后退的欧拉方法是$(1-h\lambda)y_{n+1}=y_n$,所以第$n+1$步的误差为

$$\delta_{n+1}=\frac{1}{1-h\lambda}\delta_n.$$

故当$|1-h\lambda|>1$时后退的欧拉方法绝对稳定,它绝对稳定区域在单位圆的外部.

(3) 4 阶 RK 方法的绝对稳定性.

求解模型$y'=\lambda y$的 4 阶 RK 公式是

$$y_{n+1}=\left[1+h\lambda+\frac{1}{2}(h\lambda)^2+\frac{1}{6}(h\lambda)^3+\frac{1}{24}(h\lambda)^4\right]y_n,$$

假设y_n有误差δ_n,则y_{n+1}的误差δ_{n+1}为

$$\delta_{n+1}=\left[1+h\lambda+\frac{1}{2}(h\lambda)^2+\frac{1}{6}(h\lambda)^3+\frac{1}{24}(h\lambda)^4\right]\delta_n,$$

因此在复平面$h\lambda$上,4 阶 RK 公式的绝对稳定区域是

$$\left|1+h\lambda+\frac{1}{2}(h\lambda)^2+\frac{1}{6}(h\lambda)^3+\frac{1}{24}(h\lambda)^4\right|<1, \tag{9.19}$$

满足上述不等式的$h\lambda$位于图 9-1 中曲线所围成的区域内.

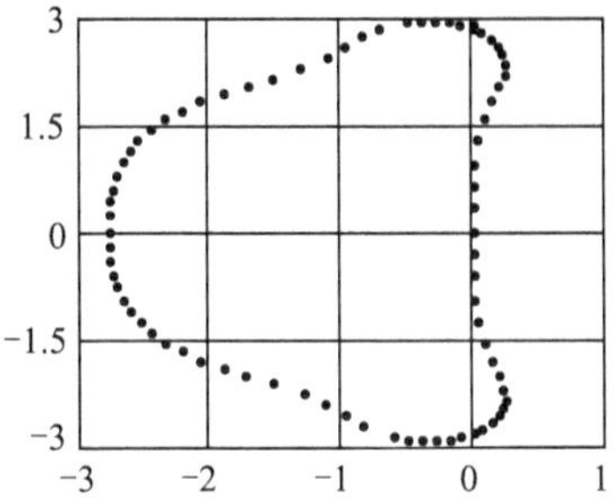

图 9-1　4 阶 RK 方法的绝对稳定区域

很明显该区域比单位圆大,表明 4 阶 RK 方法的适用性高于欧拉方法.

如果 λ 是实数,则式(9.19)解出 $-2.78<h\lambda<0$,这个范围也大于欧拉方法对应的绝对稳定区域.

§7 阿达姆斯预估-校正公式

阿达姆斯(Adams)公式属于求解初值问题的线性多步法,它在计算 y_{n+1} 时不仅需要 y_n,还要用值 $y_{n-1},y_{n-2},\cdots,y_{n-p}$,它是显式公式.与单步法相比,多步法具有精度高,计算量少的优点,可以用插值方法或导数近似公式得出.以二阶阿达姆斯公式为例说明.

(1) 用导数近似公式推导.

对 $y(x_{n+1})$ 作泰勒展开

$$y(x_{n+1})=y(x_n)+hy'(x_n)+\frac{h^2}{2}y''(x_n)+o(h^3),$$

式中,二阶导数 $y''(x_n)$ 用向后差商公式

$$y''(x_n)=\frac{y'(x_n)-y'(x_{n-1})}{h}+o(h),$$

计算,则有

$$\begin{aligned}y(x_{n+1})&=y(x_n)+hy'(x_n)+\frac{h^2}{2}\left(\frac{y'(x_n)-y'(x_{n-1})}{h}\right)+o(h^3)\\&=y(x_n)+h\left(\frac{3}{2}f(x_n,y(x_n))-\frac{1}{2}f(x_{n-1},y(x_{n-1})\right)+o(h^3),\end{aligned}$$

据此得到二阶阿达姆斯公式

$$y_{n+1}=y_n+\frac{h}{2}(3f(x_n,y_n)-f(x_{n-1},y_{n-1})),\ n=1,2,\cdots. \tag{9.20}$$

显然式(9.20)的局部误差为 $o(h^3)$.

(2) 用插值方法推导.

在区间 $[x_n,x_{n+1}]$ 上对方程 $y'(x)=f(x,y)$ 积分:

$$y(x_{n+1})-y(x_n)=\int_{x_n}^{x_{n+1}}f(x,y)\mathrm{d}x,$$

取点 (x_k,f_k),其中 $f_k=f(x_k,y(x_k))(k=n,n-1)$ 构造一次插值多项式

$$p_1(x)=f_{n-1}l_{n-1}(x)+f_nl_n(x)=f_{n-1}\frac{x-x_n}{x_{n-1}-x_n}+f_n\frac{x-x_{n-1}}{x_n-x_{n-1}}$$

逼近 $f(x,y)$,则

$$y(x_{n+1})-y(x_n)=f_{n-1}\int_{x_n}^{x_{n+1}}\frac{x-x_n}{x_{n-1}-x_n}\mathrm{d}x+f_n\int_{x_n}^{x_{n+1}}\frac{x-x_{n-1}}{x_n-x_{n-1}}\mathrm{d}x. \tag{9.21}$$

下面计算第 1 个积分. 作变量代换 $x=x_n+th$ 有

$$f_{n-1}\int_{x_n}^{x_{n+1}}\frac{x-x_n}{x_{n-1}-x_n}\mathrm{d}x=-hf_{n-1}\int_0^1 t\mathrm{d}t=-\frac{h}{2}f_{n-1},$$

同理计算另外一个积分并代入到(9.21)整理得

$$y(x_{n+1})=y(x_n)+\frac{h}{2}(3f_n-f_{n-1}).$$

将 $y(x_k)$ 用 $y_k(k=n+1,n,n-1)$ 表示即得式(9.20).

为使用式(9.20),必须已知初值 y_0,y_1,其中 y_1 可以用二阶 RK 公式计算.

可以验证,一阶阿达姆斯公式就是欧拉方法,三阶阿达姆斯公式为

$$y_{n+1}=y_n+\frac{h}{12}(23f_n-16f_{n-1}+5f_{n-2}).$$

1. 4 阶阿达姆斯公式

令 $y_k=y(x_k)$,取关于节点 $x_k(k=n,n-1,n-2,n-3)$ 的三次拉格朗日插值多项式 $p_3(x)$ 逼近 $f(x,y)$ 有

$$y(x_{n+1})-y(x_n)=\int_{x_n}^{x_{n+1}}p_3(x)\mathrm{d}x+\int_{x_n}^{x_{n+1}}R(x)\mathrm{d}x,$$

式中,$R(x)$ 是插值余项. 经过较为复杂的计算得

$$\int_{x_n}^{x_{n+1}}p_3(x)\mathrm{d}x=\frac{h}{24}\{55f(x_n,y_n)-59f(x_{n-1},y_{n-1})+ 37f(x_{n-2},y_{n-2})-9f(x_{n-3},y_{n-3})\},$$

并在下面的积分中作变换 $t=x-x_n$ 及积分中值定理有

$$\begin{aligned}\int_{x_n}^{x_{n+1}}R_3(x)\mathrm{d}x&=\int_{x_n}^{x_{n+1}}\frac{f^{(4)}(\xi,y(\xi))}{4!}(x-x_n)(x-x_{n-1})(x-x_{n-2})(x-x_{n-3})\mathrm{d}x\\&=\int_0^h\frac{y^{(4)}(\xi)}{4!}t(t+h)(t+2h)(t+3h)\mathrm{d}t\\&=\frac{251}{720}h^5y^{(5)}(\eta).\end{aligned}$$

以 y_k 替换 $y(x_k)$,$k=n,n-1,n-2,n-3$,并略去高阶无穷小$\frac{251}{720}h^5y^{(5)}(\eta)$,即得 4 阶阿达姆斯显式公式

$$y_{n+1}=y_n+\frac{h}{24}\{55f(x_n,y_n)-59f(x_{n-1},y_{n-1})+ 37f(x_{n-2},y_{n-2})-9f(x_{n-3},y_{n-3})\},$$

它的局部误差为$\frac{251}{720}h^5y^{(5)}(\eta)=o(h^5)$,故有 4 阶精度.

在应用外推公式计算时,需要知道 $y_i(i=0,1,2,3)$ 的值才能开始计算.

注　局部误差也可以用泰勒公式推出. 假设 $y_k=y(x_k)$,$k=n,n-1,n-2,n-3$,则

$$y_{n+1}=y_n+\frac{h}{24}\{55f(x_n,y_n)-59f(x_{n-1},y_{n-1})+37f(x_{n-2},y_{n-2})-9f(x_{n-3},y_{n-3})\}$$

$$=y(x_n)+\frac{h}{24}\{55y'(x_n)-59y'(x_{n-1})+37y'(x_{n-2})-9y'(x_{n-3})\}.$$

将 $y'(x_{n-1}),y'(x_{n-2}),y'(x_{n-3})$ 在 x_n 展开并按 h 升幂排列得

$$y_{n+1}=y(x_n)+hy'(x_n)+\frac{h^2}{2}y'(x_n)+\frac{h^3}{6}y'''(x_n)+\frac{h^4}{24}y^{(4)}(x_n)-\frac{49h^5}{144}y^{(5)}(x_n)+\cdots.$$

同时将 $y(x_{n+1})$ 也在点 x_n 展开，得

$$y(x_{n+1})=y(x_n)+hy'(x_n)+\frac{h^2}{2}y''(x_n)+\frac{h^3}{6}y'''(x_n)+\frac{h^4}{24}y^{(4)}(x_n)+\frac{h^5}{120}y^{(5)}(x_n)+\cdots.$$

两式相减得

$$y(x_{n+1})-y_{n+1}\approx\frac{49h^5}{144}y^{(5)}(x_n)+\frac{h^5}{120}y^{(5)}(x_n)+\cdots=\frac{251}{720}h^5y^{(5)}(x_n)+\cdots,$$

所以局部截断误差为 $o(h^5)$.

2. 阿达姆斯内插公式

若取节点 $x_k(k=n+1,n,n-1,n-2)$ 构造三次插值多项式 $p_3(x)$ 逼近 $f(x,y)$，则得阿达姆斯内插公式

$$y_{n+1}=y_n+\frac{h}{24}\{9f(x_{n+1},y_{n+1})+19f(x_n,y_n)-5f(x_{n-1},y_{n-1})+f(x_{n-2},y_{n-2})\},$$

其局部误差为 $y(x_{n+1})-y_{n+1}\approx-\frac{19}{720}h^5y^{(5)}(\xi)$，具有 4 阶精度. 它的精度要稍高于外推公式，这可以从局部误差的系数看出，或者从插值角度看，内插要好于外推.

由于内插公式是隐式公式，当不能通过解方程获得 y_{n+1} 时，可将显式公式计算的 y_{n+1} 作为初值 $y_{n+1}^{(0)}$，用下列不动点迭代计算出 y_{n+1}：

$$\begin{cases}y_{n+1}^{(0)}=y_n+\frac{h}{24}\{55f(x_n,y_n)-59f(x_{n-1},y_{n-1})+37f(x_{n-2},y_{n-2})-9f(x_{n-3},y_{n-3})\}\\ y_{n+1}^{(k+1)}=y_n+\frac{h}{24}\{9f(x_{n+1},y_{n+1}^{(k)})+19f(x_n,y_n)-5f(x_{n-1},y_{n-1})+f(x_{n-2},y_{n-2})\},\end{cases}$$

式中，$k=0,1,\cdots$. 由于这时计算量会显著增加，通常效仿改进欧拉方法，将迭代进行一次，即得阿达姆斯预估-校正公式：

$$\begin{cases}p=y_n+\frac{h}{24}\{55f(x_n,y_n)-59f(x_{n-1},y_{n-1})+37f(x_{n-2},y_{n-2})-9f(x_{n-3},y_{n-3})\},\\ y_{n+1}=y_n+\frac{h}{24}\{9f(x_{n+1},p)+19f(x_n,y_n)-5f(x_{n-1},y_{n-1})+f(x_{n-2},y_{n-2})\}.\end{cases}\tag{9.22}$$

可以证明，用式(9.22)计算的 y_{n+1} 也具有 4 阶精度，它减少了因迭代而产生的大量计算. 式(9.22)的迭代初值 y_1,y_2,y_3 可用 4 阶 RK 公式或 4 阶泰勒级数法计算.

算法 9.6 （阿达姆斯预估-校正公式）

1. $h=\frac{b-a}{N}, x_n=a+nh, n=0,1,\cdots,N.$
2. 给出初值 y_0，用 4 阶 RK 公式计算 y_1, y_2, y_3；并计算
   $m_1=f(x_3, y_3), m_2=f(x_2, y_2),$
   $m_3=f(x_1, y_1), m_4=f(x_0, y_0).$
3. 对于 $n=3,4,\cdots,N-1$，计算：
   (1) $p=y_n+\frac{h}{24}(55m_1-59m_2+37m_3-9m_4)$；
   (2) $m_5=f(x_{n+1}, p)$；
   (3) $y_{n+1}=y_n+\frac{h}{24}(9m_5+19m_1-5m_2+m_3)$；
   (4) $m_4=m_3, m_3=m_2, m_2=m_1, m_1=f(x_{n+1}, y_{n+1}).$

可见在每步迭代中仅需计算 2 个函数值，计算量只有 4 阶 RK 公式（每步迭代需计算 4 个函数值）的一半.

应用同样的思想可得：

一阶阿达姆斯内插公式　后退的欧拉公式；

二阶阿达姆斯内插公式　$y_{n+1}=y_n+\frac{h}{2}(f_n+f_{n+1})$，梯形方法；

三阶阿达姆斯内插公式　$y_{n+1}=y_n+\frac{h}{12}(5f_{n+1}+8f_n-f_{n-1}).$

例 4　用阿达姆斯预估-校正公式求解下列方程，取 $h=0.1$：

$$\begin{cases} y'=x^2+x+y,\ 0\leqslant x\leqslant 1, \\ y(0)=1. \end{cases}$$

并与该方程的精确解 $y(x)=-x^2-3x-3+4e^x$ 比较.

解　根据算法 9.6，计算结果如下：

节点	阿达姆斯预估-校正公式	4 阶 RK 公式	准确值
0.0	1.000 000	1.000 000	1.000 000
0.1	1.110 684	1.110 684	1.110 684
0.2	1.245 611	1.245 611	1.245 611
0.3	1.409 435	1.409 435	1.409 435
0.4	1.607 299	1.607 298	1.607 299

续表

节点	阿达姆斯预估-校正公式	4 阶 RK 公式	准确值
0.5	1.844 886	1.844 884	1.844 885
0.6	2.128 477	2.128 473	2.128 475
0.7	2.465 014	2.465 009	2.465 011
0.8	2.862 168	2.862 161	2.862 164
0.9	3.328 419	3.328 409	3.328 412
1.0	3.873 136	3.873 122	3.873 127

结果表明，阿达姆斯预估-校正公式的精度 4 阶 RK 公式与相当.

阿达姆斯预估-校正公式误差的后验估计.

显式公式的误差

$$y(x_{n+1})-p=\frac{251}{720}h^5y^{(5)}(\xi_1).$$

隐式公式的误差

$$y(x_{n+1})-y_{n+1}=-\frac{19}{720}h^5y^{(5)}(\xi_2).$$

假设 $y^{(5)}(x)$在区间$[a,b]$上变化不大，将上述两式相除并化简得后验估计式

$$y(x_{n+1})-y_{n+1}\approx-\frac{19}{270}(y_{n+1}-p).$$

在计算中可用上式估计误差，当误差较大时可以减小步长.

§8 一阶方程组

考察一阶常微分方程组初值问题

$$\begin{cases}y_1'=f_1(x,y_1,y_2,\cdots,y_N),\\ y_2'=f_2(x,y_1,y_2,\cdots,y_N),\\ \cdots\cdots\cdots\cdots\\ y_N'=f_N(x,y_1,y_2,\cdots,y_N),\end{cases}\tag{9.23}$$

式中，函数 $y_i=y_i(x)$，$x\in[a,b]$，并且初值 $y_i(a)=y_i(i=1,\cdots,N)$已知. 解一阶常微分方程组的方法是，将式(9.23)写成向量形式，利用向量的线性运算求解. 为表达方便，记式(9.23)为

$$\begin{pmatrix} y_1' \\ y_2' \\ \vdots \\ y_N' \end{pmatrix} = \begin{pmatrix} f_1(x, y_1, y_2, \cdots, y_N) \\ f_2(x, y_1, y_2, \cdots, y_N) \\ \vdots \\ f_N(x, y_1, y_2, \cdots, y_N) \end{pmatrix}, \quad \boldsymbol{y}^{(0)} = \begin{pmatrix} y_1(a) \\ y_2(a) \\ \vdots \\ y_n(a) \end{pmatrix}, \tag{9.24}$$

以及

$$\boldsymbol{y}^{(n)} = \begin{pmatrix} y_1^{(n)} \\ y_2^{(n)} \\ \vdots \\ y_n^{(n)} \end{pmatrix} \approx \begin{pmatrix} y_1(x_n) \\ y_2(x_n) \\ \vdots \\ y_n(x_n) \end{pmatrix}.$$

可以用前面介绍的各种方法求解.

例 5　取 $h=0.1$,解方程组

$$\begin{cases} y_1' = y_1 - y_2 + 2x - x^2 - x^3, \ 0 \leqslant x \leqslant 1, \\ y_2' = y_1 + y_2 - 4x^2 + x^3, \\ y_1(0) = 1, \\ y_2(0) = 0. \end{cases}$$

解　记方程组

$$\begin{pmatrix} y_1' \\ y_2' \end{pmatrix} = \begin{pmatrix} f_1(x, y_1, y_2) \\ f_2(x, y_1, y_2) \end{pmatrix} = \begin{pmatrix} y_1 - y_2 + 2x - x^2 - x^3 \\ y_1 + y_2 - 4x^2 + x^3 \end{pmatrix}, \quad \boldsymbol{y}_0 = \begin{pmatrix} y_1^{(0)} \\ y_2^{(0)} \end{pmatrix} = \begin{pmatrix} 1 \\ 0 \end{pmatrix},$$

利用 4 阶龙格-库塔公式计算的过程如下:

设 $n=0,1,2,\cdots,N-1$.

计算 $\boldsymbol{K}_1$:

$$\boldsymbol{K}_1 = \begin{pmatrix} f_1(x_n, y_1^{(n)}, y_2^{(n)}) \\ f_2(x_n, y_1^{(n)}, y_2^{(n)}) \end{pmatrix}.$$

计算 $\boldsymbol{K}_2$:

$$\begin{pmatrix} p_1 \\ p_2 \end{pmatrix} = \boldsymbol{y}^{(n)} + 0.5h\boldsymbol{K}_1, \quad \boldsymbol{K}_2 = \begin{pmatrix} f_1(x_n + 0.5h, p_1, p_2) \\ f_2(x_n + 0.5h, p_1, p_2) \end{pmatrix}.$$

计算 $\boldsymbol{K}_3$:

$$\begin{pmatrix} p_1 \\ p_2 \end{pmatrix} = \boldsymbol{y}^{(n)} + 0.5h\boldsymbol{K}_2, \quad \boldsymbol{K}_3 = \begin{pmatrix} f_1(x_n + 0.5h, p_1, p_2) \\ f_2(x_n + 0.5h, p_1, p_2) \end{pmatrix}.$$

计算 $\boldsymbol{K}_4$:

$$\begin{pmatrix} p_1 \\ p_2 \end{pmatrix} = \boldsymbol{y}^{(n)} + h\boldsymbol{K}_3, \quad \boldsymbol{K}_4 = \begin{pmatrix} f_1(x_n + 0.5h, p_1, p_2) \\ f_2(x_n + 0.5h, p_1, p_2) \end{pmatrix}.$$

计算 $\boldsymbol{y}^{(n+1)}$:

$$\begin{pmatrix} y_1^{(n+1)} \\ y_2^{(n+1)} \end{pmatrix} = \begin{pmatrix} y_1^{(n)} \\ y_2^{(n)} \end{pmatrix} + \frac{h}{6}\{\boldsymbol{K}_1 + 2\boldsymbol{K}_2 + 2\boldsymbol{K}_3 + \boldsymbol{K}_4\}.$$

这样当 $n=0,1,2,\cdots,N-1$ 时，就完成了计算. 具体计算数据如下.

$n=0$: $\boldsymbol{K}_1=\begin{pmatrix}1\\1\end{pmatrix},\boldsymbol{K}_2=\begin{pmatrix}1.097\\1.09\end{pmatrix},\boldsymbol{K}_3=\begin{pmatrix}1.098\\1.099\end{pmatrix},\boldsymbol{K}_4=\begin{pmatrix}1.189\\1.181\end{pmatrix}$,

$$\boldsymbol{y}^{(1)}=\begin{bmatrix}y_1^{(1)}\\y_2^{(1)}\end{bmatrix}=\begin{bmatrix}y_1^{(0)}\\y_2^{(0)}\end{bmatrix}+\frac{h}{6}\{\boldsymbol{K}_1+2\boldsymbol{K}_2+2\boldsymbol{K}_3+\boldsymbol{K}_4\}=\begin{pmatrix}1.109\,650\,8\\0.109\,332\,9\end{pmatrix}.$$

$n=1$: $\boldsymbol{K}_1=\begin{pmatrix}1.189\\1.18\end{pmatrix},\boldsymbol{K}_2=\begin{pmatrix}1.275\\1.251\end{pmatrix},\boldsymbol{K}_3=\begin{pmatrix}1.276\\1.259\end{pmatrix},\boldsymbol{K}_2=\begin{pmatrix}1.354\\1.32\end{pmatrix}$,

$$\boldsymbol{y}^{(2)}=\begin{bmatrix}y_1^{(2)}\\y_2^{(2)}\end{bmatrix}=\begin{bmatrix}y_1^{(1)}\\y_2^{(1)}\end{bmatrix}+\frac{h}{6}\{\boldsymbol{K}_1+2\boldsymbol{K}_2+2\boldsymbol{K}_3+\boldsymbol{K}_4\}=\begin{pmatrix}1.237\,058\,3\\0.234\,655\,1\end{pmatrix}.$$

…………

当 $n=9$ 时完成所有计算，结果列表如下：

n	节点	$y_1(x)$的近似值	$y_2(x)$的近似值
0	$x_0=0.1$	1	0
1	$x_1=0.10$	1.109 650 8	0.109 332 9
2	$x_2=0.20$	1.237 058 3	0.234 655 1
3	$x_3=0.30$	1.379 572 8	0.371 910 5
4	$x_4=0.40$	1.534 066 0	0.516 944 0
5	$x_5=0.50$	1.696 894 5	0.665 439 4
6	$x_6=0.60$	1.863 865 9	0.812 846 3
7	$x_7=0.70$	2.030 210 2	0.954 296 2
8	$x_8=0.80$	2.190 557 1	1.084 507 0
9	$x_9=0.90$	2.338 922 0	1.197 675 6
10	$x_{10}=1.00$	2.468 702 2	1.287 358 3

§9 高阶方程的处理

假设有 m 阶微分方程：

$$y^{(m)}=f(x,y,y',y'',\cdots,y^{(m-1)}),\tag{9.25}$$

式中，$x\in[a,b]$，初值 $y(a)=C_0,y'(a)=C_1,\cdots,y^{(m-1)}(a)=C_{m-1}$ 已知. 对于高阶方程，可用变量代换将式(9.25)化成一阶常微分方程组，方法如下. 设

$$y_1=y,y_2=y',y_3=y'',\cdots,y_m=y^{(m-1)},$$

它们都是 x 的函数. 则方程(9.25)可以转化为一阶方程组：

$$\begin{cases} y_1' = y_2, \\ y_2' = y_3, \\ \cdots\cdots\cdots\cdots \\ y_{m-1}' = y_m, \\ y_m' = f(x, y_1, y_2, \cdots, y_m), \end{cases}$$

初始条件为 $y_1(a) = C_0, y_2(a) = C_1, \cdots, y_m(a) = C_{m-1}$. 利用上一节方法即可计算 $y_1(x)$.

例 6　将 $\begin{cases} y'' + \sin y = 0,\ 0 \leqslant x \leqslant 2, \\ y(0) = 1, y'(0) = 0 \end{cases}$ 转化为微分方程组.

解　令 $y_1(x) = y(x)$，$y_2(x) = y'(x)$. 则有

$$\begin{cases} y_1' = y_2, \\ y_2' = -\sin y_1, \end{cases}$$

初值为 $y_1(0) = 1, y_2(0) = 0$.

§10　边值问题数值解

边值问题由常微分方程和解在区间两端满足的若干条件组成. 例如边值问题

$$\begin{cases} y'' = f(x, y, y'),\ x \in [a, b], \\ y(a) = \alpha, y(b) = \beta, \end{cases} \tag{9.26}$$

由一个二阶常微分方程，两个边界条件 $y(a) = \alpha, y(b) = \beta$ 组成.

关于边值问题解的存在性和唯一性，还没有一个统一的定理加以概括，但对特殊边值问题，如式(9.26)中 $f(x, y, y')$ 是 y, y' 的线性函数时，式(9.26)可写为

$$\begin{cases} y''(x) + p(x)y'(x) + q(x)y(x) = f(x),\ x \in [a, b], \\ y(a) = \alpha, y(b) = \beta. \end{cases} \tag{9.27}$$

可以证明，如果 $p(x), q(x), f(x) \in C[a, b]$ 且 $q(x) \leqslant 0$ 时，问题(9.27)有唯一解.

当 $f(x, y, y')$ 是非线性函数时，式(9.26)的解通常没有一个明确表达式.

边值问题(9.27)的边界条件通常称为 Dirichlet 边界条件. 边界条件还可以是：

(1) Neumann 边界条件：$y'(a) = \alpha, y'(b) = \beta$.

(2) 混合边界条件：$y'(a) + \alpha_0 y(a) = \alpha_1, y'(b) + \beta_0 y(b) = \beta_1$.

下面以 Dirichlet 边界条件为例考察求解问题(9.27)的差分方法. 要点是将方程中的导数用差商近似计算.

将区间$[a,b]$ N 等分：步长 $h=\dfrac{b-a}{N}$，等分点 $x_n=a+nh(n=0,1,\cdots,N)$. 在节点 $x=x_n$ 处，用差商公式逼近方程(9.27)中的导数

$$y'(x_n)\approx\frac{y(x_{n+1})-y(x_{n-1})}{2h},$$

$$y''(x_n)\approx\frac{y(x_{n-1})-2y(x_n)+y(x_{n+1})}{h^2}.$$

则方程(9.27)在节点 $x=x_n$ 处为

$$\frac{y(x_{n+1})-2y(x_n)+y(x_{n-1})}{h^2}+p(x_n)\frac{y(x_{n+1})-y(x_{n-1})}{2h}+q(x_n)y(x_n)=f(x_n),$$

式中，$n=0,1,\cdots,N-1$. 记

$$y_n=y(x_n),\ p_n=p(x_n),\ q_n=q(x_n),\ f_n=f(x_n),$$

上式为

$$\left(1-\frac{hp_n}{2}\right)y_{n-1}-(2-h^2q_n)y_n+\left(1+\frac{hp_n}{2}\right)y_{n+1}=h^2f_n. \tag{9.28}$$

由于边界条件是 $y(a)=\alpha,y(b)=\beta$，知 $y_0=\alpha,y_N=\beta$. 将式(9.28)写成方程组为

$$\begin{cases}y_0=\alpha,\\ \left(1-\dfrac{1}{2}hp_1\right)y_0+(-2+h^2q_1)y_1+\left(1+\dfrac{1}{2}hp_1\right)y_2=h^2f_1,\\ \left(1-\dfrac{1}{2}hp_2\right)y_1+(-2+h^2q_2)y_2+\left(1+\dfrac{1}{2}hp_2\right)y_3=h^2f_2,\\ \cdots\cdots\cdots\cdots\\ \left(1-\dfrac{1}{2}hp_{N-1}\right)y_{N-2}+(-2+h^2q_{N-1})y_{N-1}+\left(1+\dfrac{1}{2}hp_{N-1}\right)y_N=h^2f_{N-1},\\ y_N=\beta.\end{cases}$$

其矩阵形式为

$$\begin{pmatrix}1&0&0&&&\\1-\dfrac{h}{2}p_1&-2+h^2q_1&1+\dfrac{h}{2}p_1&&&\\&1-\dfrac{h}{2}p_2&-2+h^2q_2&1+\dfrac{h}{2}p_2&&\\&&\ddots&\ddots&\ddots&\\&&&1-\dfrac{h}{2}p_{N-1}&-2+h^2q_{N-1}&1+\dfrac{h}{2}p_{N-1}\\&&&0&0&1\end{pmatrix}\begin{pmatrix}y_0\\y_1\\y_2\\\vdots\\y_{N-1}\\y_N\end{pmatrix}=$$

$$\begin{pmatrix} \alpha \\ h^2 f_1 \\ h^2 f_2 \\ \vdots \\ h^2 f_{N-1} \\ \beta \end{pmatrix}. \tag{9.29}$$

当 $q(x)<0$ 及 h 较小时,系数矩阵是对角占优的三对角矩阵,可用追赶法求解.

例 7 取 $N=5$ 解边值问题

$$\begin{cases} y''+y'-xy=2e^x(2-x),\ x\in[0,1]. \\ y(0)=2,\ y(1)=2e. \end{cases}$$

解 在方程 $y''+p(x)y'+q(x)y=f(x)$中,

$$p(x)=1,\ q(x)=-x,\ f(x)=2e^x(2-x).$$

将区间[0,1]作 $N=5$ 等分,则 $h=0.2$, $x_n=nh(n=0,1,\cdots,N)$. 将数据代入到方程组(9.29)有:

$$\begin{pmatrix} 1 & 0 & 0 & 0 & 0 & 0 \\ 0.9 & -2.008 & 1.1 & 0 & 0 & 0 \\ 0 & 0.9 & -2.016 & 1.1 & 0 & 0 \\ 0 & 0 & 0.9 & -2.024 & 1.1 & 0 \\ 0 & 0 & 0 & 0.9 & -2.032 & 1.1 \\ 0 & 0 & 0 & 0 & 0 & 1 \end{pmatrix} \begin{pmatrix} y_0 \\ y_1 \\ y_2 \\ y_3 \\ y_4 \\ y_5 \end{pmatrix} = \begin{pmatrix} 2 \\ 0.175\,882 \\ 0.190\,953\,6 \\ 0.204\,077\,3 \\ 0.213\,651\,9 \\ 5.436\,563\,7 \end{pmatrix}.$$

这是严格对角占优方程组,用追赶法求解. 计算结果参见下列表格第 2 列.

节点	计算值 y_n	准确值 $y(x_n)$	误差 $y(x_n)-y_n$
$x_0=0.0$	2.000 000	2.000 000	0.000 00
$x_1=0.2$	2.445 394	2.442 806	−0.002 59
$x_2=0.4$	2.987 485	2.983 649	−0.003 84
$x_3=0.6$	3.648 062	3.644 238	−0.003 82
$x_4=0.8$	4.453 654	4.451 082	−0.002 57
$x_5=1.0$	5.436 564	5.436 564	0.000 00

由此可见,在区间 5 等分后,计算了 4 个节点 $x_1\sim x_4$ 上解 $y(x)$的近似值. 若要更多节点上的值,可以增大 N 的值,或用逼近方法计算即可. 同样可以预计,减小 h 可以提高计算精度,但付出的代价是方程组(9.29)的阶数增加,计算量加大.

以上给出了 Dirichlet 边界条件下边值问题的差分方法,对于混合边界条件,可以 3

点导数计算边界条件中的一阶导数，即

条件 $y'(a)+\alpha_0 y(a)=\alpha_1$，用$\dfrac{-3y_0+4y_1-y_2}{2h}+\alpha_0 y_0=\alpha_1$ 表示；

条件 $y'(b)+\beta_0 y(b)=\beta_1$，用$\dfrac{y_{N-2}-4y_{N-1}+3y_N}{2h}+\beta_0 y_N=\beta_1$表示；

然后再与内部节点上的方程(9.28)联立求解.

习　题

1. 取步长 $h=0.1$，分别用二阶和三阶泰勒方法求解初值问题

$$\begin{cases} y'=-y+2x,\ 0\leqslant x\leqslant 1, \\ y(0)=-1. \end{cases}$$

并与精确解 $y(x)=-3e^{-x}+2x-2$ 作比较.

2. 取步长 $h=0.1$，分别用欧拉方法、后退的欧拉方法和改进的欧拉方法求解初值问题

$$\begin{cases} y'=2\sqrt{y-1},\ 0\leqslant x\leqslant 1, \\ y(0)=2. \end{cases}$$

并与精确解 $y(x)=2+2x+x^2$ 作比较.

3. 取步长 $h=0.1$，分别用欧拉方法、后退的欧拉方法和改进的欧拉方法求解初值问题

$$\begin{cases} y'=x-y,\ 0\leqslant x\leqslant 1, \\ y(0)=2. \end{cases}$$

并与精确解 $y(x)=3e^{-x}+x-1$ 作比较.

4. 取步长 $h=0.1$，用梯形方法求解初值问题

$$\begin{cases} y'+2y=2-e^{-4x},\ 0\leqslant x\leqslant 1, \\ y(0)=1. \end{cases}$$

并与精确解 $y(x)=1+0.5e^{-4x}-0.5e^{-2x}$ 作比较.

5. 用 4 阶 RK 公式解下列方程($h=0.1$)：

(1) $\begin{cases} y'=\dfrac{-y}{1+x},\ 0\leqslant x\leqslant 1, \\ y(0)=1; \end{cases}$　(2) $\begin{cases} y'=x+2y^2,\ 1\leqslant x\leqslant 2. \\ y(1)=1. \end{cases}$

6. 证明对任意参数 t，下列公式是二阶的：

$$\begin{cases} y_{n+1}=y_n+0.5h(K_1+K_2), \\ K_1=f(x_n,y_n), \\ K_2=f(x_n+th,y_n+thK_1), \\ K_3=f(x_n+(1-t)h,y_n+(1-t)hK_1). \end{cases}$$

7. 证明梯形公式 $y_{n+1}=y_n+\dfrac{h}{2}[f(x_n,y_n)+f(x_{n+1},y_{n+1})]$是二阶方法.

8. 用欧拉方法求解初值问题：

$$\begin{cases} y'=-6y+e^x,\ x\in[0,10], \\ y(0)=a. \end{cases}$$

从数值稳定性条件考虑，对步长应作什么限制？

9. 用二阶 RK 方法求解初值问题

$$\begin{cases} y' = -10y, \\ y(x_0) = y_0. \end{cases}$$

并给出其绝对稳定域.

10. 用二阶阿达姆斯显式和隐式格式解初值问题

$$\begin{cases} y' = 1 - y, \\ y(0) = 0. \end{cases}$$

取 $h=0.2, y_0=0, y_1=0.181$，计算 $y(1.0)$ 并与准确解 $y=1-e^{-x}$ 作比较.

11. 证明格式 $y_{n+1}=\frac{1}{2}(y_n+y_{n-1})+\frac{h}{4}(4y'_{n+1}-y'_n+3y'_{n-1})$ 是二阶的.

12. 用阿达姆斯预估-校正公式计算($h=0.1$)：

(1) $\begin{cases} y' = x + y^2,\ 0 \leqslant x \leqslant 1, \\ y(0) = 1; \end{cases}$　　(2) $\begin{cases} y' = 2x - y,\ 1 \leqslant x \leqslant 2. \\ y(1) = 1. \end{cases}$

13. 在[0,1]上取 $h=0.1$，用欧拉方法解方程组：

$$\begin{cases} y' = 4y + v^2, \\ v' = 2y - v, \\ y(0) = 2, v(0) = 1. \end{cases}$$

14. 取步长 $h=0.1$，用差分方法解边值问题

$$\begin{cases} y'' + xy' - 3y = 4.2x, \\ y(0) = 0, y(1) = 1.9. \end{cases}$$

再与精确解 $y(x)=x^3+0.9x$ 作比较.

15. 取步长 $h=0.1$，用差分方法解边值问题

$$\begin{cases} y'' + xy' - y = -2\sin x + x\cos x, \\ y(0) = 0, y(1) = \sin 1 = 0.841\,471. \end{cases}$$

再与精确解 $y(x)=\sin x$ 作比较.

16. 取步长 $h=0.1$，用差分方法解边值问题

$$\begin{cases} y'' + y' = -\sin x + \cos x, \\ y'(0) = 1, y'(1) = \cos 1 = 0.540\,302\,3. \end{cases}$$

再与精确解 $y(x)=\sin x$ 作比较.

参考文献

[1] Hansen P C. Truncated SVD solutions to discrete ill posed problems with ill-determined numerical rank. SIAM J. Sci. Stat. Comput，1990,11:503－518.

[2] Hansen P C，O'Leary D. The use of the L-curve in the regularization of discrete ill-posed problems. SIAM J. Sci. Stat. Comput，1993,14(6):1487－1503.

[3] 吉洪诺夫 A H:《不适定问题的解法》,地质出版社，1979 年.

[4] [美]Demmel J W:《应用数值线性代数》,王国英译，人民邮电出版社,2007 年.

[5] Tikhonov A N，Arsenin V Y. Solution of ill-posed problems. Wiley,1977.

[6] Hansen P C. The discrete picard condition for ill-posed problems. BIT，1990,30(4):658－672.

[7] Golub G H，Wahba G. Generalized cross-validation as a method for choosing a good ridge parameter. Technometrics，1979，21(2):215－223.

[8] Hansen P C. Regularization tools：A matlab package for analysis and solution of discrete ill-posed problems. Numerical Algorithms，1994,6(1):1－35.

[9] Benzi M. Preconditioning techniques for large linear systems：a survey. Journal of Computational Physics，2010,182(2)：418－477.

[10] Ortega J M. Numerical analysis，a second course. Academic Press，1972.

[11] Quarteroni A，Sacco R，Saleri F. Numerical Mathematics. Second Edition. Springer，2002.

[12] Dennis J E，Schnabel R B. Numerical methods for unconstrained optimization and nonlinear equations. Prentice Hall,1983.

[13] Yuan Yaxiang. Recent advances in numerical methods for nonlinear equations and tnonlinear least squares. Numerical Algebra,2011,1(1):15－34.

[14] 蒋尔雄,赵风光,苏仰锋:《数值逼近》,复旦大学出版社,2008 年.

[15] Dennis J E,More J J. Quasi-Newton methods,motivation and theory. SIAM Review,1977,19(1)：46－89.

[16] 戴华:《矩阵论》,科学出版社,2002 年.

[17] Traub J F. Iterative methods for the solution of equations. Chelsea Publishing Company, 1982.

[18] 徐树方,高立,张平文:《数值线性代数》,北京大学出版社,2013 年.

[19] 李庆扬,王能超,易大义:《数值分析》,第 5 版,清华大学出版社,2008 年.